苏里格气田储层动态评价与开发技术

刘占良 著

石油工业出版社

内 容 提 要

本书系统总结了苏里格气田投产以来的勘探开发成果，对低渗透—特低渗透致密砂岩气储层动态评价、储量动态变化及开发工艺等开展研究，对致密砂岩储层、薄层砂岩储层压裂改造、水平井开发、排水采气等气藏开发工艺进行探索实践，对我国致密砂岩气勘探开发有重要的借鉴意义。

本书可供从事致密性气田研究的地质人员、开发人员和工程人员及相关院校师生参考阅读。

图书在版编目（CIP）数据

苏里格气田储层动态评价与开发技术/刘占良著．
北京：石油工业出版社，2014.12
ISBN 978-7-5183-0589-6

Ⅰ．苏⋯
Ⅱ．刘⋯
Ⅲ．砂岩油气田-储集层-气田开发-研究-内蒙古
Ⅳ．TE37

中国版本图书馆 CIP 数据核字（2014）第 295079 号

出版发行：石油工业出版社
（北京安定门外安华里 2 区 1 号　100011）
网　　址：www.petropub.com
编辑部：（010）64523544
发行部：（010）64523620
经　　销：全国新华书店
印　　刷：北京中石油彩色印刷有限责任公司

2014 年 12 月第 1 版　2014 年 12 月第 1 次印刷
787×1092 毫米　开本：1/16　印张：20.75
字数：528 千字

定价：160.00 元
（如出现印装质量问题，我社发行部负责调换）
版权所有，翻印必究

序

作为我国陆上最大的整装气田，苏里格气田的发现令国人震撼、世界瞩目！2000年8月 S6 井的发现，标志着我国陆上第一大气田——苏里格气田的诞生，从此拉开了苏里格气田大规模勘探开发的序幕，2012年苏里格气田以135亿立方米的产量跃升为我国年产能最大的气田。苏里格气田的成功开发对于西气东输工程、我国能源结构优化和西部大开发国家发展战略均具有重大意义。

然而，苏里格气田属典型的岩性圈闭气藏，低孔、低渗、低产、低丰度特征显著；河流—三角洲相储集砂体相变快，非均质性强；单井控制储量小，压力下降快，单井产量低；稳产期短，平均单井采出量小；加上鄂尔多斯盆地特有的复杂地貌，气田80%位于沙漠区，南部有20%的区域位于黄土塬区，十几万平方千米的土地沟壑纵横，地表、地质情况复杂，地震勘探难度空前，使苏里格气田的开发成为一个世界级难题。

没有理论认识的突破，没有科学技术的进步，就不可能有苏里格气田勘探开发的巨大成功。煤成气理论的诞生使天然气勘探主战场从鄂尔多斯盆地的边缘战略转移至盆地中部，勘探重点从下古生界向上古生界转移，天然气勘探不断取得重大突破。遵循"简化开采、创新机制、依靠科技、走低成本开发之路、实现苏里格气田有效开发"的总原则，广大科技人员不断开拓进取，为中国陆上低产低效气田的有效开发发展技术、积累经验。多年的开发实践，从直井到水平井、从钻井工艺到压裂技术、从试气到集气，国内外各种先进的气田开发技术和工艺无不得以应用，并不断发展创新，不仅为苏里格气田下一步的开发奠定了基础，而且也为世界上其他致密气藏的开发提供了成功的范例。

本著作系统地分析了气田地质特征，详细描述了各层系储层的发育特征，开展了储层综合评价，并以示范区为例，进行了储层精细描述；开展了气藏动态评价研究，系统地介绍了气藏开发指标评价技术，以气井产能评价、地层压力评价、动储量评价及气井合理配产评价等为重点，阐述了气藏动态评价方法及其适用性；系统阐述了薄层压裂工艺技术、整体压裂改造技术等低渗透气田储层改造与采气系列技术及其应用效果；综合研究了苏里格气田的气水分布规律与排水采气工艺技术，分析了排水采气实施效果与新工艺优化；开发了地质专家系统，并总结了气田数字化建设的经验。

本专著理论研究与实际应用相结合，开发技术与采气工艺相结合，是苏里格气田开发方面的一部系统的学术著作，其"理论先进性、技术实用性"特色突出，对于致密砂岩气生产和从事气田开发的广大科技工作者具有重要参考价值。

在新年即将来临之际，本专著即将与读者见面，作为一名长期从事能源科技研究的工作者，我欣然为其作序，以表示本人由衷的祝贺！

中国科学院院士 刘宝珺

2014年12月6日

前　　言

　　天然气是当前人类社会最重要的一次能源之一，在世界能源消费结构中占据重要地位。进入21世纪以来，随着勘探技术水平的不断提高，规模较大、容易识别的气藏大多已被发现，我国天然气勘探难度变得越来越大，增储上产日趋困难。油气储量、产量不足与需求之间的矛盾，越来越可能成为制约我国经济快速发展的一个重要因素。面对天然气勘探开发对象日趋复杂，急需加大勘探开发的研究力度，增加后备油气储量，提高天然气开发技术水平。

　　苏里格气田位于长庆靖边气田西北侧的苏里格庙地区，区域构造属于鄂尔多斯盆地陕北斜坡北部中带。这是一个十分复杂的大型气田，储层低孔、低渗、低丰度且非均质性非常严重。该气田储层有效砂体的叠置模式复杂，连通性差，无论是从国内外已发现或是已经开发的气田来看，都是最复杂的气田之一，储层预测和气田开发难度很大，而且没有成功的开发经验可以借鉴。

　　鉴于苏里格气田特殊的地质背景、复杂的地质环境，对其勘探和开发的每一个进步都对我国油气今后的勘探开发具有十分重要的指导意义。中国石油长庆油田公司针对苏里格气田储层非均质性强、有效砂体规模小、储量丰度低、单井产量低等一系列问题，通过多年的探索、实践，走出了一条具有苏里格气田特色的技术创新和管理创新的新思路、新模式，使气田步入了工业化规模开发的新阶段，开创了"三低"气田效益开发的先例。因此，对该地区在天然气开发中所采用的各方法思路的总结和研究，对于我国今后的油气田勘探和开发具有十分重要的意义，对长庆油田所采取的开发模式和创新思路的学习，可以更好地指导今后油气田勘探开发的工作。

　　苏里格气田的勘探开发经过了1999—2000年的勘探阶段，到2000年6月S6井的发现标志着苏里格气田正式投产。2001年之后，开始向北向南扩展，不断有新的勘探发现。到2007年苏里格气田水平井数量和应用规模持续扩大，2012年开始实现了以水平井为主开发。2013年，苏里格气田成为我国最大的气田，并于当年天然气产量突破200亿立方米。对于该地区所经历的开发过程以及取得的一系列的成就，做好总结和学习就是本书最大的目的。

　　本书根据苏里格气田实际开发所遇到的问题以及采取的措施，并辅以实例对该气田开发所采取的方法进行了论证。本书首先对储层特征进行分析评价，在此基础上对储层进行三维建模并作了相应的分析，同时对苏里格地区的气藏动态变化、产能递减规律、地层压力变化、动态储量变化、气井合理配产等动态开发所采用的方法以及实用性进行分析；针对苏里格气田低渗透性的特征，对苏里格地区的储层改造和采气工艺方法进行了研究，并对其采用的方法和取得的效果进行了清晰的描述；最后还对苏里格地区气田数字化建设方面所采取的措施和取得的成果进行了介绍。

　　苏里格气田的成功开发，为我们提供了宝贵的经验，对今后相似油气田的开发有一定的参考价值。

　　由于笔者水平及认识所限，书中不足之处敬请读者批评指正。

目 录

第一章 综述 (1)
  第一节 气田地质特征 (1)
    一、鄂尔多斯盆地构造及演化特征 (1)
    二、构造单元划分与地层特征 (2)
  第二节 气田勘探开发历程 (5)
  参考文献 (6)

第二章 储层特征 (7)
  第一节 储集岩类型及特征 (7)
    一、主要岩石类型及组分特征 (7)
    二、粒度特征 (9)
    三、储集空间类型 (11)
  第二节 储层物性特征 (12)
  第三节 储层非均质性 (15)
    一、层内非均质性 (16)
    二、层间非均质性 (18)
    三、平面非均质性 (18)
  第四节 储层综合评价 (19)
    一、储层综合评价标准 (20)
    二、储层综合评价结果 (22)
  参考文献 (23)

第三章 储层地质建模 (24)
  第一节 储层建模的技术方法和步骤 (24)
    一、储层建模的技术方法 (24)
    二、储层建模的基本步骤 (25)
  第二节 示范区储层地质建模应用 (27)
    一、构造模型 (27)
    二、沉积相模型 (27)
    三、储层物性参数模型 (31)
  参考文献 (43)

第四章 气藏开发动态评价 (44)
  第一节 气田动态特征 (44)

一、气井开发动态研究 ………………………………………………………（44）
　　二、气井产能评价 ……………………………………………………………（51）
　第二节　试采区早期试采评价 …………………………………………………（62）
　　一、致密气藏压裂井不稳定试井分析方法 …………………………………（63）
　　二、致密气藏压裂井产能试井分析方法 ……………………………………（75）
　　三、典型井试井测试及试采资料分析 ………………………………………（83）
　　四、典型地区产能影响因素分析 ……………………………………………（110）
　参考文献 …………………………………………………………………………（114）

第五章　气藏开发指标评价 …………………………………………………（115）
　第一节　气井产能评价 …………………………………………………………（115）
　　一、常规评价方法的适应性分析 ……………………………………………（115）
　　二、苏里格气田东区产能复算 ………………………………………………（121）
　　三、苏里格气田东区产能方程的建立 ………………………………………（123）
　第二节　地层压力评价方法适用性研究 ………………………………………（125）
　　一、地层压力计算方法 ………………………………………………………（126）
　　二、现代产量不稳定分析法 …………………………………………………（129）
　　三、数值模拟法 ………………………………………………………………（132）
　　四、苏里格气田东区地层压力评价 …………………………………………（134）
　第三节　动态储量评价 …………………………………………………………（137）
　　一、动态储量评价的必要性 …………………………………………………（137）
　　二、动态储量评价方法 ………………………………………………………（137）
　　三、不同方法动态储量计算结果对比 ………………………………………（147）
　第四节　气井合理配产评价 ……………………………………………………（148）
　　一、气井合理配产的意义及原则 ……………………………………………（148）
　　二、气井合理配产的方法及适应性分析 ……………………………………（149）
　　三、配产评价方法对比分析 …………………………………………………（156）
　参考文献 …………………………………………………………………………（157）

第六章　低渗透气田储层改造与采气技术 …………………………………（158）
　第一节　薄层压裂工艺技术 ……………………………………………………（158）
　　一、储层多裂缝的形成 ………………………………………………………（158）
　　二、储层压裂典型工艺技术 …………………………………………………（160）
　　三、支撑剂段塞降滤与防治多裂缝技术 ……………………………………（163）
　第二节　压裂改造效果影响因素分析 …………………………………………（165）
　　一、影响压裂效果的因素统计分析 …………………………………………（165）
　　二、压裂效果主控因素研究方法 ……………………………………………（169）
　　三、苏里格气田东区压裂效果的主控因素分析 ……………………………（170）

第三节 主力层压裂规模合理性研究 …………………………………………（172）
一、压裂优化设计的原则 …………………………………………………（172）
二、压裂裂缝参数优化设计 ………………………………………………（172）
三、苏里格气藏压裂裂缝规模推荐 ………………………………………（184）
第四节 整体压裂改造方案优化技术 ……………………………………（191）
一、压裂伤害机理 …………………………………………………………（191）
二、降低伤害的技术措施 …………………………………………………（197）
三、苏里格气田降低伤害的技术措施 ……………………………………（200）
四、压裂返排工艺优化 ……………………………………………………（201）
第五节 储层改造技术效果分析 …………………………………………（202）
一、典型压裂施工曲线分析 ………………………………………………（202）
二、苏里格气田压裂统计分析 ……………………………………………（209）
第六节 储层压裂增产新技术及应用研究 ………………………………（221）
一、高速通道压裂技术 ……………………………………………………（221）
二、体积压裂技术 …………………………………………………………（225）
三、新型压裂液体系应用技术 ……………………………………………（231）
参考文献 ……………………………………………………………………（241）

第七章 气水分布规律与排水采气工艺技术 ……………………………（242）
第一节 地层水地球化学特征与气水分布规律 …………………………（242）
一、地层水矿化度 …………………………………………………………（242）
二、气水分布特征及其控制因素 …………………………………………（244）
第二节 气水分布控制因素 ………………………………………………（246）
一、气源条件对气水分布的控制作用 ……………………………………（246）
二、古今构造特征对气水分布的控制作用 ………………………………（246）
三、气藏动力对气水分布的控制作用 ……………………………………（247）
第三节 排水采气工艺技术 ………………………………………………（251）
一、排水采气工艺技术现状 ………………………………………………（251）
二、常用排水采气工艺对比 ………………………………………………（252）
第四节 苏里格气田东区的生产方式及排水采气工艺现状 ……………（253）
一、节流气井基本情况 ……………………………………………………（253）
二、液面探测结果分析 ……………………………………………………（256）
三、排水采气实验方案 ……………………………………………………（259）
第五节 苏里格气田水平井排液采气工艺技术研究 ……………………（261）
一、苏里格气田水平井排水采气工艺初选 ………………………………（261）
二、水平井泡排工艺适应性分析 …………………………………………（263）
三、水平井气举排液采气适应性分析 ……………………………………（269）

四、水平井柱塞气举排液采气适应性分析 …………………………………（271）
　　五、水平井速度管柱排水采气技术 …………………………………………（276）
　第六节　泡沫排水采气工作制度的优化设计 …………………………………（282）
　　一、泡沫流体性质 ……………………………………………………………（282）
　　二、泡沫流体压力温度计算 …………………………………………………（284）
　　三、携液实验结果及分析 ……………………………………………………（287）
　　四、天然气含水率计算 ………………………………………………………（289）
　　五、加注参数优化 ……………………………………………………………（292）
　第七节　排水采气实施效果与新工艺优化 ……………………………………（293）
　　一、排水采气实施效果分析 …………………………………………………（294）
　　二、采气树阀门隐患分析与预防建议 ………………………………………（295）
　　三、新工艺技术 ………………………………………………………………（297）
　　四、措施增产实施效果分析 …………………………………………………（299）
　参考文献 …………………………………………………………………………（306）

第八章　气田数字化建设 ……………………………………………………………（307）
　第一节　开发思路 ………………………………………………………………（307）
　第二节　地质专家系统功能 ……………………………………………………（308）
　　一、数据库 ……………………………………………………………………（308）
　　二、功能模块 …………………………………………………………………（311）
　第三节　应用效果 ………………………………………………………………（319）
　　一、气井管理效率提升 ………………………………………………………（319）
　　二、措施执行率提升 …………………………………………………………（320）
　　三、精细化管理程度提升 ……………………………………………………（320）
　　四、技术人员工作量大幅度降低 ……………………………………………（320）
　参考文献 …………………………………………………………………………（320）

第一章 综 述

第一节 气田地质特征

一、鄂尔多斯盆地构造及演化特征

鄂尔多斯盆地是华北板块西部典型的克拉通边缘叠合盆地，为中国内陆第二大沉积盆地，横跨陕、甘、宁、蒙、晋五省区。地处阴山以南，秦岭以北，贺兰山以东，吕梁山以西的广大沙漠草原和黄土高原地区，分布面积 $37×10^4 km^2$，除外围的河套、渭河、银川、六盘山断陷盆地，盆地本部面积约达 $25×10^4 km^2$。现今的鄂尔多斯盆地构造形态总体显示为一东翼宽缓、西翼陡窄的不对称的南北向矩形盆地。盆地边缘断裂褶皱较发育，而盆地内部构造相对简单，地层平缓，倾角一般不足 $1°$。盆地内尚无二级构造划分，三级构造以鼻状褶曲为主，很少见幅度较大、圈闭较好的背斜构造。鄂尔多斯盆地主要形成于晚三叠世，此前属华北陆台伸向秦祁海域台地边缘区，早古生代为华北陆表海沉积范畴，寒武—奥陶系属浅海碳酸盐岩相，晚古生代沉积了海陆交互相的石炭—二叠系。到晚三叠世早期，陕甘宁地区开始下坳，沉积了一套上千米的湖相—三角洲相碎屑岩沉积（李贤庆等，2005）。

沉积盆地的演化过程，是在区域和局部不同构造环境下的沉积响应和沉积盆地的充填过程（罗志立等，1989）。根据板块构造观点，鄂尔多斯地块是华北板块的一部分，是华北陆块西端的次级构造单元，它的演化过程主要受北侧的"古中亚洋盆"、南缘和西南缘的秦祁海槽及其派生的贺兰拗拉槽的扩张、俯冲、消减作用的控制。鄂尔多斯晚古生代沉积盆地就是受这些区域构造格局的转变以及南北构造在时间和空间上的差异的直接影响和控制，造成沉积体系丰富、旋回结构清晰、层序类型多样的盆地充填与演化特征（杨华等，2009）。鄂尔多斯盆地发展演化至今，在构造上大致可分为8个阶段，具体如下。

（1）太古宙—古元古代盆地结晶基底形成阶段。

由于经历了迁西、阜平、五台、吕梁4次构造运动，盆地基底岩系发生变质、混合岩化及褶皱作用，并由此形成了由麻粒岩相（分布于古陆核中部）与绿片岩相（分布于古陆核周边）组成的复杂变质岩系。在盆地基底形成过程中，阜平运动促使古陆核形成，五台运动使古陆核由塑性向刚性转变，并最终在吕梁运动后形成了稳定的结晶基底（胡文瑞等，2009）。

（2）中元古代早期—中期大陆裂解阶段。

主要发育陆缘裂谷和陆内拗拉槽。盆地南缘主要发育祁秦大洋裂谷及与之相伴生的三大拗拉槽，分别为海源—银川拗拉槽（贺兰拗拉槽）、延安—兴县拗拉槽（晋陕拗拉槽）和永济—祁家河拗拉槽（晋豫陕拗拉槽），沉积了长城系滨海相碎屑岩和蓟县系含燧石条带藻纹层白云岩，但三者沉积厚度差异较大。盆地北缘主要发育兴蒙大洋裂谷及与之相生的狼山拗拉槽和燕山—太行山拗拉槽，沉积厚度为 $2000~4000m$。该时期盆地沉积格局主要受延伸至盆地南部的3大拗拉槽所控制，盆地北部则因伊盟古隆起持续存在，构造环境相对稳定

（杨俊杰等，1996）。

(3) 中元古代晚期—新元古代早期大陆会聚阶段。

盆地抬升缺失沉积。中元古代晚期，古亚洲洋向华北板块俯冲，盆地北缘转变为主动大陆边缘，发育岛弧型火山沉积建造，至1000Ma左右，盆地北缘进入碰撞挤压造山阶段，构造变形强烈，褶皱断裂发育。同样，盆地南缘也经历了由被动陆缘—主动陆缘—碰撞造山的发展演化，只是时间上与北缘稍有出入，表现为南部启动早而结束晚。在1100—1000Ma，盆地周缘洋盆与裂谷相继关闭，使华北陆块（包括鄂尔多斯地块）成为Rodinia超大陆的一部分，即著名的Grenville造山事件，并一直持续到新元古代早—中期（900—700Ma）（冯增昭等，1994）。

(4) 新元古代中期—早古生代中奥陶世盆地边缘裂陷与陆内坳陷阶段。

主要发育海相碳酸盐岩台地沉积。随着泛大陆的解体，华北古陆与西伯利亚、劳伦大陆裂开，形成了独立的华北板块。盆地北缘兴蒙洋Tonian纪（900Ma）开始张裂，Cryogenian纪（750—700Ma）、Ediacaran纪（700—600Ma）达到扩张高峰期。盆地西南缘祁秦洋Cryogenian纪（740Ma）开始张裂，Ediacaran纪（550Ma±17 Ma）发育成典型大洋。众多零星的地层记录分析表明，鄂尔多斯古陆南北两侧在前寒武纪末已经发育成为稳定的被动大陆边缘（何自新等，2003）。

(5) 早古生代晚奥陶世—晚古生代早石炭世盆地周缘碰撞造山阶段。

盆地抬升剥蚀。奥陶纪末，由于加里东运动影响，鄂尔多斯地块普遍抬升、剥蚀。兴蒙洋、秦祁洋以及贺兰拗拉槽相继关闭并转化成陆间造山带，盆地内部缺失沉积。

(6) 晚古生代晚石炭世—二叠纪末盆地周缘裂解阶段。

主要发育海陆交互相沉积。海西运动早期，鄂尔多斯盆地继承了加里东期的碰撞抬升，并一直持续到晚石炭世，风化剥蚀长达150—180Ma，地层缺失志留系—下石炭统。海西运动中期，祁秦海槽、兴蒙海槽、贺兰拗拉槽再度复活，鄂尔多斯地块随之发生区域性沉降，并开始接受沉积。在盆地内，区域构造继承了早古生代NNE向的隆坳相间格局，沉积特征为东西分异、南北展布，古地貌北高南低。

(7) 中生代陆内坳陷阶段。

盆地边缘隆起并整体掀斜，主要发育河流、三角洲及湖泊沉积。

(8) 新生代盆地周缘断陷阶段。

综上所述，鄂尔多斯盆地主要经历了多次的整体抬升和沉降，造就了现今地层平缓、构造不发育的地质特征，油气藏多以大型岩性油气藏和地层油气藏为主。其中，晚古生代主要经历了盆地的整体沉降，沉积环境从早期的陆表海过渡为海陆交互相、海陆过渡相，至晚期以陆相河湖相为主，沉积了广覆式煤系地层和厚层的砂砾岩、泥岩，分别构成上古生界主要的气源岩、储层和盖层，是苏里格气田上古生界致密砂岩气成藏基本地质要素的关键发育期。

二、构造单元划分与地层特征

鄂尔多斯盆地可划分为六个一级构造单元，即北部伊盟隆起、西缘冲断带、西部天环坳陷、中部伊陕斜坡、南部渭北隆起和东部晋西挠褶带（图1-1）。这种构造格局奠基于燕山运动，发展完善于喜马拉雅运动。因此，鄂尔多斯盆地地质构造的发展演化必然与上述区域及构造单元，尤其是与古阴山褶皱造山带及秦祁造山带的形成演化具有密切的关系，且经历了复杂的大陆内多期次造山及成盆作用。

根据长庆油田分公司研究院最新的分层方案，其古生界自下而上依次划分为：中奥陶统马家沟组（未穿）；上石炭统本溪组；下二叠统太原组、山西组，中二叠统石盒子组，上二叠统石千峰组；下三叠统和尚沟组、刘家沟组，中三叠统纸坊组，上三叠统延长组；下侏罗统延安组，中侏罗统安定组、直罗组；白垩系志丹统；第四系（表1-1）。

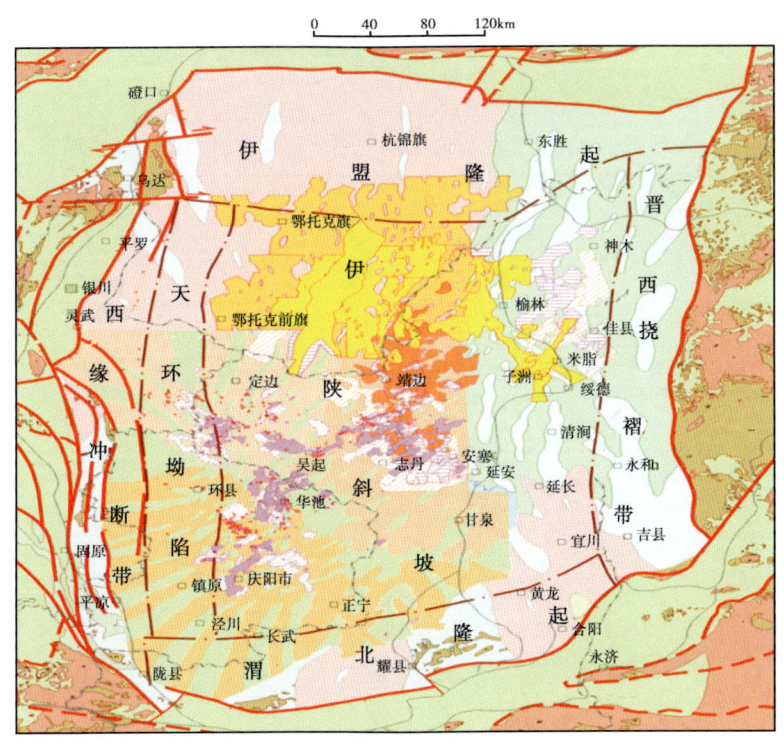

图1-1 盆地构造划分图

（一）中—下奥陶统马家沟组

马家沟组出露层位主要为马五段。

（二）上石炭统本溪组

主要岩性特征：顶部为煤层，以深灰色泥岩为主，底部以铝土质泥岩与奥陶系接触。电阻率呈中高值；自然伽马曲线呈尖峰状；自然电位曲线起伏大。顶部煤层在区域上大面积稳定分布，是进入本溪组的区域性标志层，底部以白云岩出现作为进入奥陶系的区域性标志。与下伏马家沟组呈假整合接触。

（三）下二叠统太原组

主要岩性特征为褐灰色灰岩、深灰色泥岩砂质泥岩夹深灰色泥岩及煤层。电阻率呈高—特高值；自然伽马曲线呈箱状起伏；自然电位曲线起伏大。太原组顶部的石灰岩是太原组与山西组分界的明显标志。与下伏本溪组呈整合接触。

（四）下二叠统山西组

主要岩性特征为厚层深灰、灰黑色泥岩、砂质泥岩夹浅灰色细—粗砂岩及煤层。电阻率曲线在高值背景上呈山峦状起伏；自然伽马曲线呈尖峰状起伏，其值较石盒子组增大；自然电位曲线负异常较不明显。该组砂岩普遍含炭屑，泥岩颜色明显变深，中—下部有煤层出现。根据沉积序列和岩性组合自下而上可分为山2、山1两段。与下伏太原组呈整合接触。

(五)中二叠统石盒子组

主要岩性特征为棕褐色泥岩、砂质泥岩为主夹浅灰色砂岩,底部为杂色泥岩夹浅灰色、灰白色中—粗砂岩。电阻率曲线呈细锯齿状起伏,电阻率值较石千峰组减小,自上而下逐渐增高;自然伽马曲线呈尖峰状,局部呈箱状起伏;自然电位曲线负异常明显。岩性上进入该组后泥岩颜色逐渐变杂,底部可见杂色泥岩;砂岩成分中石英含量自上而下逐渐增加,长石减少。与下伏山西组呈整合接触。

表 1-1 苏里格气田上古生界岩石地层划分及标志层特征(长庆油田)

岩石地层					主要标志层特征	电性特征
系	统	组	段	砂层组		
三叠系	下统	刘家沟组				
二叠系	上统	石千峰组		峰1 峰2 峰3 峰4 峰5	泥灰岩(或钙质结核) 鲜红色砂、泥岩 K_8 砂岩	锯齿状声波曲线
	中统	石盒子组	(天龙寺段)	盒1 盒2 盒3 盒4	硅质岩(燧石层) 褐红色砂泥岩 (K_6 砂岩)	低电阻、高伽马
			(化客头段)	盒5 盒6 盒7 盒8上 盒8下	桃花泥岩 浅色砂岩(K_5)泥岩 骆驼脖砂岩(K_4 砂岩)	电阻曲线起伏明显
	下统	山西组	下石村段	山1	上煤组(1#、2#、3#煤层) 铁磨沟砂岩(或钙质页岩)	高电阻、高时差、大井径、低密度
			北岔沟段	山2	中煤组(4#、5#煤层) 北岔沟砂岩(K_3 砂岩)	
		太原组	东大窑段	太1	东大窑段 6#煤层 七里沟砂岩(K_2 砂岩)	低平箱状声波时差、低伽马、箱状高密度
			毛儿沟段	太2	斜道石灰岩 7#煤层 毛儿沟石灰岩 庙沟石灰岩 西铭砂岩(局部)	
石炭系	上统	本溪组	晋祠段	本1	下煤组(8#、9#煤层) 吴家峪石灰岩(钙质岩) 晋祠砂岩(火山凝灰岩或 K_1 砂岩)	高自然伽马段、低电阻
			畔沟段 湖田段	本2 本3	畔沟灰岩 山西式铁矿、G层铝土矿(铁铝岩层)	
奥陶系	中—下统	马家沟组			石灰岩、白云岩	

（六）上二叠统石千峰组

主要岩性特征为棕红色泥岩、棕褐色砂质泥岩与浅棕、浅棕色砂岩、泥质砂岩呈不等厚互层。电阻率曲线呈大锯齿状—斜坡状起伏，幅度增大，电阻率值增大；自然伽马曲线呈尖峰状起伏；自然电位曲线负异常明显。进入该组以后，岩性上岩屑颜色较鲜艳，泥岩以棕红色为主，砂岩以浅棕色为主。电阻率曲线呈大锯齿状起伏，特征明显。与下伏石盒子组呈整合接触。

（七）下三叠统刘家沟组

主要岩性特征为浅灰、紫红色泥岩、棕红色砂质泥岩与浅棕、浅灰色砂岩、泥质砂岩互层。电阻率曲线呈细锯齿状起伏；自然伽马曲线呈锯齿状起伏，自上而下抬升；自然电位曲线异常不明显。以棕褐色岩性颜色与下伏石千峰组鲜艳醒目的棕红色岩性颜色区分明显，细锯齿状电阻率曲线与下伏地层大锯齿状—斜坡状曲线区分明显。与下伏石千峰组呈整合接触。

第二节　气田勘探开发历程

1999—2000 年，长庆探区开始以上古生界为主要目的层进行勘探，共完钻 16 口探井，完成试气井 11 口，均获工业气流。2000 年 6 月，在探区中部的 S6 井获得初产天然气 $50×10^4m^3/d$，压裂后试气求得无阻流量 $120×10^4m^3/d$，标志着苏里格气田的发现。分布于 S10-T6 井盒 8 砂岩带上的 S4 井、S5 井、T5 井试气，无阻流量都大于 $25×10^4m^3/d$，平均无阻流量为 $56×10^4m^3/d$。表明苏里格地区天然气勘探取得了突破性进展，并获得 $2204.7×10^8m^3$ 的天然气探明地质储量。

2001 年，苏里格地区作为天然气勘探的重点目标，共完钻探井 22 口，完成试气井 20 口，其中 13 口工业气流。勘探主攻目标为盒 8 砂层组，沿 S6 井区南北方向展开，钻探 17 口井，完成试气井 15 口，有 14 口井获得工业气流，由此盒 8 砂层组含气范围向南北大幅度扩大，新增含气面积 $2725km^2$，探明地质储量 $2993×10^8m^3$，可采储量 $2394.4×10^8m^3$。

其中，向北展开钻探 4 口井，完试 4 口井，3 口获工业气流。2001 年钻探，2002 年试气的 S10 井盒 8 获 $50.45×10^4m^3/d$ 的高产气流。S25 井盒 8 砂层组 10.1m，埋深 3200m，孔隙度 8.4%，渗透率 0.36mD，获 $32.85×10^4m^3/d$ 的工业气流，S15 井盒 8 砂层组厚 8m，获 $4.37×10^4m^3/d$ 的工业气流。以上几口井使盒 8 砂层组气藏向北扩展了 22km，新增含气面积 $576.6km^2$，探明天然气地质储量 $567.6×10^8m^3$，可采储量 $454.1×10^8m^3$。

向南展开钻探的 11 口井，试气 12 口，10 口获工业气流，发现类似于 S6 井区的中高渗透层含气区，S14 井盒 8 砂层组厚 12.6m，埋深 3447m，孔隙度 13.7%，渗透率 11.6mD，无阻流量 $20.1×10^4m^3/d$，S3、S7、S13、S16、S17、S19、S21、S22、S23 等 9 口井也获工业气流。使盒 8 砂层组含气范围向南扩展 60km 以上，新增含气面积 $2148.4km^2$，探明地质储量 $2425.5×10^8m^3$，可采储量 $1940.4×10^8m^3$。

在探明盒 8 砂层组气藏的同时，山 1 砂层组的勘探也取得重要进展。2001 年钻探、2002 年测试的 S3 井山 1 气层厚 10.1m，埋深 3601m，无阻流量 $11.59×10^4m^3/d$。S14 井山 1 砂层组厚 6.2m，无阻流量 $8.25×10^4m^3/d$，S16 井山 1 砂层组厚 6.1m，无阻流量 $9.7×10^4m^3/d$，连同以往钻探的 S56、S1 井，山 1 新增含气面积 $1257km^2$，探明天然气地质储量 $827.5×10^8m^3$，可采储量 $496.5×10^8m^3$。

在重点评价勘探东砂带的同时，西砂带钻探也见到好的气层，尤其是中段的 S18 井盒 8

砂层组、含气层厚 15.1m，孔隙度 9.86%，渗透率 0.48mD，获 $1.5×10^4m^3/d$ 的低产气流。S41 井气层厚 15m，孔隙度 8.87%，渗透率 0.2~1.13mD，连同以往钻探的 S2、S9、S11 井，控制盒 8 砂层组含气面积 $1319.7km^2$，控制地质储量 $1075.9×10^8m^3$，预测盒 8 砂层组含气面积 $2710.5km^2$，预测地质储量 $2079.9×10^8m^3$。

自 2001 年 6 月开始早期评价研究工作，到 2005 年已钻评价井 14 口，开发井 12 口；二维地震 514km，三维地震 $200km^2$；S6 井区 17 口配套建设，建成 $1.7×10^8m^3$ 产能，日产气 $32×10^4m^3$。10 口井的修正等时试井，其中探井 5 口，开发井 5 口；开发工艺实验水平井 2 口，欠平衡井 1 口，大型压裂井 8 口，CO_2 压裂 6 口（张福礼等，2005）。从 2007 年苏里格气田水平井开发经过六年持续攻关，水平井数量和应用规模持续扩大，2012 年开始气田实现了水平井为主开发，2013 年苏里格自营区水平井产能建设比例达到了 78.8%。到 2014 年 2 月 10 日，气田累计投产水平井 626 口，日均开井 565 口，水平井平均产量 $3.8×10^4m^3/d$，日均产气 $2155×10^4m^3$，约占气田日产量的 37.5%。

2009 年底苏里格气田东区提交探明储量（含基本探明）$5791.06×10^8m^3$。通过 2007—2009 年三年的产能建设苏里格东区完钻气井 600 余口。2010 年是长庆油田公司 2011 年油气当量 $4000×10^4t$ 目标的关键一年。作为长庆气田上产主力区块的苏里格气田，开展了大规模的产能建设会战。2012 年苏里格气田改写了历史，以 $135×10^8m^3$ 的年产量超越克拉 2 气田，成为我国年产量最大的气田。苏里格气田 2013 年天然气产量突破 $200×10^8m^3$，实际生产天然气 $212.19×10^8m^3$。2014 年 2 月 10 日，苏里格气田累计投产气井 7244 口，气田日均开井 6332 口，日产气量 $7020×10^4m^3$，平均单井日产量 $1.11×10^4m^3$，2014 年 1 月中旬日产气量突破 $7400×10^4m^3$，2014 气田计划生产天然气 $246.7×10^8m^3$。

截至 2014 年 2 月 10 日，苏里格气田东区投产气井 1164 口，日均开井 1050 口，产气量 $1032.3×10^4m^3/d$，平均单井产量 $0.98×10^4m^3/d$。套压 9.31MPa，压降速率 0.014MPa/d，井均累计产气量 $881.66×10^4m^3$。2014 年 2 月 10 日，苏里格气田累计投产气井 7244 口，气田日均开井 6332 口，产气量 $7020×10^4m^3/d$，平均单井日产量 $1.11×10^4m^3$，2014 年 1 月中旬产气量突破 $7400×10^4m^3/d$。到 2014 年 2 月 10 日，苏里格气田东区投产水平井 47 口，日均开井 47 口，产气量 $195.1×10^4m^3/d$，平均单井产量 $4.2×10^4m^3/d$（上古生界水平井 $3.2×10^4m^3$），套压 8.95MPa，压降速率 0.015MPa/d，井均累计采气量 $1262.3×10^4m^3$。

通过评价工作认为苏里格气田是低渗、低压、低丰度，大面积分布的岩性气藏，资源基础基本落实；有效储层为辫状河砂岩沉积中的粗砂岩相，具有储层非均质性强，连续性差，试采气井产量低、压力下降快，单井控制储量低，稳产能力差的特点。

参 考 文 献

[1] 李贤庆，侯读杰，胡国艺，等. 鄂尔多斯盆地中部气田地层流体特征与天然气成藏. 北京：地质出版社，2005.
[2] 杨华等. 鄂尔多斯盆地三叠纪延长组沉积期湖盆边界与底形及事件沉积研究. 北京：地质出版社，2009.
[3] 胡文瑞. 低渗透油气田概论（上）——迅速崛起的鄂尔多斯盆地. 北京：石油工业出版社，2009.
[4] 杨俊杰，裴锡古等. 中国天然气地质学（卷四）. 北京：石油工业出版社，1996.
[5] 冯增昭，王英华，刘焕杰，等. 中国沉积学. 北京：石油工业出版社，1994.
[6] 何自新. 鄂尔多斯盆地演化与油气. 北京：石油工业出版社，2003.
[7] 张福礼，黄舜兴，杨昌贵，等. 鄂尔多斯盆地天然气地质. 北京：地质出版社，2005.

第二章 储层特征

第一节 储集岩类型及特征

一、主要岩石类型及组分特征

据苏里格气田薄片鉴定结果，石盒子组储层岩石类型包括岩屑石英砂岩、岩屑砂岩和石英砂岩，山西组包括岩屑砂岩和岩屑石英砂岩（图2-1），具有自西向东石英含量减少，岩屑含量增加的特征。

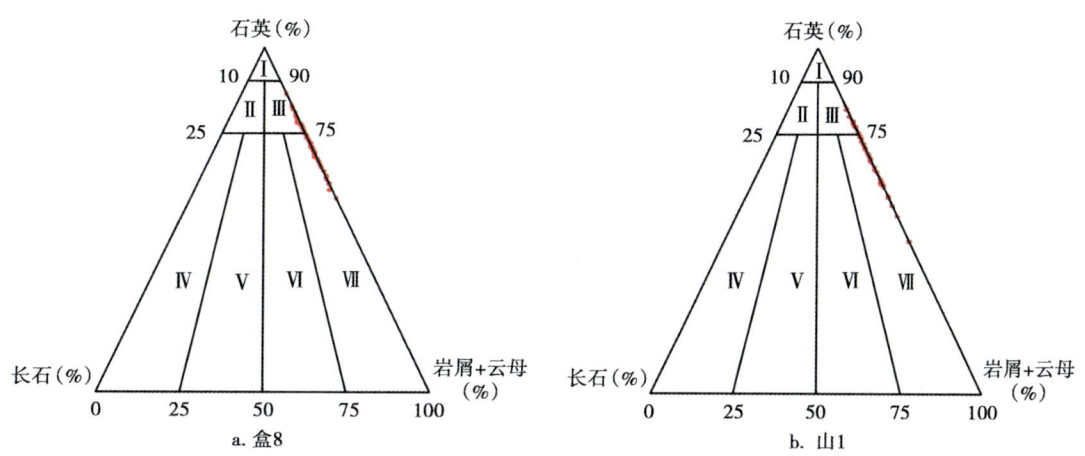

图2-1 苏里格气田东区砂岩成分三角图
Ⅰ—石英砂岩；Ⅱ—长石石英砂岩；Ⅲ—岩屑石英砂岩；Ⅳ—长石砂岩；Ⅴ—岩屑长石砂岩；
Ⅵ—长石岩屑砂岩；Ⅶ—岩屑砂岩

岩矿分析表明，苏里格气田上古生界主要储层段砂岩的碎屑颗粒成分主要以石英类（包括单晶石英、多晶石英、燧石以及变质石英岩岩屑）和岩屑为主，长石含量极少，多数已经完全高岭石化，几乎为零。苏里格气田岩屑中变质岩岩屑含量最多，分布在0~36%之间，平均10.9%，以千枚岩、片岩、板岩和变质砂岩等浅变质岩为主（图2-2）；其次为火成岩岩屑，为0~15%，平均3.9%，包括花岗岩、隐晶岩、流纹岩、英安岩及安山岩等岩屑；沉积岩岩屑含量少，为0~6%，平均0.3%，少量泥质、凝灰质泥岩、泥质粉砂岩、细砂岩等，泥质岩屑往往与杂基混杂，且发生强烈蚀变，难以区分开来。黑云母碎屑颗粒分布在0~7.5%之间，平均1.0%，变形弯曲及揉皱现象明显，多已水化膨胀成为假杂基充填在粒间孔隙中，仅少量可见其完整的原始晶形。另外，部分砂岩中可见较多的绿泥石碎屑以及泥化或钙化后的单矿物碎屑颗粒。

a. 燧石岩屑，T32井，2663.1m，正交光，×40　　b. 喷出岩岩屑，T32井，2663.1m，正交光，×40　　c. 变质石英岩，T32井，2719.7m，正交光，×40

d. 泥质岩屑，Z74井，3068m，单偏光，×40　　e. 千枚岩，T29井，2725.7m，单偏光，×40　　f. 水化白云母，Z76井，2952.3m，正偏光，×40

图 2-2　苏里格东区砂岩岩屑组分

苏里格气田上古生界主要储层段砂岩的填隙物包括杂基和胶结物。受沉积环境控制，该区杂基含量变化较大。研究区胶结物类型多样，主要为黏土矿物、硅质和碳酸盐胶结物（图 2-3）。黏土矿物分别有高岭石、伊利石和绿泥石，其中高岭石常呈典型的书页状充填于次生孔隙中，保留了良好的晶间孔，是储层重要的储集空间之一；伊利石是碱性成岩环境下的产物，具有多种成因，最常见的是由蒙皂石转变而来，扫描电镜下边部卷曲，由片状向丝缕状发展，有部分与半蜂窝状结构的伊/蒙混层共生，高岭石转变伊利石也是伊利石的一个来源，可以观察到一些残余高岭石晶体，其干涉色较高，轮廓较模糊，上覆丝状伊利石，两种矿物间界限较明显，但扫描电镜下尚能隐约辨别高岭石的六方片状晶形；绿泥石分布数量较少，盒 8 砂层组 0.76%，山 1 砂层组 0.57%。主要存在形式有绿泥石环边、放射针状绿泥石和黑云母蚀变绿泥石。

硅质胶结是该地区上古生界主要储层段盒 8、山 1 砂层组普遍存在的胶结物，其各层段平均含量在 1.9%~5.2%，硅质胶结物主要以石英次生加大边和自生石英晶体等形式出现，加大边多出现在石英颗粒的边缘，呈共轴生长状态，向粒间孔中心扩展并占据部分粒间孔隙，甚至充满粒间孔隙，对砂岩的孔隙度有较大影响；自生石英晶体呈自形的六方双锥晶体生长于溶蚀孔隙中形成典型的自生石英晶体。

碳酸盐类胶结物有方解石、铁方解石、铁白云石，含量一般在 1%~10%。大多数方解石呈充填粒间孔或交代长石碎屑出现，在各层段都有分布，含量相对较高；研究区部分井如 Z75 井砂岩中的方解石胶结物高达 33%；铁白云石在砂岩中的粒间孔中均零星分布，含量很少。

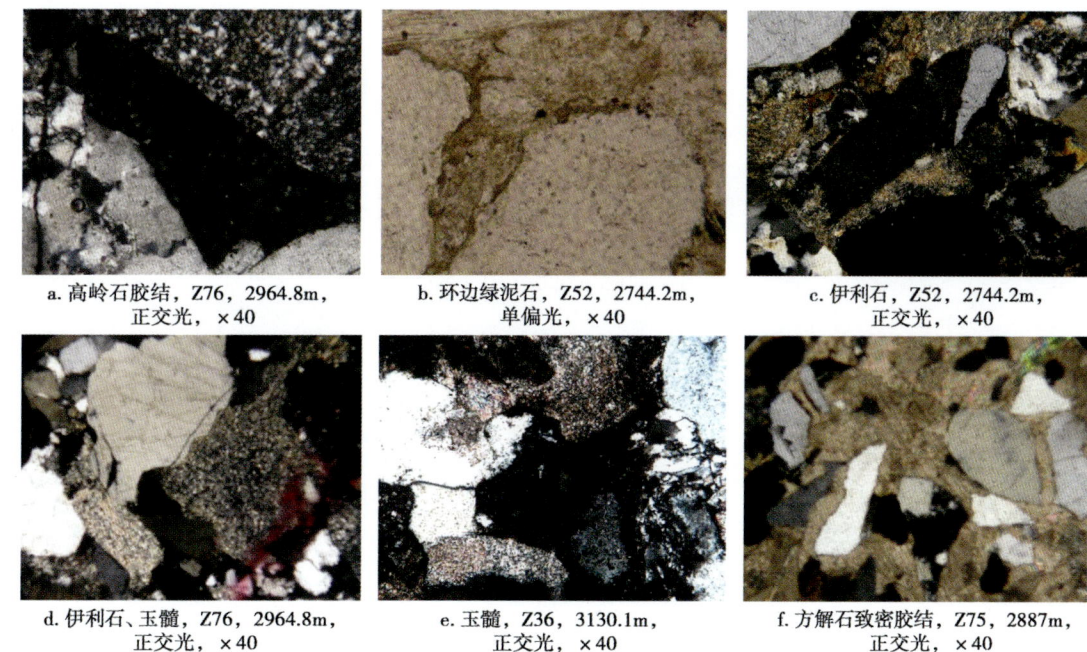

图 2-3 苏里格气田东区胶结物镜下特征

二、粒度特征

沉积物的粒度（即大小）是其最主要的结构特征，粒度的分布主要受沉积物物源性质和沉积时的水动力条件两方面因素的影响，它是反映原始沉积状态的重要标志（柳广弟等，2009）。一般认为不同的沉积环境有着不同的水动力条件，从而造成不同的粒度分布特征。因此，粒度分布特征成为判别和解释砂体沉积环境的成因标志之一，并能直接提供各砂体搬运和沉积时的水动力强度和作用方式。通过岩心砂岩样品的粒度分析概率曲线（图 2-4，表 2-1）可以看出曲线以两段式或三段式为主。其中二段式以跳跃总体为主，跳跃总体斜率中等至较高，分选中等到较好，悬浮总体含量小，接点突变，反映了水动力条件稳定且相对较强，悬浮组分不易沉积下来，为牵引沉积作用特征，研究区粒度分析表明水动力强度变化大，概率累计曲线为河流沉积环境的典型曲线，两段式，以跳跃载荷为主，斜率中等，分选中等到较好。

表 2-1 苏里格气田东区盒 8 砂层组、山 1 砂层组砂岩粒度分析统计表

粒度分析		盒 8	山 1
粗砂（0<φ<1）（%）	平均值	18.42	33.95
	最小值	0	10.37
	最大值	64.00	69.74
中砂（1<φ<2）（%）	平均值	55.00	48.71
	最小值	27.76	24.74
	最大值	67.08	74.59

续表

粒度分析			盒 8	山 1
细砂（2<φ<4）（%）		平均值	19.27	10.73
		最小值	6.01	4.04
		最大值	35.20	16.31
粉砂（4<φ<8）（%）		平均值	0.15	0.02
		最小值	0	0
		最大值	1.36	0.09
黏土（φ>8）（%）		平均值	7.15	6.58
		最小值	0	0
		最大值	15.00	16.00
图解法	粒度（μm）	平均值	1.64	1.44
		最小值	0.87	0.77
		最大值	2.43	3.46
	标准方差	平均值	1.19	1.21
		最小值	0.52	0.47
		最大值	1.90	3.09
	偏度	平均值	0.44	0.42
		最小值	0.11	0.17
		最大值	0.65	0.83
	尖度	平均值	2.48	2.21
		最小值	1.03	1.01
		最大值	4.21	4.01
C 值（mm）		平均值	0.73	0.91
		最小值	0.49	0.66
		最大值	1.18	1.36
M 值（mm）		平均值	0.37	0.44
		最小值	0.25	0.33
		最大值	0.59	0.61

　　苏里格东区砂岩颗粒的磨圆度以次棱角—棱角状为主，少量次圆—次棱角状等结构特征，表明盒 8 砂层组、山西组沉积砂体形成于水流较强的河流沉积环境或三角洲沉积环境中，该沉积环境以水动力条件较强、砂质沉积为主，含部分以滚动搬运的砾石级颗粒，悬浮搬运的细粒物质较少（朱筱敏等，2008）。反映了砂岩沉积时的水动力条件较强，悬浮组分不易沉积下来的特点。

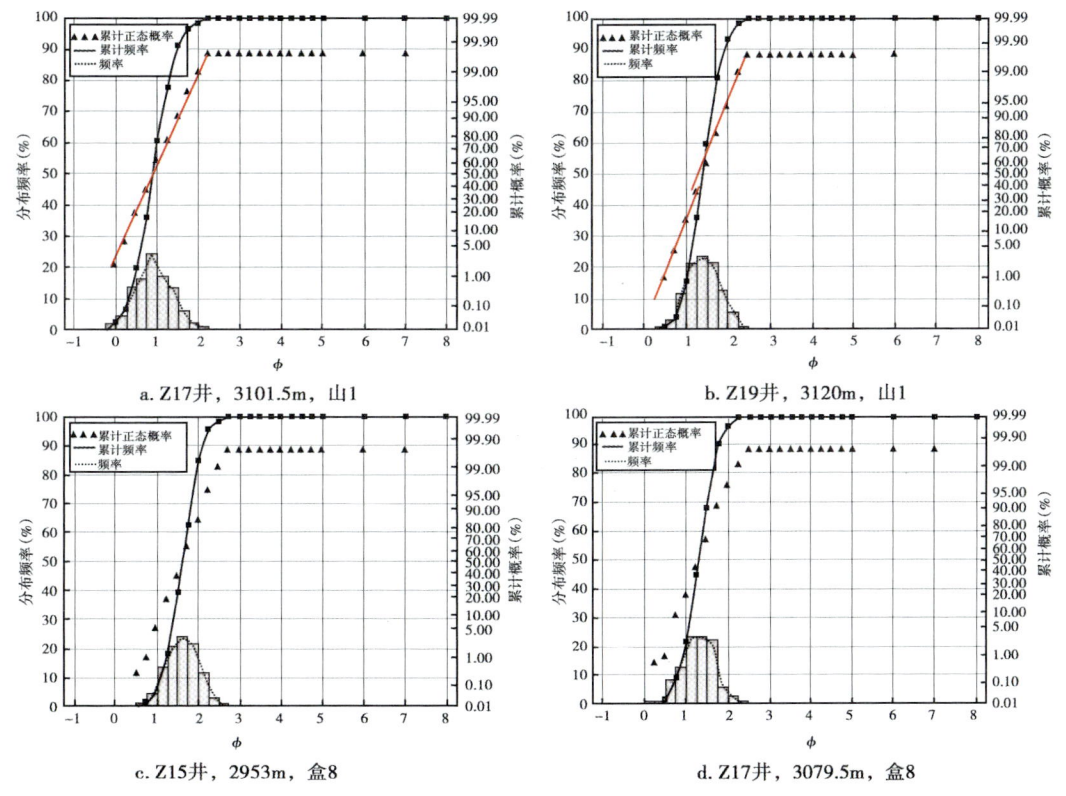

图 2-4　研究区粒度概率曲线图

三、储集空间类型

储层岩石孔隙结构是指岩石所具有的孔隙和喉道的几何形状、大小、分布及其相互连通关系。它表征储层岩石微观物理性质，是影响储层储集性能、生产能力和渗滤特征的主要因素之一。本书主要通过铸体薄片、压汞资料以及阴极发光来进行分析。

孔隙按成因可分为两大类型，即原生孔隙和次生孔隙。原生孔隙主要是指岩石开始沉积时形成并保存至今的孔隙，即粒间孔和原生粒内孔（于兴河，2009）。次生孔隙是在成岩过程中由溶蚀作用产生的各种溶蚀孔隙（如粒间溶孔、粒内溶孔和杂基溶孔等）、填隙物晶间孔隙和构造作用形成的裂缝等。

根据砂岩普通薄片、铸体薄片镜下观察和描述，并结合阴极发光分析表明，研究区砂岩储层的孔隙类型主要有晶间孔隙和溶蚀孔隙，此外还有少量原生粒间孔隙和微裂隙，溶蚀孔隙可进一步分为粒间溶孔、粒内溶孔和杂基溶孔（图 2-5）。

（一）原生粒间孔隙

研究区主要是残余粒间孔隙，表现为原生粒间孔隙被不同程度地充填杂基和成岩矿物，从而使粒间孔隙缩小，孔隙连通性变差的一类孔隙。主要分布在颗粒边缘处，无被溶矿物残余，孔隙形态较规则，可呈三角状。

（二）溶蚀粒间孔隙

也称粒间溶孔，被溶蚀的颗粒边缘极不规则，孔隙内可见矿物溶蚀残余，呈港湾状，孔隙连通性好，是研究区目的层位较好的一类孔隙。

  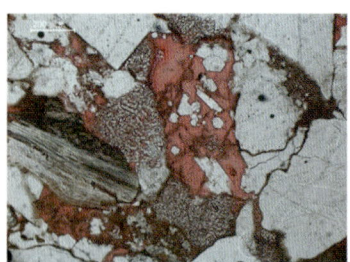
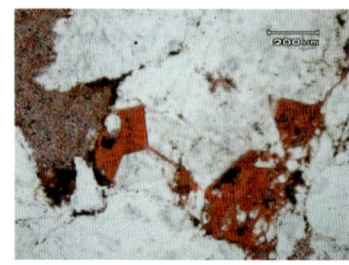  

a. 粒间孔—晶间孔，Z17，盒8，单偏光，×20　　b. 粒间溶孔，T28，盒8，单偏光，×20　　c. 溶孔—晶间孔，Z37，盒8，单偏光，×20

d. 溶孔—晶间孔，SD61-4，盒8，单偏光，×20　　e. 晶间孔—溶孔，SD30-47，盒8，单偏光，×20　　f. 晶间孔，SD36-31，盒8，单偏光，×20

图2-5　研究区孔隙类型

（三）溶蚀粒内孔隙

此类孔隙在研究区表现为长石溶孔和岩屑溶孔，亦可见石英溶孔，其中岩屑溶孔是研究区山1、盒8砂层组重要贡献孔隙类型之一。

（四）杂基溶蚀孔隙

主要是指泥岩杂基发生溶解所形成的杂基溶孔，其孔径往往很小，在研究区不是很发育。

（五）自生矿物晶间孔隙

砂岩在成岩过程中形成的分布于碎屑颗粒间自生矿物晶体间的微孔隙。主要有高岭石、伊利石和绿泥石的晶间微孔。此类孔隙细小并且孔喉细，连通性差，半径小，具有一定连通性，但数量较多，此类孔隙是研究区目的层位重要贡献孔隙类型之一。

（六）微裂隙

微裂隙是在碎屑岩储层中，由于成岩作用过程中，岩石组分收缩作用或构造力作用而形成的裂隙，它包括成岩裂缝和构造裂缝。裂缝不但本身成为储集空间，而且沿裂缝两侧产生较多次生孔隙，为溶蚀孔隙的产生提供了必要条件。裂缝虽不能明显增加孔隙度，却可以大大提高渗透率。总体看来，研究区砂岩中微裂隙不是很发育。微裂隙由岩石组分收缩作用或构造力作用而形成，可切穿碎屑颗粒和填隙物，具一定的延伸方向，而且随着延伸距离的增大可能逐渐变窄或消失。

第二节　储层物性特征

苏里格气田上古生界以陆相河流相储层为主，单砂体的发育规模由单支河道的规模和构成单元所决定，对于辫状河来说，主要受控于心滩的发育规模，对于曲流河来说主要受控于边滩的发育规模（顾家裕等，2003）。

统计结果表明（图2-6），研究区主要目的层单砂体平均厚度介于3.0~4.44m之间，厚度相差不大，说明沉积期单一河道的规模变化不大。主要目的层盒8下、山1砂层组单砂体厚度分别为3.7m、3.2m，而次要层位盒7砂层组、盒6砂层组单砂体厚度却在4m以上，分析认为造成这种结果的原因是主要目的盒8下、山1砂层组沉积期河流的水动力强度较大，且可容纳空间的增加速率小于沉积物的供应速率，河道的改道频繁，河道砂体横向发育能力明显强于垂向发育。

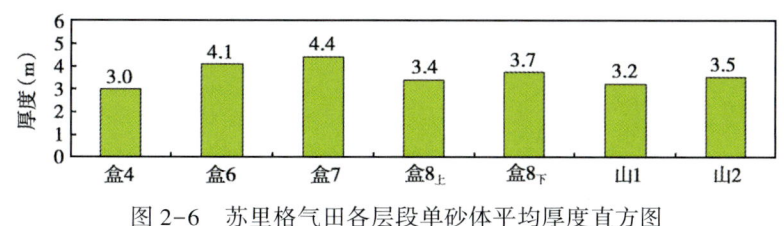

图2-6 苏里格气田各层段单砂体平均厚度直方图

苏里格气田东区各层段有效砂体发育存在较大的差别（图2-7）。盒8下、山1有效砂体最为发育，有效砂体厚度分别占上古生界有效砂体厚度的33.4%、27.8%；其次为山2、盒8上，有效砂体厚度分别占上古生界有效砂体厚度的14.9%、12%；盒6、盒7、盒4三个层段累计有效砂体占上古生界有效厚度的11%。可以看出，垂向上有效砂体集中分布在下部的山2—盒8上，而上部仅零星分布，所占比例很小。

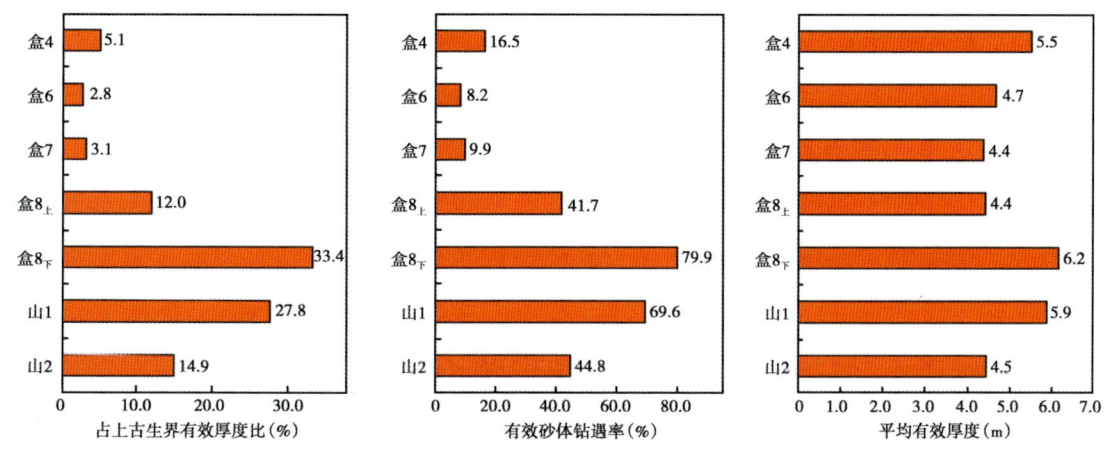

图2-7 苏里格气田东区各层段有效砂体参数对比

有效砂体钻遇率表现出同样的特征，盒8下、山1有效砂体钻遇率分别为79.9%、69.6%；山2、盒8上有效砂体钻遇率分别为44.8%、41.7%；而盒4、盒6、盒7有效砂体钻遇率分别为16.5%、8.2%、9.9%。

从平均单井钻遇有效砂体厚度看，盒8下平均单井钻遇有效砂体6.2m，山1平均单井钻遇有效砂体5.9m，盒4平均单井钻遇有效砂体5.5m；其他层位均在5m以下。

本书对苏里格气田目的层段共792个样品进行岩心物性统计分析（表2-2），孔隙度最大值19.9%，最小值3.2%，平均值9.4%；渗透率最小值0.020mD，最大值46.39mD，平均值0.795mD。储层总体表现为低孔、低渗特征。

表 2-2 苏里格东区化验分析物性统计表

层位	样品数（个）	孔隙度（%）			渗透率（mD）		
		最小值	最大值	平均	最小值	最大值	平均
盒4	19	5.9	15.4	11.1	0.02	16.6	3.805
盒6	17	6.1	16.4	10.2	0.021	5.99	0.915
盒7	30	4.9	14.1	9.7	0.083	2.75	0.857
盒8上	123	3.4	19.9	9.3	0.05	14.16	0.662
盒8下	352	3.3	16	9.5	0.011	20.68	0.758
山1	137	3.2	15.8	8.8	0.021	2.069	0.41
山2	114	3.3	14.5	7.5	0.004	46.39	1.165
合计/平均	792	3.2	19.9	9.4	0.020	46.39	0.795

孔隙度、渗透率垂向上呈规律性变化，盒8砂层组的孔隙度和渗透率均高于山1砂层组，随着埋藏深度的增加，从盒8砂层组到山1砂层组砂岩孔隙度和渗透率分别呈逐渐减小的趋势，分析认为主要由不同深度储层成岩压实作用差异造成的。

对苏里格气田东区750口井测井解释结果统计表明（表2-3），孔隙度最大值18.5%，最小值5.0%（苏里格气田有效储层下限），平均9.6%；渗透率最小值0.06mD，最大值6.97mD，平均值0.605mD；含气饱和度最小值11.6%，最大值88.3%，平均值57.6%。苏里格东区测井解释孔隙度、渗透率向上也有增大趋势，说明物性受压实作用的影响明显；而饱和度向上有显著下降，这主要与各层段距烃源岩的距离有关。

表 2-3 苏里格气田测井解释物性统计表

层位	孔隙度（%）			渗透率（mD）			含气饱和度（%）		
	最小值	最大值	平均	最小值	最大值	平均	最小值	最大值	平均
盒4	6.7	18.5	10.5	0.16	6.97	0.634	14.9	72.1	51.7
盒6	6.3	14.1	10.0	0.1	2.086	0.622	35.1	71.8	53.7
盒7	5	17.9	9.6	0.15	3.05	0.57	28.5	73.6	53.8
盒8上	5	16.6	9.9	0.11	3.367	0.706	25.6	86.8	60.1
盒8下	5	17.3	10.5	0.1	3.43	0.61	11.6	88	61.7
山1	5	16.2	9.3	0.094	5.53	0.537	43.4	88.3	66.2
山2	5	11.6	7.7	0.06	4.573	0.555	15.2	82.8	56.3
合计/平均	5	18.5	9.6	0.06	6.97	0.605	11.6	88.3	57.6

盒4砂层组孔隙度最大值18.5%，最小值6.7%，平均10.5%；渗透率最小值0.16mD，最大值6.97mD，平均值0.634mD；含气饱和度最小值14.9%，最大值72.1%，平均值51.7%，为研究层段最小。

盒6砂层组孔隙度最大值14.1%，最小值6.3%，平均10.0%；渗透率最小值0.10mD，最大值2.086mD，平均值0.622mD；含气饱和度最小值35.1%，最大值71.8%，平均值53.7%。

盒7砂层组孔隙度最大值17.9%，最小值5.0%，平均9.6%；渗透率最小值0.15mD，最大值3.05mD，平均值0.570mD；含气饱和度最小值28.5%，最大值73.6%，平均值53.8%。

盒8上砂层组孔隙度最大值16.6%，最小值5.0%，平均9.9%；渗透率最小值0.11mD，最大值3.367mD，平均值0.706mD；含气饱和度最小值25.6%，最大值86.8%，平均值60.1%。

盒8下砂层组孔隙度最大值17.3%，最小值5%，平均10.5%；渗透率最小值0.10mD，最大值3.43mD，平均值0.610mD；含气饱和度最小值11.6%，最大值88%，平均值61.7%。

山1砂层组孔隙度最大值16.2%，最小值5%，平均9.3%；渗透率最小值0.094mD，最大值5.53mD，平均值0.537mD；含气饱和度最小值43.4%，最大值88.3%，平均值66.2%。

山2砂层组孔隙度最大值11.6%，最小值5%，平均7.7%；渗透率最小值0.06mD，最大值4.573mD，平均值0.555mD；含气饱和度最小值15.2%，最大值82.8%，平均值56.3%。

综上所述，整个苏里格气田储层孔隙度、渗透率均较低，物性较差，属于典型的低孔低渗气田。

研究区孔隙度、渗透率相关性较好，总体上随着孔隙度的增大，渗透率呈指数增大（图2-8）。孔隙度和渗透率具有明显的正相关性，说明研究区主要为孔隙型储层。部分样品远离趋势线，分析认为位于A区的样品可能存在微裂缝，使得渗透率明显增大；分析认为位于B区的样品对渗透率贡献较大的大孔所占比例较小，而晶间孔占比大，使得孔隙度较大，但渗透率却未相应增大。

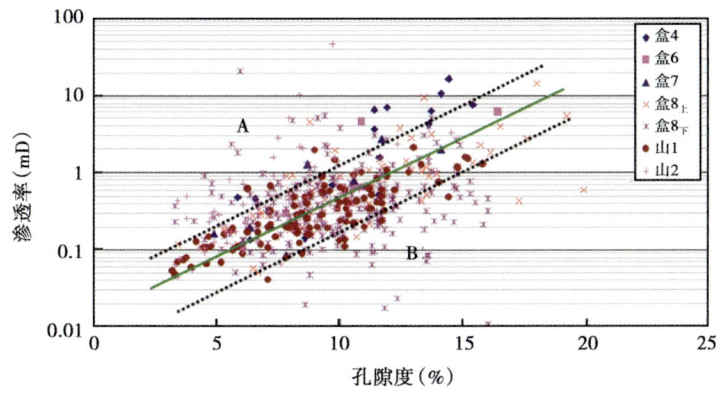

图2-8 苏里格气田东区孔隙度、渗透率相关性分析

第三节 储层非均质性

油气储层在漫长的地质历史中，经历了沉积、成岩以及后期构造运动的综合影响，使储层的空间分布及内部的各种属性都出现了不均匀分布和变化，其岩性、物性、电性和含油性在三维空间上往往都是变化的，这种变化就是储层的非均质性。储层非均质特征的研究是制定油田勘探、开发方案的基础，是评价油藏、发现产能潜力以及预测最终采收率的重要地质依据。

影响储层非均质性的因素很多，也很复杂，但归结起来主要原因有以下三个方面：

（1）构造因素。构造因素对储层非均质性的影响主要取决于构造运动，形成断层、裂缝，改造和叠加于原始储层骨架之上，造成流体流动的遮挡或通道。

（2）沉积因素。沉积因素主要决定于沉积作用或过程，形成储层的原始骨架、砂体的空间形态与内部构成。

（3）成岩因素。成岩作用决定于储层的岩矿与地下流体特征，造成黏土矿物的转化，发生胶结、溶蚀及淋滤作用，改善或破坏储层的基本物性。

以上三点概括起来就是：构造演化的阶段、沉积格局的多样性、成岩作用的复杂性对非均质的影响和制约。就储层沉积学而言，影响其非均质的主要因素是后两者。

储层的结构复杂程度让人难以置信，它所包含的非均质性规模可以从几千米到几米，从几厘米到几微米。不同的学者依据其研究目的的不同，对储层非均质性的规模、层次及内容的研究各有所侧重。但总体来说，对储层非均质性的分类主要是依据研究的规模或范围，储层的成因或沉积界面以及对流体的影响来进行，其目的是将储层各属性的定性描述转化为油田开发的定量指标，更好地为油田的勘探与开发，尤其是储层建模服务；对储层非均质性进行分类、描述和分析本身就是储层模型化的过程。

裘怿楠（1987，1989，1992）根据多年的工作经验和 Pettijohn 的思路，结合我国陆相储层的特点，既考虑了非均质性的规模，也考虑了开发生产的实际，将碎屑岩储层的非均质性由大到小分成三类：层内非均质性、层间非均质性、平面非均质性。以 ZT1 示范区上古生界盒 8 砂层组及山西组储层为例，分析储层的层内非均质性、层间非均质性和平面非均质性。

一、层内非均质性

指一个单砂层规模内垂向上的储层特征变化。包括层内垂向上渗透率的差异程度、最高渗透率段所处的位置、层内粒度韵律、渗透率韵律及渗透率的非均质程度、层内不连续的泥质薄夹层的分布。主要影响因素包括粒度韵律、沉积构造、层内夹层的分布、层内裂缝等。

（一）粒度韵律

单砂层内碎屑颗粒的粒度大小在垂向上的变化呈现一定的规律性，称为粒度韵律。粒度韵律受沉积环境和沉积作用的控制，呈现正韵律型、反韵律型、复合韵律型和均质韵律型（无韵律型）。

正韵律型：颗粒粒度自下而上由粗变细，一般与下伏地层明显呈突变冲刷接触，渗透率高值带一般出现在下部，向上逐渐变小。

反韵律型：颗粒粒度自下而上由细变粗，称为反韵律，往往导致岩石物性自下而上变好。

复合韵律型：即正、反韵律的组合。正韵律的叠置称为复合正韵律；反韵律的叠置称为复合反韵律；上、下细，中间粗为反正复合韵律；上、下粗，中间细为正反复合韵律。

均质韵律型：颗粒粒度在垂向上无变化或无规律者称为无规则序列或均质韵律。

ZT1 示范区地区上古生界盒 8 砂层组及山西组储层以河流相砂体沉积为骨架，也是主要储集砂体的形成介质，其次为分流间湾、河漫滩等。其粒度的韵律性主要以正韵律、正韵律叠置和复合韵律为主。正韵律段总体表现为向上变细的正粒序，从而导致了储层物性的变化规律一般为高孔隙和高渗透率段多分布于砂岩底部，向上孔隙度和渗透率逐渐减小。当然由于分流河道的摆动、相互切割等因素，一个小层内部往往由几个正韵律段叠置形成，中间夹有泥质或物性较差的隔夹层。

（二）沉积构造

在碎屑岩储层中，经常发育各种不同类型的原生沉积构造，其中以层理为主（赵红兵等，2012）。层理主要通过岩石的颜色、粒度、成分及颗粒的排列组合的不同所表现出的不同构造特征，这种差异则导致了渗透率的各向异性，所以，可以通过研究各种层理的纹层产状、组合关系及分布规律，来分析由此而引起的渗透率的方向性。如ZT1示范区地区上古生界盒8砂层组及山西组层理构造发育非常丰富，常见的包括平行层理、水平层理、交错层理、变形层理等，这些层理的存在造成了渗透率的各向异性。

（三）层内夹层的分布

层内夹层是指位于单砂层内部的非渗透层或低渗透层，厚度从几厘米到几十厘米不等，一般为泥岩、粉砂质泥岩或钙质砂岩，以及胶结带和石油运移过程中所产生的沥青或重质油充填带。层内夹层一般将油层分为几个段，并对流体的流动起着阻隔或极低渗透率的隔挡作用，影响着垂直和水平方向上渗透率的变化。从而对油水运动规律和措施有效期保持时间的长短起很大的作用，有时也可能直接阻挡注入剂的驱替，影响驱油效果。

（四）层内裂缝

层内裂缝的发育会增加某一方向的渗透率，有时会增加几十至几百倍，改变了流体在层内的渗流特征。因此，层内裂缝的存在及分布情况会影响层内非均质性的状况（王振寄，2005）。

一般在对层内非均质性的研究过程中，采用分层系数、砂岩密度、各砂层间渗透率的非均质程度、层间隔层等进行定性和半定量描述，其中应用最多且认可率较高的是渗透率的非均质性评价，本书主要采用该技术。

在层内非均质性研究过程中，一般采用渗透率变异系数（V_k）、突进系数（T_k）和级差（J_k）对其进行定量分析。

1. 渗透率变异系数（V_k）

变异系数是一个数理统计概念，用于度量统计的若干数值相对于其平均值的分散程度。其计算公式如下：

$$V_k = \left[\sum_{i=1}^{n} (K_i - K_{平均})^2 / n \right]^{\frac{1}{2}} / K_{平均}$$

式中　K_i——层内某样品的渗透率值，$i=1, 2, 3, \cdots, n$；

$K_{平均}$——层内所有样品渗透率的平均值；

n——层内样品个数。

一般而言，当$V_k<0.5$时，为均质型，表示非均质性弱；当$0.5 \leq V_k \leq 0.7$时，为较均匀型，表示非均质程度中等；当$V_k>0.7$时，为不均匀型，表示非均质程度强。

2. 渗透率突进系数（T_k）

以砂层中最大渗透率与砂层平均渗透率的比值来表示。

$$T_k = K_{最大} / K_{平均}$$

式中　$K_{最大}$——层内最大渗透率，一般以砂层内渗透率最高且相对均质层的渗透率表示。

当$T_k<2$时，为均质型；当$2 \leq T_k \leq 3$时，为较均质型；当$T_k>3$时为不均匀型。

3. 渗透率级差（J_k）

砂层内最大渗透率与最小渗透率的比值。

$$J_k = K_{最大}/K_{最小}$$

式中 $K_{最小}$——最小渗透率值，一般以渗透率最低且相对均质段的渗透率表示。

渗透率级差越大，反映渗透率的非均质性越强，反之非均质性越弱。

综合这三类要素，国内储层评价非均质性的标准是：弱非均质性——渗透率变异系数小于0.5，突进系数小于2.0，级差小于10；中等非均质性——渗透率变异系数为0.5~0.7，突进系数2.0~3.0，级差10~50；强非均质性——渗透率变异系数大于0.7，突进系数大于3.0，级差大于50。

通过对ZT1示范区地区上古生界盒8砂层组及山西组内部进行非均质性的研究和各种定量值的计算（表2-4），结合评价标准，可以看出，ZT1示范区地区上古生界盒8砂层组及山西组岩性非均质性均较强。

表2-4 ZT1示范区盒8砂层组及山西组非均质性要素统计表

层位	样品数	变异系数	突进系数	级差
盒$8_上^1$	88	0.76	4.67	48.67
盒$8_上^2$	218	0.94	6.08	74.20
盒$8_下^1$	299	0.93	5.57	50.00
盒$8_下^2$	559	0.93	8.31	84.80
山1^1	246	0.63	4.53	14.20
山1^2	253	0.57	4.76	35.00
山1^3	267	0.60	3.93	56.67
山2^1	154	0.94	6.55	49.17
山2^2	104	0.79	4.42	37.83
山2^3	118	0.85	8.12	56.50

二、层间非均质性

层间非均质性是指储层或砂体之间的差异，是对一个油藏或一套砂泥岩之间含油层系的总体研究，属于层系规模的储层描述。包括各种沉积环境的砂体在剖面上交互出现的规律性或旋回性，以及作为隔层的泥质岩类的发育和分布规律，即砂体的层间差异。它是引起注水开发过程中，层间干扰、水驱差异和单层突进的内在原因。因此，层间非均质性是选择开发层系、分层开采工艺技术的依据。在我国的陆相碎屑岩沉积储层中，一般储层的层数多、厚度小、横向变化快和连通性差等，沉积体系多具有相带窄、相变快等特点，致使层间非均质性十分突出。

三、平面非均质性

平面非均质性是指一个储层砂体的几何形态、规模、连续性，以及砂体内孔隙度、渗透率的平面变化所引起的非均质性，它直接关系到注入剂的波及率。任何一个油层在平面上，其渗透率等物性参数都是存在变化的，严重的油层，其渗透率变化可达到几倍、十几倍甚至几十倍以上。另外，渗透率在平面上的变化一般具有方向性，引起平面非均质的主要因素是沉积相的分布，沉积相控制着砂体的分布，由于砂体在平面上的沉积分异性，导致储层的平面非均质性。根据对工区各层段物性图件的绘制，可以看出 ZT1 示范区上古生界盒 8 段及山西组平面非均质性的分布具有非常好的规律性。主要影响非均质性的因素包括以下几方面。

（一）砂体几何形态引起的平面非均质性

砂体几何形态是反映砂体在各个方向的相对展布，主要受控于沉积相的分布，不同沉积体系内砂体的几何形态有着自己的特性与规律。对于工区上古生界盒 8 砂层组及山西组，受河流相沉积体系的控制，砂体展布以近于南北向条带状展布为主，高渗透带也呈南北向条带状展布。沿砂体条带展布方向，砂体厚度和渗透率变化不大，而垂直砂体延伸方向的砂体厚度和渗透率变化较大，并向两侧明显变小。

（二）平面上不同沉积微相产生的非均质性

在平面上，砂体一般由不同沉积微相控制下的砂体复合而成，由于不同的沉积相控制下砂体的差异性，造成了平面物性的差异，也就导致了平面非均质性的产生。工区上古生界盒 8 砂层组及山西组主要存在辫状分流河道、河床滞留、心滩、河漫滩、水下分流河道、决口扇、天然堤等控制骨架砂体的沉积微相，它们在平面上的相互交错出现，导致了平面非均质性的存在。

（三）同一沉积微相内部不同部位物性的差异

一般来讲，在同一沉积微相内，主体带与边缘带、近源带与远源带的沉积砂体会存在一定的差异性，这也会造成渗透率的平面变化，从而导致平面非均质性的发育。例如在工区上古生界盒 8 砂层组及山西组常见的分流河道等沉积体系中，河道内部与河道侧翼存在明显的岩性、物性差异。

（四）平面上储层非均质性与含油性的分布特征

在平面上，储层的物性差异对含油性会产生巨大影响。工区上古生界盒 8 段及山西组根据沉积微相不同、同一沉积微相内部位置的差异，会产生孔隙度、渗透率在平面上的分布差异，从而导致含油性在平面上的分布差异。

整体来看，ZT1 示范区上古生界盒 8 砂层组及山西组地层平面非均质性相对较强。依据对 ZT1 示范区上古生界盒 8 砂层组及山西组各组段地层沉积的研究和物性分析，认为在 ZT1 示范区上古生界盒 8 砂层组沉积中，辫状分流河道及心滩内部物性最好，其次为水下分流河道。在平面上，由于沉积分异作用，河漫滩、河道侧翼、辫状分流河道交互出现，形成了垂直于河道方向的物性变化；另外山西组工区内沉积体系具有很好的继承性，以三角洲前缘背景下的分流河道砂体为骨架沉积相。其在平面上分布也具有很好的方向性，顺河流方向，孔隙度、物性变化较小，相对均质，垂直河流方向，由于沉积相的变化和同一沉积相内的不同部位，引起孔隙度、渗透率的变化，导致平面非均质性较强。

第四节　储层综合评价

在沉积微相、砂体研究及物性分析、非均质性研究的基础上，结合长庆油田上古生界储层评价标准，对工区进行储层综合评价。

一、储层综合评价标准

储层综合评价标准的制定，主要以影响储层的因素为依据，结合各项储层定性及定量标准。

（一）储层影响因素

影响储层的因素主要包括以下三方面：

（1）沉积因素。沉积条件的不同造成沉积物颗粒大小、排列方向、层理构造、沉积韵律、几何形态等差异，控制了储层孔隙度、渗透率的分布状况。区内盒8砂层组以辫状河三角洲平原背景下的辫状分流河道沉积为主，平面上顺主河道方向呈高孔、高渗，垂向上呈现明显的二元结构特征，表现为底部粗、上部细的正韵律特征；山西组砂体以三角洲平原水下分流河道为主，平面上顺主河道方向呈高孔、高渗，垂向上呈现一定的二元结构特征，表现为底部粗、上部细的正韵律特征。

（2）物源及碎屑物。碎屑物组分及搬运距离也是影响储层物性的一大因素，搬运距离越长，颗粒的分选、磨圆越好，泥质和云母等不稳定组分含量越小，储层物性也就越好。工区内地层砂体成分以石英砂岩为主，长石含量相对很低，搬运距离中等。

（3）成岩因素。沉积后的压实、压溶、胶结、重结晶等后生成岩作用会改变原始孔隙度和渗透率的分布状态，增加储层的非均质性。研究区储层经历了中成岩晚期—晚成岩阶段；研究区主要经历的成岩作用有压实作用、胶结作用、溶解作用和交代作用等。

（二）储层综合评价标准

根据对研究区盒8砂层组及山西组沉积微相及砂体展布特征的研究及储层特征的分析，结合长庆油田储层评价标准，制订了适合工区层段的新标准（表2-5）。

表2-5 研究区储层分类综合评价标准表

参数		Ⅰ	Ⅱ	Ⅲ	Ⅳ
孔隙度（%）		>11	8~11	5~8	<5
渗透率（mD）		>1	0.5~1	0.1~0.5	<0.1
饱和度（%）		>60	50~60	40~50	<40
岩性		石英砂岩	石英砂岩、岩屑石英砂岩	岩屑石英砂岩、岩屑砂岩	岩屑砂岩为主
孔隙组合		粒间孔—溶孔	溶孔—晶间孔	溶孔—微孔	微孔
孔隙结构	面孔率（%）	>4.0	2.5~4.0	0.5~2.5	<0.5
	中值喉道半径（μm）	>0.5	0.2~0.5	0.05~0.2	<0.05
	排驱压力（MPa）	<0.5	0.5~1.0	0.85~1.0	>1
	最大连通喉道（μm）	>1.5	1.5~1.0	1.0~0.5	<0.5
	歪度	粗歪度	较粗歪度	较细歪度	细歪度
	分选	好—中等	好	较好	差

1. Ⅰ类储层

该类储层主要为心滩、边滩强水流环境下沉积的含砾粗粒的石英砂岩储层。孔隙度大于11%，渗透率一般大于1mD，含气饱和度大于60%。压汞排驱压力小于0.5MPa，最大汞饱和度一般大于80%；退汞效率高，一般大于46%；中值半径一般大于0.5μm，分选好；压汞曲线为平台型，孔喉连通性好，粗歪度（图2-9）；孔隙组合类型为粒间孔、溶孔。储集物性好，是研究区最好的储层。

2. Ⅱ类储层

该类储层主要为心滩、边滩等较强水流环境下沉积的含砾粗粒岩屑石英砂岩储层。孔隙度一般8%~12%，渗透率0.5~1mD，含气饱和度50%~60%。排驱压力为0.5~1.0MPa，中值半径平均0.2~0.5μm，最大汞饱和度一般大于60%；退汞效率较高，一般大于40%；分选较好，压汞曲线为具一定斜率的平台型，孔喉分选较好；孔隙组合类型为晶间孔—溶孔、溶孔型（图2-10），是研究区主要的孔隙结构类型。

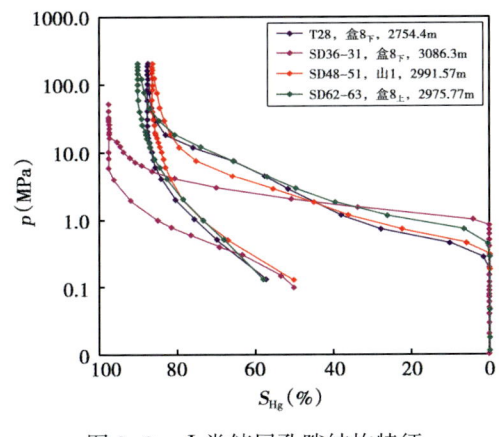

图2-9　Ⅰ类储层孔隙结构特征

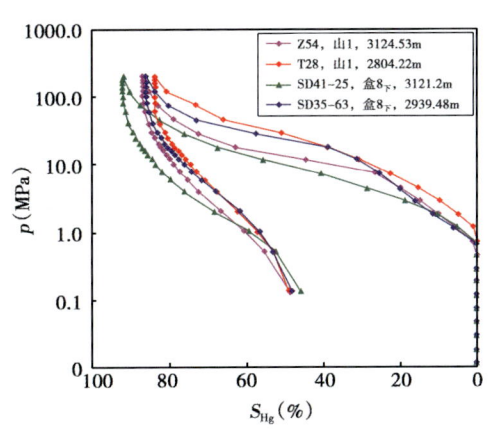

图2-10　Ⅱ类储层孔隙结构特征

3. Ⅲ类储层

孔隙度为5%~8%，渗透率为0.1~0.5mD，含气饱和度40%~50%。排驱压力一般在0.85~1.0MPa，最大汞饱和度一般大于40%，退汞效率一般大于36%；中值半径一般介于0.05~0.2μm；压汞曲线平台斜率大，孔喉连通性较差，孔隙组合类型主要为微孔—晶间孔、溶孔—晶间孔（图2-11）。该类型储层中等，在研究区也较为发育。

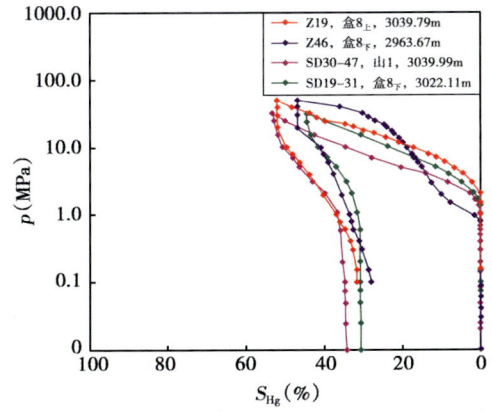

图2-11　Ⅲ类储层孔隙结构特征

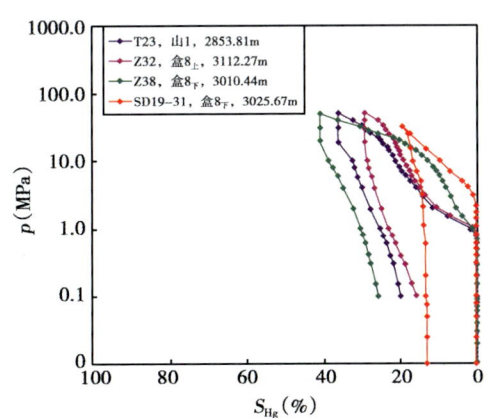

图2-12　Ⅳ类储层孔隙结构特征

4. Ⅳ类储层

该类储层主要为较弱水流环境下沉积的岩屑砂岩储层。孔隙度一般小于5%，渗透率小于0.1mD，含气饱和度小于40%。排驱压力大，一般大于1MPa，最大汞饱和度一般低于40%；退汞效率低，小于30%，中值半径小于0.05μm；压汞曲线表现为陡坡形，孔隙组合类型以微孔、微孔—晶间孔为主（图2-12）。该类孔隙结构在该区较常见，为差的孔隙结构类型，为非储层。

二、储层综合评价结果

苏里格东区7个层段共解释储层48900.7m，平均单井解释储层65.2m，Ⅰ类储层累计厚度仅1230.8m，占总储层厚度的2.52%，平均单井解释Ⅰ类储层1.64m，平均孔隙度12.52%，平均渗透率1.31mD，平均含气饱和度63.7%；Ⅱ类储层累计厚度仅3505.4m，占总储层厚度的7.17%，平均单井解释Ⅱ类储层4.67m，平均孔隙度9.37%，平均渗透率0.87mD，平均含气饱和度58.9%；Ⅲ类储层累计厚度5815.9m，占总储层厚度的11.89%，平均单井解释Ⅲ类储层7.76m，平均孔隙度7.48%，平均渗透率0.34mD，平均含气饱和度51.5%；Ⅳ类储层累计厚度38348.6m，占总储层厚度的78.42%（表2-6）。

表2-6 苏里格东区不同类型储层参数统计表

储层类别	厚度（m）	厚度比例（%）	孔隙度（%）	渗透率（mD）	含气饱和度（%）
Ⅰ类储层	1230.8	2.52	12.52	1.31	63.7
Ⅱ类储层	3505.4	7.17	9.37	0.87	58.9
Ⅲ类储层	5815.9	11.89	7.48	0.34	51.5
Ⅳ类储层	38348.6	78.42	—	—	—
小计	48900.7	—	—	—	—

对苏里格东区上古生界不同层位储层进行分类评价（表2-7）。总体上看，各小层Ⅰ类储层占有效储层比例最小，介于3.8%~18.5%，平均11.7%；Ⅱ类储层占有效储层比例在19.5%~37%之间，平均30.4%。可以看出储层总体上较为致密，作为优质储层的Ⅰ、Ⅱ类储层平均占有效储层总厚度的42.1%。

表2-7 苏里格东区不同类型储层占有效储层的比例

层位	Ⅰ类储层（%）	Ⅱ类储层（%）	Ⅲ类储层（%）	Ⅰ+Ⅱ类储层（%）
盒4	13	28.5	58.5	41.5
盒6	13	19.5	67.5	32.5
盒7	18.5	35.8	45.7	54.3
盒8上	17.8	30	52.2	47.8
盒8下	15.1	37	47.9	52.1
山1	7.7	31.8	60.4	39.6
山2	3.8	22.6	73.6	26.4
平均	11.7	30.4	57.9	42.1

参 考 文 献

[1] 柳广弟，付广，张厚福，等．石油地质学．北京：石油工业出版社，2009：33-40.
[2] 朱筱敏，王贵文，陈世悦，等．沉积岩石学．北京：石油工业出版社，2008：40-80.
[3] 于兴河．油气储层地质学基础．北京：石油工业出版社，2009：168-289.
[4] 顾家裕．塔里木盆地沉积与储层．北京：石油工业出版社，2003：93-124.
[5] 赵红兵．胜坨砂砾岩体储层地质与油藏评价．北京：石油工业出版社，2012：121-127．
[6] 王振奇．扇三角洲体系精细构成及低渗油气储层综合评价——以泌阳凹陷赵凹油田安棚深部储层为例．武汉：中国地质大学出版社，2005：66-80.

第三章 储层地质建模

第一节 储层建模的技术方法和步骤

一、储层建模的技术方法

储层建模实际上就是表征储层结构及储层参数的空间分布和变化特征。建模的核心问题是井间储层预测。在给定资料前提下,提高储层模型精度的主要方法即是提高井间预测精度。井间预测有两种途径,相应地有两种建模途径,即确定性建模和随机建模。而随机建模则是对井间未知区应用随机模拟方法给出多种可能的、等概率的预测结果(熊琦华等,2010;吴胜和等,1999)。

(一)确定性建模

确定性建模对井间未知区给出确定性的预测结果,即试图从已知确定性资料的控制点出发,推测出点间确定的、唯一的、真实的储层参数。确定性建模方法主要有以下三种。

1. 储层沉积学方法

储层沉积学方法主要是在高分辨率等时地层对比及沉积模式基础上,通过井间砂体对比建立储层结构模型。其具体主要方法包括露头分析与建模、高分辨率地层对比井间砂体对比、水平井建模。储层沉积学方法的建模依据是井数据构形、沉积物源、沉积模式、定量地质知识库。

2. 储层地震学方法

储层地震学方法应用地震资料来研究地下储层空间展布的几何形态、储层岩性及物性参数的空间展布特征,主要是利用地震的属性参数与储层岩性和物性参数的相关关系进行横向预测,继而建立储层的三维地质模型。该方法主要包括三维地震和井间地震两种方法(宋海勃等,2008)。

其中,三维地震资料具有覆盖面广、横向采集密度大的优点,有利于研究储层物性的横向展布,可广泛应用于油气田的勘探开发;而井间地震方法采用了井下震源及邻井多道接收,因而比三维地震具有更高的信用比,增加了地震信息的分辨率,利用地震波的初至可准确地重建速度场,大大提高了井间储层的预测精度。

3. 克里金方法

克里金方法是以变差函数为工具进行井间插值而建立的储层参数模型,其基本思路就是根据待估点周围的若干已知信息,应用变差函数所特有的性质对估点的未知值作出最优(即估计方差最小)、无偏(即估计值的均值与观测值均值相同)的估计。克里金方法为局部估计方法,对估计值的整体空间相关性考虑不够,它保证了数据的估计局部最优,却不能保证数据的总体最优,因为克里金估值的方差比原始数据的方差要小。

(二)随机性建模

由于确定性建模存在不确定性与随机性,且储层有着极端复杂性,因此随机建模技术应运而生，并且得到越来越广泛的应用。随机建模是指以已知的信息为基础，以随机函数为理论，应用随机模拟方法产生可选的、等概率的储层模型。随机建模在认识地下砂体的复杂度，改善非均质性的表征，评价储层的不确定性等方面具有明显优势。

依据随机建模的基本思想，采用不同的算法，实现各种类型变量的随机模拟。国内外使用的模拟算法主要有以下几种（表3-1）。

表3-1 储层地质建模模拟方法（据吴胜和，1999，2006；宋万超，2003，修改）

模拟类型	模拟方法	变量类型	变量种类
非条件模拟	布尔模拟	离散	以目标为基础
	转向带法	连续	以象元为基础
条件模拟	截断高斯模拟	离散	以象元为基础
	标点过程法	离散	以目标为基础
	序贯高斯模拟	连续	以象元为基础
	序贯指示模拟	连续、离散	以象元为基础
	退火模拟	连续、离散	以目标、象元为基础
	多点地质统计学	离散	以目标、象元为基础

1. 按照模拟类型可分为条件模拟和非条件模拟

条件模拟和非条件模拟其根本区别在于条件模拟较非条件模拟不仅要求模拟产生的随机结果符合实际资料所观测到的储层属性空间分布的地质统计特征，而且在井位处的模拟结果与实际资料保持一致（陈恭洋，2000）。

2. 按照变量类型可分为离散型和连续型

离散型模拟主要建立储层岩相的分布模型，确定储层的空间分布边界和空间几何形态，实际上就是气藏描述中的储层分布预测，连续型模拟主要建立岩相边界控制下的储层参数的分布模型（何刚等，2010）。

3. 按照方法类型主要分为五类

（1）高斯型：将地质变量用高斯随机函数来表达；

（2）指示型：使用指示随机函数，适合于K元点统计量所控制的离散变量的模拟；

（3）布尔型：是一种用于离散变量的随机模拟算法；

（4）模拟退火：是一种条件随机模拟方法，可以综合再现两点统计量和复杂多元空间统计量；

（5）分形模拟：是刻画地质变量局部变异性的有效方法。

4. 按照不同建模单元可分为两类

以目标对象为模拟单元的模拟方法，这种方法主要用来描述各种离散性地质特征的空间分布，如沉积微相、岩石相、流动单元、裂缝、断层及夹层等地质特征的空间分布；以象元为模拟单元的模拟方法，这种方法用来模拟各种连续性参数及离散参数。

二、储层建模的基本步骤

三维建模一般遵循从点—面—体的步骤，即首先建立各井点的一维垂向模型，其次建立储层的框架（有一系列叠置的二维层面模型构成），然后在储层框架基础上，建立储层各种属性的三维分布模型。储层三维建模的主要目的是将储层结构和储层参数的变化在三维空间用图形显示出来（图3-1）。

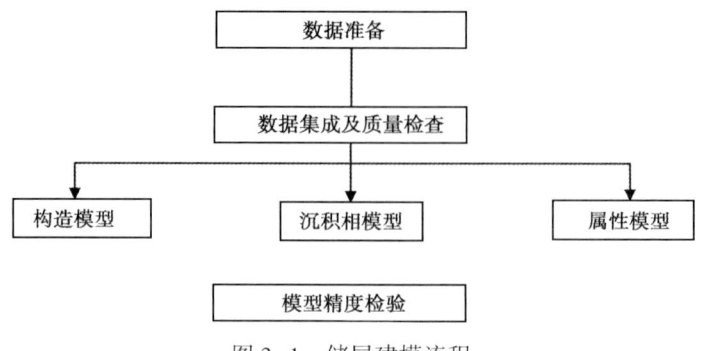

图3-1 储层建模流程

（一）数据准备

储层建模是以数据库为基础的。数据的丰富程度及其准确性在很大程度上决定着所建模型的精度。本书储层建模准备了以下三类数据，并建立数据库：（1）坐标数据，包括井位坐标、深度、补心海拔数据等。（2）分层数据，单井的砂组、砂体划分对比数据等。（3）储层数据，岩心和测井解释数据，包括井内相、砂体、隔夹层、孔隙度、渗透率、含油饱和度等数据（即井模型），这是储层建模最可靠的数据。

（二）数据集成及质量检查

数据集成是多学科综合一体化储层表征和建模的重要前提。集成各种不同比例尺、不同来源的数据（井数据、地震数据、试井数据、二维图形数据等），形成统一的储层建模数据库，以便于综合利用各种资料对储层进行一体化分析和建模。对不同来源的数据进行质量检查也是储层建模的重要环节。为了提高储层建模精度，必须尽量保证用于建模的原始数据特别是硬数据的准确性，而应用错误的原始数据进行建模不可能得到符合地质实际的储层模型。因此，必须对各类数据进行全面的质量检查，如岩心分析的孔渗饱参数的奇异值是否符合地质实际，测井解释的孔渗饱参数是否准确，岩心—测井解释结果是否吻合。可以通过不同的统计分析，如直方图、散点图等方法对数据进行检查，还可以在三维视窗中直观地观察各种来源数据的匹配关系并对其进行质量检查和编辑。

（三）构造模型

构造模型反映储层的空间格架。因此，在建立储层属性的空间分布之前，应进行构造建模。构造模型由断层模型和层面模型组成。

断层模型实际反映的是三维空间上的段层面，主要根据地震解释和井资料校正的断层文件，建立断层在三维空间的分布。

层面模型反映的是底层界面的三维分布，叠合的层面模型即为地层格架模型。建模的基础资料主要为分层数据，即各井的层组划分对比数据及地震资料解释的层面数据等。一般是通过插值法，应用分层数据，生成各个等时层的顶、底层面模型（层面构造模型），然后将各个层面模型进行空间叠合，建立储层的空间格架。

（四）沉积相建模

沉积相模型反映了储层沉积环境。沉积相建模是储层建模一种重要的三维模型，因为沉积环境对油气的分布控制作用明显，不同的沉积相有不同的储集形态、规模以及储集体的储集类型，甚至不同的沉积微相有不同的成岩作用。另外相模型也是储层属性建模控制条件，在有沉积相的约束下，属性模型才不可能被"抹平"，不然储层属性模型就会在平面上平均分布，造成属性模型失真。因而相模型不但本身重要，而且也是整个模型成败的一个重要影响因素。

（五）储层参数模型的建立

在构造模型基础上，建立储层属性的三维分布模型。首先对构造模型三维网格化，然后利用井数据，按照一定的插值（或模拟）方法对每个三维网块进行赋值，建立储层属性的三维数据体，即储层数值模型。网块尺寸越小，标志着模型越细；每个网块上参数值与实际误差越小，模型的精度越高。

（六）模型精度及可行性分析

资料丰富程度不同，所建模型精度亦不同。对于给定的工区及赋值方法，可用资料越丰富，所建模型精度越高。另一方面，对于已有的原始资料，其解释的精度也严重影响储层模型的精度。如沉积相类型的确定，涉及应用何种地质概念模式来建立储层三维相模型；储层孔隙度、渗透率、含气饱和度的测井解释精度则决定了储层参数建模所依赖的硬数据的可靠性。赋值方法很多，就井间插值（或模拟）而言，有传统的插值方法（如中值法、距离平方反比加权法等）、各种克里金方法、各种随机模拟方法等。不同的赋值方法将产生不同精度的储层模型。因而建模方法的选择是储层建模的关键。储层地质理论水平及对工区地质的掌握程度、计算机应用水平及对建模软件的掌握程度都是影响储层模型精度的因素。

第二节 示范区储层地质建模应用

一、构造模型

构造是指地层在地应力作用下发生变形、变位而呈现出的起伏形态。含油气盆地的构造分析与研究，主要包括几何学、运动学、动力学、时间。几何学为形态学研究；运动学和动力学为成因机制和形成背景的研究；时间为形成时期和演化的研究，其构成构造研究的主要内容。这四方面以几何学为基础，彼此相互有联系。ZT1井区构造特征相对简单，构造模型和地层模型的建立主要是为后面的属性建模提供三维骨架。

经过统计，截至2011年10月，以盒$8_上$、盒$8_下$、山1为目的层钻遇井共计94口。为使所建立地质模型更接近实际地层情况，本书利用研究区丰富的单井资料（坐标数据、分层数据、储层数据），来建立构造及地层模型（图3-2、图3-3、图3-4）。

ZT1示范区盒8、山1构造比较简单，总体为一平缓的西倾单斜，倾角0.5°~2°，在局部形成起伏较小轴向近东西或北东向鼻状构造，这些鼻状构造与三角洲砂体匹配，对天然气的富集有一定的控制作用，整个工区断层不发育。

二、沉积相模型

沉积相是沉积环境及该环境下形成的沉积物的组合，它记录了沉积物的沉积特征。沉积物的沉积特征主要表现为岩相特征，它包括岩性特征（如岩石的颜色、物质组成、结构、构造、岩石类型及其组合）、古生物特征、沉积旋回、地球化学特征等（尹艳树等，2006），它们是沉积岩沉积过程中对应沉积环境的地质记录，也就是基本相标志。另外沉积相还受到

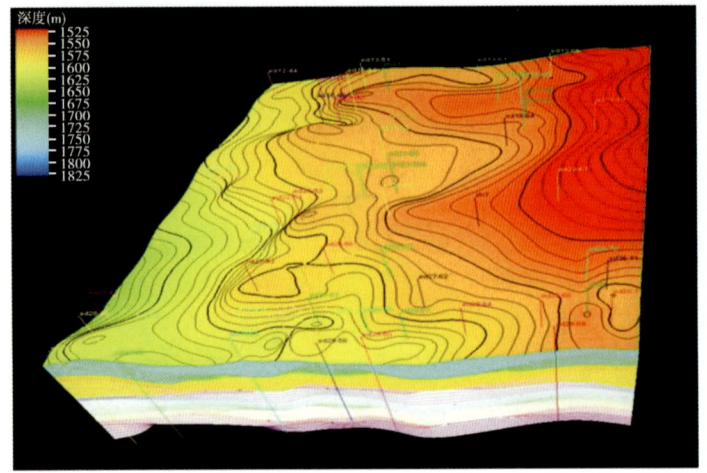

图 3-2　ZT1 区盒 $8_{上}^1$ 顶气藏构造模型

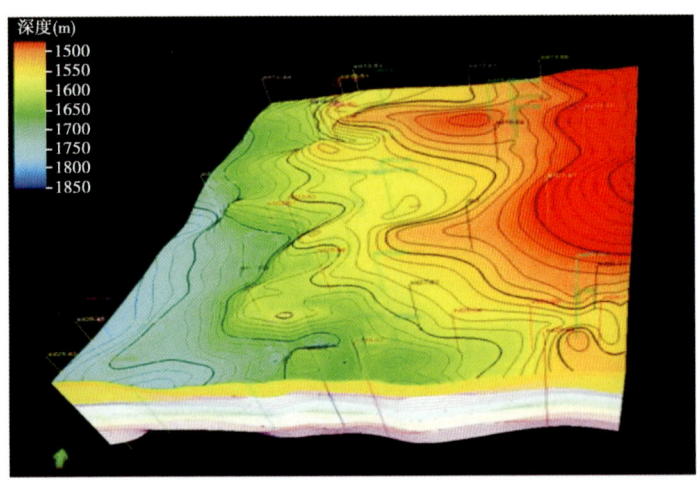

图 3-3　ZT1 区盒 $8_{下}^1$ 顶气藏构造模型

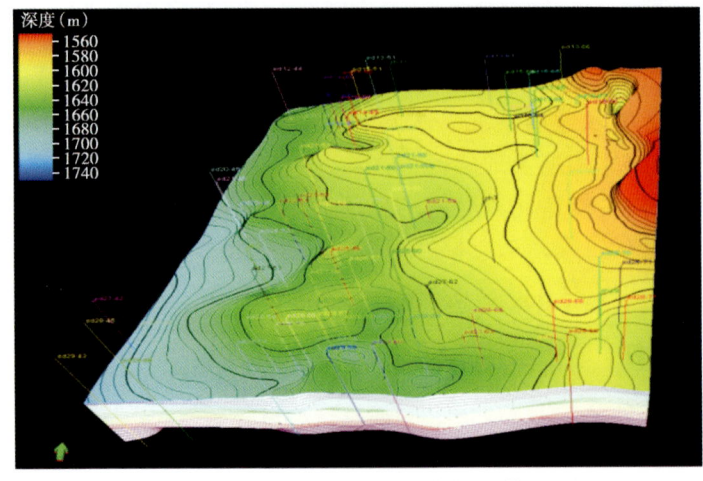

图 3-4　ZT1 区山 1 顶气藏构造模型

大地构造、海（湖）平面变化、古气候等因素的控制。因此，对于沉积相的识别不仅要依赖传统的基本相标志，而且还应借助于对海平面（湖平面）和大地构造作用共同影响而产生的沉积相的时空展布、相序、相组合、旋回性以及相邻相之间的接触关系等特征。

ZT1井区盒8、山1、山2、山3砂层组主要是三角洲沉积体系，主要发育有三角洲前缘水下分流河道、河口坝、分流间湾及辫状的三角洲前缘的辫状分流河道、心滩、河漫滩等沉积微相，因此相对相模型来说比较单一，但对属性建模来讲，沉积微相控制了储层的宏观平面非均值性，决定了砂体的形态及发育程度，对储层的储集空间有很大的影响，因此建立该区精确的三维沉积相模型不仅是此次建模的一个重要环节，而且还是后续储层参数建模的约束条件。本区储层参数建模是用相控建模的技术手段建立起来的。一般在沉积微相建模过程中也要尽可能多地利用条件约束来建相模型，主要约束条件有概率分布统计，用趋势面进行相边界限制，当然变差函数分析是其中最重要的一个工具。具体步骤是首先设置主方向的分析参数，包括带宽、搜索半径、步长和容忍度等，然后设置次方向上的参数，相建模的过程中调用分析数据，用二维趋势和数据分析来控制相的平面展布（图3-5—图3-11）。

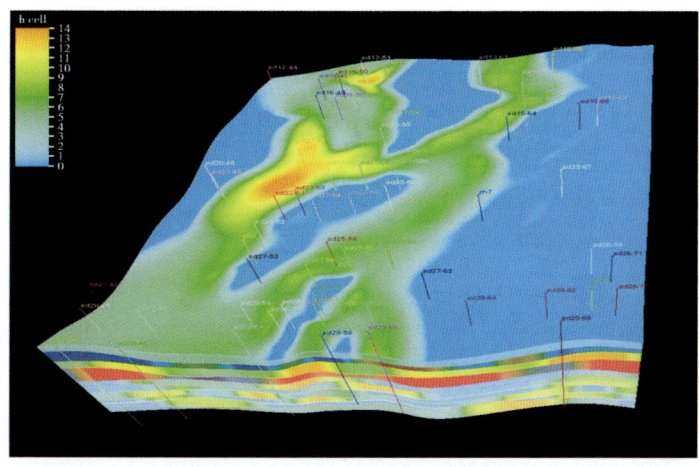

图3-5　ZT1区盒$8_{上}^{1}$砂体模型

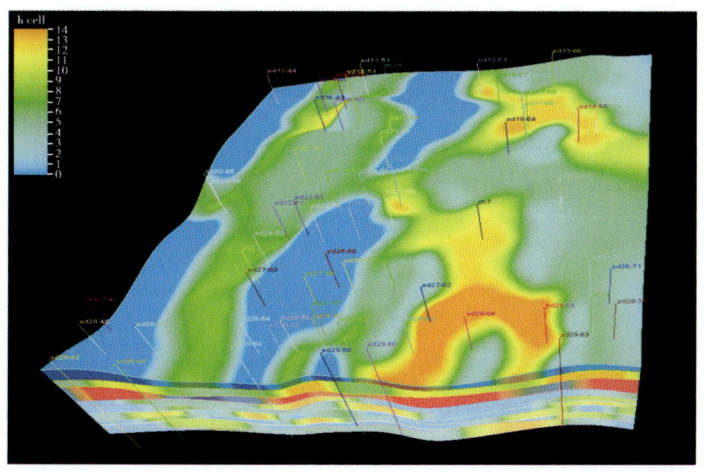

图3-6　ZT1区盒$8_{上}^{2}$砂体模型

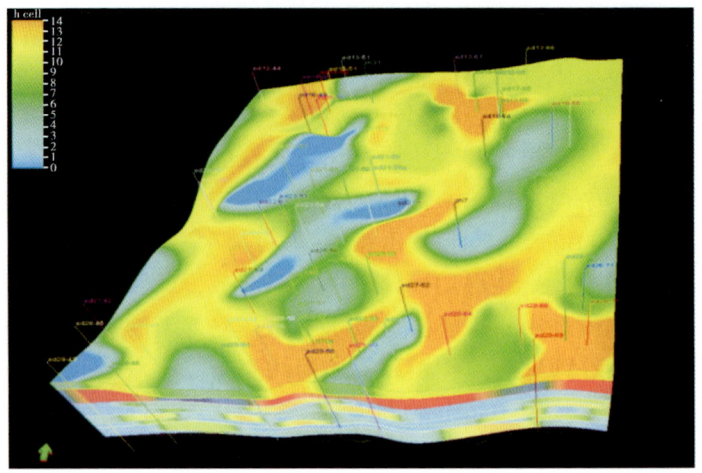

图 3-7 ZT1 区盒 $8_下^1$ 砂体模型

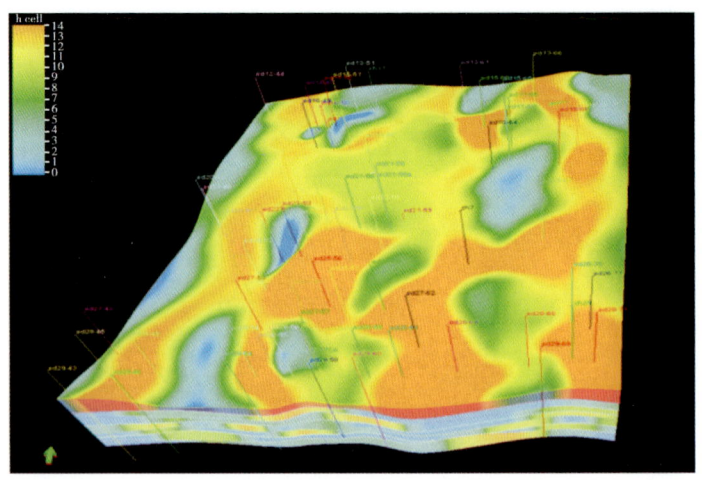

图 3-8 ZT1 区盒 $8_下^2$ 砂体模型

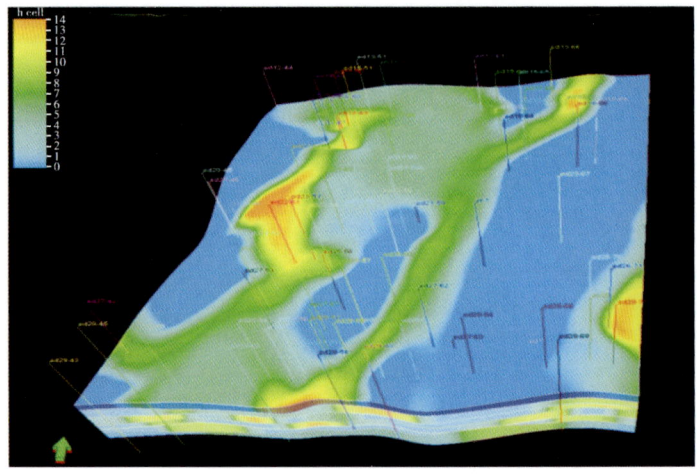

图 3-9 ZT1 区山 1^1 砂体模型

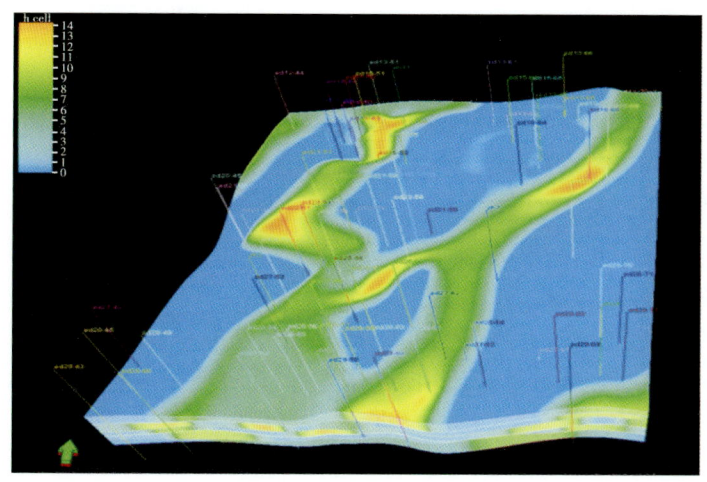

图 3-10　ZT1 区山 1^2 砂体模型

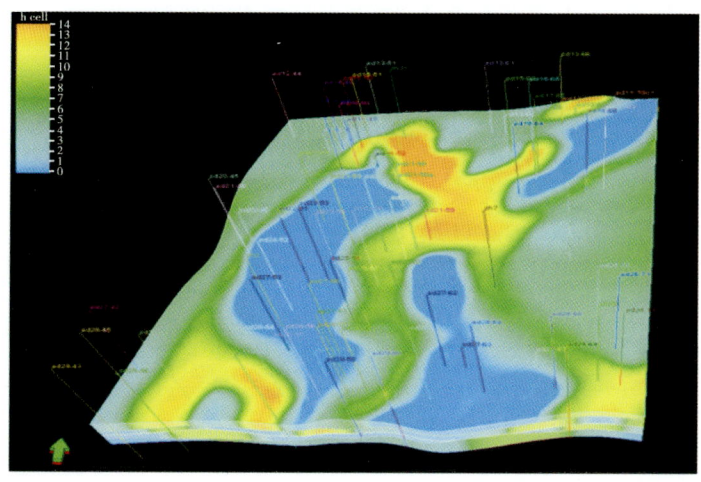

图 3-11　ZT1 区山 1^3 砂体模型

三、储层物性参数模型

储层物性特征研究是储层研究工作的重要内容之一。通常用孔隙度、渗透率等参数来表征储层物性。定量研究储层物性参数，对于分析储层的储集能力、储量计算、储层综合评价等都有着重要意义。

（一）变差函数分析

变差函数模型是储层参数随机建模技术中基础与后续工作连接的中心环节。通过分析，拟合得到 ZT1 区气藏各储层参数的变差函数参数，以孔隙度变差函数参数为例（表 3-2）（李少华等，2007）。

由于计算得到的实验变差函数是离散的且变化也往往不规则，所以理论模型拟合的可靠程度直接关系到估计结果的可靠性。因此，需要指出的是，当选择的变程小于采样点间距时，表征储层物性参数空间分布的相关结构就不能被采样点捕获，根据采样定理就相当于产生了纯块金效应，反映到估值结果中去，就只能估计采样点周围很小范围内的结构，产生

"牛眼结构"。

最为常用的变差函数理论模型有球状模型、指数模型和高斯模型3种。各模型适用不同的情况，在其他参数不变的情况下，不同的模型对应的估值结果也会有所不同。这3种模型中，只有球状模型的变程是变差函数达到基台值时的滞后距离，指数与高斯模型都把达到基台值95%的位置处的滞后距离作为变程。在原点到变程的距离内，球状和指数模型大致表现为线性，高斯函数表现为"S"形；在达到变程α时，球状模型具有大的斜率，说明这种模型对应的变差函数的变化比较剧烈，适用于变化较大的数据分布。高斯模型变化比较平稳，适应于相关性比较好的数据。当块金效应值为零时，高斯模型对应的是十分光滑的空间变化，否则空间各点数据加权值变化较大（从正到负）。所以，在大多数情况下，应选用球状模型和指数模型，除非十分必要时使用高斯模型，如果使用该模型也要给它加上适当的块金效应值，原因就是高斯模型对空间结构变化比较敏感。

数据的搜索范围要合理地选择，搜索范围过大或过小都会引起一些问题。搜索范围太大不仅加大了计算量，而且不满足地质统计学的两个基本假设：平稳假设和内蕴假设；数据的搜索范围也不能太小，以保证有足够的数据来估计未知点的值。一般说来，搜索半径处于1.3~2倍的变程值内较为合适。

结合研究区储层参数统计结果及分布特征，研究中选用了球状模型拟合实验变差函数；以各小层的物源方向为主方向（Major direction），以垂直物源方向为次方向（Minor direction），搜索半径为500~1700m。

表 3-2　ZT1 区气藏孔隙度变差函数参数表

小层	选用模型	主方向（°）	变程（m）		基台	
			主方向	次方向	主方向	次方向
盒8上^1	球形	17	950	800	0.92	0.83
盒8上^2	球形	12	1000	930	0.83	0.71
盒8下^1	球形	16	1500	1200	0.97	0.84
盒8下^2	球形	12	1700	1300	0.89	0.76
山1^1	球形	17	930	810	0.84	0.75
山1^2	球形	17	850	700	0.71	0.68
山1^3	球形	17	880	670	0.69	0.53
山2^1	球形	19	970	860	0.92	0.76
山2^2	球形	19	880	560	0.81	0.63
山2^3	球形	19	680	500	0.53	0.47

各小层储层属性参数变差函数分析见图3-12。

结合表3-2和图3-12可以看出，各小层主方向（平行物源）的孔隙度变程范围为680~1700m，次方向（垂直物源）变程为500~1300m，说明次方向孔隙度非均质程度大于主方向孔隙度非均质程度，基台值在0.47~0.97之间。

各小层砂体发育稳定，河道水流能量较河道侧缘高；而河道侧缘（或非主流线上）水流能量较低，沉积颗粒细，储层物性相对较差，可见，虽然砂体展布情况较好，但是孔隙度变差函数分析结果反映出了储层平面上较强的非均质性。

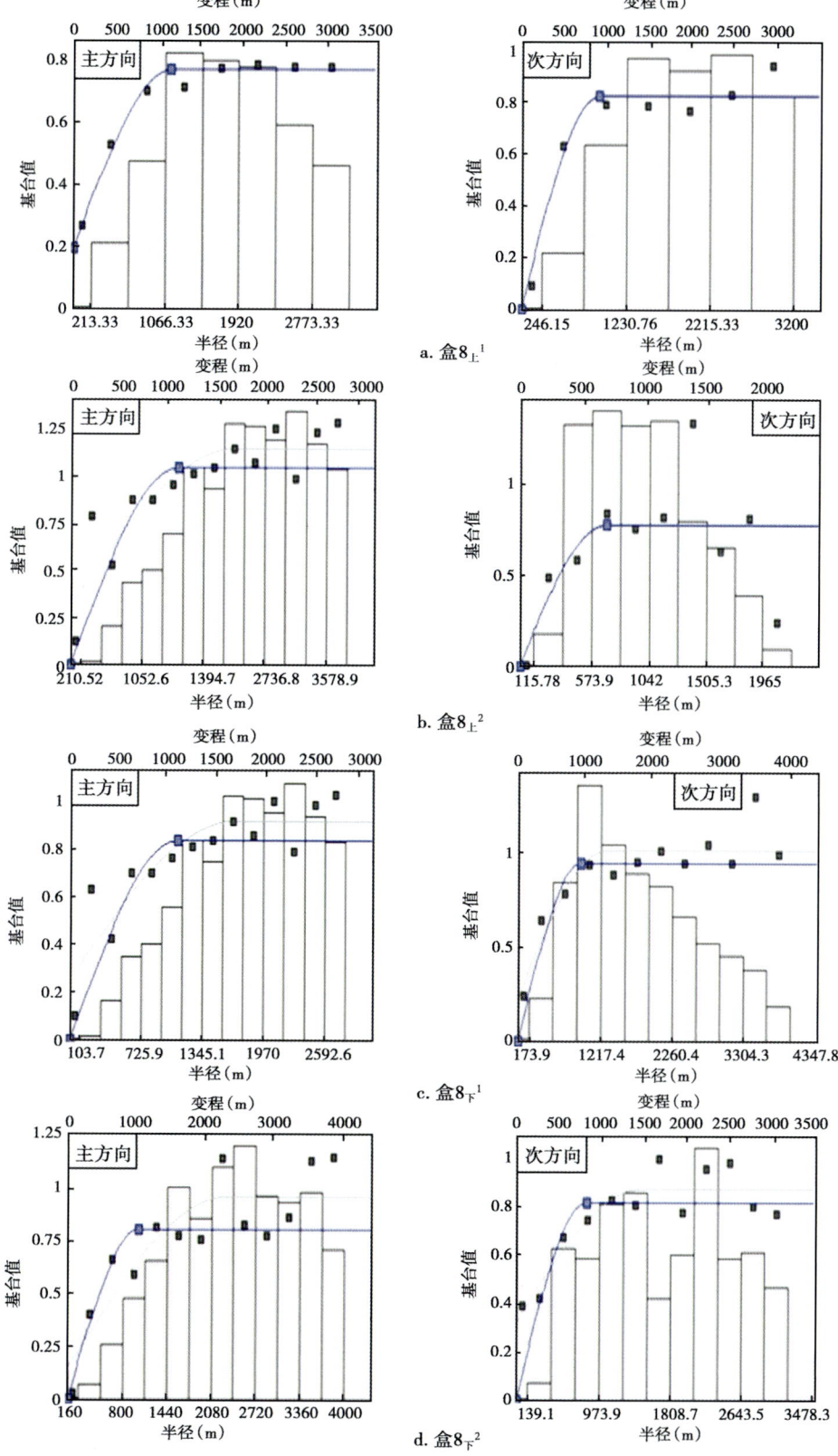

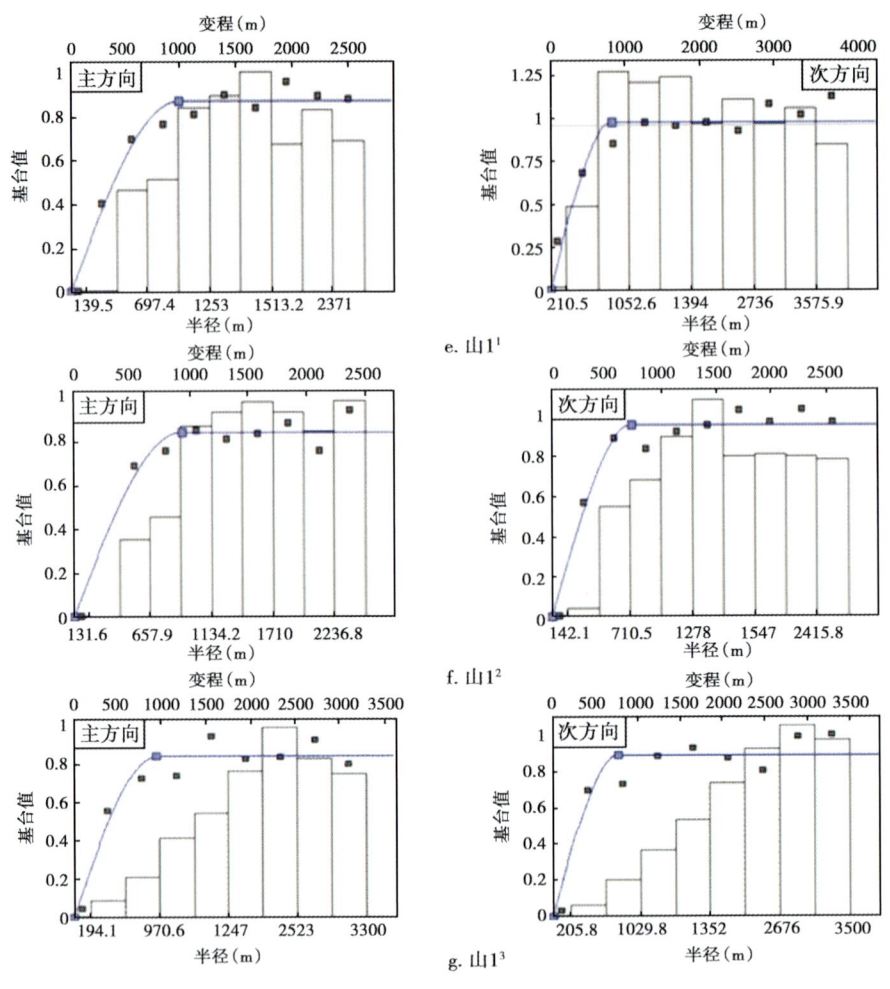

图 3-12　ZT1 区气藏孔隙度变差函数分析图

（二）储层参数模型的实现与优选

在应用中，ZT1 区气藏储层参数模型的实现是在构造模型、地层模型的控制下，充分发挥测井数据具有较高垂向分辨率而能够反映薄层，选用地质统计学中适用于连续变量模拟的序贯高斯模拟算法，运用变差函数控制手段模拟得到。

孔隙度模型、渗透率模型和含气饱和度模型（图 3-13 至图 3-33）的建立，实现了三维可视化，能够直观认识砂体的内部结构。

（三）储层模型精度检验

随机建模是用同一地区的同一资料，采用同一模拟方法实现多个三维地质模型的一种建模方法，随机建模存在不确定性，因此只有对模型的分析和优选才能选出符合实际的最佳地质模型。本书对三维地质模型的精确性从随机实现的模型的统计参数与原始数据的符合程度方面进行分析评价。

本书应用序贯高斯模拟算法建立的三维地质模型，它不同于确定性建模，不是只对井间的储层参数作出最优无偏的估计，而是要考虑到结果的整体性质和模拟值的统计空间的相关性，其次还要兼顾局部估值的精度，随机模拟在插值过程中考虑了地层中的实际细微变化，

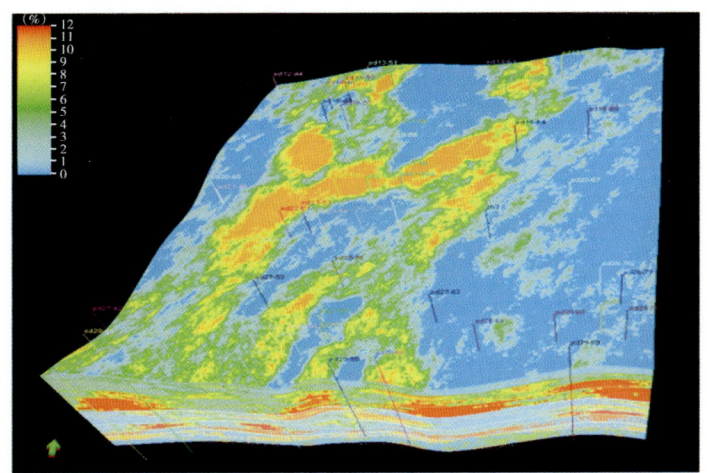

图 3-13　ZT1 区盒 $8_{上}^{1}$ 孔隙度三维模型

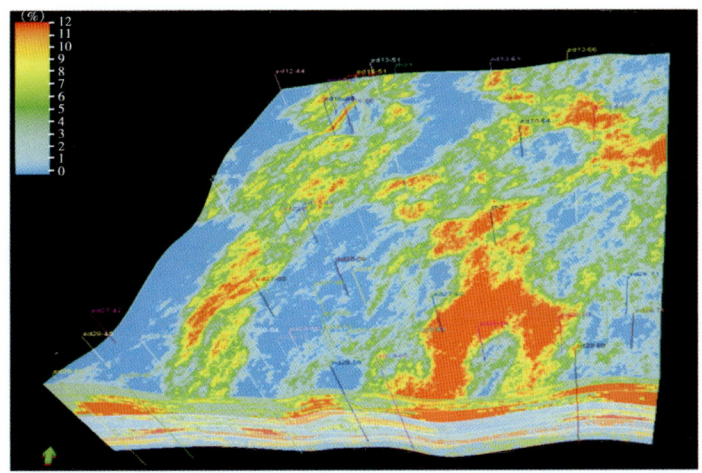

图 3-14　ZT1 区盒 $8_{上}^{2}$ 孔隙度三维模型

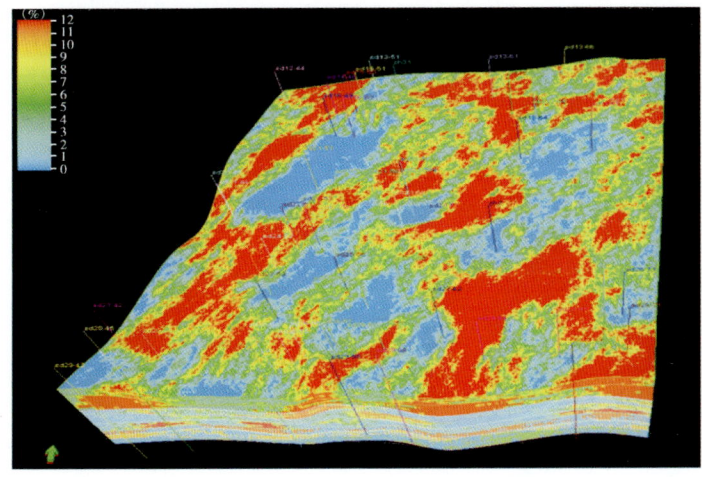

图 3-15　ZT1 区盒 $8_{下}^{1}$ 孔隙度三维模型

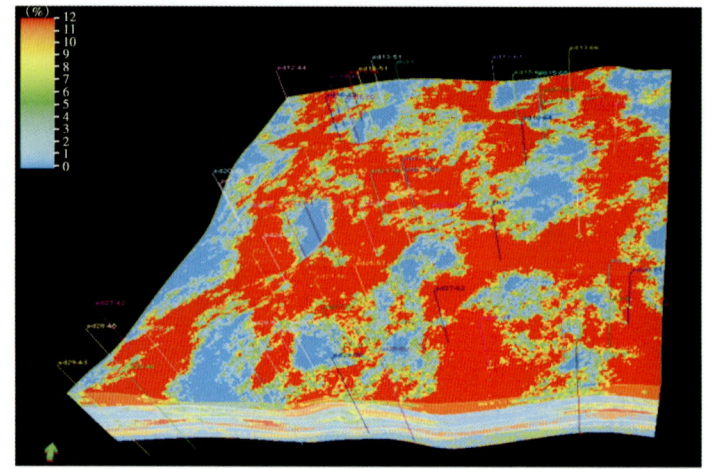

图 3-16　ZT1 区盒 $8_{下}^2$ 孔隙度三维模型

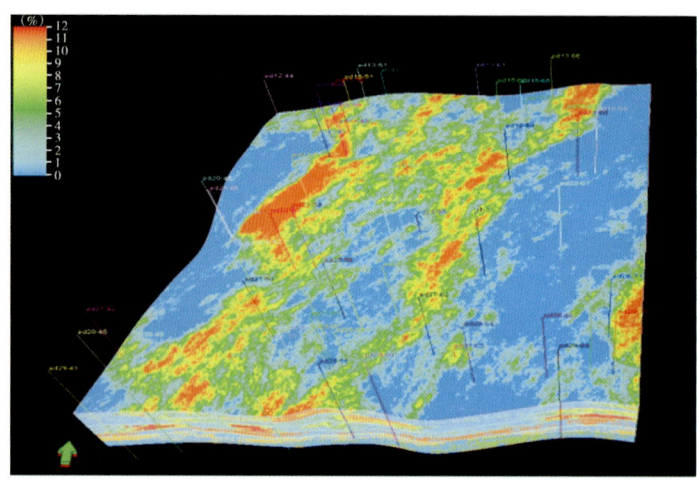

图 3-17　ZT1 区山 1^1 孔隙度三维模型

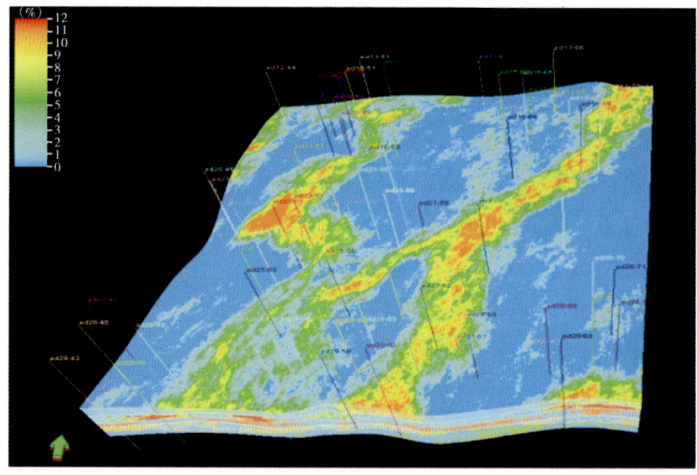

图 3-18　ZT1 区山 1^2 孔隙度三维模型

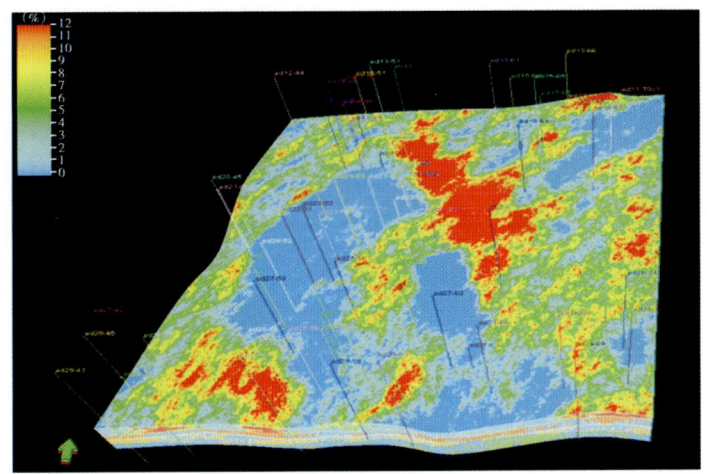

图 3-19 ZT1 区山 1^3 孔隙度三维模型

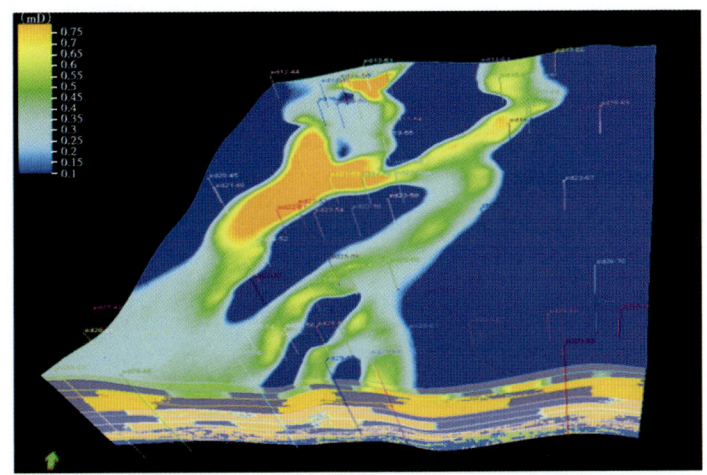

图 3-20 ZT1 区盒 $8_上^1$ 渗透率三维模型

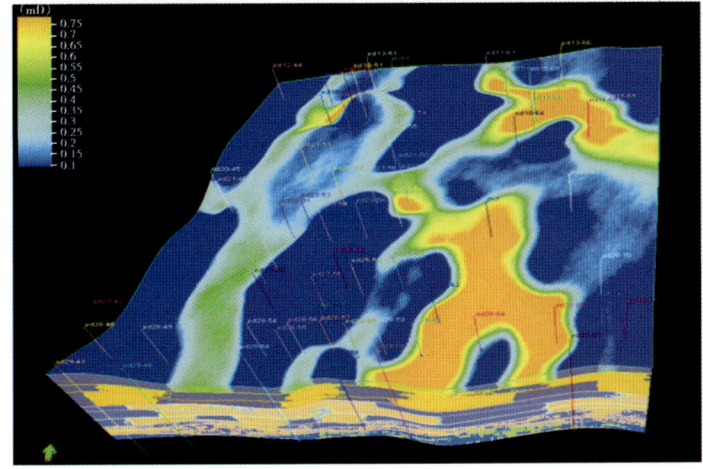

图 3-21 ZT1 区盒 $8_上^2$ 渗透率三维模型

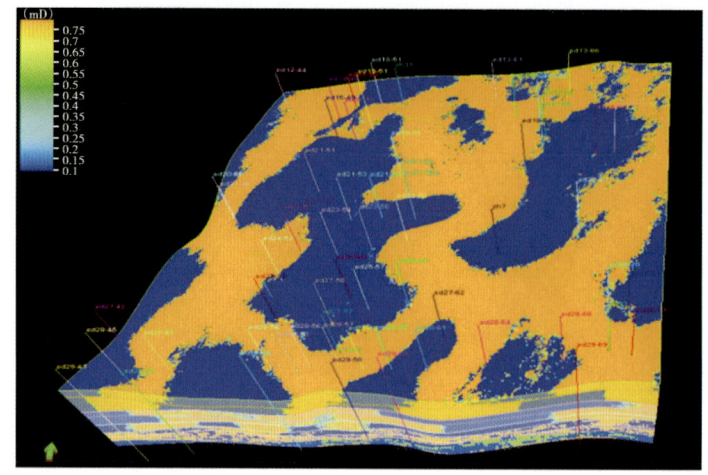

图 3-22 ZT1 区盒 $8_下^1$ 渗透率三维模型

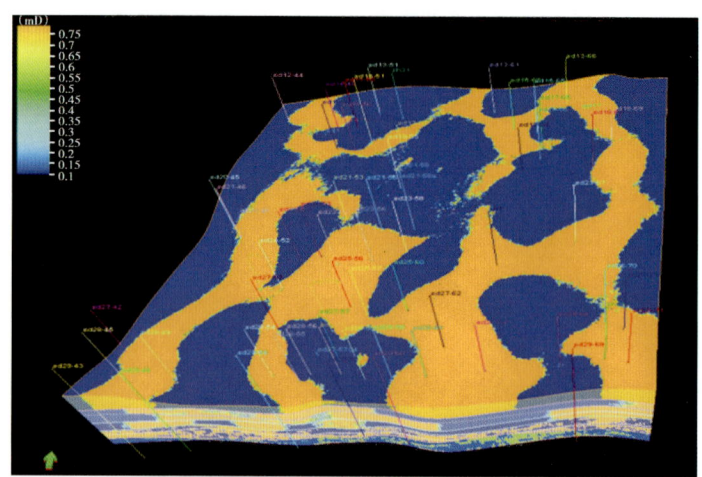

图 3-23 ZT1 区盒 $8_下^2$ 渗透率三维模型

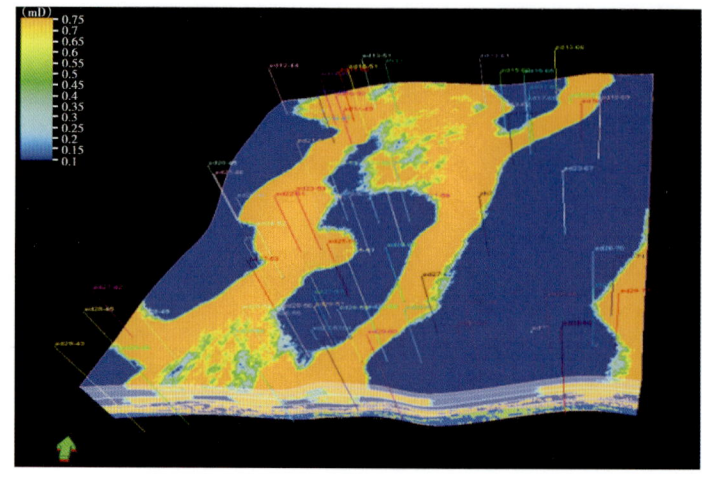

图 3-24 ZT1 区山 1^1 渗透率三维模型

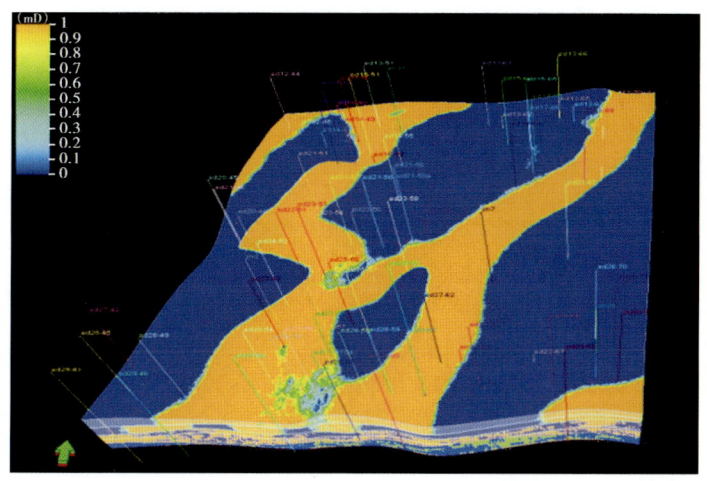

图 3-25 ZT1 区山 1^2 渗透率三维模型

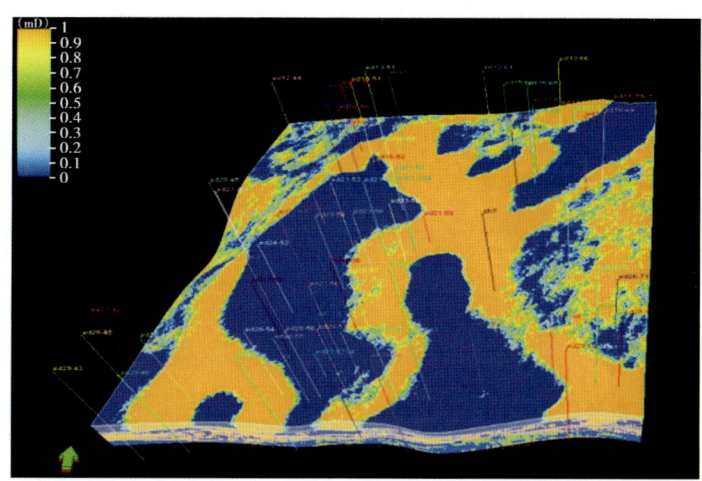

图 3-26 ZT1 区山 1^3 渗透率三维模型

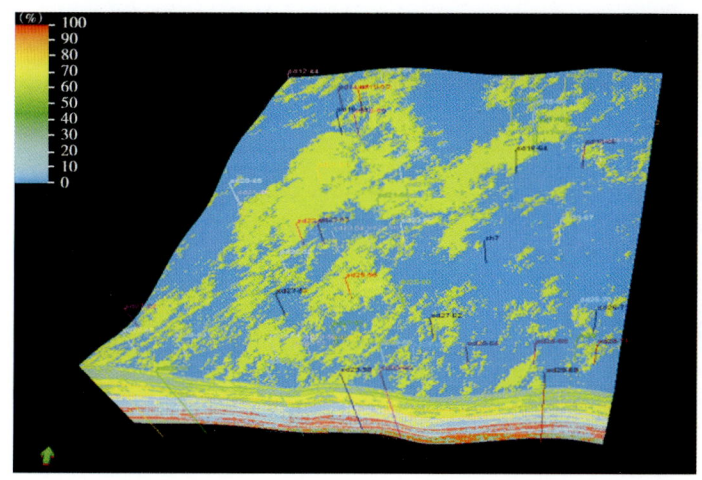

图 3-27 ZT1 区盒 $8_上^1$ 含气饱和度三维模型

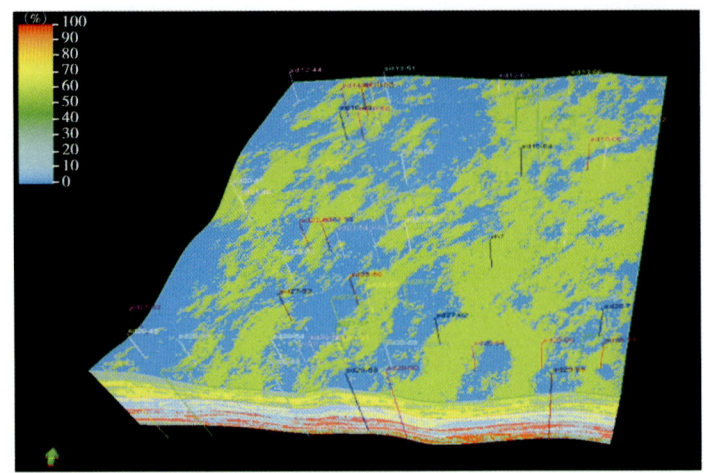

图 3-28　ZT1 区盒 $8_{上}^{2}$ 含气饱和度三维模型

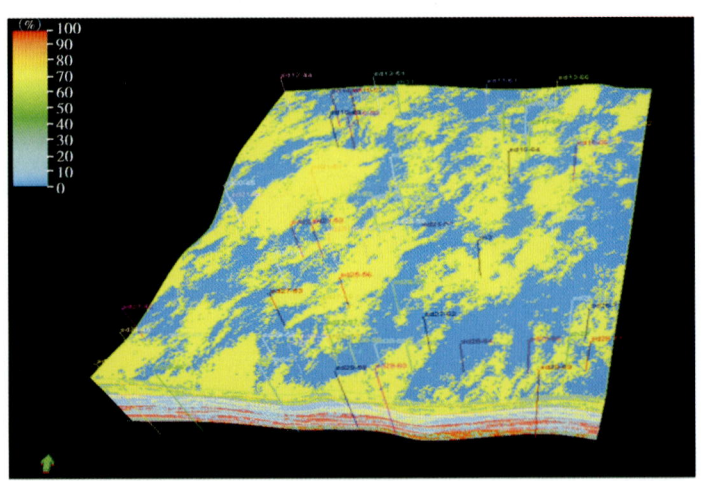

图 3-29　ZT1 区盒 $8_{下}^{1}$ 含气饱和度三维模型

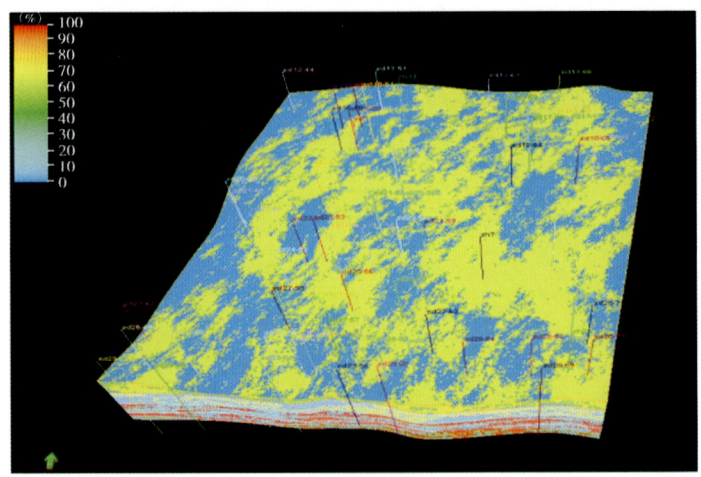

图 3-30　ZT1 区盒 $8_{下}^{2}$ 含气饱和度三维模型

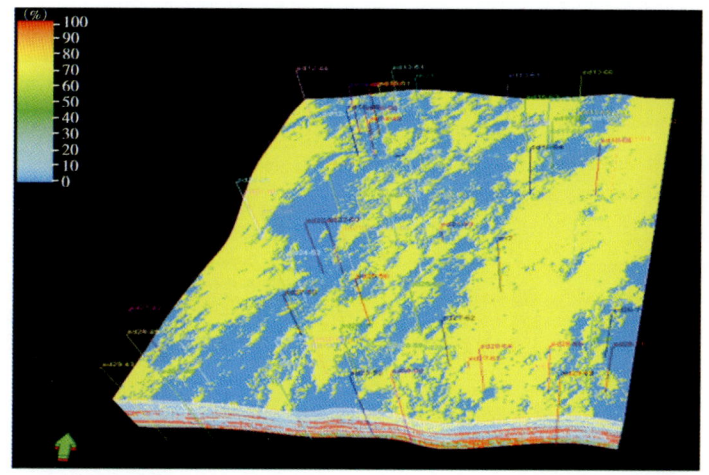

图 3-31 ZT1 区山 1^1 含气饱和度三维模型

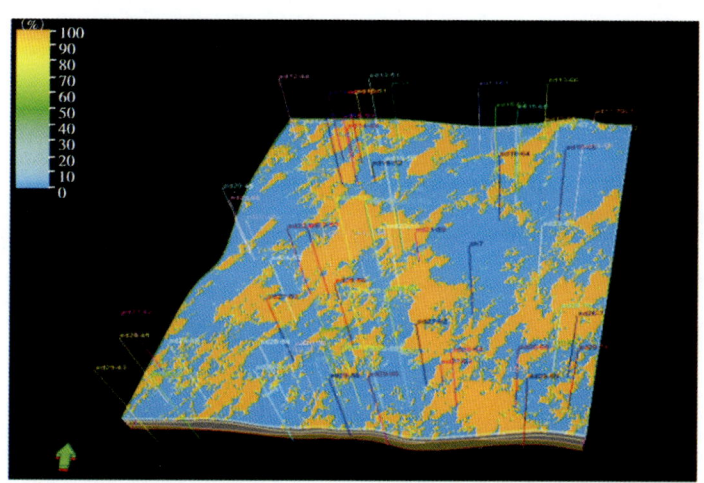

图 3-32 ZT1 区山 1^2 含气饱和度三维模型

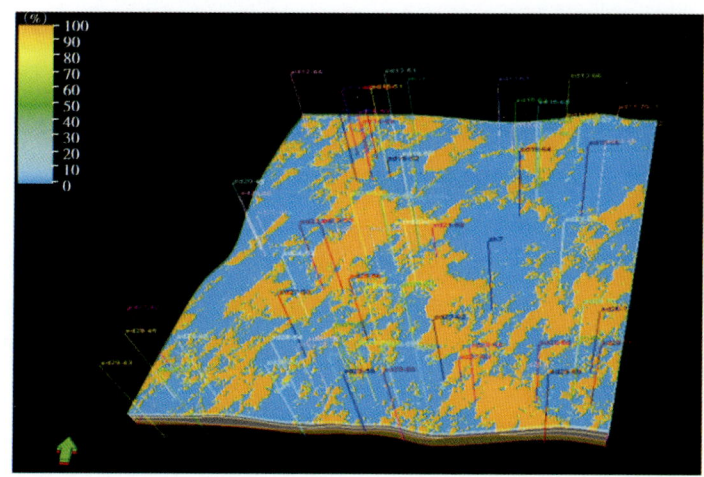

图 3-33 ZT1 区山 1^3 含气饱和度三维模型

这样在考虑了地层的实际情况和插值的精度后所建立的模型才能更好地与实际地质情况相符和。本书通过随机实现的模型的统计参数与原始数据的符合程度方面来评价所建储层模型的精度。如图 3-34 和图 3-35 所示，通过数据的检查、对比发现，模拟结果中的构造、砂体空间展布形态与地质认识一致，说明所建模型符合原始数据，模型的参数概率统计分布与原始数据也吻合得比较好，因此从模型的统计参数与原始数据的符合程度来讲，本书建立的模型与地质情况能很好地吻合，模型的精度比较高，可以作为后期开发的技术依据。

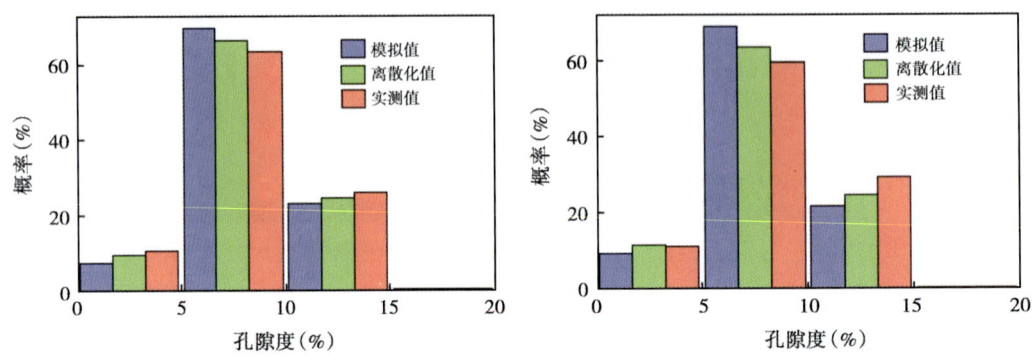

图 3-34　孔隙度优选实现模型与测井曲线分布直方图对比

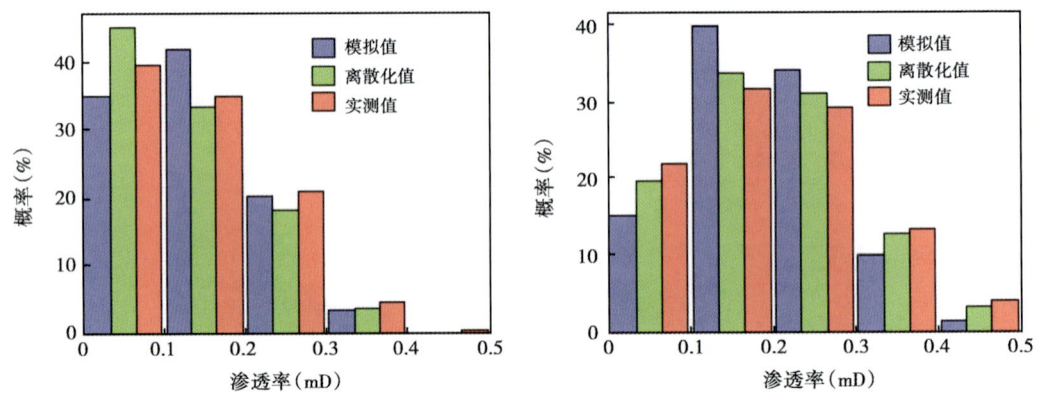

图 3-35　渗透率优选实现模型与测井曲线分布直方图对比

（四）小结

储层三维建模是对现代气藏精细研究的必然方法之一。通过对苏里格气田 ZT1 示范区进行地质储层建模研究，加深了对建模方面的认识。

（1）在层序地层划分的不同级别地层单元层位数据为基础上，利用随机模拟方法构建的构造模型不仅能够很好的勾画 ZT1 示范区储层的空间格架，而且反映了沉积微相的展布和储层物性的整体特征，该研究区地层起伏较小，呈现东北高、西南低、倾角较小的西西倾单斜构造，局部形成轴向近东西或北东向鼻状构造。为后面构建沉积相模型和储层属性模型提供空间框架。

（2）在构造模型的基础上，利用序贯指示模拟方法构建的沉积微相模型，能够形象展示研究区的沉积相：盒 8 砂层组为辫状河三角洲平原亚相，进一步分为又可分为分流河道、河床滞留、天然堤、废弃河道、分流河道间湾等微相；山 1 砂层组主要发育曲流河三角洲平原亚相沉积环境，主要沉积微相有分流河道（滞留沉积、边滩）、天然堤和分流间湾。

（3）以构造模型为骨架，在沉积相模型控制下，依据研究区区域砂体及物性变差函数分析的结果，采用序贯高斯随机模拟方法建立了储层孔隙度和渗透率属性模型。属性模型的建立能够很好地解决沉积微相变化快、非均质性的模拟问题，并且该模型能够形象的描述该研究区低孔、低渗的特点，获得不同沉积微相的储层物性参数分布特征。利用储层属性模型能够很好地检验出本书建立的模型符合实际，精度高。储层精细描述为数值模拟研究和气藏开发方案的调整提供了地质依据，表明相控建模理论和技术适用于河流相储层的精细描述。

参 考 文 献

[1] 熊琦华，王志章，吴胜河，等．现代油藏地质学．北京：科学出版社，2010：533-540.
[2] 吴胜和，金振奎，陈崇河，等．储层建模．北京：石油工业出版社，1999：5-11.
[3] 宋海勃，黄旭日．油气储层建模方法综述．天然气勘探与开发，2008，31（3）：53-56.
[4] 陈恭洋．碎屑岩油气储层随机建模．北京：地质出版社，2000：8-14.
[5] 何刚，尹志军，唐乐平，等．鄂尔多斯盆地苏 6 加密试验区块 H8 段储层地质建模研究．天然气地球科学，2010，21（2）：251-255.
[6] 尹艳树，吴胜和．储层随机建模研究进展．天然气地球科学，2006，17（2）：210-215.
[7] 李少华，尹艳树，张昌民，等．储层随机建模系列技术．北京：石油工业出版社，2007：47-53.

第四章 气藏开发动态评价

第一节 气田动态特征

一、气井开发动态研究

截至 2010 年 2 月 22 日，苏里格东区气田共投产气井 454 口，累计产气 $13.9717\times10^8\mathrm{m}^3$。共分 Z30、Z1、Z27、Z10、Z20、S234、S235 等 7 个井区。主要产层为石盒子组盒 8 砂层组和山西组山 1 砂层组。

其中，Z10 井区面积为 $540\mathrm{km}^2$，投产气井 206 口，连续生产井 186 口，平均产气量 $259.677\times10^4\mathrm{m}^3/\mathrm{d}$。根据单井的试油试采产量、无阻流量，把井分为 I 类井、II 类井、III 类井。

该区平均单井产量 $1.09\times10^4\mathrm{m}^3/\mathrm{d}$，区块产气 $226.7\times10^4\mathrm{m}^3/\mathrm{d}$，累计产气为 $6.78\times10^8\mathrm{m}^3$（图 4-1）。

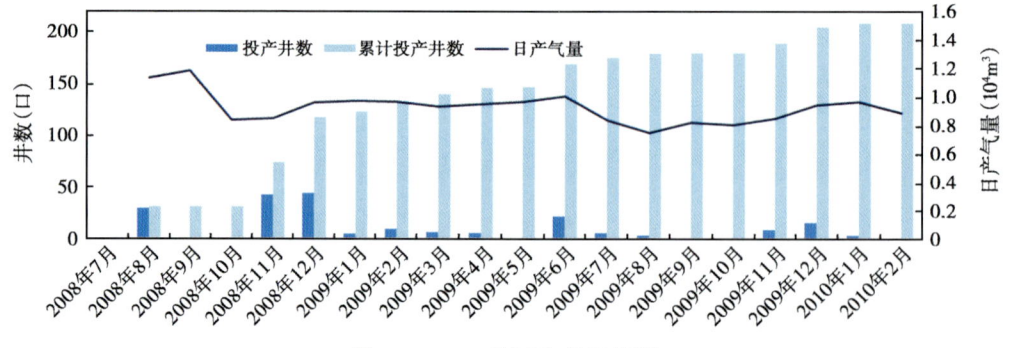

图 4-1 Z10 井区生产运行图

从图 4-2 以及表 4-1 中可以看出 Z10 井区气井投产初期的三类井日产气量比较均匀，II 类井相对较多。而当前日产油主要以 III 类井为主，大多在 $0.8\times10^4\mathrm{m}^3/\mathrm{d}$ 以下，III 类井占 57.6%，说明在大部分气井部署完毕，集中生产的这一年多的时间里，气井的日产气量递减

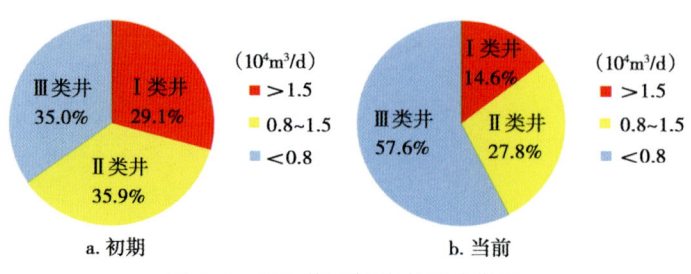

图 4-2 Z10 井区气井产量分类图

比较大，Ⅰ类井减少了50%，Ⅱ减少了23%。

表 4-1　Z10 井区气井产量分类表

井类别	初期			当前		
	日产量（$10^4 m^3$）	比例（%）	井数	日产量（$10^4 m^3$）	比例（%）	井数
Ⅰ类井	>1.5	29.1	60	>1.5	14.6	30
Ⅱ类井	0.8~1.5	35.9	74	0.8~1.5	27.8	57
Ⅲ类井	<0.8	35.0	72	<0.8	57.6	119

（一）生产动态特征研究

通过对 Z10 井区 206 口气井的生产现状进行动态分析，气井主要分为Ⅰ类井、Ⅱ类井、Ⅲ类井共三类。

1. Ⅰ类气井（产气量>$1.5×10^4 m^3/d$）

Ⅰ类井共计 60 口，占总井数的 29.13%，分布相对集中在 Z10 井区的东北区域（图 4-3）。与第一批投产井位置较相吻合，开发特征主要表现为产量相对较高，初期单井产气量大于 $1.5×10^4 m^3/d$，生产平稳（图 4-4）。

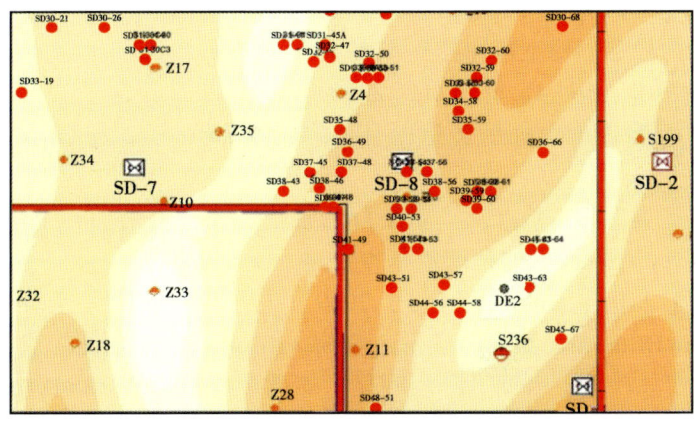

图 4-3　Ⅰ类气井平面分布图

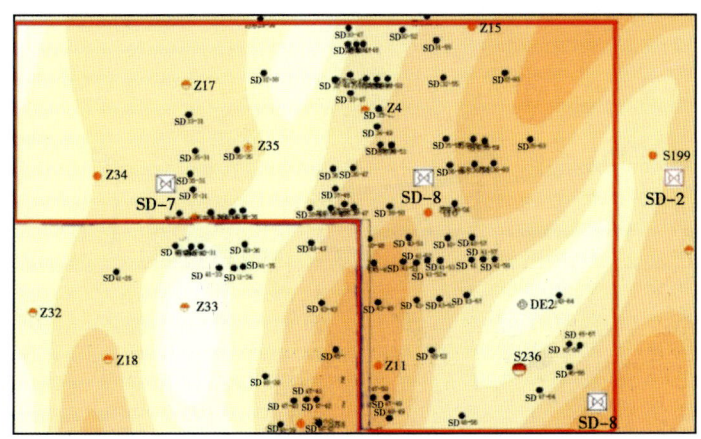

图 4-4　第一批投产气井分布图

Ⅰ类井虽然日产气量相对较高，但是生产特征曲线也有所不同，主要有以下三种类型。

（1）Ⅰ类井稳产类型一：产量较高，生产较稳定；共30口，占Ⅰ类井50%。

SD32-60井位于Z10井区东北部地区，于2008年12月29日投产，在整个试采过程中，初期产量控制平稳，截至2010年2月22日平均产气量为$1.365×10^4 m^3/d$，累计产气量$574.46×10^4 m^3$（图4-5）。根据日产气量可分两个阶段：

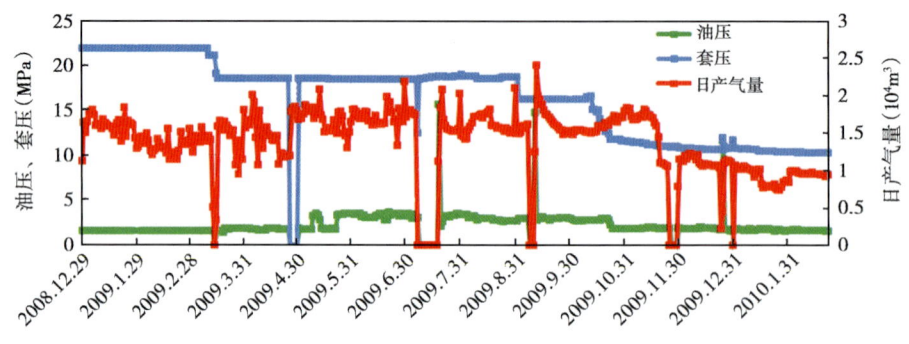

图4-5 SD32-60井采气曲线

第一阶段从投产到2009年11月17日左右，大约为11个月，产气量在投产初期为$1.75×10^4 m^3/d$，生产较为稳定，稳定段保持在$1.57×10^4 m^3/d$；

第二阶段从2009年11月18日开始到2010年2月22日，这一阶段的开始，产量就突然下降到$1.15×10^4 m^3/d$左右，而后产量稍有下降，到2010年2月22日产气量降到$0.94×10^4 m^3/d$。

（2）Ⅰ类井稳产类型二：投产后产量下降后稳产一年左右然后再下降，共12口，占Ⅰ类井20%，2009年11月后投产的井产量基本快速下降。

SD30-26井位于Z10井区西部地区，于2009年6月18日投产，截至2010年2月22日平均产气量为$1.16×10^4 m^3/d$，累计产气量$210.64×10^4 m^3$；在整个试采过程中，生产特征表现为稳中有降，稳定段较短，后期下降较明显。初期产气量为$1.76×10^4 m^3/d$，到2010年2月22日，产气量降到$0.70×10^4 m^3/d$。降幅比较明显（图4-6）。

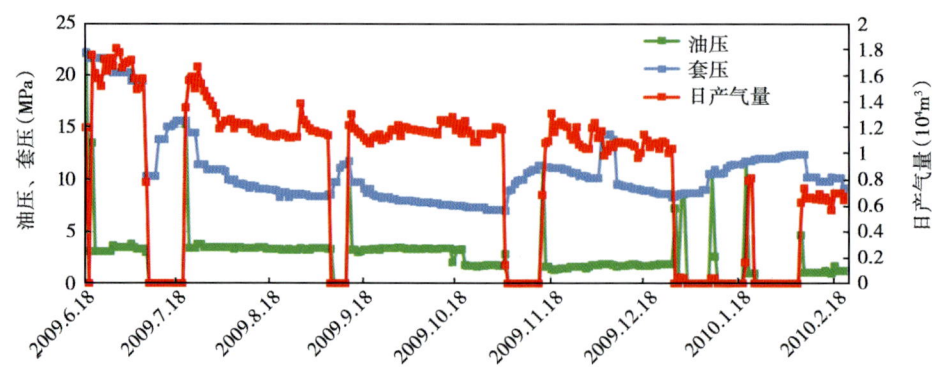

图4-6 SD30-26井采气曲线

（3）Ⅰ类井稳产类型三：投产时间较晚，产量递减较快。

SD31-30c4井位于Z10井区西部地区，于2009年12月9日投产，截至2010年2月22

日平均产气量为 $2.03×10^4m^3/d$,累计产气量 $154.05×10^4m^3$;该井相对其他井投产时间较晚,产气量递减较快,从投产开始的产气量为 $2.91×10^4m^3/d$,在经过 2 个月的生产后,到 2010 年 2 月 22 日降到 $1.28×10^4m^3/d$(图 4-7)。说明该井的稳产能力较差。

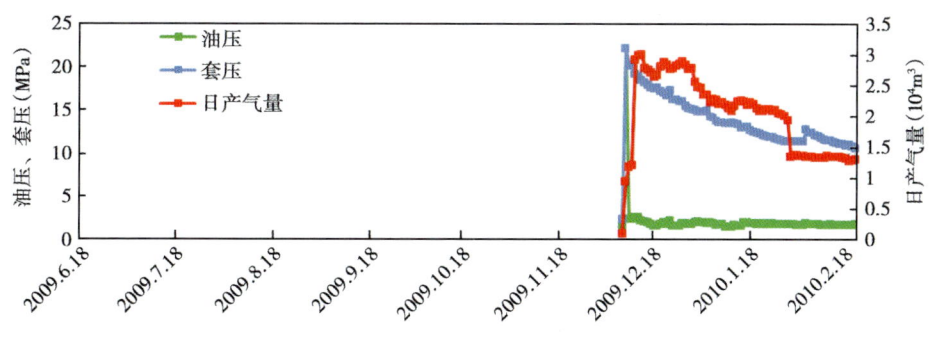

图 4-7 SD31-30c4 井采气曲线图

2. Ⅱ类气井(产气量 $0.8×10^4$~$1.5×10^4m^3/d$)

Ⅱ类气井共计 74 口,占总井数的 35.92%,主要分布在砂体较厚地带(图 4-8)。开发特征主要表现为初期产量相对较高,下降较快,初期单井产气量分布在 $0.8×10^4$~$1.5×10^4m^3/d$ 之间,生产较平稳。

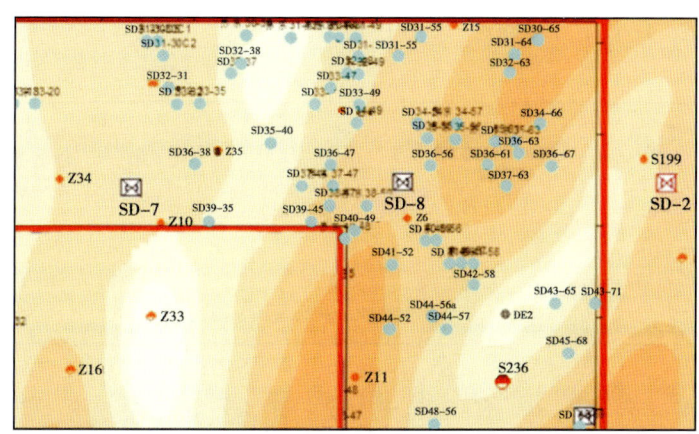

图 4-8 Ⅱ类气井平面分布图

Ⅱ类井日产气量相对平稳,基本能够保持稳产一年左右,但部分井需要间歇开井。后期产量急剧下降,生产特征曲线有所不同,主要有以下三种类型。

(1)Ⅱ类井稳产类型一:前期产量较为平稳,后期下降较快;共 44 口,占Ⅱ类井 59.46%。

SD31-47 井位于 Z10 井区中北部,于 2008 年 11 月 17 日投产,截至 2010 年 2 月 22 日平均产气量为 $0.91×10^4m^3/d$,累计产气量 $400.13×10^4m^3$;前期产量较为平稳,后期下降较快(图 4-9);根据日产气量可分两个阶段:

第一阶段从投产到 2009 年 9 月 20 日左右,大约为 10 个月,开井产气量为 $2.2×10^4m^3/d$,一星期后,产气量降到 $1.35×10^4m^3/d$,而后到 2009 年 9 月 20 日,产气量基本维持在 $1.08×10^4m^3/d$ 左右;

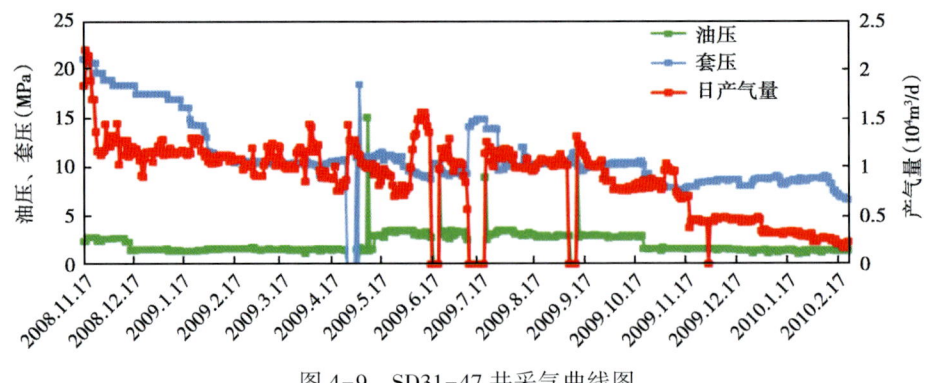

图 4-9　SD31-47 井采气曲线图

第二阶段从 2009 年 9 月 21 日开始到 2010 年 2 月 22 日,这一阶段日产气量开始逐步下降,到 2010 年 2 月 22 日,SD31-47 井的产气量仅有 $0.23\times10^4\mathrm{m}^3/\mathrm{d}$,稳产能力较差,日产气量下降幅度较大。

(2) Ⅱ类井稳产类型二：投产后产量比较平稳,稳产一年左右产量上升；共 13 口,占 Ⅱ类井 17.57%。

SD32-48 井位于 Z10 井区中北部地区,于 2008 年 11 月 28 日投产,截至 2010 年 2 月 22 日平均产气量为 $1.14\times10^4\mathrm{m}^3/\mathrm{d}$,累计产气量 $487.19\times10^4\mathrm{m}^3$；在整个试采过程中,生产特征表现为稳中有升（图 4-10）。根据产气量可分三个阶段：

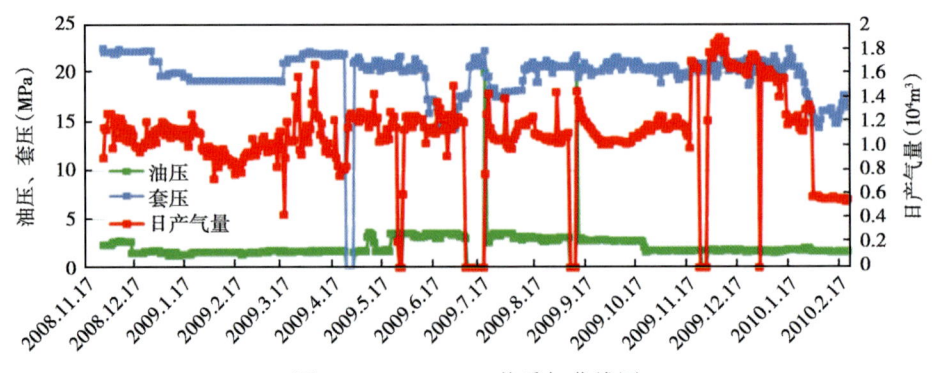

图 4-10　SD32-48 井采气曲线图

第一阶段从投产到 2009 年 11 月 19 日左右,生产较为稳定,大约为 12 个月,产气量稳定在 $1.09\times10^4\mathrm{m}^3/\mathrm{d}$ 左右；

第二阶段从 2009 年 11 月 20 日开始到 2010 年 1 月 15 日,这一阶段产量上升,平均产气量为 $1.66\times10^4\mathrm{m}^3/\mathrm{d}$ 左右；

第三阶段从 2010 年 1 月 15 日到 2010 年 2 月 22 日,日产气量急剧下降,最终稳定在 $0.56\times10^4\mathrm{m}^3/\mathrm{d}$。

(3) Ⅱ类井稳产类型三：投产后产量比较平稳,稳产一年左右产量上升；共 17 口,占 Ⅱ类井 22.97%。

Z17 井位于 Z10 井区西部地区,于 2009 年 12 月 9 日投产,截至 2010 年 2 月 22 平均产气量为 $0.67\times10^4\mathrm{m}^3/\mathrm{d}$,累计产气量 $51.08\times10^4\mathrm{m}^3$；该井相对其他井投产时间较晚,产气量

递减较快,波动较大,该井的稳产能力较差(图4-11)。

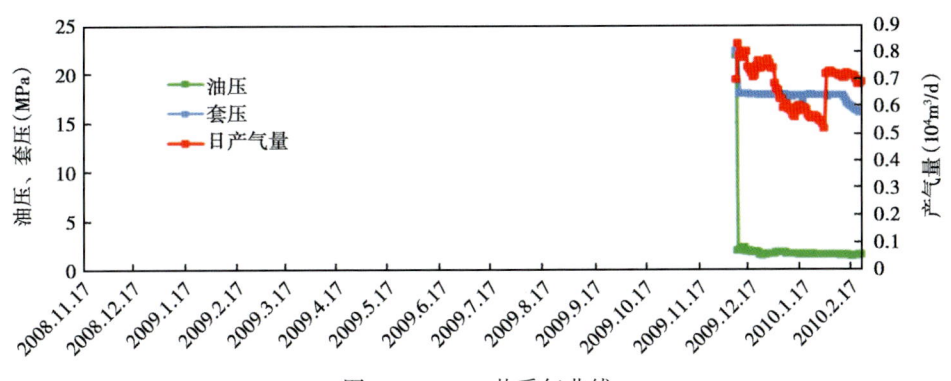

图4-11 Z17井采气曲线

3. Ⅲ类气井(产气量<$0.8×10^4 m^3/d$)

Ⅲ类气井共计72口,占总井数的34.95%,开发特征主要表现为初期产量相对较低,初期单井产气量低于$0.8×10^4 m^3/d$,但大部分气井产量能够保持相对稳定(图4-12)。

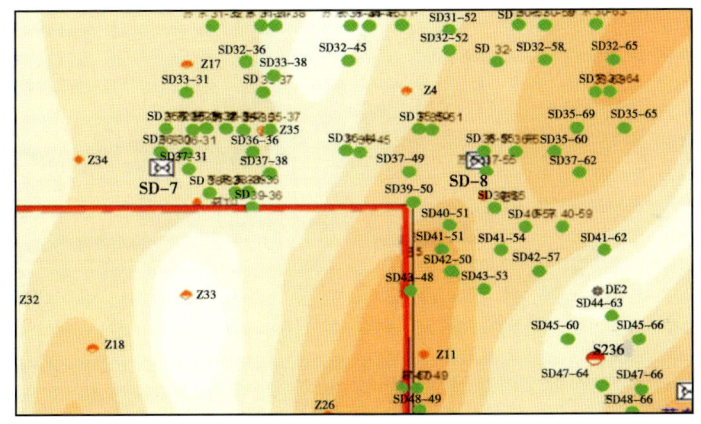

图4-12 Ⅲ类气井平面分布图

Ⅲ类井基本能够保持较低产量连续生产一年左右,大部分井需要间歇开井,后期产量下降明显。在整个试采过程中,生产特征曲线有所不同。

(1)Ⅲ类井稳产类型一:产量较低,但基本保持稳定;共53口,占Ⅲ类井73.6%。

SD35-51井位于Z10井区中部地区,于2008年8月19日投产,截至2010年2月22日平均产气量为$0.48×10^4 m^3/d$,累计产气量$227.65×10^4 m^3$;在整个试采过程中,生产特征表现为较为平稳(图4-13)。根据日产气量可分两个阶段:

第一阶段从投产到2009年12月8日左右,生产较为稳定,大约为16个月,产气量稳定在$0.5×10^4 m^3/d$左右;

第二阶段从2009年12月9日开始到2010年2月22日,这一阶段为产量波动阶段,产量急剧下降,经措施调整后产气量上升到$0.6×10^4 m^3/d$左右。

(2)Ⅲ类井稳产类型二:产量较低,前期保持稳定,但时间较短;然后产量逐渐下降。共19口,占Ⅲ类井26.4%。

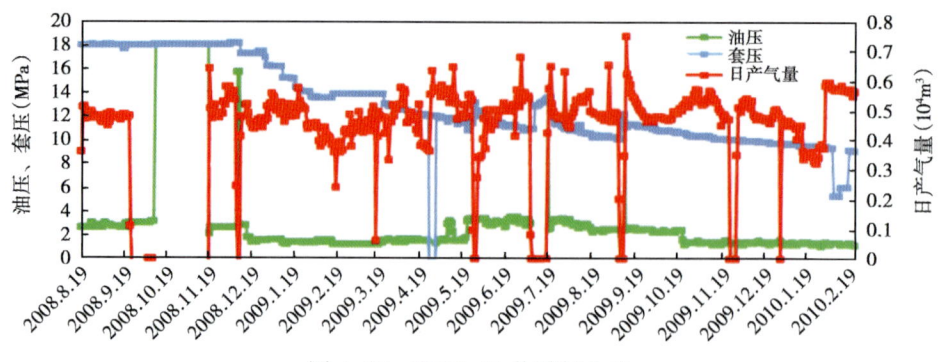

图 4-13 SD35-51 井采气曲线

SD30-59 井位于 Z10 井区东北部地区，于 2009 年 2 月 24 日投产，投产较晚，截至 2010 年 2 月 22 日仅生产一年时间，平均产气量为 $0.47×10^4 m^3/d$，累计产气量 $145.90×10^4 m^3$；在整个试采过程中，生产特征表现为前期产量较为平稳，稳产段较短，后期产量逐渐下降（图 4-14）。根据日产气量可分两个阶段：

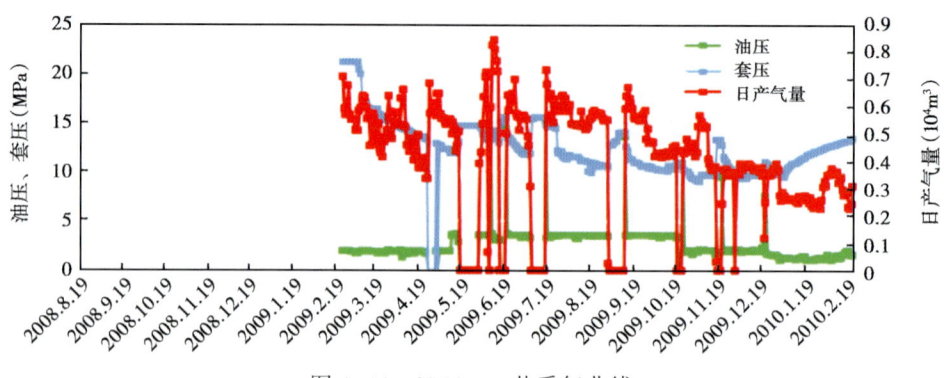

图 4-14 SD30-59 井采气曲线

第一阶段从投产到 2009 年 9 月 27 日左右，生产较为稳定，大约为 7 个月，产气量稳定在 $0.56×10^4 m^3/d$ 左右；

第二阶段从 2009 年 9 月 28 日开始到 2010 年 2 月 22 日，这一阶段为产量逐渐下降，下降较快，到 2010 年 2 月 22 日，产气量仅为 $0.31×10^4 m^3/d$。

（二）总体开发动态特征

1. 产量差异较大，多为中、低产井，总体表现为单井产能较低

生产数据统计表明，高产气井日均产气量仅大于 $1.5×10^4 m^3$，共 60 口，占生产气井的 29.13%，日产气量占总日产气量 58.89%；其余 146 口井日均产气量均小于 $1.5×10^4 m^3$。Ⅰ类气井日产气量、井口压力比较高，分析原因主要由于大部分井均处于砂体较厚的区域，并且较早于其他井开始生产。

2. 单井产量低，稳产时间短

在整个试采过程中，大部分井初期产量都能控制平稳，但是稳产时间最长不超过 16 个月。而后气井日产气量开始下降，并且下降速率较快；Ⅰ类气井从投产开始的 60 口，在经过一年半时间的开发后已经只剩下 30 口。

3. 多数气井需要采用间歇式生产模式，稳产能力弱

由于单井产气量不高，而且递减速度较快，多数井都出现间歇式生产的情况。

二、气井产能评价

(一) 产区产能递减规律

油气藏产量递减分析，是油气藏工程中应用极为广泛的一种方法，它既可用来预测油气藏的未来产量变化，亦可用于开发后期油气藏最终采收率的估算，是编制切合实际的气田方案、实现气田合理开发的重要依据。

对于一口单井来说，无论是单相流动还是多相流动，在生产过程中，其产量都是先有一个短暂的稳产期，然后产量就随时间而逐步递减。而对于全油田来说，由于油田建设速度的限制，全油田的总产量一般先有一个迅速上升时期、相对稳产时期，然后是产量递减时期（陈元千，1990）。因此无论是对单井还是对全油田而言，都有一个产量递减时期，（图4-15）。而所谓产量递减规律，指的是产量递减时期的产量随时间的变化规律。

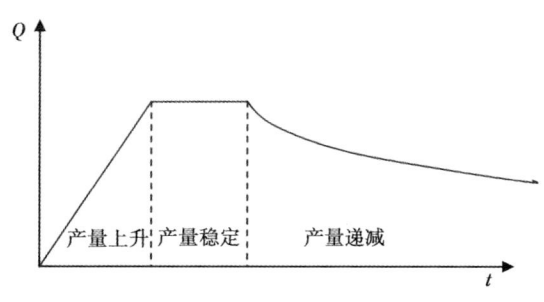

图4-15 油气田开发模式图

苏里格气田东区为典型的三低气藏（低产、低渗、低丰度），气井产量低，压力下降快，鉴于苏里格气田东区当前还处于大规模建产期，本书主要针对单井进行产量递减规律分析，寻找递减规律，同时对气田递减率进行了初步探讨。

1. 气井产量递减类型判断

所谓产量递减分析，就是当气田进入递减阶段以后，寻求产量变化规律，并利用这些规律预测未来产量。气藏递减规律在理论上还没有突破，主要照搬油藏递减率分析技术，最常用的方法为 Arps（1945）提出的产量递减规律方程式（表4-2），即将递减分为三种类型：指数递减、双曲递减和调和递减。这三种规律在气井的产能递减规律研究和预测工作中得到广泛的应用。

Arps 通过理论研究，提出油气藏产量递减的通式为：

$$\frac{Q}{Q_i} = \left(\frac{D}{D_i}\right)^n$$

当 $n=\infty$ 时为指数递减；当 $n=1$ 时为调和递减；当 $1<n<\infty$ 时为双曲线递减。递减率为单位时间的产量变化率，或单位时间内产量递减的百分数，表征气井产量降低幅度的大小。

由表4-2可以得出：

（1）指数递减规律的产量与开发时间呈半对数直线关系。指数递减规律的产量与累计产量在普通坐标系上呈直线关系，利用该关系式可以判断气井产量递减是否属于指数递减。

（2）对于双曲递减，可以通过给定不同的常数 C 值，利用曲线位移法能够得到一条最佳的直线。

（3）调和递减的产量与累计产量呈半对数直线关系。

表 4-2 产量递减规律的有关公示表

递减类型	指数递减	双曲线递减	调和递减
递减指数	$n \to \infty$	$1 < n < \infty$	$n = 1$
产量与时间关系	$Q = Q_i e^{-Dt}$ $\lg Q = \lg Q_i - D_i t/e$	$Q = Q_i(1 + D_i t/n)^{-n}$ $\lg Q = \lg Q_i - n\lg(1 + D_i t n^{-1})$	$Q/Q_i = D/D_i$ $Q = Q_i(1 + D_i t)^{-1}$
产量与累计产量的关系	$Q = Q_i - DG_p$	$G_P = Q_i/D_i(1-n)^{-1}[1 - (Q_i/Q)^n]$ 无线性关系	$G_p = Q_i/D_i \ln(Q_i/Q)$ $\lg Q = \lg Q_i - D_i/(eQ_i)G_p$

从上述推导可以看出，指数递减、调和递减、双曲递减都具有某些直线关系。指数递减规律在半对数坐标系中，产量与时间是直线关系；在直角坐标系中，产量与累计产量存在直线关系。对于调和递减规律，在半对数坐标系中，产量与累计产量是一直线关系；在直角坐标系中，产量的倒数与时间存在直线关系。而双曲递减规律则不存在任何直线关系。得到三种产能递减率在不同递减类型下的表达式后，同样借用判别产量递减类型的方法，即可对气井的递减类型进行判别（郎兆新，1991）。本书根据不同坐标系中相应参数呈直线关系的特点，利用矿场实际生产动态数据进行递减类型的判断。

从苏里格气田东区单井 lg($t+C$) 与 lg$Q$ 关系曲线（图 4-16）看，通过 C 值的变化，关系曲线呈现出直线关系；再从苏里格东区不同类型井 lg($t+C$) 与 lg$Q$ 关系曲线（图 4-17）看，通过 C 值的变化，关系曲线也能呈现出直线关系，这说明苏里格东区产量递减应为双曲线递减规律的一种，$1<n<\infty$ 之间。

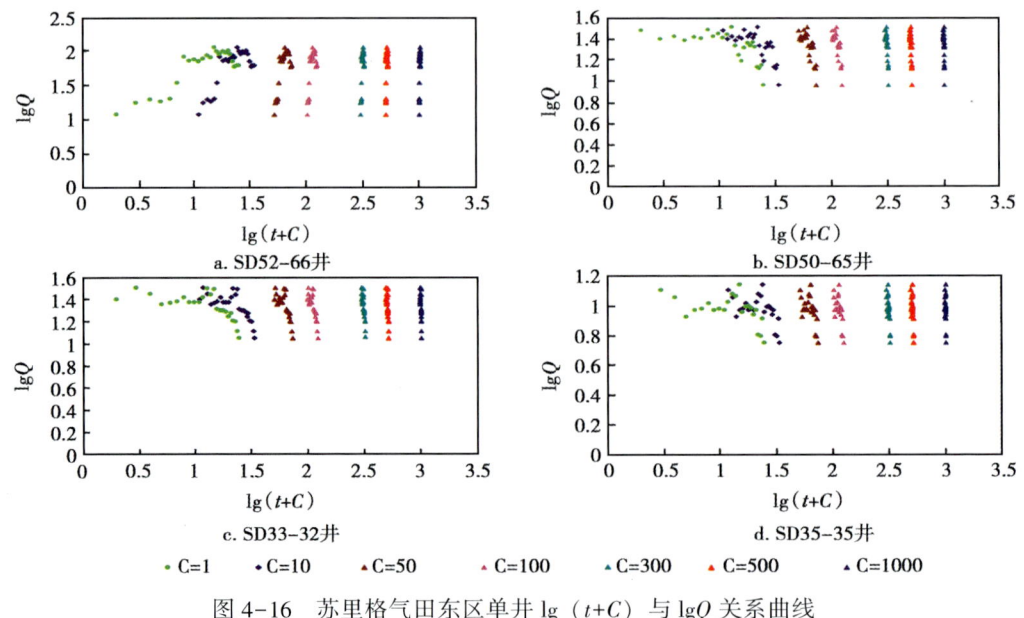

图 4-16 苏里格气田东区单井 lg($t+C$) 与 lg$Q$ 关系曲线

大量文献调研结果显示，绝大多数气井产量递减符合衰减式递减规律，$n=2$，是双曲递减的一种特殊形式，其公式如下：

$$\frac{1}{G_p} = A + B\frac{1}{t}$$

其中
$$A=\frac{0.5D_i}{Q_i} \quad B=\frac{1}{Q_i}$$

衰竭式递减其 $1/t$ 与 $1/G_p$ 呈直线关系。

式中　D——产量递减率，mon^{-1} 或 a^{-1}；

　　　Q——产气量，$10^4m^3/mon$ 或 $10^8m^3/a$；

　　　t——递减阶段与 Q 相应的生产时间，mon 或 a；

　　　n——递减指数，无量纲；

　　　Q_i——在递减期人为选定 $t=0$ 时对应的初始产量，$10^4m^3/mon$ 或 $10^8m^3/a$；

　　　D_i——初始递减率，mon^{-1} 或 a^{-1}；

　　　G_p——从人为选定的 $t=0$ 时算起的累计产量，$10^4m^3/mon$ 或 $10^8m^3/a$。

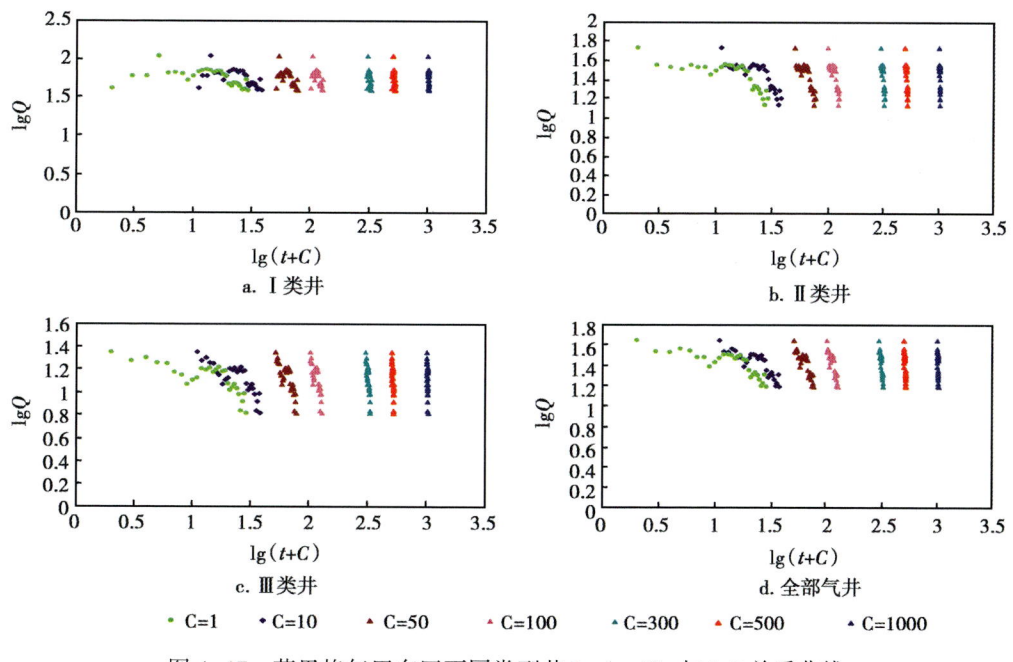

图4-17　苏里格气田东区不同类型井 $\lg(t+C)$ 与 $\lg Q$ 关系曲线

从苏里格气田东区单井 $1/t$ 与 $1/G_p$ 关系曲线（图4-18）看，曲线明显呈现出直线关系；再从苏里格气田东区不同类型井 $1/t$ 与 $1/G_p$ 关系曲线（图4-19）看，曲线也呈现出直线关系，这说明苏里格气田东区气井产量递减符合衰减式递减规律。

2. 不同类型井递减率分析

苏里格东区气井产量递减符合衰减式递减规律，建立单井 $1/t$ 与 $1/G_p$ 关系曲线，回归就可求得系数 A、B，建立气井递减方程，得到气井产量递减曲线。本书统计了不同类型井的月产气量，选取月产量明显出现递减趋势的井分析单井递减率。

以 SD23-53 井为例：该井于 2008 年 11 月 11 日投产（图4-20），投产初期油、套压为 2.5/20.6MPa；初期以 $2.5\times10^4m^3/d$ 左右产量生产，压降速率0.024MPa/d；当前以产量 $1.5\times10^4m^3/d$ 生产，压降速率为 0.0098MPa/d，生产稳定。从日生产曲线上可见该井产气量出现了递减。

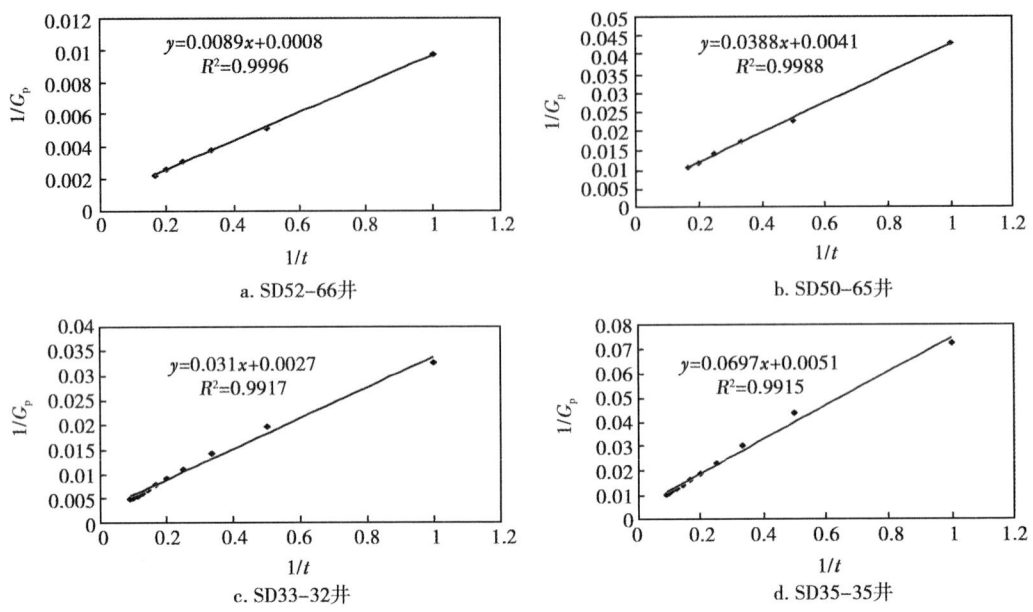

图 4-18 苏里格气田东区气井 $1/t$ 与 $1/G_p$ 关系曲线

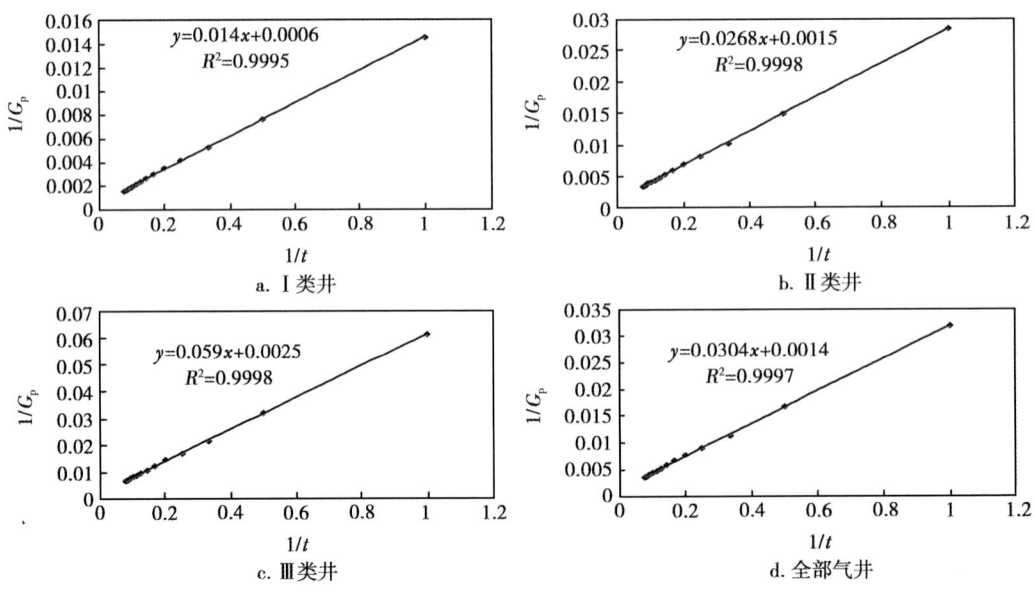

图 4-19 苏里格气田不同类型气井 $1/t$ 与 $1/G_p$ 关系曲线

统计该井月产气量的数据（图 4-21），从月生产曲线上可以明显看出产量从 2009 年 9 月份左右出现了递减。建立 $1/t$ 与 $1/G_p$ 关系曲线见图 4-22，曲线明显呈现出直线关系，回归得到该井的 A、B 值，$A=0.0004$，$B=0.00173$，$q_i=57.80\times10^4\text{m}^3/\text{mon}$，利用定义计算出第一年递减率 $D_i=0.046242775$，有了 q_i、D_i 可计算出递减期单位时间递减率，计算的 SD23-53 井年递减率随时间变化曲线见图 4-23。从曲线看，第一个月月递减率 4.5%，随着时间的延长，月递减率不断下降，平均月递减率 2.1%。

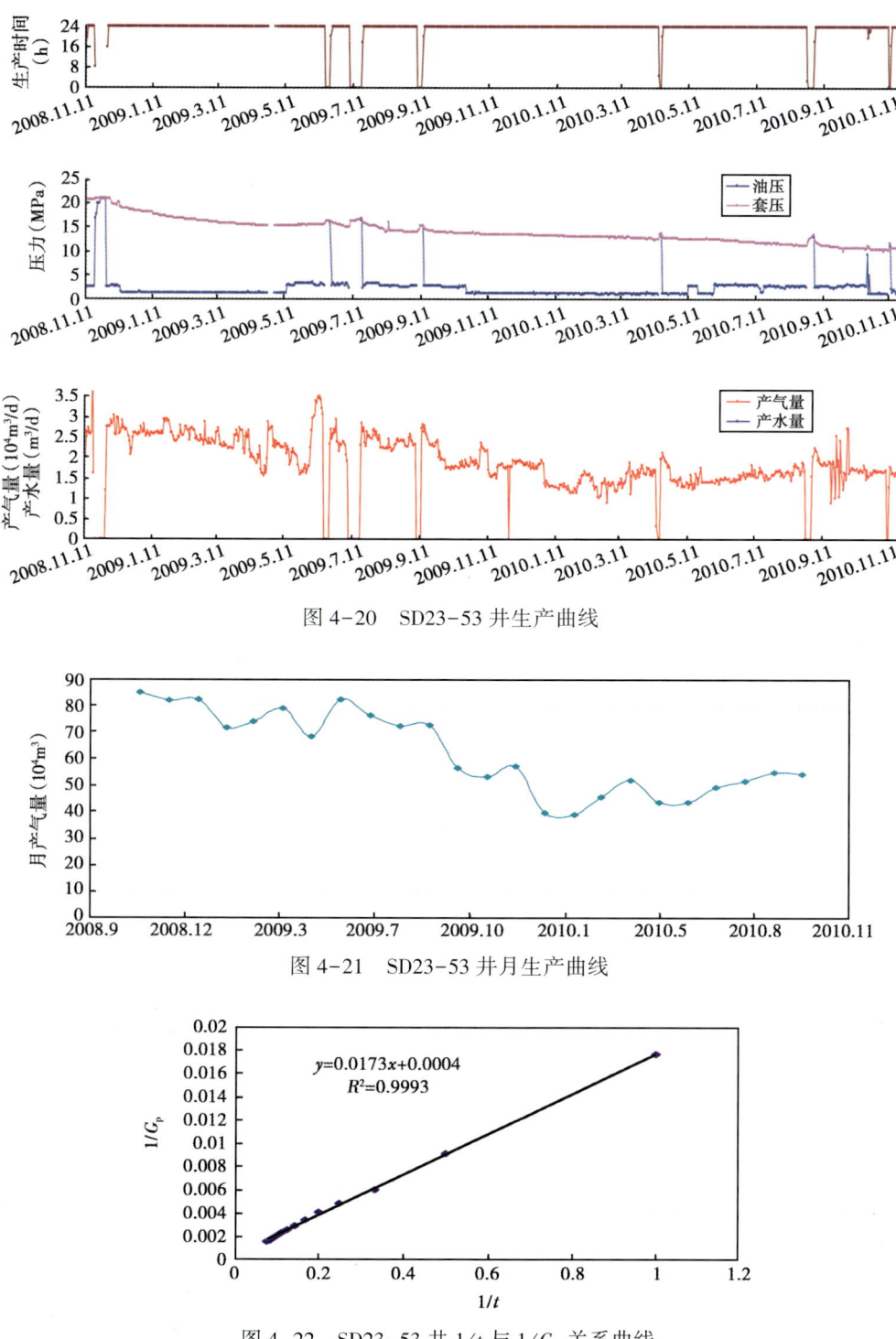

图 4-20　SD23-53 井生产曲线

图 4-21　SD23-53 井月生产曲线

图 4-22　SD23-53 井 $1/t$ 与 $1/G_p$ 关系曲线

根据以上研究方法，对 2008 年投产井分类计算其递减率（表 4-3）。Ⅰ类井（产气量>$1.5\times10^4\mathrm{m}^3/\mathrm{d}$）第一个月月递减率 3.5%，平均月递减率 1.9%；Ⅱ类井（产气量 $0.8\times10^4\sim1.5\times10^4\mathrm{m}^3/\mathrm{d}$）第一个月月递减率 3.2%，平均年递减率 1.8%；Ⅲ类井（产气量<$0.8\times$

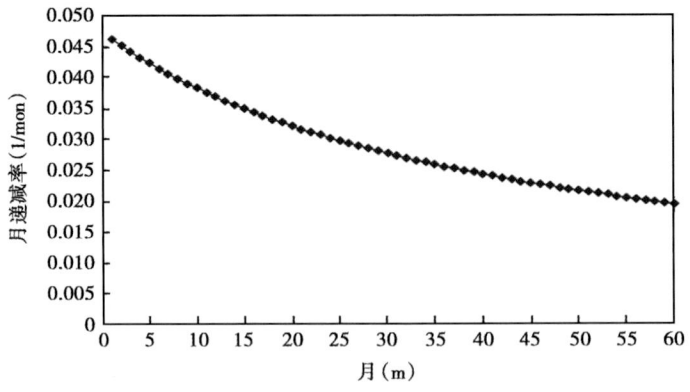

图 4-23 SD23-53 井年递减率随时间变化曲线

$10^4 \text{m}^3/\text{d}$）第一个月月递减率 2.5%，平均月递减率 1.5%。2008 年投产全部气井第一个月月递减率 2.9%，平均月递减率 1.7%。不同类型井年递减率变化见图 4-24—图 4-27。

计算结果显示，2008 年投产全部气井平均月递减率为 1.7%，折合年递减率为 14.3%，满足方案要求的递减率小于 20% 的要求，说明投产井配产在合理范围之内，生产状况良好；另外研究表明，通过控制初期配产来控制气井递减，初期配产越大，平均递减率越高，Ⅰ 类井平均月递减率为 1.9%，高于 Ⅱ、Ⅲ 类井，是因配产相对较高造成的（Ⅰ 类井初期配产为 $2.82 \times 10^4 \text{m}^3/\text{d}$）。

表 4-3 2008 年投产分类递减率分析结果表

类别	B	A	Q_i ($10^4 \text{m}^3/\text{mon}$)	初期产量 ($10^4 \text{m}^3/\text{d}$)	第一个月月递产率	平均月递减率
Ⅰ 类平均	0.0118	0.0004	84.75	2.82	0.035	0.019
Ⅱ 类平均	0.0251	0.0004	39.84	1.33	0.032	0.018
Ⅲ 类平均	0.0568	0.0007	17.61	0.59	0.025	0.015
全部	0.026	0.0004	38.46	1.28	0.029	0.017

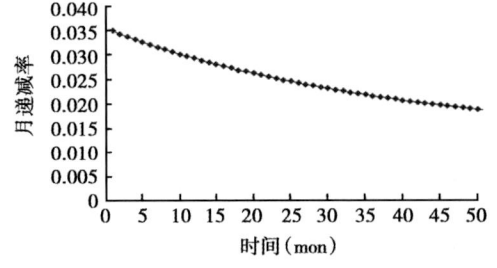

图 4-24 苏里格气田东区 Ⅰ 类井年递减率随时间变化曲线

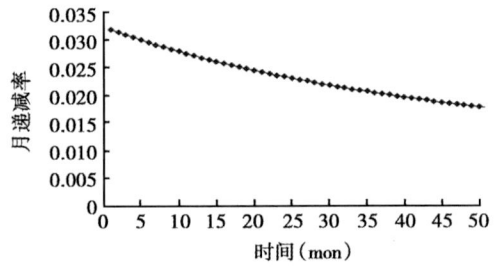

图 4-25 苏里格气田东区 Ⅱ 类井年递减率随时间变化曲线

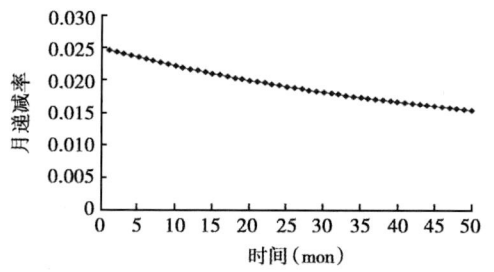

图 4-26　苏里格气田东区Ⅲ类井年递减率
随时间变化曲线

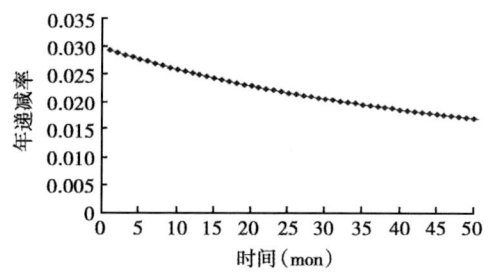

图 4-27　苏里格气田东区全部投产井年递减率
随时间变化曲线

3. 气田递减率分析

气田的递减率研究可用于指导气田下一年的生产任务安排，对于气田管理具有重要的指导意义，为此初步从理论上探讨了气田综合递减率的求取。

根据衰竭式递减的递减率变化公式：$D=(1/D_i+0.5t)-1$，假设：第一年投产 n_1 口井，第二年投产 n_2 口井，第三年投产 n_3 口井，…，第 N 年投产 n_n 口井，第 $N+1$ 年井均进入递减期，可以计算第 $N+2$ 年时历年投产井的年递减率分别为 D_{i1}、D_{i2}、D_{i3}、…D_{in}，其表达式为：

$$D_{in}=\frac{Q_{nn(N+1)}-Q_{nn(N+2)}}{Q_{NN(n+1)}}$$

其中递减率与时间的关系可以在表 4-4 中得出。

表 4-4　递减率与时间的关系

时间	递减率
第 $N+2$ 年	$D=\sum_{j=1}^{n}D_{ij}\eta_j$
第 $N+N$ 年时第 N 年	$D_{nn}=[D_{in}^{-1}+0.5(N-2)]^{-1}$
第 $N+N$ 年	$D=\sum_{j=1}^{n}D_{ij}\eta_j$

根据以上的推导过程确定气田递减率求取思路为：首先按投产年份统计各年投产井的当月生产数据，考虑开井时率的影响，对月产量进行修正，然后根据衰竭递减理论计算分年投产井的年递减率，得到不同投产年份的井的递减率，再根据不同投产年份井比例加权平均，最后得到区块的递减率。

因 2010 年投产井生产时间短，还未进入递减阶段，气田递减主要以 2008 年、2009 年投产井为研究对象，采用以上研究方法得到气田的分年递减率（图 4-28）。

苏里格东区由于部分井物性差加之采用井下节流工艺，气井很快出现产量下降现象。研究表明，气井递减率符合衰减式递减规律，从配产情况看，苏里格东区Ⅰ、Ⅱ、Ⅲ类井配产在合理范围之内，平均月递减率为 1.7%；递减率受初期配产影响大，苏里格东区Ⅰ类井初期配产 $2.83\times10^4m^3/d$，初期递减达到 3.5%，其余两类井配产相对较低，初期递减率在 2.5% 左右；苏里格东区投产井在 2010 年、2011 年将进入递减期，区块 2010 年、2011 年月递减率将超过 2%。

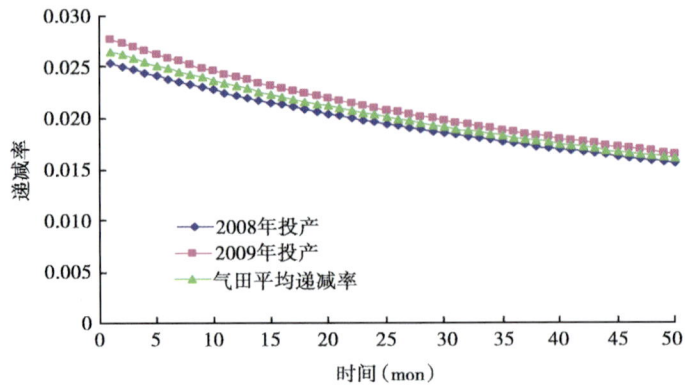

图 4-28 苏里格气田东区年递减率随时间变化曲线

(二) 气井产能影响因素

1. 气井产能影响因素分析

气井产能受多种因素的影响,可概括为地质因素和工程因素两大类。地质因素是储层固有的属性,不以人的意志为转移。由于生产工作制度的不合理,可能造成地层压力下降过快,导致储层渗透率急剧降低,从而使产能大幅度下降。

1) 测试时间对气井产能的影响

由于压裂井特有的渗流规律,即不同的时间对应流动特征不同,但反映气井真实流动特征的是地层拟径向流。因此,利用早期的裂缝流动阶段资料确定的气井绝对无阻流量将会明显偏大。

图 4-29 为理论计算的气井绝对无阻流量与流动时间的关系曲线,同样表现出随着流动时间的延长,气井绝对无阻流量在不断减小。但当测试时间达到 3 倍地层拟径向流开始时间后,气井绝对无阻流量的变化将很小,基本趋于稳定。

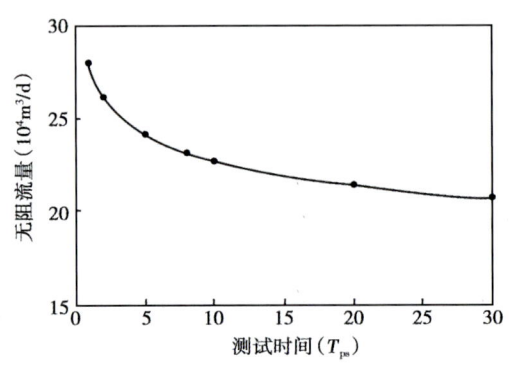

图 4-29 测试时间与气井绝对无阻流量关系曲线

气井的绝对无阻流量受测试时间的影响较大,因此,要想获得可靠的气井绝对无阻流量,必须要保证足够长的测试时间。

2) 测试回压对气井产能的影响

气井进行单点产能测试时,测试回压对气井绝对无阻流量的计算结果有着较大的影响。严格地讲,每口气井对应一个单点产能计算公式,因此若笼统地利用平均公式计算气井的产能必将产生一定的误差。但是研究表明,随着测试回压的降低,计算所产生的误差在减小。假设最小 α 值为 0.5691,对应的单点产能计算公式为:

$$q_{\mathrm{AOF}_1} = \frac{1.5143\, q_{\mathrm{g}}}{\sqrt{1 + 5.3218 p_{\mathrm{D}}} - 1} \tag{4-1}$$

最大 α 值为 0.7352,则对应的单点计算公式为:

$$q_{AOF_2} = \frac{0.7203 q_g}{\sqrt{1 + 1.9596 p_D} - 1} \tag{4-2}$$

但对应平均 α 值 0.6522 的单点产能计算公式为：

$$q_{AOF} = \frac{1.0668 q_g}{\sqrt{1 + 3.2716 p_D} - 1} \tag{4-3}$$

则利用式（4-3）计算最小 α 值气井绝对无阻流量所产生的误差为：

$$\beta = \frac{q_{AOF} - q_{AOF_1}}{q_{AOF_1}} \tag{4-4}$$

对应不同的 p_D（或 p_{wf}/p_R）所产生的误差不同（图 4-30）。由图可知，当回压大于 97% 时，所产生的误差大于 22%；当回压大于 90% 时，所产生的误差大于 16%；而当回压小于 80% 时，误差小于 10%。

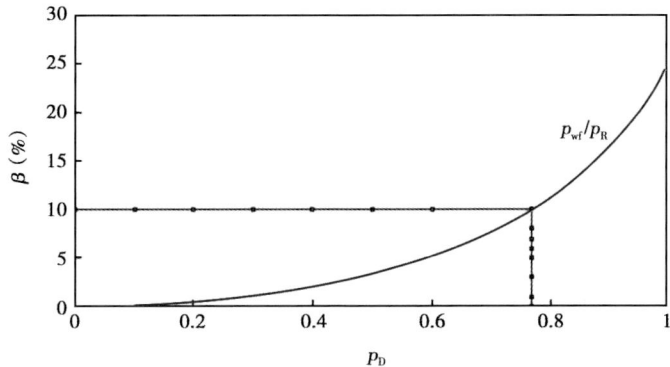

图 4-30 测试回压与无阻流量计算误差关系曲线图

同理，利用式（4-2）计算最大 α 值气井绝对无阻流量所产生的误差为：

$$\beta_2 = \frac{q_{AOF} - q_{AOF_2}}{q_{AOF_2}} \tag{4-5}$$

对应不同的 p_D（或 p_{wf}/p_R）所产生的误差不同（图 4-31）。由图可知，当测试回压小于 80% 时，计算的误差小于 6%。

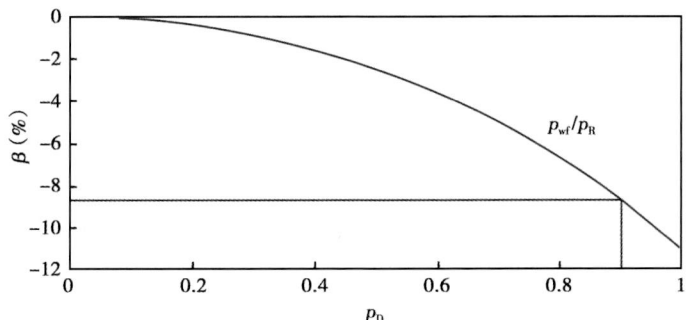

图 4-31 测试回压与无阻流量计算误差关系曲线图

综合上述两种极端气井的 α 值,公式(4-5)在测试回压 $p_{wf}/p_R \leq 80\%$ 时,计算误差小于 10%。需要指出的是:要求的测试回压必须有测试时间保证,如果在较短的时间内达到要求的测试条件,其计算结果同样是不可靠的。因此,若要采用单点方法确定气井产能,一要建立适合本地区的单点产能计算公式;二要保证一定的测试时间和测试回压,只有这样才能保证利用单点测试方法求得可靠的气井产能。

3)储层厚度对气井产能的影响

由气藏气井实际测试资料统计作出气井无阻流量—储能系数图,当有效储层平均孔隙度、渗透率和储层厚度不同,气井达到的产能也不同(图 4-32)。

储能系数和地层系数呈乘幂关系,R^2 达到 0.68,以储能系数和地层系数作为单井分类参数(表 4-5)。

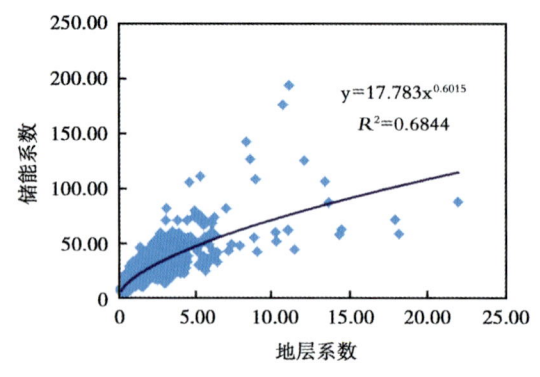

图 4-32 地层系数与储能系数关系图

表 4-5 单井分层评价标准

气层类别	地层系数	储能系数
Ⅰ	≥10	≥140
Ⅱ	2~10	60~140
Ⅲ	<2	<60

根据以上单井气层评价标准可以将 Z10 井区气井气层分类(表 4-6)。

表 4-6 Z10 井区单井气层评价表

井名	孔隙度(%)	基质渗透率(mD)	地层系数	储能系数	气层类型
SD32-47	9.82	0.33	3.10	70.01	Ⅱ
SD45-67	14.25	2.94	22.02	87.00	Ⅰ—Ⅱ
SD41-53	17.16	3.68	14.33	57.69	Ⅱ
SD38-46	9.40	0.57	6.27	72.97	Ⅱ
SD41-49	11.19	0.44	2.73	58.90	Ⅱ
SD43-57	9.34	0.31	1.33	23.58	Ⅲ
SD32-50	9.00	0.64	12.05	124.70	Ⅰ—Ⅱ
SD35-59	13.69	1.06	4.56	49.74	Ⅱ—Ⅲ
SD36-47	11.00	0.63	2.82	38.31	Ⅱ—Ⅲ
SD41-52A	9.74	0.35	2.58	48.48	Ⅱ—Ⅲ
SD38-50	10.50	0.66	1.46	18.32	Ⅲ

从而得到气井无阻流量与气层类别的对应关系如表4-7。

表4-7 气层类别与无阻流量关系表

气层类别	平均无阻流量（$10^4 m^3/d$）
Ⅰ—Ⅱ	7
Ⅱ	5
Ⅱ—Ⅲ	2.83
Ⅲ	1.46

在对Z10井区193口井气层分类后发现：Ⅰ类气层0；Ⅰ—Ⅱ类气层8口占4.1%；Ⅱ类气层14口占7.3%；Ⅱ—Ⅲ气层86口占44.6%；Ⅲ类气层85口占44%；说明储层物性比较差。

4）储层非均质性对气井产能影响

苏里格东部气田的产能试井，因测试时间短，加之气层导压系数低，压力波及范围较小。因此，有些井没有探测到低渗区，或者说井周渗透性变差对气井测试产能还未产生影响。产能方程是针对均质地层推导而出，对非均质低渗透气田气井产能测试时间短，气层导压系数低，压力波及范围较小，没有波及井周围低渗区，这时的产能反映的主要是井周围高渗区的产能（葛家理，1982；管保山等，2009）。为了研究井周渗透性变差对气井产能的影响，采用以下公式：

$$p_R^2 - p_{wf}^2 = A_i q_g + B_i q_g^2 \tag{4-6}$$

其中

$$A_i = A_1 \left[1 + \frac{K_1}{K_i} \cdot \frac{\lg(r_i/r_1)}{\lg(r_1/r_w) + 0.434S} \right] \tag{4-7}$$

$$B_i = B_1 \left[1 + \frac{K_1}{K_i} \cdot \frac{1/r_1 - 1/r_i}{1/r_w - 1/r_1} \right] \tag{4-8}$$

$$q_{AOF} = \frac{1}{2B_1} \left[\sqrt{A_i^2 + 4B_1(p_R^2 - 0.101^2)} - A_i \right] \tag{4-9}$$

式中 r_1——井内圈半径，m；

r_i——井外圈半径，m；

K_1——井内圈半径范围内渗透率，mD；

K_i——井外圈（r_1-r_i）范围内渗透率，mD；

A_1，B_1——半径为r_1范围内产能方程中一次项与二次项系数；

A_i，B_i——半径为r_i范围内产能方程中一次项与二次项系数；

r_w——井半径，m；

S——伤害系数。

可以看到，在相同变差程度条件下，井外圈（渗透率变差）半径越大，无阻流量越小，对产能影响程度越大；当井外圈半径一定时，变差程度越大，无阻流量越低，对产能影响越严重，当井外圈渗透率变差半径大于150m时，随着半径的增大，对产能影响程度随之变小（图4-33）。

因此，储层渗透率非均质性对产能影响是非常巨大的。

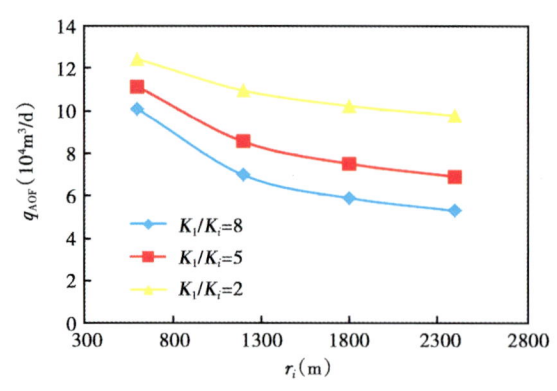

图4-33 渗透率变差程度与无阻流量关系曲线图

2. 总体开发特征

(1) 通过单井分析,苏里格东部地区总体开发特征如下:

①产量差异较大,多为中、低产井,总体表现单井产能较低。生产数据统计表明,高产气井日均产气量仅大于$1.5×10^4 m^3$,共60口,占生产气井的29.13%,日产气量占总日产气量58.89%;其余146口井日均产气量均小于$1.5×10^4 m^3$。Ⅰ类气井日产气量、井口压力比较高,分析原因主要由于大部分井均处于砂体较厚的区域,并且较早于其他井开始生产。

②单井产量低,稳产时间短;在整个试采过程中,大部分井初期产量都能控制平稳,但是稳产时间段最长不超过16个月;而后气井日产气量开始下降,并且下降速率较快;Ⅰ类气井从投产开始的60口,在经过一年半时间的开发后已经只剩下30口。

③多数气井需要采用间歇式生产模式,稳产能力弱。由于单井产气量不高,而且递减速度较快,多数井都出现间歇式生产的情况。

(2) 通过分析,苏里格东部地区影响产能的主要因素有:

①测试时间对气井产能的影响。由于压裂井特有的渗流规律,即不同的时间对应流动特征不同,但反映气井真实流动特征的是地层拟径向流。因此,利用早期的裂缝流动阶段资料确定的气井绝对无阻流量将会明显偏大。

②测试回压对气井产能的影响。气井进行单点产能测试时,测试回压对气井绝对无阻流量的计算结果有着较大的影响。严格地讲,每口气井对应一个单点产能计算公式,因此若笼统地利用平均公式计算气井的产能必将产生一定的误差。但是研究表明,随着测试回压的降低,计算所产生的误差在减小。

③储层厚度对产能的影响。根据气藏气井实际测试资料统计分析气井无阻流量与储能系数的关系图,可以看出当有效储层平均孔隙度、渗透率和储层厚度不同,气井达到的产能也不同。说明储层厚度对产能也有较大影响。

④储层渗透率非均质对气井产能的影响。苏里格东部气田的产能试井,因测试时间短,加之气层导压系数低,压力波及范围较小。因此,有些井没有探测到低渗区,或者说井周渗透性变差对气井测试产能还未产生影响。

(3) 套压折算法分析:

通过对比分析,可以看出通过节流器压力折算得到的井底流压,与通过套压用不稳定方法得到的井底流压相差不大。这说明在进行地层压力评价时可以通过套压折算来更加方便地得到所需要的压力值。

第二节 试采区早期试采评价

T29—T34井区是苏里格地质复杂性的典型代表,弄清楚井区储层物性特征、储层边界等,为开发及产能规划提供可靠的依据是迫切需要的。另外井区多为新井,测试和生产资料有限，高效利用这些资料就十分重要，评价气井产能影响因素，落实不同类型气井的产能及稳产能力，建立适合该井区的试井模型，最终形成一套经济、可靠的产能方程计算方法。

一、致密气藏压裂井不稳定试井分析方法

不稳定试井是试井中非常重要的一个方面，包括压力恢复试井、压力降落试井、干扰试井、脉冲试井等。本节对不稳定试井中的垂直压裂井试井分析方法进行详细阐述，并对致密气藏压裂井在有限导流、无限导流下的渗流状态进行不稳定试井分析（Jones，Owens，1980）。

（一）压裂井不稳定试井分析方法概述

关于压裂井的试井分析方法主要有：有效井径分析方法、线性流分析方法、双线性流分析方法、三线性流分析方法、椭圆流分析方法与标准曲线分析方法等6种方法。

1. 有效井径分析方法

有效井径分析方法主要思想是把具有垂直裂缝的井看作一口超完善井，并且具有较高的负表皮，裂缝的存在相当于井底的井筒半径扩大，扩大后的井筒半径称为"有效井径"。有效井径 r_{we} 与原井筒半径 r_w 的关系为：$r_{we}=r_w e^{-s}$。这种方法可以对早期的井储和晚期的径向流段进行解释。其拉氏空间的基本解的形式为：

$$\bar{p}_{wD} = \frac{K_0\sqrt{\dfrac{z}{C_D e^{2s}}}}{z\left(\sqrt{\dfrac{z}{C_D e^{2s}}} + K_0\sqrt{\dfrac{z}{C_D e^{2s}}}\right)} \tag{4-10}$$

其流动形态仍然是压力以不等半径的同心圆的方式径向向外扩展。所得到的结果主要有：井筒存储、表皮系数、原始地层压力、渗透率、地层流动系数、产能系数、有效井径以及折算的裂缝半长等。

2. 线性流分析方法

线性流分析方法认为垂直裂缝井的流动，早期呈线性流，后期呈径向流。其基本解的形式为：

$$p_{wD} = \sqrt{\pi t_{xfD}}\left[\mathrm{erf}\left(\frac{0.067}{\sqrt{t_{xfD}}}\right) - \mathrm{erf}\left(\frac{0.866}{\sqrt{t_{xfD}}}\right)\right] - 0.067 Ei\left(\frac{-0.018}{t_{xfD}}\right) - 0.433 Ei\left(\frac{-0.75}{t_{xfD}}\right) \tag{4-11}$$

早期的简化解为：

$$p_{wD} = \sqrt{\pi t_{xfD}} \tag{4-12}$$

晚期的简化解为：

$$p_{wD} = 0.5(\ln t_{xfD} + 2.200) \tag{4-13}$$

其流动形态是早期裂缝中的线性流动和晚期地层中的径向流动。所得到的结果主要有：井筒存储、表皮系数、原始地层压力、渗透率、地层流动系数、产能系数、裂缝半长等。

3. 双线性流分析方法

"双线性流"分析方法根据有限导流垂直裂缝井的流动效应，流动应划分四个阶段，即裂缝线性流；地层—裂缝双线性流；地层线性流和拟径向流四个流动阶段。双线性流模型的拉氏空间的基本解的形式为：

$$\bar{p}_{wD} = \frac{\pi}{F_{CDs}\left(\dfrac{s}{\eta} + \dfrac{2}{F_{CD}} \cdot \sqrt{s} + \pi s^2 C_{fD}\right)} \tag{4-14}$$

早期的简化解为：

$$p_{wD} = \frac{2.4503}{\sqrt{F_{cD}}} \sqrt[4]{t_{xfD}} \tag{4-15}$$

其流动形态是早期裂缝中的线性流动和地层中的线性流动所组成的双线性流动。所得到的结果主要有：井筒存储、表皮系数、原始地层压力、渗透率、地层流动系数、产能系数、裂缝的导流能力以及裂缝半长等。

4. 三线性流分析方法

其流动形态是早期裂缝中的线性流动和地层中的垂直线性流动所组成的双线性流动，后期是裂缝中的线性流动和地层中的垂直线性流动及地层中的水平线性流动所组成的三线性流动。其拉氏空间的基本解的形式为：

$$\bar{p}_{wD} = \frac{\pi}{F_{CD} \cdot s \cdot \Psi \cdot \tanh\Psi} \tag{4-16}$$

其中

$$\Psi = \frac{s}{\eta} + \frac{\sqrt{\sqrt{s} + s}}{F_{CD}(1 + S_{fD}\sqrt{\sqrt{s} + s})} \tag{4-17}$$

所得到的结果主要有：井筒存储、表皮系数、原始地层压力、渗透率、地层流动系数、产能系数、裂缝的导流能力以及裂缝半长等。

5. 椭圆流分析方法

该方法的主要理论基础是，根据垂直裂缝井的椭圆形流动特征，即沿垂直裂缝为线性流动，在地层中是以井轴为椭圆中心的椭圆流动。获得了均质及双重介质有限导流垂直裂缝井压力的实空间解，并利用数值正演和数值反演拉普拉斯变换的技术考虑了井筒存储和表皮效应的影响。以此对垂直裂缝井的测试资料进行分析。其基本解的形式为：

对均质地层

$$p_{wD} = 0.5\ln\left[(1 + 8t_D) + \sqrt{(1 + 8t_D) - 1}\right] \tag{4-18}$$

对双控介质地层

$$p_{wD} = 0.5\ln\left[(1 + 8tt_D) + \sqrt{(1 + 8tt_D) - 1}\right] \tag{4-19}$$

其中

$$tt_D = t_{xfD} + (1 - \omega)^2\{1 - \exp[-\lambda t_{xfD}/\omega/(1-\omega)]\}/\lambda \tag{4-20}$$

其流动形态是早期裂缝中的线性流动和晚期地层中的椭圆流动。其压力以共焦点椭圆的方式向外扩展。所得到的结果主要有：井筒存储、表皮系数、原始地层压力、渗透率、地层流动系数、产能系数、有效井径以及折算的裂缝半长等。

有限导流垂直裂缝井的试井分析方法是在此基础上建立描述裂缝部分贯穿地层的有限导流垂直裂缝井的椭圆流动模型，得到井底压力计算式：

$$p_{wD} = \frac{\pi}{F_{CD}h_{fD}} \frac{1}{\beta} \text{cth}\left(\frac{\pi}{2}\beta\right) \quad (4\text{-}21)$$

其中

$$\beta^2 = \frac{2}{F_{CD}h_{fD}\xi_R} \quad (4\text{-}22)$$

$$\frac{W}{8}\left[\text{cth}(2\xi_R) - 1\right] = t_{xfD} + \frac{(1-\omega)^2}{\lambda}\left[1 - e^{-\frac{\lambda t_D}{\omega(1-\omega)}}\right] \quad (4\text{-}23)$$

图 4-34 给出了双重介质油藏裂缝导流能力一定时，裂缝贯穿度的理论曲线图。裂缝导流能力一定时，裂缝贯穿度越大，即裂缝贯穿度越接近 1，说明纵向上裂缝越大，则理论曲线的压力和压力导数曲线越接近全部贯穿地层的压力和压力导数曲线；裂缝贯穿度越小，即裂缝贯穿度越接近 0，说明纵向上裂缝越小，则理论曲线的压力和压力导数曲线越偏离全部贯穿地层的压力和压力导数曲线，这时双线性流动期限会保持较长的时间，甚至使在双线性流动期后的线性流动期被掩盖掉；裂缝贯穿度为 1 时与全部贯穿裂缝的解的对比是完全一致的。

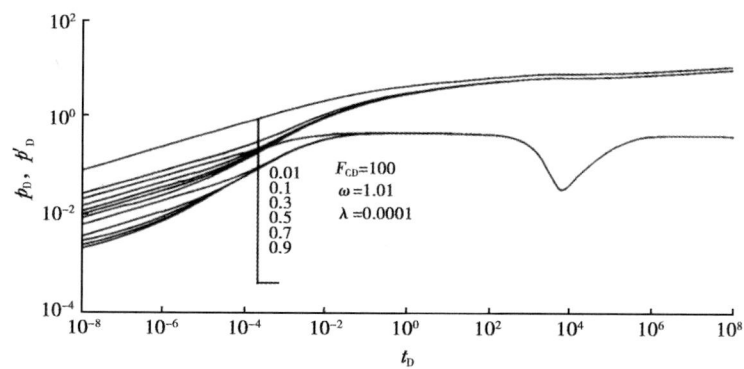

图 4-34 裂缝贯穿度对双重介质地层影响图

6. 标准曲线分析方法

标准曲线涵盖了整个流动形态区域，并且包含了中间过渡区域，因此标准曲线法比特定的拟径向流动、双线性流动或线性流动方法更普遍。较为常用的标准曲线有：（1）Gringarten 标准曲线；（2）Cinco-Ley 标准曲线；（3）Agarwal 标准曲线。标准曲线分析时，都是先作出测试曲线，再判断流动阶段，然后选取拟径向流阶段反复计算得到匹配的 K 值，在此基础上确定裂缝导流能力。

1）Gringarten 标准曲线

Gringarten 等的标准曲线（图 4-35），对恒定流压降测试和压力恢复测试的数据进行压裂后的分析十分有用。标准曲线模拟垂直压裂裂缝井流动方程的解的曲线，该模型有以下一些假设条件：（1）裂缝有限导流；（2）井处于不渗透边界的方形泄油面积中心；（3）裂缝两侧对称分布；（4）井筒存储效应可以忽略。

2）Cinco-Ley 标准曲线

Cinco-Ley 等人的标准曲线（图 4-36）是针对恒定流量流动测试或者压力恢复测试的解作出的。模拟无限作用储层中垂直人工裂缝的流动，该模型的假设条件：（1）裂缝有限

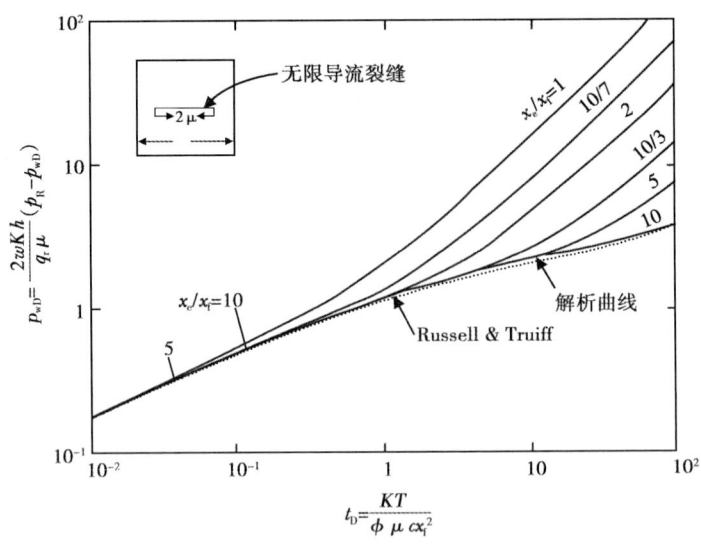

图 4-35　位于封闭正方形中间有限导流垂直裂缝井 Gringarten 标准曲线

导流，且裂缝的导流能力在整个裂缝中是一致的；(2) 裂缝两翼等长对称；(3) 井筒储存效应可以忽略。

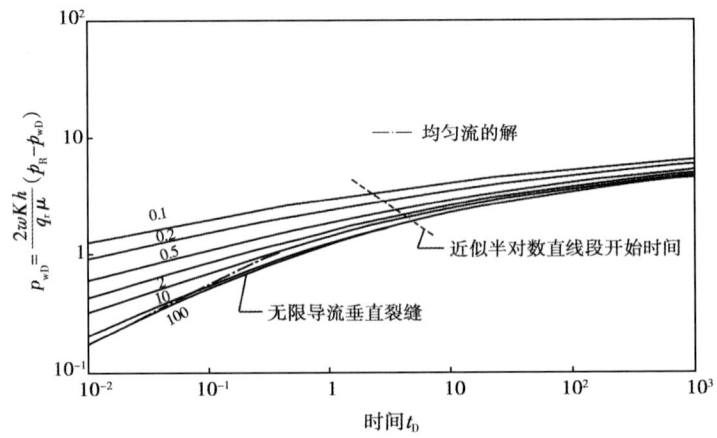

图 4-36　有限导流垂直裂缝井 Cinco-Ley 标准曲线

3）Agarwal 标准曲线

该标准曲线可以分析以定流量生产的井的测试数据或长期生产数据（图 4-37）。模拟无限作用储层中垂直人工裂缝井的流动方程。该模型的假设条件：(1) 裂缝有限导流，整个裂缝均匀一致；(2) 裂缝两翼等长。当井以恒定的 BHP 生产的时候，井筒储存效应（而不是在前门关闭的井的生产开始后立刻有的井筒排液）并不出现，因此在本测试数据分析中不考虑井筒储存。

4）裂缝和地层伤害影响

Cinco-Ley 和 Samanigeo-V 指出在水力压裂处理中，可能出现两种类型的裂缝伤害：裂缝附近的地层中和邻近井筒的裂缝中。第一类用裂缝面表皮系数 S_{fs} 来量化，这类伤害可能

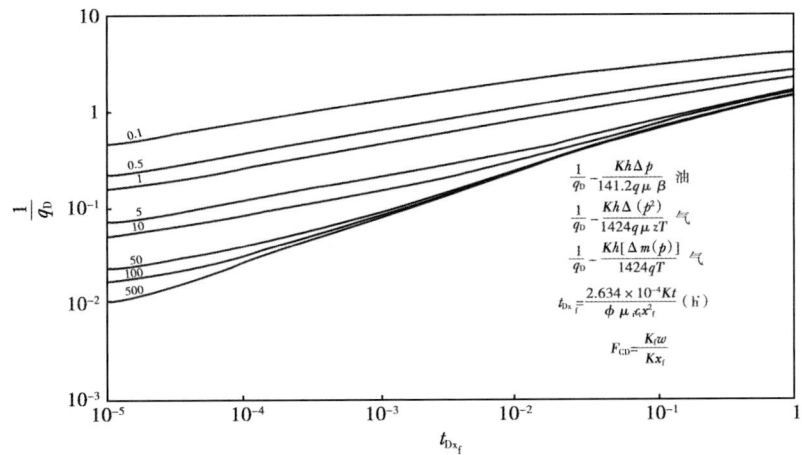

图 4-37 对于有井筒储存的有限导流垂直裂缝井 Agarwal 标准曲线（定井底压力）

是因为压裂处理中流体漏入到地层引起的。裂缝面表皮系数的定义为：

$$S_{\mathrm{fs}} = \frac{\pi w_{\mathrm{s}}}{2L_{\mathrm{f}}}\left(\frac{K_{\mathrm{f}}}{K_{\mathrm{s}}} - 1\right) \tag{4-24}$$

式中 w_{s}——进入地层内的滤失量的厚度，一般到达裂缝面，ft；

L_{f}——人工裂缝的长度，ft；

K_{s}——伤害带的渗透率，mD；

K_{f}——裂缝渗透率，mD。

图 4-38 和图 4-39 分别显示对于低导流能力和高导流能力裂缝，正的表皮系数在测试中对压力响应的影响。Economides 指出，如果用其对有效井筒半径的影响（定义为 $r_{\mathrm{we}} = r_{\mathrm{w}}\mathrm{e}^{-s} = L_{\mathrm{f}}/2$）来表示，在实际运用中，裂缝表皮效应可以忽略。

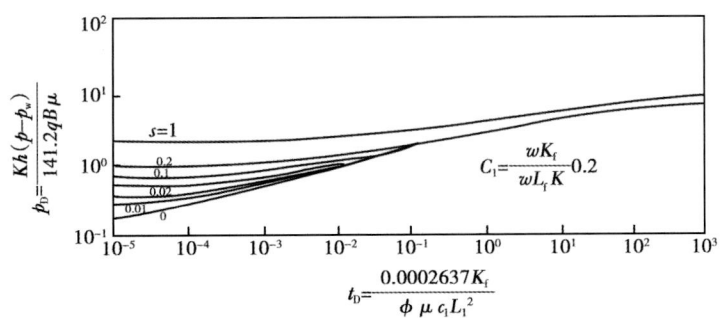

图 4-38 低导流能力垂直裂缝井中表皮伤害对压力响应的影响

第二种类型的裂缝，通常被描述为堵塞裂缝，被认为是由于地层内的支撑剂压缩和嵌入（这将减少裂缝渗透率）而引起的。代表堵塞裂缝表皮系数定义为：

$$S_{\mathrm{fs,\ ch}} = \frac{\pi L_{\mathrm{s}} K}{w_{\mathrm{f}} K_{\mathrm{fs}}} \tag{4-25}$$

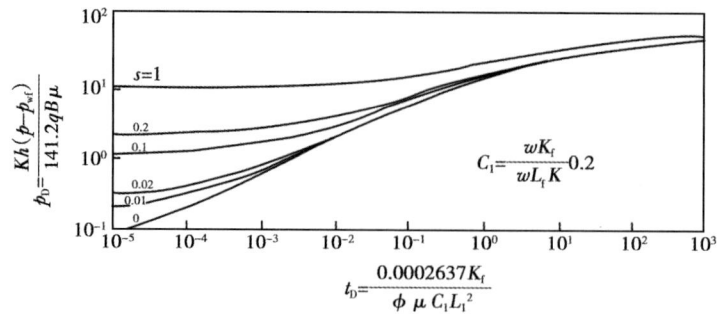

图4-39 高导流能力垂直裂缝井种表皮伤害对压力响应的影响

式中 $S_{fs,ch}$——堵塞裂缝的表皮系数，无量纲；
L_s——裂缝堵塞部分的长度，ft；
K_{fs}——堵塞部分的渗透率，mD。

有堵塞裂缝的井的压力响应类似于有表皮伤害的裂缝中的压力响应（图4-40）。

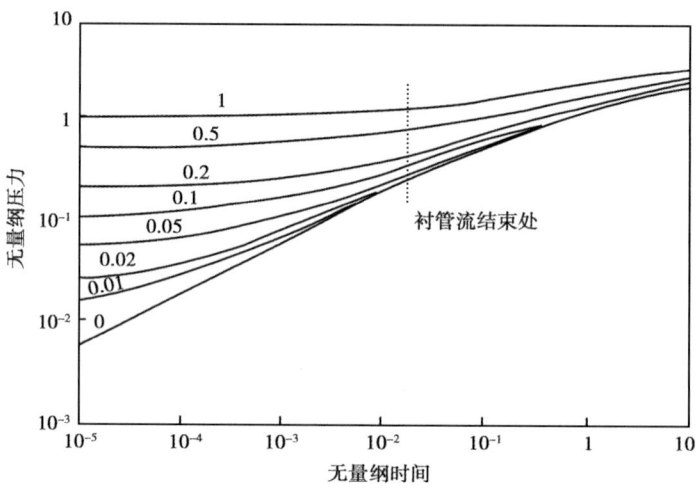

图4-40 在垂直裂缝井中堵塞裂缝对压力响应的影响

5）渗流阶段的时间判定

根据Cinco-Ley对压裂试井的研究，提出了流体在地层—裂缝中流动各个阶段的流动时间表达式如下。

（1）裂缝线性流结束时间：

$$t_{Dxf} = 0.01(K_f w_f)_D^2 / \eta_{fD}^2 \tag{4-26}$$

其关系如图4-41所示。

（2）双线性流结束时间为：

$$t_{Debf} = \begin{cases} [4.55/\sqrt{(K_f w_f)_D} - 2.5]^{-4} & (K_f w_f)_D \leqslant 1.6 \\ 0.025[(K_f w_f) - 1.5]^{-1.53} & 1.6 \leqslant (K_f w_f)_D \leqslant 3 \\ 0.1/(K_f w_f)_D^2 & (K_f w_f) \geqslant 3 \end{cases} \tag{4-27}$$

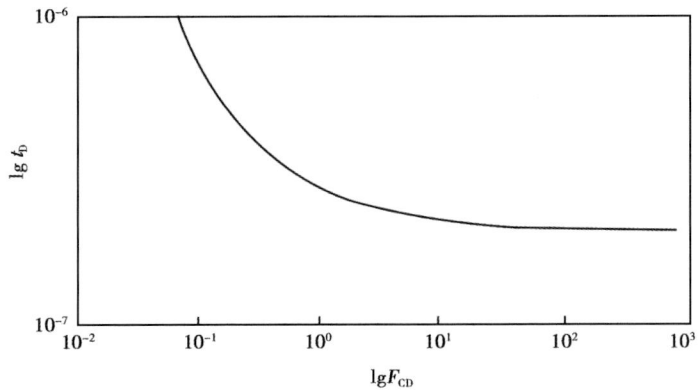

图 4-41 线性流结束时间随无量纲裂缝导流能力变化关系

其曲线关系如图 4-42 所示。

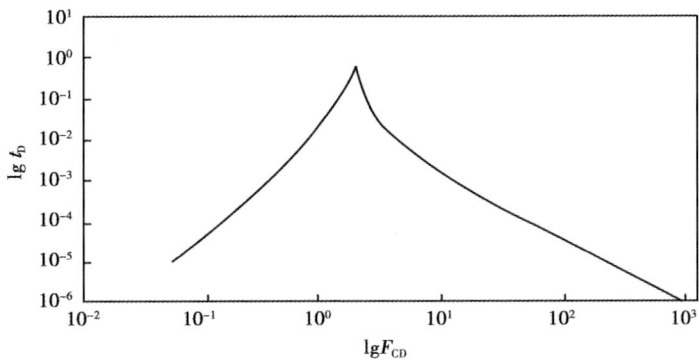

图 4-42 线性流结束时间随无量纲裂缝导流能力变化关系

（3）地层线性流开始时间为：
$$t_{\text{Debf}} = 100/(K_f w_f)_D^2 \tag{4-28}$$

（4）地层拟径向流开始的时间为：
$$t_{\text{Dbs}} = 5\exp[-0.5(K_f w_f)_D^{-0.6}] \quad (K_f w_f)_D \geqslant 0.1 \tag{4-29}$$

其曲线关系如图 4-43 所示。

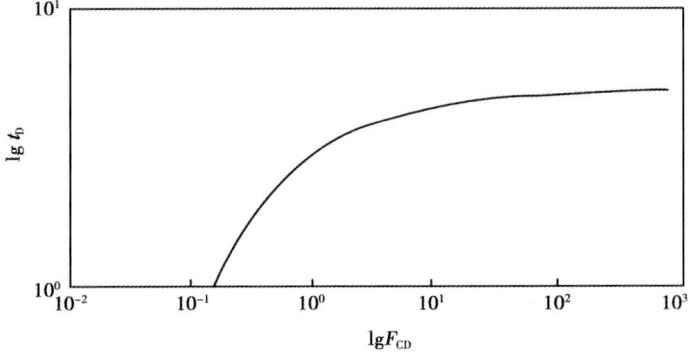

图 4-43 拟径向流开始时间随无量纲裂缝导流能力变化关系

从上面各图可以看出：裂缝线性流持续的无量纲时间是非常小的，并且随着无量纲裂缝导流能力的增大，趋于一个很小的稳定值；双线性流持续的无量纲时间随裂缝导流能力的增大而增大，在 $F_{CD}=1.7$ 附近达到最大，随后，随着无量纲裂缝导流能力的增大而逐渐变小，在 $F_{CD}=1000$ 附近到达一个很小的值，基本上与线性流持续时间相等，这就是说，当裂缝导流能力达到一定程度时，有限导流的解释就不正确（因为此时双线性流不存在），这样就应该假设地层渗流模型为无限导流垂直压裂井模型；对于拟径向流而言，随着无量纲裂缝导流能力的增大，其开始的无量纲时间逐渐增大，并且趋于一个稳定的值。

（二）致密气藏压裂井不稳定试井分析

本节对上节所求解的致密气藏垂直压裂井无限导流、有限导流渗流方程采用 Stehfest 算法对压力解作 Laplace 反演，作出不同裂缝导流能力下的压力图版，并依据图版对地层—裂缝参数的求取作了简单分析。

1. 有限导流压裂井不稳定试井分析

由于双线性流是由裂缝线性流和地层线性流共同组成的流态，因此结合裂缝线性流和地层线性流数学模型对双线性流进行求解，根据得到的双线性流解，再对其分解可得到裂缝线性流的解。

1）双线性流的求解

对地层线性流连续性方程（4-29）作关于 y_D 的拉普拉斯变换，求解可得：

$$\overline{\psi_{fD}} = \pi \cdot \exp\left\{-x_D\left[\frac{s}{\eta_{fD}} + \frac{2\sqrt{s}}{F_{CD}}\right]^{1/2}\right\} \Big/ \left\{F_{CD}s\left[\sqrt{s}\left(\frac{\sqrt{s}}{\eta_{fD}} + \frac{2}{F_{CD}}\right)\right]^{1/2}\right\} \quad (4-30)$$

当 $x_D = 0$ 时，可得井底拉普拉斯压力解为：

$$\overline{\psi_{wfD}} = \pi \Big/ \left\{F_{CD}s\left[\sqrt{s}\left(\frac{\sqrt{s}}{\eta_{fD}} + \frac{2}{F_{CD}}\right)\right]^{1/2}\right\} \quad (4-31)$$

（1）裂缝线性流解。

在裂缝线性流阶段，由于流动时间非常短，即 $s \to \infty$，由于其中的 $\frac{2}{F_{CD}}$ 和 $\frac{s}{\eta_{fD}}$ 相比，非常小，可忽略不计，这样方程（4-31）式可简化为：

$$\overline{\psi_{wfD}} = \pi\sqrt{\eta_{fD}} \Big/ (F_{CD}s^{3/2}) \quad (4-32)$$

（2）双线性流解。

在双线性流阶段，由于这个阶段的流动时间较长，即 $s \to 0$，观察方程（4-31），由于其中的 $\frac{s}{\eta_{fD}} \to 0$，可忽略不计，这样方程（4-31）可简化为：

$$\overline{\psi_{wfD}} = \pi \cdot s^{-5/4} \Big/ \sqrt{2F_{CD}} \quad (4-33)$$

（3）地层线性流解。

由地层与裂缝的边界条件可得：

$$\overline{\psi_D} = \overline{\psi_{fD}}(1 - y_D\sqrt{s}) \quad (4-34)$$

而 $\overline{\psi_{fD}}$ 满足式（4-34），代入得地层线性流解为：

$$\overline{\psi_{\mathrm{D}}} = \pi(1 - y_{\mathrm{D}}\sqrt{s}) \cdot \exp\left\{-x_{\mathrm{D}}\left[\frac{s}{\eta_{\mathrm{fD}}} + \frac{2\sqrt{s}}{F_{\mathrm{CD}}}\right]^{1/2}\right\} \Big/ \left\{F_{\mathrm{CD}} s\left[\sqrt{s}\left(\frac{\sqrt{s}}{\eta_{\mathrm{fD}}} + \frac{2}{F_{\mathrm{CD}}}\right)\right]^{1/2}\right\} \quad (4\text{-}35)$$

2) 地层拟径向流模型的求解

地层拟径向流的连续性方程式满足贝塞尔型常微分方程，有通解为：

$$\overline{\psi_{\mathrm{D}}}(r_{\mathrm{D}}, s) = A I_0(r_{\mathrm{D}}\sqrt{s}) + B K_0(r_{\mathrm{D}}\sqrt{s}) \quad (4\text{-}36)$$

式中 $I_0(r_{\mathrm{D}}\sqrt{s})$——第一类变形的零阶贝塞尔函数；

$K_0(r_{\mathrm{D}}\sqrt{s})$——第二类变形的零阶贝塞尔函数。

利用初始条件以及内、外边界条件，可得在 $r_{\mathrm{D}} = 1$ 处的拉普拉斯变换拟压力：

$$\overline{\psi_{\mathrm{D}}}(r_{\mathrm{D}}^2 = 1, s) = -\frac{1}{s}\left(\ln\frac{\sqrt{s}}{2} + \gamma - 1.39039\right) \quad (4\text{-}37)$$

当 $y_{\mathrm{D}} = 0$ 时，在裂缝端处有：

$$\overline{\psi_{\mathrm{D}}}(x_{\mathrm{D}}^2 = 1, s) = \overline{\psi_{\mathrm{D}}}(r_{\mathrm{D}}^2 = 1, s) \quad (4\text{-}38)$$

由方程（4-37）及式（4-38），可得：

$$\psi_{\mathrm{D}}(x_{\mathrm{D}}^2 = 1, t_{\mathrm{D}}) = \frac{1}{2}(\ln t_{\mathrm{D}} + 2.2) \quad (4\text{-}39)$$

由于式（4-39）所求出的是裂缝端处（$x_{\mathrm{D}}^2 = 1$）的解，并没有求出井底处（$x_{\mathrm{D}} = 0$）的解，为了求出井底处的解，下面对式（4-39）进行讨论。

（1）当裂缝的导流能力较大时，即气体通过裂缝受到的阻力很小，也就是沿裂缝面的压力降非常小，可忽略不计，此时井底处的解就是裂缝端的解，所以有：

$$\psi_{\mathrm{wD}}(x_{\mathrm{D}} = 0, t_{\mathrm{D}}) = \frac{1}{2}(\ln t_{\mathrm{D}} + 2.2) \quad (4\text{-}40)$$

（2）当裂缝的导流能力较小，即气体通过裂缝受到的阻力较大，也就是沿裂缝面的压力降不可以忽略，根据 Cinco-Ley 等人的研究，井底的压降不仅与时间有关，而且还与裂缝的导流能力有关，他们得出了如下关系式：

$$\psi_{\mathrm{wD}}(x_{\mathrm{D}} = 0, t_{\mathrm{D}}) = \frac{1}{2}(\ln t_{\mathrm{D}} - 2\ln F_{\mathrm{CD}} + 3.35) \quad (4\text{-}41)$$

根据上文求得的有限导流垂直压裂井模型各个流动阶段的拉普拉斯空间压力解，依据 Cinco-Ley 对水力压裂井的流动时间研究，采用 Stehfest 算法对压力解作 Laplace 反演，作出不同裂缝导流能力下的压力图版，并依据图版，对地层—裂缝参数的求取作了简单分析。

3) 有限导流垂直压裂井模型的阶段渗流时间

根据 Cinco-Ley 对压裂试井的研究，提出了流体在地层—裂缝中流动各个阶段的流动时间表达式如下。

（1）裂缝线性流结束时间：

$$t_{\mathrm{Dxf}} = 0.01 F_{\mathrm{CD}}^2 / \eta_{\mathrm{fD}}^2 \quad (4\text{-}42)$$

（2）双线性流结束时间：

$$t_{\text{Debf}} = \begin{cases} [4.55/\sqrt{F_{\text{CD}}} - 2.5]^{-4} & F_{\text{CD}} \leqslant 1.6 \\ 0.025[F_{\text{CD}} - 1.5]^{-1.53} & 1.6 \leqslant F_{\text{CD}} \leqslant 3 \\ 0.1/F_{\text{CD}}^2 & F_{\text{CD}} \geqslant 3 \end{cases} \quad (4\text{-}43)$$

(3) 地层线性流开始时间：

$$t_{\text{Dlbf}} = 100/F_{\text{CD}}^2 \quad (4\text{-}44)$$

(4) 地层拟径向流开始时间：

$$t_{\text{Dbs}} = 5\exp[-0.5F_{\text{CD}}^{-0.6}] \quad F_{\text{CD}} \geqslant 0.1 \quad (4\text{-}45)$$

上面的结果对于任何压裂井都是一样的，因为其表达式都是无量纲的，除线性流持续的无量纲时间与无量纲导压系数有关外（由于持续时间非常小，在实际中不容易观察到），其他两种都仅是无量纲裂缝导流系数的函数。

4）压力解的 Laplace 数值反演

利用 Stehfest 算法对拉普拉斯空间解 $\overline{\psi}_{\text{wD}}$ 进行反演，并考虑井筒储集效应和表皮效应，编制程序得出实空间的井底无量纲拟压力与无量纲时间的理论变化关系曲线图版（图 4-44）。

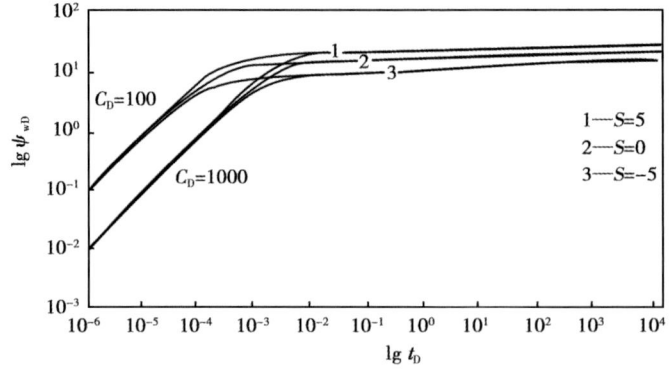

图 4-44 具有不同的无量纲井筒储集系数及表皮效应的拟压力图版

从图 4-44 可以看出：很难看到早期线性流阶段，只能观察到双线性流（其斜率为 1/4）和地层拟径向流阶段。

5）地层和裂缝参数的求取

对于地层和裂缝参数的求取，通过不稳定试井测出井底压力随时间的变化值，作出拟压力随时间的变化关系曲线图，通过该曲线图与由上述所作出的理论图版比较，在图版中找出一条与实测曲线相吻合的样板曲线，确定拟压力值以及时间的拟合值，从而可得气藏渗透率、裂缝半长以及裂缝的导流系数：

$$K = \frac{q_{\text{sc}} T p_{\text{sc}}}{\pi h T_{\text{sc}}} \frac{(\psi_{\text{D}})_M}{(\Delta\psi)_M} \quad (4\text{-}46)$$

$$x_{\text{f}} = \left(\frac{K}{\phi \mu_{\text{g}} C_{\text{t}}} \frac{(t)_M}{(t_{\text{D}})_M} \right)^{1/2} \quad (4\text{-}47)$$

$$K_{\text{f}} w_{\text{f}} = (Kx_{\text{f}})(F_{\text{CD}})_M \quad (4\text{-}48)$$

式中　　M——拟合点。

对于裂缝伤害系数的求取，取实际拟压力曲线与 ψ_{wD}-$t_{Dr_{we}}$ 理论图版的拟合得到。

$$S = \ln(r_w/r_{we}) \tag{4-49}$$

其中

$$t_{De} = \frac{K}{\phi \mu_g C_t r_{we}^2} \tag{4-50}$$

$$r_{we} = r_w e^{-S} \tag{4-51}$$

2. 无限导流压裂井不稳定试井分析

根据上节建立的无限导流垂直压裂井渗流模型，求解得知在裂缝平面 $y_D = 0$ 处的拟压降方程为：

$$\psi_D(x_D, y_D = 0, t_D) = \int_0^{t_D} \sum_{m=1}^{M} \left(\frac{2q_m(t'_D)hx_f}{q_f} \right) \left[\operatorname{erf}\left(\frac{x_D + \frac{m}{M}}{2\sqrt{(t-t')_D}} \right) - \operatorname{erf}\left(\frac{x_D + \frac{m-1}{M}}{2\sqrt{(t-t')_D}} \right) - \operatorname{erf}\left(\frac{x_D - \frac{m}{M}}{2\sqrt{(t-t')_D}} \right) + \operatorname{erf}\left(\frac{x_D - \frac{m-1}{M}}{2\sqrt{(t-t')_D}} \right) \right] \frac{dt'_D}{4[(t-t')_D/\pi]^{1/2}} \tag{4-52}$$

式中　　q_m——裂缝流量。

在任一时刻的 M 元线性方程组，该方程组的具体矩阵形式为：

$$\begin{bmatrix} A_{11} & A_{12} & \cdots & A_{1m} & \cdots & A_{1(M-1)} & A_{1M} \\ A_{21} & A_{22} & \cdots & A_{2m} & \cdots & A_{2(M-1)} & A_{2M} \\ \vdots & \vdots & \vdots & \vdots & \vdots & \vdots & \vdots \\ A_{m1} & A_{m2} & \cdots & A_{mm} & \cdots & A_{m(M-1)} & A_{mM} \\ \vdots & \vdots & \vdots & \vdots & \vdots & \vdots & \vdots \\ A_{(M-1)1} & A_{(M-1)2} & \cdots & A_{(M-1)m} & \cdots & A_{(M-1)(M-1)} & A_{(M-1)M} \\ 1 & 1 & \cdots & 1 & \cdots & 1 & M \end{bmatrix} \begin{bmatrix} q_{1x_f}(t_D) \\ q_{2x_f}(t_D) \\ \vdots \\ q_{mx_f}(t_D) \\ \vdots \\ q_{(M-1)x_f}(t_D) \\ q_{Mx_f}(t_D) \end{bmatrix} = \begin{bmatrix} 0 \\ 0 \\ \vdots \\ 0 \\ \vdots \\ 0 \\ M \end{bmatrix} \tag{4-53}$$

其中

$$A_{j,m} = \psi_{wD}\left(\frac{2j-1}{2M}, 0, t_D\right) - \psi_{wD}\left(\frac{2j+1}{2M}, 0, t_D\right)$$

$$j = 1, 2, 3, \cdots, M-1$$

$$m = 1, 2, 3, \cdots, M$$

通过 Visual Basic 编程求解上述方程组，计算得出裂缝流量分布和对应的无量纲距离曲线关系图（图 4-45）。

1) 短时间解

从曲线图 4-45 可以看出：在早期，裂缝流量沿裂缝是均匀分布的（缝端除外），并且随着时间的增加，裂缝的流量分布趋于稳定。

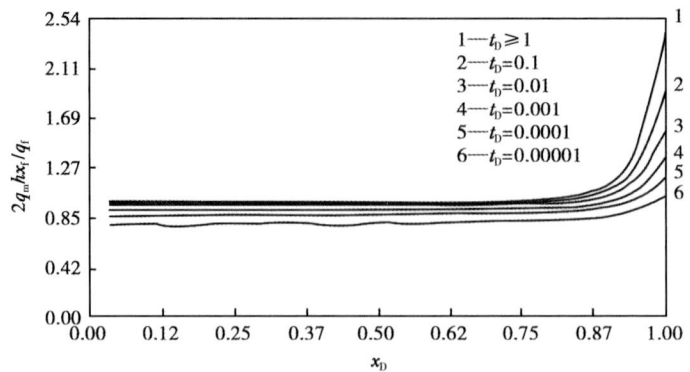

图 4-45 裂缝流量分布与无量纲距离之间的关系图

当 t_D 较小时，无量纲拟压力与无量纲时间的关系：

$$\psi_D(|x_D| > 1, y_D, t_D) = 0 \tag{4-54}$$

$$\psi_D(|x_D| < 1, y_D, t_D) = (\pi t_D)^{1/2}\exp\left(-\frac{y_D^2}{4t_D}\right) - |y_D|\,\mathrm{erfc}\left(-\frac{|y_D|}{4\sqrt{t_D}}\right) \tag{4-55}$$

在裂缝平面处（$y_D = 0$）的无量纲拟压力与无量纲时间的关系：

$$\psi_{wD}(|x_D| < 1, y_D = 0, t_D) = (\pi t_D)^{1/2} \tag{4-56}$$

2）长时间解

从图 4-45 可以看出：随着时间的增大，裂缝处的流量分布趋于稳定，可得在裂缝平面上的长时间解的近似方程：

$$\psi_{wD}(x_D, y_D = 0, t_D) = \frac{1}{2}\ln t_D + \sigma(x_D, y_D = 0) + 1.404535 \tag{4-57}$$

其中，$\sigma(x_D, y_D)$ 为裂缝因子（与无量纲距离和裂缝划分的段数有关），通过插值计算，求得裂缝因子稳定分布值为 -0.32，将其代入式（4-57）可以得出长时间解的近似无量纲拟压力随时间的变化关系：

$$\psi_{wD}(x_D, y_D = 0, t_D) = \frac{1}{2}\ln t_D + 1.084535 \tag{4-58}$$

如图 4-46 所示，为无限导流垂直裂缝的无量纲拟压力图。从图中可以看出：早期裂缝

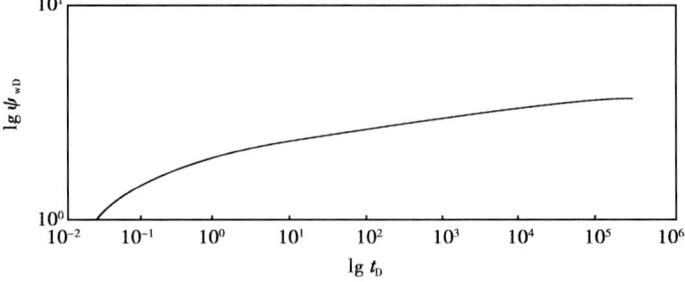

图 4-46 无限导流垂直裂缝井井底无量纲模拟压力图

线性流阶段很短（其斜率为1/2），之后进入地层拟径向流阶段。

二、致密气藏压裂井产能试井分析方法

准确地预测气井产能，分析气井动态，并了解气藏的特性，是气田科学开发的基础，因此产能气井在气田开发中具有十分重要的地位和作用。本节在详细阐述产能试井方法的基础上，建立了致密气藏垂直压裂井不同渗流状态下的产能预测模型，并对其变化规律进行详细分析（戈尔布诺夫，1987）。

（一）产能分析方法概述

早在1929年，美国矿业局的Pierce和Rawlines对实际试井工作的研究为日后试井技术的发展奠定了初步的基础，其研究结果在一些知名的刊物中得到了完善，并因Rawlines和Shcellhardt于1936年的专著而被公众熟知且得到广泛的应用。Cullneder于1955年提出一种"等时试井"方法，使气井以相等的时间间隔在几种不同的产量下生产。这样做比每个生产间隔基本上都从静止条件开始达到稳定所需的时间要少得多，能够得到类似常规试井的稳定产能直线。在此基础上，Katz等人提出"修正的等时试井"方法，要求生产间隔之间关井一段时间，但每段关井的时间不必长到基本上达到静止条件，而是和生产时间一样。实际的不稳定关井压力被用来计算下个生产点的压力平方差（压力恢复试井也可用在气井产能分析中）。在实测压力恢复曲线在半对数坐标系中的初始段常偏离直线而变成弯曲。有的学者认为这主要是由井底附近的气流速度很大，破坏了直线渗流规律而表现出非线性渗流规律，使渗流阻力增加了一个附加压力。正是由于这个附加压力的存在，就可结合产能规律理论利用压力恢复曲线来确定二项式产能方程。

常用的产能试井分析方法有一点法测试、系统试井测试、等时试井测试、修正等时试井测试等4种主要方法。对于"一点法"具体方法将在第五章中作出详细的描述，因此只在此对另外3种作出描述。

1. 系统试井测试

1）测试原理及方法

系统试井测试又称为常规回压试井，也称多点测试方法，是气井以多个产量生产的情况下，测取相应的稳定井底流压。其测试方法是：以一个较小的产量生产稳定后，测取相应的稳定井底流压，然后再增大产量，再测取相应的井底流压，如此改变3~5个工作制度。其测试过程中的流量及井底流压变化关系如图4-47所示。

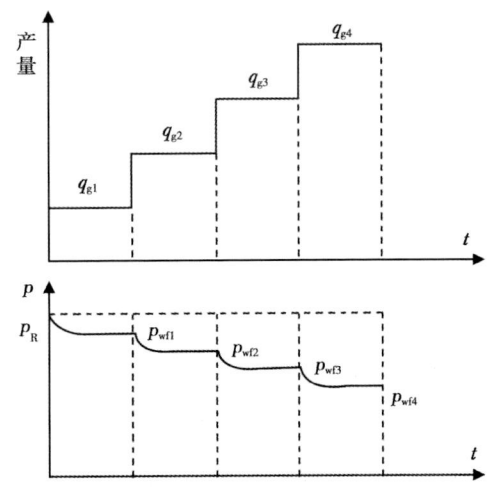

图4-47 系统试井产量及井底压力变化示意图

2）系统试井测试产量大小及测试时间的确定

（1）系统试井的测试产量的确定。

在确定系统试井的测试产量时，应该遵循所选择的最小产量至少应等于井筒中携液所需要的产量；所选择的最小产量还应该足以使井口温度达到不生成水化物的温度；所选择的最大产量，不能破坏井壁的稳定性；每一工作制度的产量必须保持由小到大的序列等4个原则。

在进行常规回压试井时,最小产量可取气井无阻流量的10%,最大产量可取气井无阻流量的75%,在最小产量和最大产量之间再选两个产量,这样就构成了常规回压试井的4个产量工作制度。但是,在气井未进行测试之前,一般难以确切知道气井的无阻流量,此时,可采用钻柱测试资料估算的方法或用静态资料估算的方法。

在确实难以估算无阻流量的情况下,可以用气井生产压差估算气井的测试产量,最小产量产生的生产压差为地层压力的5%,最大产量产生的生产压差为地层压力的25%,即:

$$q_{g\,min} = J_g(0.05p_e) \tag{4-59}$$

$$q_{g\,max} = J_g(0.25p_e) \tag{4-60}$$

式中 p_e——地层压力,MPa;

J_g——采气指数,$10^4 \text{m}^3/(\text{MPa} \cdot \text{d})$;

q_{gmin}——系统试井测试的最小产量,$10^4 \text{m}^3/\text{d}$;

q_{gmax}——系统试井测试的最大产量,$10^4 \text{m}^3/\text{d}$。

注意,在大压差测试流动期间,不仅要预防地层坍塌,还要预防底水锥进流入井底,并尽可能避免井附近气藏中或井筒中的反凝析现象等。

(2)系统试井测试流动时间的确定方法。

常规回压试井是稳定试井,要求每一工作制度必须达到稳定,试井资料的可信程度趋于稳定。每一工作制度下的稳定时间可参考一点法测试的时间确定方法。

3)资料处理

(1)二项式处理。

根据气井渗流的二项式产能方程,可以得到:

$$\frac{p_e^2 - p_{wf}^2}{q_g} = A + Bq_g \tag{4-61}$$

由上式可知,$(p_R^2 - p_{wf}^2)/q_g$ 与 q_g 之间满足线性关系,其直线的斜率为系数 B,直线的截距为 A。因此,将实测数据按 $(p_R^2 - p_{wf}^2)/q_g$—q_g 整理在直角坐标中作成直线,采用最小二乘法求出直线的斜率和截距就可以得到 A、B。

在求得系数 A、B 后,就可以计算气井的无阻流量了:

$$q_{AOF} = \frac{\sqrt{A^2 + 4B(p_e^2 - 0.101^2)} - A}{2B} \tag{4-62}$$

(2)指数式处理。

$$q_g = C(p_e^2 - p_{wf}^2)^n \tag{4-63}$$

两边取对数,则有

$$\lg q_g = \lg C + n\lg(p_e^2 - p_{wf}^2) \tag{4-64}$$

由上式可知,$\lg q_g$—$\lg(p_R^2 - p_{wf}^2)/q_g$ 之间存在直线关系,直线的截距为 $\lg C$,直线的斜率为指数 n。

对于实际测得的资料,按 $\lg q_g$—$\lg(p_R^2 - p_{wf}^2)$ 整理资料,应得到一条直线,由直线的斜率和截距求得方程系数 n 和 C 的值,就可以得到气井的产能公式和无阻流量了。

2. 等时试井测试

1) 测试原理及方法

在一个已知的气藏中有效驱动半径只是无量纲时间的函数，而与产量无关。基于这样的原理，Cullender（1955）提出等时试井测试，指出一组产量不同而生产时间相等的试井在双对数坐标上将得出一条直线。这种动态曲线具有的幂值 n 和稳定流动条件下得到的基本相同。二项式的 b 也与生产时间无关，因此可以根据短期试井确定。对于不同的产量，只要每一个产量的生产时间是常数，则 C 和 a 也是固定不变的。但是，n 和 b 可以根据短期（不稳定）等时试井得到，而 C 或 a 则只能从稳定条件下求得。因此，等时生产数据只要结合一个稳定的流动点，就可以用来替代完全稳定的常规产能试井。在进行等时试井时，使气井以相等的时间间隔在几种不同的产量下生产（图 4-48）。

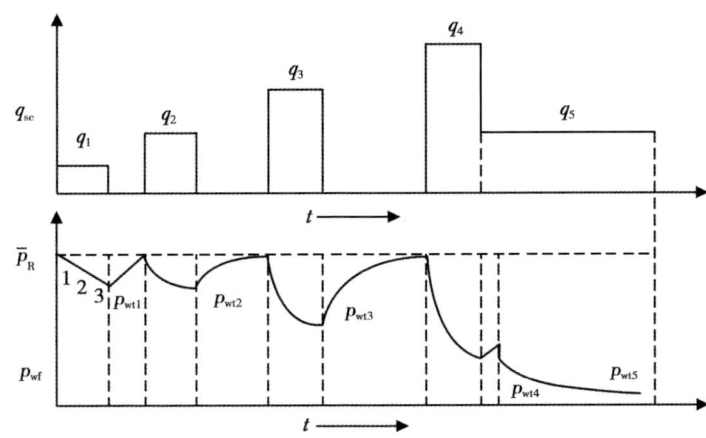

图 4-48　等时试井产量及井底压力变化示意图

2) 等时试井测试流动时间及关井时间的确定方法

（1）流动时间的确定。

在确定等时试井流动时间时，要按以下原则确定：对于等时流动期，开井生产时间必须要大于井筒储集效应结束的时间，并且要求开井流动结束时，探测半径必须达到距井 50m 的范围，以便在流动期能够反映地层的特性，故等时试井流动时间的确定如下：

$$t_\mathrm{p} = 62.49 \frac{\phi \mu_\mathrm{g} C_\mathrm{g}}{K} \tag{4-65}$$

式中　ϕ——储层孔隙度，小数；

μ_g——储层温度、压力下的气体黏度，mPa·s；

C_g——储层温度、压力下的气体压缩系数，MPa^{-1}；

K——储层渗透率，mD。

（2）每一工作制度下关井时间的确定。

在每一工作制度生产后，只要关井压力恢复到原始地层压力，就可以进行下一工作制度的测试，因此，关井时间的确定是在测试过程中掌握的。

（3）最后延续期流动时间的确定。

最后一个延续期流动要求达到稳定，可采用前面的流动时间的公式进行计算。

3）资料处理

（1）二项式处理。

由系统试井的分析已经知道（$p_R^2-p_{wf}^2$）/q_g 与 q_g 之间满足线性关系。在处理等时试井资料时，先以不稳定点按（$p_R^2-p_{wf}^2$）/q_g 与 q_g 整理资料，并做成直线，求直线的斜率 B。由稳定点 q_{st} 和 p_{wfst} 求出产能方程系数 A。则有

$$A = \frac{p_e^2 - p_{wsft}^2}{q_{st}} - Bq_{st} \qquad (4-66)$$

将 A 和 B 求出后，就可以得到气井的产能方程，并计算气井无阻流量了。

（2）指数式处理。

$$q_g = C(p_e^2 - p_{wf}^2)^n \qquad (4-67)$$

两边取对数，则有

$$\lg q_g = \lg C + n\lg(p_e^2 - p_{wf}^2) \qquad (4-68)$$

不稳定的几个点按 $\lg q_g$—$\lg$（$p_R^2-p_{wf}^2$）/q_g 整理资料做成直线后求出直线的斜率 n，再以稳定点所测得的产量 q_{st} 和相应的压力 p_{wfst} 代入下式，求出 C 值。就可以得到气井的产能公式和无阻流量了。

$$C = \frac{q_{st}}{(p_e^2 - p_{wfst}^2)^n} \qquad (4-69)$$

等时试井与常规回压试井相比，极大地缩短了开井的时间，但由于每个工作制度都要求关井恢复到原始地层压力，使得关井恢复时间较长，整个测试时间较长，测试费用比较高。如果不考虑测试费用的话，比较适合新井或探井的测试。

3. 修正等时试井测试

1）测试原理及方法

等时试井每测一个流量必须关井求 p_R。几次关井，特别是在岩性致密的低渗透气层关井，所需时间仍然较长，因此等时试井缩短试井时间的目的很难实现。对于如何缩短等时试井时间的问题，1959 年 Katz 等人提出改进意见，要点是：每一测试流量下的试气时间和关井时间都相同，如图 4-49 中的 Δt；每次关井到规定时间 Δt 就测量气层压力 p_{ws}（p_{ws} 未稳定），并用 p_{ws} 代替 p_R 计算下一测试流量相应的平方压差（即 $p_{ws}^2-p_{wf}^2$）。等时试井经过这样的改进，缩短时间的目的就可达到，其结果与等时试井相比较相差甚微。

2）系统试井产量及测试时间的确定

（1）修正等时试井测试流动时间的确定。

与等时试井的确定方法一样，要求测试流动时间必须要大于井筒储集效应结束时间，并且探测半径要达到地层 50m 范围，这样所测试的结果才能反映地层的特征。探测半径达到 50m 范围的计算公式可采用式（4-65），井筒储集效应的结束时间可按现代试井分析的有关理论进行计算，比较二者，选其中大的一个作为修正等时试井测试的时间。

井筒储集时间 t_{ws} 是井筒储集影响变得可以忽略时所需要的近似时间，可以根据下面的公式计算：

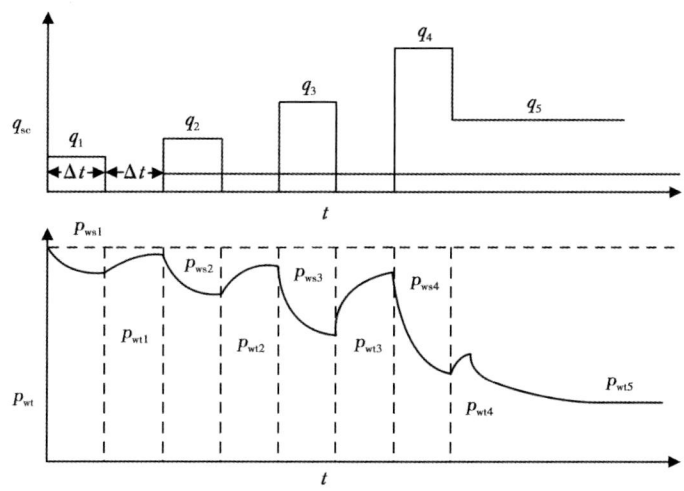

图 4-49 修正等时试井测试产量及井底压力变化示意图

$$t_{ws} = \frac{36177\bar{\mu}V_{ws}C_{ws}}{Kh} \tag{4-70}$$

式中 V_{ws}——井筒油管（如果没有封隔器，为井筒油管和环形空间）的体积；

C_{ws}——在平均井筒压力和温度下计算的井筒流体的压缩系数。

（2）延续期流动时间的确定。

对于修正等时试井延续期流动时间的确定，理论上要求延续流动时间必须持续到压力稳定，可按前面介绍的常规回压试井测试时间的确定方法确定。

（3）修正等时试井流动期产量的确定。

修正等时试井流动期产量的确定方法与常规回压试井方法基本相同，产量序列必须采用递增的方式进行，测试的最小产量和最大产量分别为 $q_{g1}=0.1q_{AOF}$ 和 $q_{g4}=0.75q_{AOF}$，并且要求 q_{gi}（$i=1,2,3,4$）是等比数列，其公比为 1.9~2.0 比较合理。

3）资料处理

修正等时试井测试资料的处理方法与等时试井方法相同，是等时试井测试方法的改进。在实际测试时，只要求所有工作制度下的开井生产时间和关井恢复时间都一样，矿场操作十分方便，既缩短了开井流动期的时间，也缩短了关井恢复期的时间，因而，该方法在矿场上得到了广泛的应用，但其并无充分的理论依据。

（二）致密气藏压裂井产能方程

致密气藏由于其渗透率低的特性，采用常规产能试井得到的结果往往误差较大。因此，从渗流理论出发对致密气藏垂直压裂井的产能试井模型进行了相关研究，在资料处理上面进行改进，以增加精度、得到更准确的产能。

根据致密气藏垂直压裂井的流动特点，压后地层中流体渗流状态有裂缝线性流、裂缝地层双线性流、地层径向流。这里仅对裂缝线性流与地层径向流两种渗流状态下的产能变化情况进行分析。垂直压裂井生产过程中地层流体的流动状态是裂缝线性流与地层径向流共存的，生产初期，裂缝线性流占主导作用。这时得到的无阻流量及产能方程只是裂缝线性流情况下的产能，是不能代表气井地层的真实产能的（地层径向流情况）。随着生产时间的延长，裂缝外面的地层流体参与流动，地层径向流的作用越来越强，而裂缝线性流的作用越来越弱，直至完全变成地层径向流。因此，压后气井生产过程中，其产能方程不是固定不变的。要判断一口气井的真实产能，应该是通过试气获得地层径向流情况下产能方程以及无阻流量。

首先定义气藏拟压力为：

$$\psi(p) = 2\int_0^p \frac{p'}{Z(p')\mu(p')}\mathrm{d}p' \quad (4-71)$$

无量纲公式：

$$\psi_D(t_D) = \frac{Kh}{1422qT}[\psi(p_i) - \psi(p_{wf})] \quad (4-72)$$

$$t_D = \frac{2.637 \times 10^{-4} K}{\phi(\mu C_t)_i X_f^2} t \quad (4-73)$$

1. 裂缝线性流下气井产能方程

由于压裂井生产初期，地层流体渗流状态不稳定，需要采用不稳定产能评价理论，结合压裂井不稳定试井理论，进行公式推导，得到不稳定产能方程。根据 J. A. Gil、E. Ozkan 的研究可得，地层线性流期间有限传导裂缝达西流无量纲拟压力为：

$$\psi_{wD} = \sqrt{\pi T_D} + \frac{a}{C_{fD}} \quad (4-74)$$

其中

$$C_{fD} = \frac{K_f W_f}{K X_f} \quad (4-75)$$

式中 C_{fD}——无量纲裂缝传导率，当 $C_{fD}>300$ 显示为无限传导垂直裂缝特征；
a——常数，由下式给出：

$$C_{fD} = \begin{cases} \geqslant 25 \\ = 10 \\ = 5 \end{cases} \quad a = \begin{cases} \pi/3 \\ 0.944 \\ 0.902 \end{cases}$$

则地层线性流期间有限传导裂缝非达西流条件下无量纲拟压力为：

$$\psi_{wD} = \sqrt{\pi t_D} + \frac{a}{C_{fD,\text{app}}} \quad (4-76)$$

$$C_{fD,\text{app}} = \frac{C_{fD}}{1 + 0.31 q_{DND}} \quad (4-77)$$

$$q_{DND} = \frac{4.64 \times 10^{-16} K_f \beta M q}{W_f h \mu_i} \quad (4-78)$$

有量纲化整理后得到产能方程，即：

$$\psi_i - \psi_{wf} = \frac{50300 q_{sc} T}{Kh}\frac{p_{sc}}{T_{sc}}\left[\sqrt{\frac{2.637 \times 10^{-4}\pi Kt}{\phi\mu C_t X_f^2}} + \frac{aKX_f}{K_f W_f}\right]$$

$$+ \frac{50300 \times 0.31 a \times 1.642 \times 10^{-14} X_f \beta MT p_{sc}^2 q_{sc}^2}{W_f^2 h^2 \mu T_{sc}^2} \quad (4-79)$$

换算成标准单位值，并将非达西渗流系数 $\beta=7.644\times10^{10}/K^{1.5}$ 代入整理后，有限传导裂缝地层线性流期不稳定产能方程为：

$$\psi_i^2 - \psi_{wf}^2 = Aq_{sc} + Bq_{sc}^2 \tag{4-80}$$

$$A = \frac{12.734T}{Kh}\left[\sqrt{\frac{0.0036\pi Kt}{\phi\mu C_t X_f^2}} + \frac{aKX_f}{K_f W_f}\right] \tag{4-81}$$

$$B = \frac{1.30666\times10^{-7}\times0.31aTX_f\gamma_g}{W_f^2 h^2 \mu K^{1.5}} \tag{4-82}$$

式中 ψ_i、ψ_{wf}——气藏原始拟压力、井底流压拟压力，$MPa^2/(mPa\cdot s)$；

K、K_f——气藏有效渗透率、裂缝有效渗透率，mD；

W_f、X_f——裂缝宽度、裂缝半长，m；

q_{sc}——地面产气量，m^3/d；

h——气藏厚度，m；

μ——气体黏度，$mPa\cdot s$；

C_t——气体压缩系数，MPa^{-1}；

T——气体温度，K；

γ_g——气体重度，$\gamma_g=\rho_g$。

2. 地层径向流下气井产能方程

当达到地层径向流时，压力变化与均质井底无量纲拟压力为：

$$\psi_{wD} = \frac{1}{2}[\ln t_{De} + 0.80907 + S_a] \tag{4-83}$$

无量纲公式：

$$\psi_{wD} = \frac{\psi_i - \psi_{wf}}{\psi_i Q_D} \tag{4-84}$$

$$Q_D = \frac{2p_{sc}Q_{sc}T}{Kh\psi_i T_{sc}} \tag{4-85}$$

$$t_D = \frac{Kt}{\phi\mu_i C_i r_w^2} \tag{4-86}$$

换算为标准单位制下，将上述三个无量纲公式代入得：

$$\psi_i - \psi_{wf} = 0.01466\frac{Q_{sc}T}{Kh}\times\left[\lg t + \lg\frac{K}{\phi\mu_i C_i r_w^2} + 0.9077 + 0.8686(S + DQ_{sc})\right] \tag{4-87}$$

将 D 表达式代入：

$$D = \frac{1.994\times10^{-7}\gamma_g}{\mu_i h r_w K^{0.1045}} \tag{4-88}$$

则压裂后地层径向流生产产能二项式方程为：

$$\psi_i^2 - \psi_{wf}^2 = Aq_{sc} + Bq_{sc}^2 \tag{4-89}$$

$$A = 0.01466 \frac{T}{Kh} \times (\lg t + \lg \frac{K}{\phi \mu_i C_i r_w^2} + 0.9077 + 0.8686S) \qquad (4-90)$$

$$B = \frac{2.538 \times 10^{-9} T \gamma_g}{r_w K^{1.1045} \mu_i h^2} \qquad (4-91)$$

由上面公式推导可以看出，地层流体渗流状态不同，其产能方程表达方式也不同。压裂井生产过程中，前期是裂缝线性流占主导地位，其产能变化就会遵循裂缝线性流流动变化规律。随着生产时间的延长，地层流体流动逐渐变成地层径向流，产能变化逐渐遵循地层径向流产能变化规律。

3. 产能方程及无阻流量的变化规律分析

1) 产能方程变化规律分析

产能方程中，系数 A、B 是影响产能方程的两个参数。而根据式（4-90）、式（4-91）可以判断，只有 A 值是随生产时间的增加而增加的。分析产能方程的变化，就要分析系数 A 值的变化规律。图 4-50 是根据井例相关参数计算得到的 A 值变化曲线，给出了裂缝线性流和地层径向流两种状态下 A 值随时间的变化趋势。

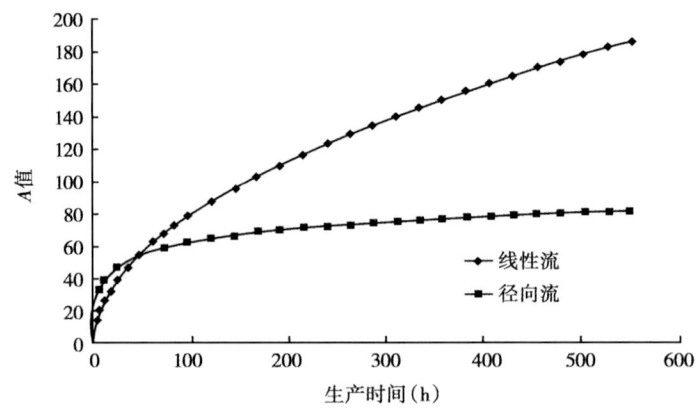

图 4-50 不同渗流状态下的产能系数 A 值的变化曲线

可以看出，两种渗流状态下产能方程的系数 A 值是两条变化趋势完全不同的曲线。线性流情况下，A 值的增加量大于径向流的情况。生产时间越长，两条线离得越远。根据其理论公式可以看出，裂缝线性流情况下，生产时间 t 与 A 值呈平方根关系，曲线比较陡；而地层径向流情况下，生产时间 t 与 A 值呈对数关系，A 值随着生产时间增大，变化趋于平缓。两者相比，线性流情况下 A 值变化率比径向流情况下 A 值变化率大。计算结果与理论情况完全相符。这就说明，两种流动状态下，气井的产能方程都是随生产时间变化的。从曲线分析，裂缝线性流情况下，气体的产能方程变化更为明显，不同的生产时间对应的 A 值不同，产能方程也会完全不同。因此，在裂缝线性流情况下，生产时间不同，产能方程会完全不一样。不能用某一段时间的产能方程来说明气井的产能。地层径向流情况下，生产初期 A 值变化明显。随着生产时间的延长，A 值趋于平缓，则产能方程越来越相互接近。

2) 无阻流量的变化规律分析

无阻流量是评价气井产能的一个重要参数。根据不同生产时间对应的不稳定产能方程的特点，可以计算不同生产时间下无阻流量的变化趋势。图 4-51 是根据上述理论公式计算得到的不同流态下的无阻流量。可以看出，生产时间达到一定程度，裂缝线性流情况下得到的无阻流量开始低于真实气井产能；随着生产时间增加，裂缝线性流得到的无阻流量越偏离真实气井无阻流量（地层径向流情况下的无阻流量）。即裂缝线性流得到的无阻流量误差越来越大。实际上，气井压后求产初期，裂缝线性流影响比较严重，随着生产时间延长、裂缝外地层流体产出，地层中流体渗流状态逐渐过渡到径向流，裂缝线性流消失。

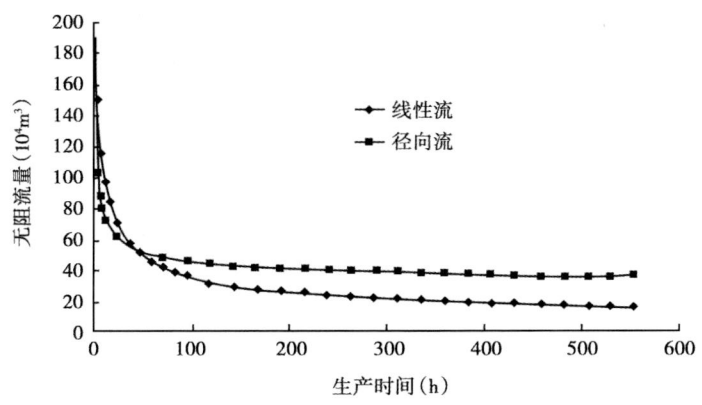

图4-51 不同渗流状态下无阻流量变化曲线

从图4-51可以断定当生产48h以后，地层径向流占主导作用，得到的无阻流量才是真正的气井产能。试气生产进行系统试气时，通常是求产4、5个工作制度（有时可能更多），一个工作制度求产24h左右。根据分析可以看出，每个工作制度得到的仅是裂缝流状态下的产能方程及无阻流量，而得不到其径向流情况下的产能，即不可能得到气井真实产能。

三、典型井试井测试及试采资料分析

（一）SD25-45井试井测试资料解释

1. SD25-45井基本资料

SD25-45井位于内蒙古自治区乌审旗图克镇陶报嘎查，构造位于鄂尔多斯盆地伊陕斜坡。该井于2011年11月7日开钻，2011年11月27日完钻，完钻井深3310.0m，完钻本溪组（表4-8和表4-9）。

表4-8 SD25-45井钻井基本数据表

开钻日期		2011.11.7	完钻层位（m）		本溪组	地面海拔（m）		1323.14
完钻日期		2011.11.27	完钻井深（m）		3310	补心海拔（m）		1329.44
完井日期		2012.5.17	人工井底（m）		3282.95	套补距（m）		6.96
套管	表层套管	外径（mm）	壁厚（mm）	钢级	下入深度（m）	水泥返高（m）		套补距（m）
		244.5	8.94	J55	505.83	2201		6.96
	气层套管	139.7	9.17	N80	3309.55			油补距（m）
	短套管位置			3120.8~3124.35m				5.7
	固井质量				合格			

表 4-9 SD25-45 井测井解释综合数据表

层位	有效厚度		厚度(m)	砂厚(m)	密度(g/cm^3)	孔隙度(%)	基质渗透率(mD)	含气饱和度(%)	全烃含量(%)		综合解释结果
	井段(m)								最大	最小	
	顶深	底深									
盒8	3150	3155	5	7.4	2.53	9.06	0.34	65.1	36.5	0.2	气层
盒8	3168.6	3170.8	2.2	10.2	2.51	9.96	0.416	53.94	55.8	0.4	含气层
山1	3172.3	3177.3	5		2.55	8.38	0.227	49.96			含气层
山1	3181	3187.5	6.5	6.5	2.53	9.1	0.442	48.47			含气层
山2	3219.4	3221.1	1.7	1.7	2.6	4	0.35	63.1	2.9	1.4	含气层
山2	3250.8	3256	5.2	5.2	2.55	3.6	0.42	31.38	79.5	6.8	含气层
太原	3273.1	3274.9	1.8	1.8	2.54	9.82	0.339	58.3	6.6	3.5	含气层

经压裂改造后，对该井盒 8、山 1 砂层组 3151.0~3154.0m，3173.0~3176.0m 合试求产，用临界流量计 15mm 孔板进行测试求产，针阀开度 1/3，测得日产气量 $5.4032\times10^4m^3$，无阻流量 $11.0285\times10^4m^3/d$。

该井试气成果表明，该地区盒 8、山 1 砂层组具备一定的开发潜力，为进一步落实该地区盒 8、山 1 生产能力，安排 SD25-45 井进行短期试采（表 4-10）。

表 4-10 SD25-45 井试气成果表

层位	射孔		求产前措施	求产日期		求产工作制度			折算产气量(m^3/d)	累计产气量(m^3)	无阻流量(m^3/d)
	井段(m)	厚度(m)		起始日期	终止日期	方式	针阀开度	挡板(mm)			
山1	3173.0~3176.0	3	压裂	2012.5.16	2012.5.17	一点法测试	1/3	15	54032	55879	110285
盒8	3151.0~3154.0	3									

2. 试井施工过程

1）试井设计

为确定该地区多层系的生产能力，考虑到气井无阻流量较低，采用"一点法"进行试采，了解气井的生产动态特征及稳产能力。

测试采用定产量进行试采，产量安排为 $2.0\times10^4m^3/d$，生产时间暂定 30 天，视井口压力下降速率决定具体生产时间，若井口压力下降速率连续 10 天小于 0.02MPa/d，可提高产量继续进行试采，否则降低产量进行试采。压力恢复时间暂定 30 天，具体恢复时间以获得可靠的压力恢复曲线，且恢复压力趋于基本稳定为标准确定，压力恢复速率小于 0.01MPa/d 结束测试（表 4-11）。

表 4-11 SD25-45 井试采设计表

井号	层位	生产产量($10^4m^3/d$)	生产时间(d)	关井恢复时间(d)
SD25-45	盒8、山1	2.0	30	30

2）井筒流、静压梯度测试停点安排

压力、温度梯度测点安排见表4-12。

表4-12　SD25-45井压力、温度梯度测点安排

测点（m）	0	500	1000	1500	2000	2500	2700	2900
停时（min）	15	15	15	15	15	15	15	15
测点（m）	3000	3100						
停时（min）	15	15						

3）试井执行过程

实际测试过程如表4-13所示。

表4-13　SD25-45井试井实际执行过程

时间		测试内容	开（关）前压力（MPa）		累计产气（$10^4 m^3$）	累计产水（m^3）
起	止		油压	套压		
2012.09.20 8:00	2012.10.15 8:00	稳产阶段	17.42	19.92	49.9778	42.5363
			14.30	16.05		
2012.10.15 8:00	2012.11.30 8:00	压力恢复	18.89		0	0

4）压力梯度测试

（1）初关井静温、静压梯度。

2012年8月23日下存储式电子压力计测井筒静压力、静温度，各停点10min，测点数据见表4-14。静压、静温测试曲线见图4-52，用表4-15中的深度、压力、温度数据进行线性回归，回归关系式见表4-15，回归曲线见图4-53。

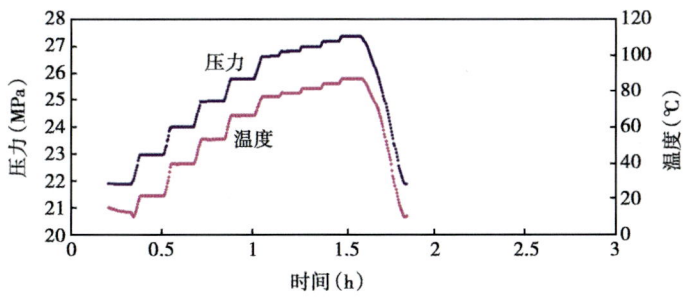

图4-52　SD25-45井静压力、静温度曲线图

表4-14　SD25-45井静压力、静温度测试数据

序号	井深（m）	压力（MPa）	温度（℃）	压力梯度（MPa/100m）	温度梯度（℃/100m）
1	0	21.88	13.20		
2	500	22.98	22.13	0.219	1.786
3	1000	24.01	39.89	0.205	3.552

续表

序号	井深（m）	压力（MPa）	温度（℃）	压力梯度（MPa/100m）	温度梯度（℃/100m）
4	1500	24.95	53.31	0.188	2.684
5	2000	25.78	66.55	0.167	2.648
6	2500	26.62	76.90	0.168	2.070
7	2700	26.80	79.13	0.090	1.115
8	2900	26.98	81.62	0.089	1.245
9	3000	27.16	84.37	0.184	2.750
10	3100	27.35	87.03	0.187	2.660

表 4-15　SD25-45 井静压力、静温度与深度关系式

梯度项	梯度公式	相关系数（R^2）	深度（m）
静压梯度	$p=0.0017H+22.15$	0.992	0~3100
静温梯度	$T=0.0241H+14.181$	0.9898	0~3100
气层中深	深度 3214.45m，压力 27.61MPa（取梯度：0.0017MPa/m），温度 91.65℃（取静温梯度公式）		

注：p 为井筒静压力，MPa；T 为井筒静温度，℃；H 为井深，m。

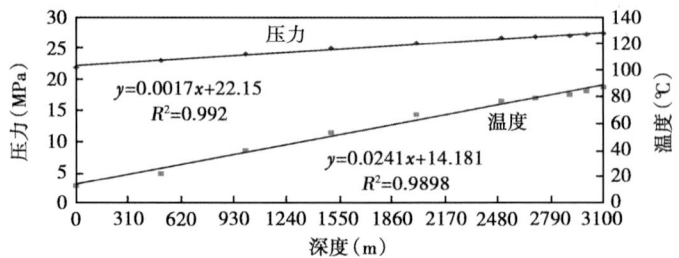

图 4-53　SD25-45 井实测静压、静温及梯度直线回归图

综合表 4-15 计算得井筒平均静压梯度为 0.170 MPa/100m；井筒平均静温梯度为 2.41℃/100m；

从压力梯度数据看，0~3100m 以上井筒之间的梯度较小，回归直线斜率 0.0017（MPa/m），直线斜率不变，表明井筒无积液。

（2）压降测试未终关井前流压流温梯度测试。

2012 年 10 月 15 日下存储式电子压力计测井筒流压力、流温度，各停点 10min，测点数据见表 4-16。流压、流温测试曲线见图 4-54。用表 4-16 中的深度、压力、温度数据进行线性回归，回归关系式见表 4-17，回归曲线见图 4-55。

表4-16 SD25-45井（$2.0×10^4 m^3/d$）全井流压梯度、流温梯度测试数据表

井深（m）	压力（MPa）	温度（℃）	压力梯度（MPa/100m）	温度梯度（℃/100m）
0	15.36	17.02		
500	15.93	28.63	0.115	2.322
1000	16.65	44.63	0.144	3.200
1500	17.31	59.26	0.130	2.926
2000	17.88	70.93	0.114	2.334
2500	18.53	81.62	0.131	2.138
2700	19.04	86.64	0.256	2.510
2900	19.58	91.14	0.271	2.250
3000	19.86	92.86	0.272	1.720
3100	20.11	94.08	0.256	1.220

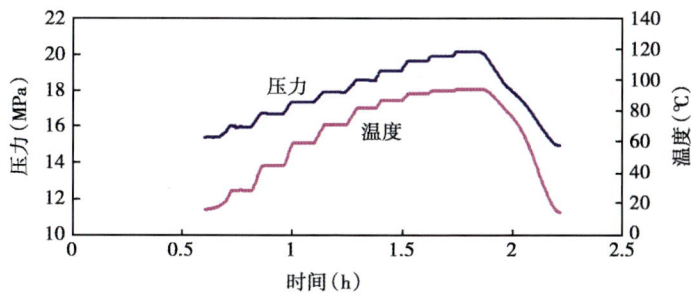

图4-54 SD25-45井流压、流温测试曲线

表4-17 SD25-45井全井流压、流温梯度解释成果

梯度项	梯度公式	相关系数（R^2）	深度（m）
流压梯度	$p=0.0015H+15.163$	0.9828	0~3100
流温梯度	$T=0.0248H+19.32$	0.9939	0~3100
气层中深	深度3214.45m，压力20.28MPa（取梯度0.0015MPa/m最后一点下推），温度99.04℃（取流温梯度公式）		

注：p为井筒流动压力，MPa；T为井筒流动温度，℃；H为井深，m。

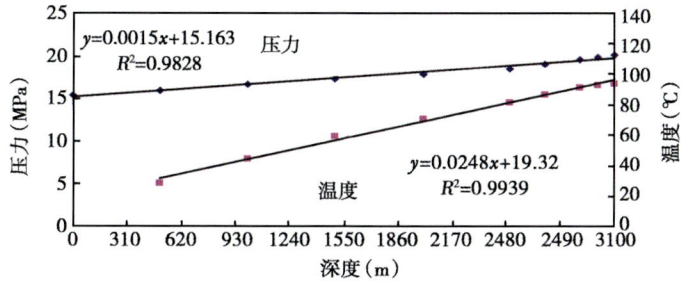

图4-55 SD25-45井平均流压、流温梯度求解图

综合上表计算得井筒平均流压梯度为 0.15MPa/100m；井筒平均流温梯度为 2.48℃/100m。

从流温梯度图可以看到，从测点 0~3100m 以上井筒之间的梯度较小，压力梯度变化不明显，表明没有明显的气液界面存在。

（3）终关井静温、静压梯度。

2012 年 11 月 30 日下存储式电子压力计测井筒静压力、静温度，各停点 10min，测点数据见表 4-18。静压、静温测试曲线见图 4-56。用表 4-18 中的深度、压力、温度数据进行线性回归，回归关系式见表 4-19，回归曲线见图 4-57。

表 4-18 SD25-45 井筒静压力、静温度测试数据

序号	井深（m）	压力（MPa）	温度（℃）	压力梯度（MPa/100m）	温度梯度（℃/100m）
1	0	18.89	12.84		
2	500	19.84	26.82	0.190	2.797
3	1000	20.78	41.20	0.189	2.874
4	1500	21.66	55.29	0.175	2.819
5	2000	22.44	69.09	0.155	2.759
6	2500	23.20	79.89	0.153	2.161
7	2700	23.51	84.91	0.153	2.5085
8	2900	23.81	90.40	0.153	2.746
9	3000	23.97	93.39	0.155	2.994
10	3100	24.13	96.31	0.158	2.919

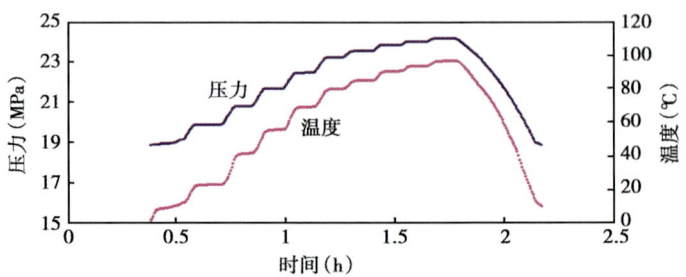

图 4-56 SD25-45 井静压力、静温度曲线图

表 4-19 SD25-45 井静压力、静温度与深度关系式

梯度项	梯度公式	相关系数（R^2）	深度（m）
静压梯度	$p=0.0017H+19.029$	0.998	0~3100
静温梯度	$T=0.0266H+14.026$	0.9988	0~3100
气层中深	深度 3214.45m，压力 24.49MPa（取梯度 0.0017MPa/m），温度 99.53℃（取静温梯度公式）		

注：p 为井筒静动压力，MPa；T 为井筒静动温度，℃；H 为井深，m。

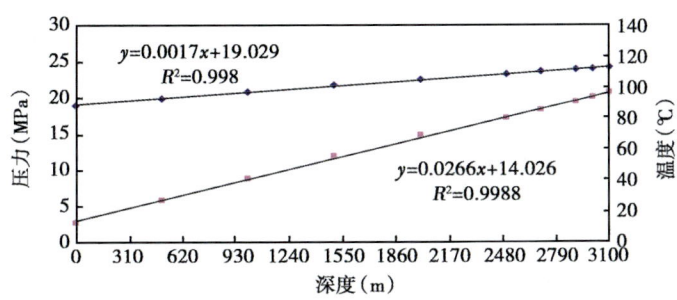

图 4-57 SD25-45 井实测静压、静温及梯度直线回归图

综合上表计算得井筒平均静压梯度为 0.17 MPa/100m；井筒平均静温梯度为 2.66℃/100m。

从压力梯度数据看，0~3100m 以上井筒之间的梯度较小，回归直线斜率 0.0017MPa/m，直线斜率不变，表明井筒无积液。

3. 分析结果

根据测井和其他实验获得动态分析基本数据（表 4-20、图 4-58—图 4-61）。

表 4-20 地层及流体性质数据表

参数	取值	备注
地层有效厚度 h（m）	12.1	电测解释
孔隙度 ϕ（%）	10	电测解释
含气饱和度 S_g（%）平均值	60	
井底半径 r_w（m）	0.061	完井
天然气偏差系数 Z（无量纲）	0.9113	
天然气黏度 μ_g（mPa·s）	0.02172	
天然气体积系数 B_g（m³/m³）	0.04896	计算值
天然气压缩系数 C_g（MPa^{-1}）	0.03435	
综合压缩系数 C_t（MPa^{-1}）	0.03478	

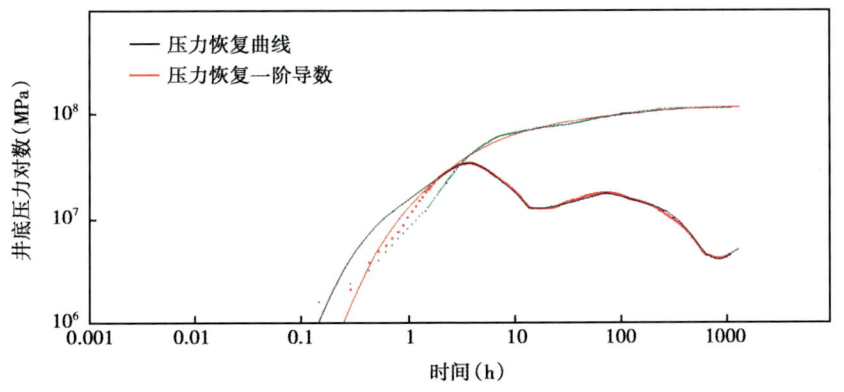

图 4-58 SD25-45 井压力恢复数据双对数导数拟合图

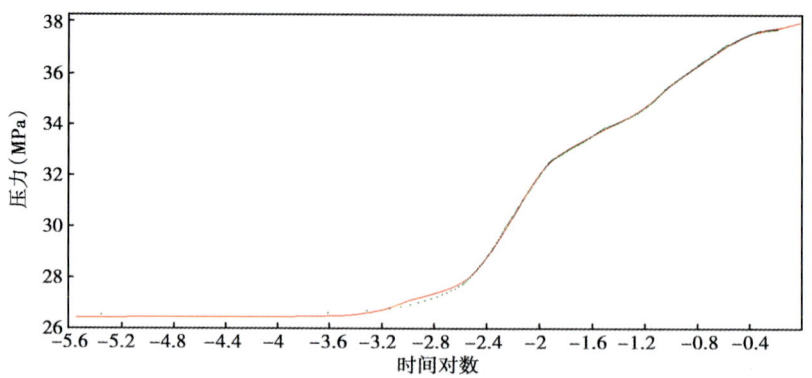

图 4-59　SD25-45 井压力恢复数据半对数拟合图

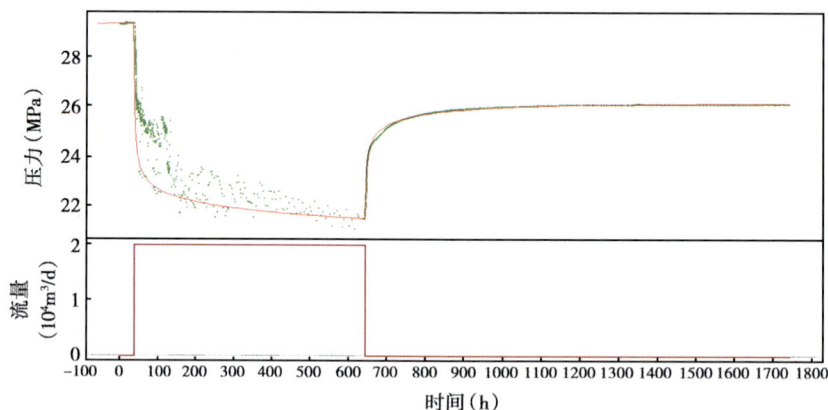

图 4-60　SD25-45 井压力史拟合图

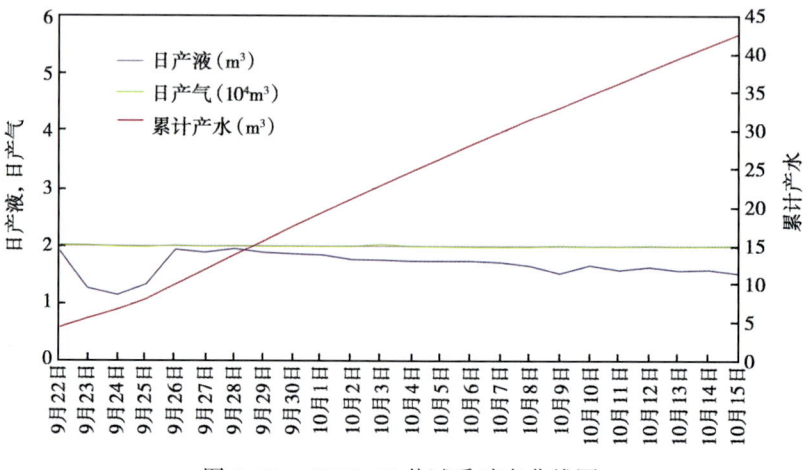

图 4-61　SD25-45 井试采动态曲线图

4. 一点法无阻流量

一点法是由二项式产能方程多点法测试的结果推导而来：

$$p_R^2 - p_{wf}^2 = Aq + Bq^2 \tag{4-92}$$

当取井底流压力为 1atm 时，气井的最大潜在产能即气井的绝对无阻流量。当 $p_{wf}=0.101\text{MPa}$

$$p_R^2 - (0.101)^2 = Aq_{AOF} + Bq_{AOF}^2 \tag{4-93}$$

将式（4-92）除以式（4-93），并取 $p_R^2 - (0.101)^2 \approx p_R^2$

并令

$$\alpha = A/(A+Bq_{AOF}) \quad p_D = (p_R^2 - p_{wf}^2)/p_R^2$$

$$q_D = q_g/q_{AOF}$$

有 $p_D = \alpha q_D + (1-\alpha)q_D^2$

由式（4-93）解得产能试井一点法无阻流量公式为：

$$q_{AOF} = \frac{2(1-\alpha)q_g}{\alpha\left[\sqrt{1+4\left(\dfrac{1-\alpha}{\alpha^2}\right)\left(\dfrac{p_R^2 - p_{wf}^2}{p_R^2}\right)} - 1\right]} \tag{4-94}$$

从上式看，关键是 α 的取值，而 $\alpha = A/(A+Bq_{AOF})$。

陈元千教授对国内 10 多个油气田的 16 口井的多点系统试井资料分析统计，取 $\alpha=0.25$，得到的无阻流量经验公式如下：

$$q_{AOF} = \frac{6q}{\sqrt{1+48p_D} - 1} \tag{4-95}$$

该公式在国内大部分油气田得到广泛应用，适用于直井非措施井。有研究者利用苏里格气田的多口多点法试井得到的 A、B 值，算得 α 值为 0.8635~0.9853，取平均值 0.9214，得到符合该地区的无阻流量经验公式为：

$$q_{AOF} = \frac{0.1706q}{\sqrt{1+0.3703p_D} - 1} \tag{4-96}$$

本书是应用式（4-96）作计算的（表4-21）。

表 4-21 SD25-45 井求产结果表（压力为中深 2739.5m 处）

产量 q ($10^4\text{m}^3/\text{d}$)	流压 p_{wf} (MPa)	地层压力 p_R (MPa)	p_D	无阻流量 q_{AOF} ($10^4\text{m}^3/\text{d}$)
2.0000	20.28	24.66	0.3237	5.86

严格地说，每口井的 α 值都不同，也就对应有 1 个不同于其他井的单点法公式。但同一地区同一类型的气藏 α 值，差异不大。

无阻流量为 $5.86\times10^4\text{m}^3/\text{d}$。

通常气井的合理产量为绝对无阻流量的 1/4~1/3。该井合理产量为 1.5×10^4~$2.0\times10^4\text{m}^3/\text{d}$，采气队可根据生产的实际情况，生产的过程中时时做好动态分析，产水量情况及时掌控产能的变化情况，合理安排工作制度。

总之应严格控制生产压差生产，以达长期稳产的目的。

（二）SD011-134 井试井测试资料解释

1. SD011-134 井基本资料

SD011-134 井隶属于苏里格气田东区，地理位置位于内蒙古自治区伊金霍洛旗新街镇给勒登庙嘎查,构造属鄂尔多斯盆地伊陕斜坡。该井于2011年7月19日开钻,2011年8月3日完钻,完钻井深2768m,完钻层位山西组。该井测井解释石盒子组盒6气层一段,厚度3m,盒8气层三段,厚10.9m;山西组山2气层一段,厚2.5m,具体解释参数见表4-22。山2射孔段为2680.8~2683.3m,厚度2.5m;盒8射孔段为2640.0~2643.0m,2611.0~2614.0m,2584.0~2587.0m,总厚度9.0m;盒6射孔段为2540.0~2542.0m,厚度2.0m,具体压裂参数见表4-23。

表4-22 SD011-134井气层综合数据表

层位	气层井段 (m)	有效厚度 (m)	电阻率 ($\Omega \cdot m$)	声波时差 ($\mu s/m$)	密度 (g/cm^3)	泥质含量 (%)	孔隙度 (%)	基质渗透率 (mD)	含气饱和度 (%)	全烃含量 (%)		测井解释结果
										最大	最小	
盒6	2539.1~2542.1	3	144.01	221.84	2.49	1.91	7.49	0.5	65.6	73.8513	1.2454	气层
盒8	2582.5~2588.8	6.3	64.55	221.03	2.55	5.81	7.35	0.36	61.8	51.2638	0.1334	气层
盒8	2611.3~2613.4	2.1	23.32	256.14	2.47	5.92	13.19	1.318	62.6	35.209	0.2621	气层
盒8	2641.0~2643.5	2.5	15.58	250.83	2.47	6.09	12.31	1.13	58.15	20.6273	0.141	气层
山2	2680.8~2683.3	2.5	47.82	228.64	2.56	6.61	8.62	0.53	61	29.6224	1.2903	气层

表4-23 SD011-134井压裂施工参数表

层位	射孔厚度 (m)	改造方式	施工日期	前置液/稠化酸 (m^3)	混砂液/降阻酸 (m^3)	顶替液 (m^3)	入地总量 (m^3)	陶粒用量 (m^3)	施工排量 (m^3/min)	砂比 (%)	含砂浓度 (kg/m^3)	破裂压力 (MPa)	施工压力 (MPa)	停泵压力 (MPa)	液氮 (m^3)
盒6	2.0	五层压裂	2011.10.2	36	66.5	7.5	110	14.5	2.1	21.1	357.9	30.5	30.4~40.4	21.4	13.8
盒8	3.0			86	158.7	7.8	252.5	40.6	2.1	25.2	428.5	38	25.0~30.6	16	—
盒8	3.0			49	90	7.9	146.9	21.5	2	23.3	396.7	29	25.8~31.5	13.9	
盒8	3.0			54	99.3	8	161.3	25.5	2.1	25.2	428	29	25.8~31.5	14.3	
山2	2.5			47	86.5	8.1	141.6	20.6	1.8	23.1	393.1	34.3	24.6~31.9	15.6	

2011年10月24日至2011年10月25日对盒6、盒8、山2采用"一点法"进行测试求产,测得井口日产气量$6.2537 \times 10^4 m^3$,具体试气情况见表4-24。

表4-24 SD011-134井试气参数表

测试层位	流动时间 (h)	稳定时间 (h)	p_R (MPa)	p_{wf} (MPa)	q_g ($10^4 m^3/d$)	q_w (m^3/d)	q_{AOF} ($10^4 m^3/d$)
山2、盒8、盒6	24	8.0	21.2946	16.313	6.2537	—	10.8042

该井试气成果表明,该地区上古生界盒6、盒8、山2具备一定的开发潜力,为进一步落实该地区盒6、盒8、山2的生产能力,安排SD011-134井进行短期试采。

2. 试井施工过程

测试的主要任务是利用试井设备录取气井压力、温度、产量随时间变化关系的资料,以及井筒内压力、温度随井深变化的资料,运用试井理论方法进行分析,认识气井动态和储层特征。

正式测试前,按照要求制定了详细的设计方案和具体的测试日程表(表4-25)。

表4-25　SD011-134井试井设计工作制度

工作制度	稳定生产段	压力恢复段
产量（$10^4 m^3/d$）	1	0
时间（h）	30	30

实际测试过程中,因为现场操作的原因,在征得同意后,对测试计划进行了调整(表4-26)。

表4-26　SD011-134井试井实际执行过程

时间		测试内容	开（关）前压力（MPa）		累计产气	累计产水
起	止		油压	套压	（$10^4 m^3$）	（m^3）
2012年7月5日8:00	2012年8月14日2:00	稳产阶段	17.58	18.10	78.9709	16.0234
			12.09	14.41		
2012年8月14日2:22	2012年10月8日10:21	压力恢复	—	—	0	0

在稳定生产段因生产不稳定,导致稳定生产期延长(图4-62)。

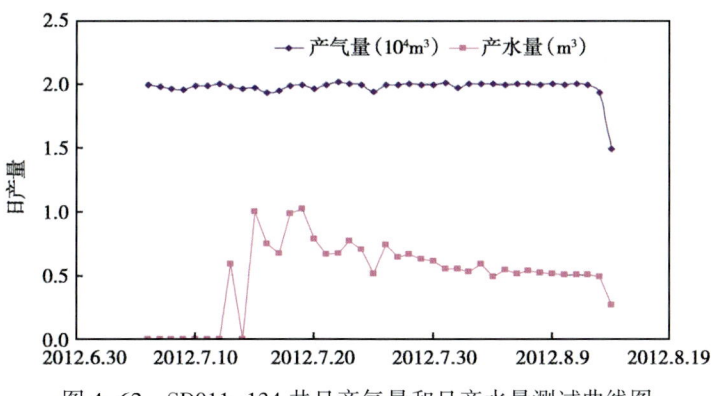

图4-62　SD011-134井日产气量和日产水量测试曲线图

3. 分析结果

根据测井和其他实验获得动态分析基本数据(表4-27,图4-63—图4-66)。

表4-27　SD011-134井地层及流体性质表

参数	取值	参数	取值
气层厚度（m）	16.4	气体偏差系数	0.9042
孔隙度（%）	9.073	天然气黏度（Pa·s）	$1.8892×10^{-2}$
气层压力（MPa）	22.219	天然气体积系数（m^3/m^3）	$0.4925×10^{-2}$
气层温度（℃）	70.29	天然气压缩系数（1/MPa）	$3.9353×10^{-2}$
天然气密度（g/cm^3）	0.5675	综合压缩系数（1/MPa）	$2.6462×10^{-2}$

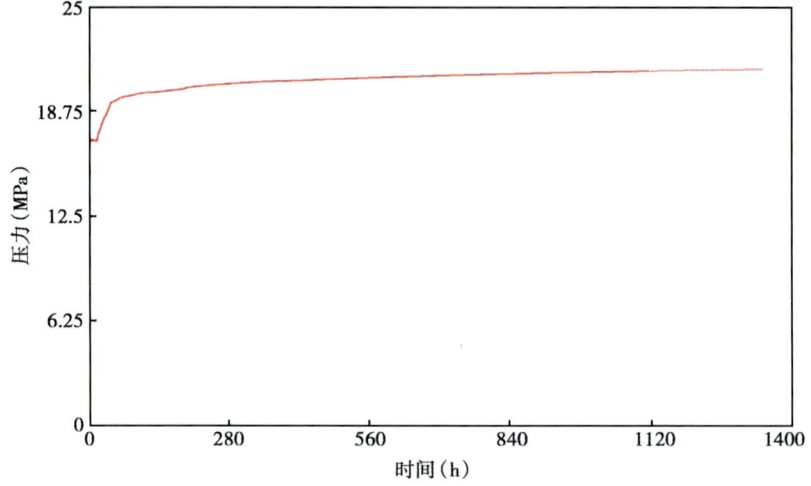

图 4-63　SD011-134 井压力恢复原始数据图

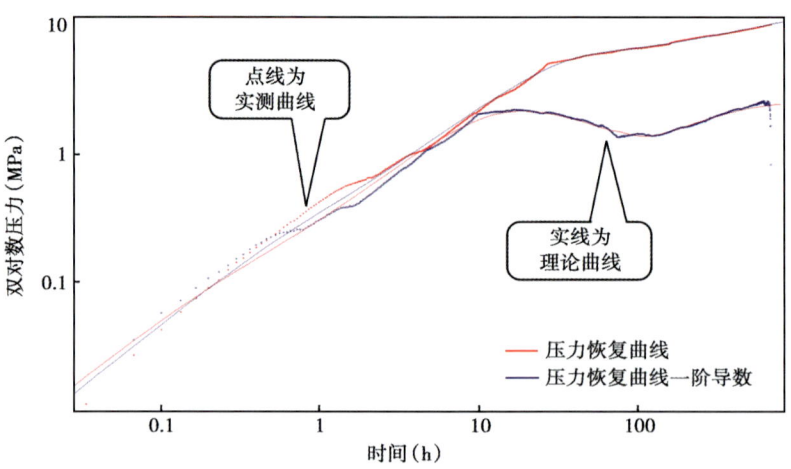

图 4-64　SD011-134 井压力恢复双对数拟合图

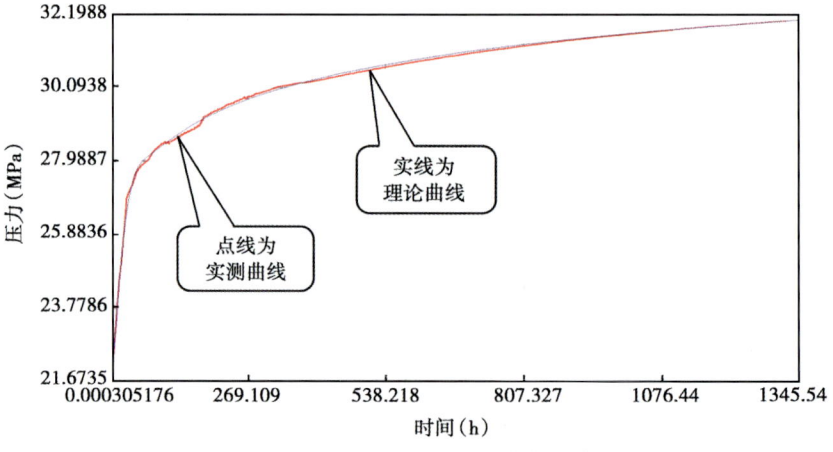

图 4-65　SD011-134 井压力恢复拟合图

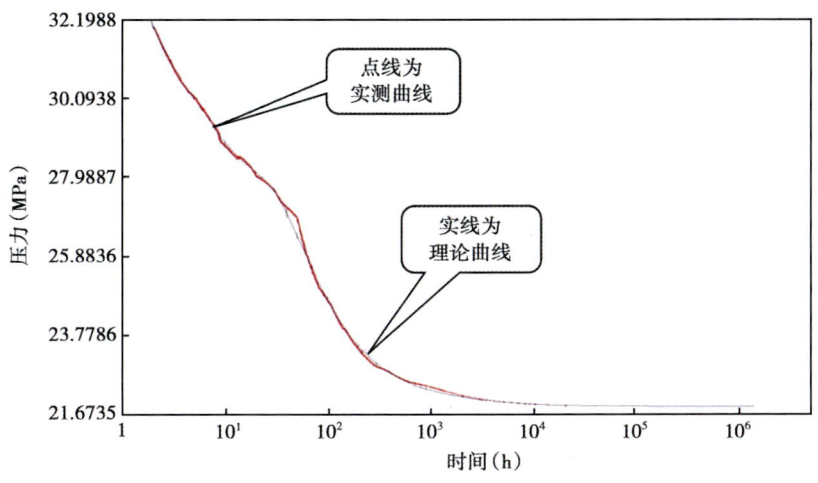

图 4-66　SD011-134 井压力恢复半对数拟合图

4. 一点法无阻流量

1）静温、静压梯度

2012 年 7 月 4 日开井前，测量静温、静压梯度，测点分别为 0、500m、1000m、1500m、2000m、2200m、2300m、2400m、2420m、2440m、2460m、2480m，每个测点停点 15min，停点压力温度曲线台阶平直，说明测试资料准确、可信，实测数据见表 4-28。

表 4-28　SD011-134 井静温—静压梯度测试记录表

深度（m）	压力（MPa）	温度（℃）	压力梯度（MPa/100m）	温度梯度（℃/100m）
0	17.646	7.940		
500	18.647	16.280	0.2002	1.668
1000	19.465	31.630	0.1636	3.070
1500	20.296	44.630	0.1662	2.600
2000	21.158	55.740	0.1724	2.222
2200	21.494	60.150	0.1680	2.205
2300	21.659	62.710	0.1650	2.560
2400	21.844	64.900	0.1850	2.190
2420	21.867	65.530	0.1150	3.150
2440	21.927	66.100	0.3000	2.850
2460	21.950	66.610	0.1150	2.550
2480	21.988	67.170	0.1900	2.800
2611	22.219	70.290	0.1764	2.533

由实测静压数据和表 4-28 数据作静压测试曲线和静压梯度及静温梯度图（图 4-67 和图 4-68），用最小二乘法进行线性回归分析，得到井筒静压和静温与井深的关系（表 4-29）。

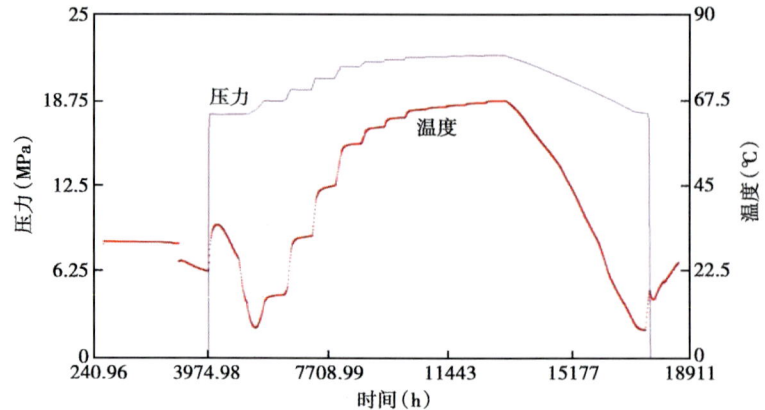

图 4-67 SD011-134 井第一次静压—静温测试图

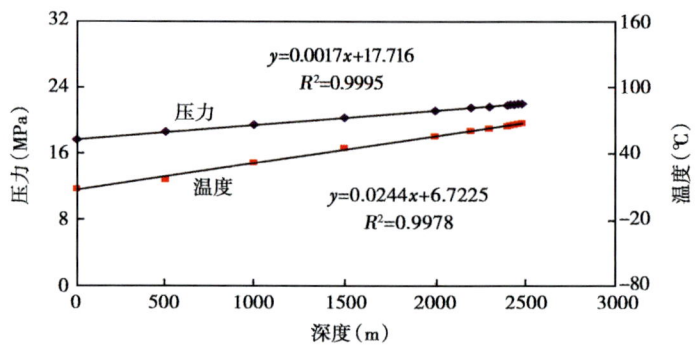

图 4-68 SD011-134 井静压—静温梯度回归图

表 4-29 SD011-134 井静温—静压梯度解释成果表

梯度项	梯度公式	相关系数（R^2）	深度（m）
静压梯度	$p=0.0017H+17.716$	0.9995	0~2480
静温梯度	$T=0.0244H+6.7225$	0.9978	0~2480
气层中深	深度 2611m，压力 22.219MPa，温度 70.290℃		

可以看出，从测点 0~2480m 之间压力梯度变化不明显，表明没有明显的气液界面存在。

2）流温、流压梯度

2012 年 8 月 14 日开井试采后期，测量流温、流压梯度，测点分别为 0、500m、1000m、1500m、2000m、2200m、2300m、2400m、2420m、2440m、2460m、2480m，每个测点停点 15min，停点温度压力曲线台阶平直，测试资料准确、可信（表 4-30）。

表 4-30 SD011-134 井流温—流压梯度测试记录表

深度（m）	压力（MPa）	温度（℃）	流压梯度（MPa/100m）	流温梯度（℃/100m）
0	13.497	20.65		
500	14.049	33.32	0.1104	2.534
1000	14.526	44.36	0.0954	2.208

续表

深度（m）	压力（MPa）	温度（℃）	流压梯度（MPa/100m）	流温梯度（℃/100m）
1500	15.558	53.14	0.2064	1.756
2000	16.175	61.03	0.1234	1.578
2200	16.511	64.31	0.1680	1.640
2300	16.627	65.91	0.1160	1.600
2400	16.776	67.53	0.1490	1.620
2420	16.806	67.89	0.1500	1.800
2440	16.838	68.25	0.1600	1.800
2460	16.886	68.65	0.2400	2.000
2480	16.945	68.96	0.2950	1.550
2611	17.331	71.35	0.1649	1.826

由实测流压数据作流压梯度和流温梯度图（图4-69和图4-70），用最小二乘法进行线性回归分析，得到井筒流压和流温分别与井深的关系（表4-31）。

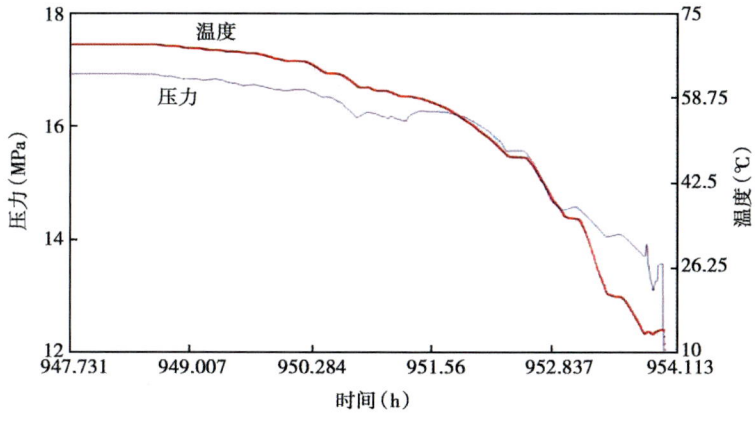

图4-69　SD011-134井流压—流温测试图

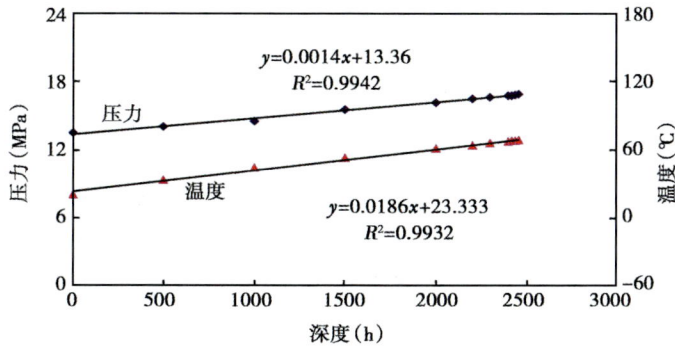

图4-70　SD011-134井流压—流温梯度回归图

表 4-31 SD011-134 井静温—静压梯度解释成果表

梯度项	梯度公式	相关系数（R^2）	深度（m）
流压梯度	$p=0.0014H+13.36$	0.9942	0~2480
流温梯度	$T=0.0186H+23.333$	0.9932	0~2480
气层中深	深度 2611m，压力 17.331MPa，温度 71.35℃		

从流温梯度图可以看到，从测点 0~2480m 之间压力梯度变化不明显，表明没有明显的气液界面存在。

3）无阻流量计算

苏里格气田的 α 值为 0.8635~0.9853，取平均值 0.9214，得到的无阻流量经验公式为：

$$q_{AOF}=\frac{0.1706q_{sc}}{\sqrt{1+0.3703p_D}-1} \quad (4-97)$$

该公式在苏里格气田应用误差较小，基本能满足生产要求（表 4-32）。

表 4-32 SD011-134 井求产结果表

产量 Q （$10^4 m^3/d$）	流压 p_{wf} （MPa）	地层压力 p_R （MPa）	p_D	无阻流量 q_{AOF} （$10^4 m^3/d$）
2.0	17.331	21.738	0.3643	5.2228

从稳定生产段压力历史可以看到，试采时按产量 20000m³ 时，井底压力缓慢下降，压力波动幅度小，后期压力降落趋于稳定状态，从 7 月 5 日开始试采至 8 月 14 日结束单点法试采，测试得到稳定流压值 17.331MPa，计算无阻流量 5.2228×$10^4 m^3$，结果可靠。

无阻流量的计算没有直接采用陈元千的经典无阻流量公式，而是根据苏里格气田的具体情况对 α 取平均值（0.9214）进行计算，其中地层压力取压力恢复测试解释得到的外推原始地层压 21.738MPa，井底流压取稳定生产后期的平均压力 17.331MPa。

（三）SD019-82 井试井测试资料解释

1. SD019-82 井基本资料

SD019-82 井 2011 年 9 月 11 日开钻，9 月 26 日完钻，钻遇上古生界二叠系石盒子组盒 5 砂层组，厚度 3.0m，测井解释气层厚度 2.0m；钻遇盒 8 砂层组，厚度 29.0m，测井解释气层厚度 9.6m，含气层厚度 3.3m；钻遇山 1 砂层组，厚度 3.6m，测井解释含气层厚度 3.6m（表 4-33）。

表 4-33 SD019-82 井井身结构数据

套管名称	外径（mm）	壁厚（mm）	内径（mm）	下入深度（m）	短套管位置（m）	套补距（m）
表层套管	224.5	8.94	226.62	500	2618.8~2620.8 2750~2754 2798~2800	8.1

山 1 射孔段为 2798~2800m，厚 2.0m；盒 8 射孔段为 2750~2754m，厚 4.0m；盒 5 射孔段为 2618.8~2620.8m，厚 2.0m（表 4-34）。

2012 年 3 月 30 日至 4 月 29 日对山 1、盒 8 和盒 5 采用"一点法"进行测试求产，测得

井口日产气量 $5.74×10^4m^3$。

该井试气成果表明，该井山1、盒8和盒5具备一定的开发潜力，为进一步落实该地区山1、盒8和盒5生产能力，对SD019-82井进行短期试采（表4-35）。

表4-34　SD019-82井气层基本参数表

层位	井段（m）		厚度（m）	电测资料							解释结果
	顶深	底深		电阻（Ω·m）	时差（μs/m）	密度（g/cm³）	泥质含量（%）	孔隙度（%）	渗透率（mD）	含气饱和度（%）	
盒5	2618.8	2620.8	2.0	48.86	238.46	2.50	3.42	10.25	0.760	67.30	气层
盒8	2729.0	2732.3	3.3	27.93	231.02	2.57	14.29	9.01	0.303	54.30	含气层
	2732.3	2734.4	2.1	26.09	243.66	2.50	11.43	10.60	0.760	63.56	气层
	2738.6	2741.6	3.0	28.82	248.18	2.48	6.65	11.60	1.131	65.60	气层
	2750.0	2754.5	4.5	36.37	238.25	2.53	9.90	10.00	0.700	65.00	气层
山1	2797.3	2800.9	3.6	82.01	218.82	2.58	10.97	6.99	0.296	60.70	含气层

表4-35　SD019-82井试气成果表

测试层位	流动时间（h）	稳定时间（h）	p_1（MPa）	p_{wf}（MPa）	q_g（$10^4m^3/d$）	q_w（m^3/d）	q_{AOF}（$10^4m^3/d$）
山1、盒8、盒5	24	8.0	25.9913	20.3892	5.74	—	10.3892

2. 试井施工过程

1）试井设计

试井设计工作制度见表4-36。

表4-36　SD019-82井试井设计工作制度

井号	层位	生产量（$10^4m^3/d$）	生产时间（d）	关井恢复时间（d）
SD019-82	盒5、盒8、山1	2.0	30	30

2）设计执行过程

2012年9月27日对SD019-82井进行井筒静压力、温度梯度测试，测得原始地层压力和地层温度分别为25.298MPa、77.969℃。19日9:00采用"一点法"开井试采，开井前油套压分别为20.68MPa、21.01MPa，以$2.0×10^4m^3/d$生产，截至10月25日9:00共生产26天后，油套压分别下降至15.38MPa、15.76MPa，同时降产至$1.5×10^4m^3/d$继续生产，截至11月4日8:00关井恢复，期间共累计产气$67.3977×10^4m^3$，累计产水$17.41m^3$，未产油，12月19日试采结束，共关井47天，井底压力最高恢复至23.82MPa，恢复程度为94.21%，末期压力恢复速率0.01MPa/d（表4-37）。

表4–37 SD019-82井储层及流体性质参数表

参数	取值	参数	取值
原始地层压力 p_R（MPa）	25.1	井底半径 r_w（m）	0.076
地层温度 T（℃）	77.97	天然气相对密度 r_g	0.59
有效厚度 h（m）	8	天然气偏差系数 Z	1.021
孔隙度 ϕ（%）	8.9	天然气黏度 μ_g（mPa·s）	0.0236
含气饱和度 S_g（%）	63.92		

3）静温、压梯度

（1）原始地层压力。

2012年9月27日SD019-82井进行梯度测试，9:51:00分压力计通电，当日12:14:00测试结束，从测试结果分析井内没有明显的积液，井底2709.4m处的压力为25.298MPa，井筒内平均压力梯度为0.18MPa/100m，温度梯度为2.62℃/100m，压力、温度梯度测试数据见表4–38，用表4–38中的深度、压力、温度数据进行线性回归，回归曲线见图4–71，静压力、温度与井深关系式见表4–39。

表4–38 SD019-82井井筒静压力、静温度测试数据

测试时间	深度（m）	压力（MPa）	压力梯度（MPa/100m）	温度（℃）	温度梯度（℃/100m）
2012.9.27 9:51~12:14	0	20.22		8.17	
	500	21.36	0.23	21.28	2.62
	1000	22.37	0.20	39.01	3.55
	1500	23.25	0.18	52.56	2.71
	2000	24.07	0.17	63.77	2.24
	2400	24.71	0.16	72.36	2.15
	2500	24.86	0.15	74.81	2.45
	2540	24.92	0.15	75.83	2.55
	2560	24.95	0.14	76.33	2.50
	2580	24.98	0.13	76.87	2.70
折算气层中部	2709.4	25.30		77.97	

表4–39 SD019-82井静压力、静温度与深度关系式

井深（m）	关系式	相关系数
0~2580	$p=0.0018H+20.421$	0.9961
0~2580	$T=0.0262H+9.9824$	0.9949

地层压力、温度计算（气层中部深度2709.4m）：

①地层压力 $p=25.298$MPa，地层温度 $T=77.969$℃；

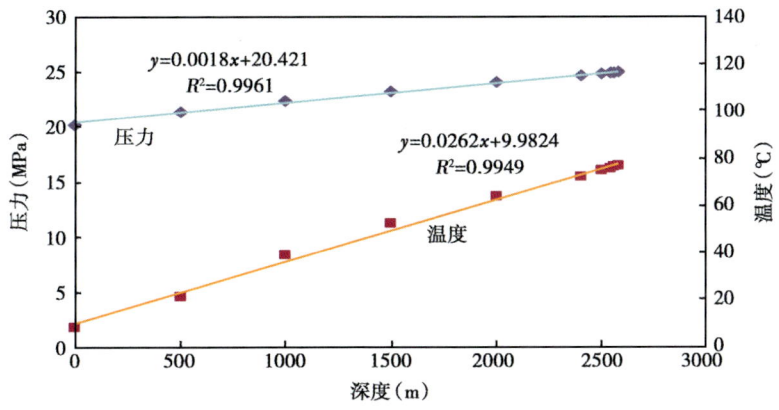

图 4-71 SD019-82 井静压力、静温度线性回归图

② 地层压力系数为 0.9528MPa/100m。

（2）地层压力。

2012年12月19日 SD019-82 井进行梯度测试，13:12:00 分压力计通电，当日 15:20:00 测试结束，从测试结果分析井内没有明显的积液，井底 2709.4m 处的压力为 23.988MPa，压力、温度梯度测试数据见表 4-40，用表 4-40 中的深度、压力、温度数据进行线性回归，回归曲线见图 4-71。

表 4-40　SD019-82 井井筒静压力、静温度测试数据

测试时间	深度（m）	压力（MPa）	压力梯度（MPa/100m）	温度（℃）	温度梯度（℃/100m）
2012.12.19 13:12~15:20	0	19.57		-2.76	
	500	20.50	0.18	21.30	4.81
	1000	21.34	0.17	38.66	3.47
	1500	22.11	0.15	52.17	2.70
	2000	22.92	0.16	63.35	2.24
	2400	23.55	0.16	72.00	2.16
	2500	23.70	0.15	74.32	2.32
	2540	23.75	0.14	75.35	2.58
	2560	23.78	0.14	75.86	2.55
	2580	23.82	0.17	76.35	2.45
折算气层中部	2709.4	23.99		81.73	

4）流动压力及流动温度测试

2012年11月2日 20:14 上提压力计，测流压、流温梯度，测点数据见表 4-41，用表 4-41 中的深度、压力、温度数据进行线性回归，回归曲线见图 4-72，流压、流温与井深关系式见表 4-42。

表4-41 SD019-82井井筒流动压力、流动温度测试数据

测试时间	深度（m）	压力（MPa）	压力梯度（MPa/100m）	温度（℃）	温度梯度（℃/100m）
2012.11.2 18:09~20:14	0	16.31		14.75	
	500	17.11	0.16	30.82	3.21
	1000	17.87	0.15	46.86	3.21
	1500	18.58	0.14	58.63	2.35
	2000	19.28	0.14	68.07	1.89
	2400	19.84	0.14	74.12	1.51
	2500	19.97	0.13	74.79	0.67
	2540	20.02	0.13	74.94	0.37
	2560	20.05	0.13	74.96	0.10
	2580	20.07	0.12	74.98	0.10
折算气层中部	2709.4	20.17		80.46	

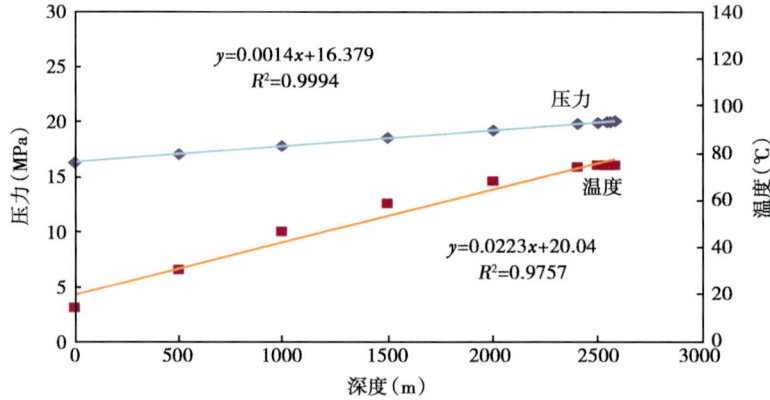

图4-72 SD019-82井流压、流温线性回归图

表4-42 SD019-82井流压、流温与深度关系式

井深（m）	关系式	相关系数
0~2580	$p=0.0014H+16.379$	0.9994
0~2580	$T=0.0223H+20.04$	0.9757

3. 分析结果

根据测井和其他实验获得动态分析基本数据（表4-43，图4-73—图4-76）。

表4-43 SD019-82井压力恢复曲线分析结果表

参数	双对数分析结果	参数	双对数分析结果
地层系数 Kh（mD·m）	3.11	流度比	12.9
地层渗透率 K（mD）	0.389	分散比	0.00135
井筒储集系数 C（m³/MPa）	1.43	表皮系数 S	0.56
裂缝半长（m）	40	边界距离（m）	500
导流能力 F_c（mD·m）	14.7	拟合压力 p^*（MPa）	25
复合半径（m）	270		

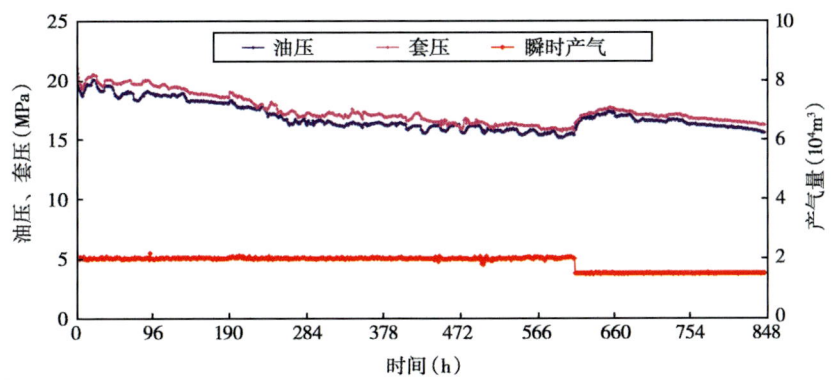

图 4-73　SD019-82 井采气曲线图

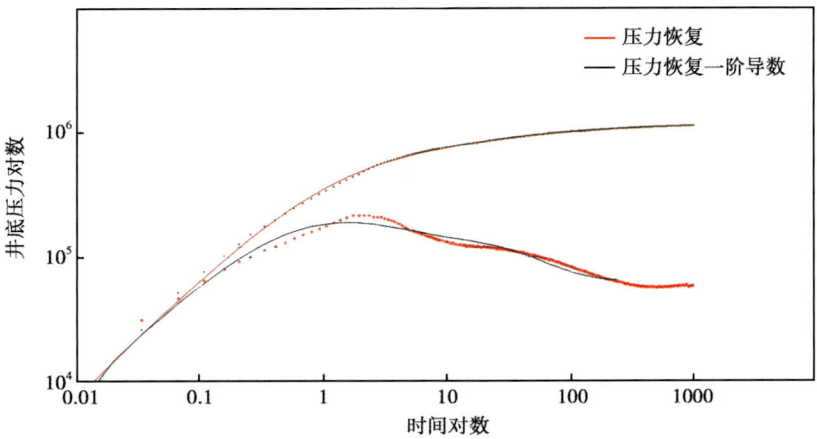

图 4-74　SD019-82 井压力恢复双对数和导数拟合图

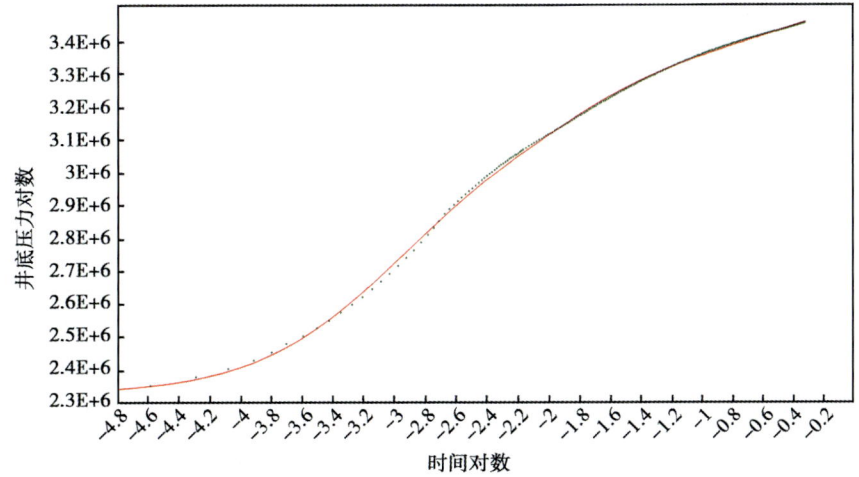

图 4-75　SD019-82 井压力恢复半对数拟合图

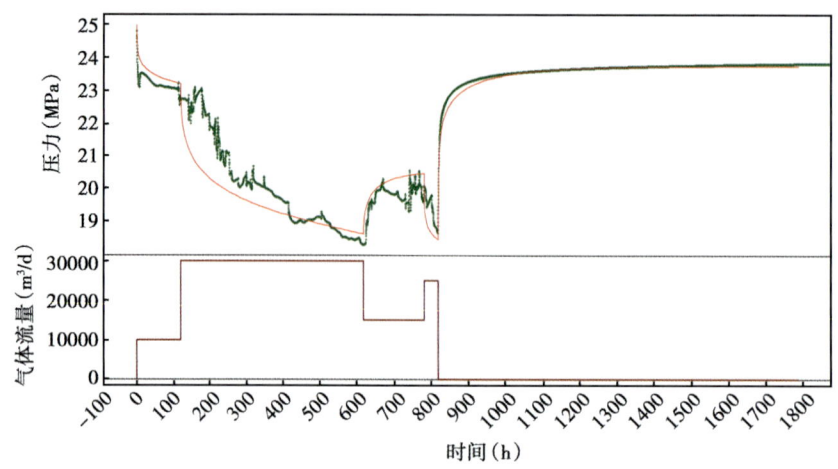

图 4-76 SD019-82 井压力历史拟合图

4. 一点法无阻流量

在整个试采过程中，产量控制平稳，达到了波动不超过 5% 的标准。压力计回放数据准确可靠。

采用靖边气田下古生界"一点法"经验公式计算无阻流量，计算公式如下：

$$q_{AOF} = \frac{12q}{\sqrt{8.296 + 213.6 \frac{p_R^2 - p_{wf}^2}{p_R^2}} - 2.88} \quad (4-98)$$

式中　q_{AOF}——无阻流量，$10^4 m^3/d$；

　　　q_g——日产气量，$10^4 m^3$；

　　　p_R——地层压力，MPa；

　　　p_{wf}——井底流压，MPa。

该井地层压力 $p_R=25.30$ MPa，流压 $p_{wf}=18.75$ MPa（10 月 25 日）、20.17 MPa（11 月 2 日），对应产气量分别为 $2.0126\times 10^4 m^3/d$、$1.5070\times 10^4 m^3/d$。用以上公式计算 SD019-82 井无阻流量分别为 $3.2875\times 10^4 m^3/d$、$2.8252\times 10^4 m^3/d$。

（四）SD08-76 井试井测试资料解释

1. SD08-76 井基本资料

SD08-76 井为苏里格气田东区 2011 年开发井，地理位置为内蒙古自治区乌审旗乌审召镇。该井于 2011 年 04 月 22 日开钻，2011 年 05 月 05 日完钻，完钻井深 3058m，完钻层位山西组（表 4-44—表 4-46）。

表 4-44　SD08-76 井基本数据表

井别	开发井	地理位置	内蒙古自治区乌审旗乌审召镇
海拔（m）	地面：1307.57	构造位置	鄂尔多斯盆地伊陕斜坡
	补心：1315.67	钻井目的	完成产能建设任务

续表

坐标		开钻日期	2011.04.22	完钻层位		山西组	
		完钻日期	2011.05.05	完钻井深		3058m	
最大井斜（°）	25.64	井深（m）	2340	方位角（°）		井底位移（m）	
井身结构	钻头尺寸×深度（mm×m）	套管名称	外径（mm）	壁厚（mm）	钢级	下入深度（m）	阻流环深（m）
	311.2×518	表层套管	244.5	8.94	J55	518	3032.28
		技术套管					
	215.9×3058	气层套管	139.7	9.17	N80	219.9	
					J55	2311.76	
					N80	3055.14	

表 4-45　SD08-76 井气层综合数据表

序号	层位	有效厚度		厚度（m）	测井解释气层参数					综合解释结果
		井段（m）			电阻率（Ω·m）	声波时差（μs/m）	孔隙度（%）	基质渗透率（mD）	含气饱和度（%）	
		顶深	底深							
1	H8上	2908.6	2911.6	3	86.19	222.15	7.5	0.165	55.9	含气层
2	H8下	2927.4	2928.4	1	81.4	226.81	8.3	0.327	56.9	含气层
3	H8下	2929.4	2931.4	2	111.82	230.92	9	0.531	68	气层
4	H8下	2934.9	2936.8	1.9	45.85	221.29	7.4	0.361	58.6	气层
5	H8下	2938.5	2944.1	5.6	32.06	234.23	9.5	0.571	57.6	气层
		2945.3	2948.4	3.1	35.56	240.24	10.3	0.71	59.4	气层
6	S1	2971	2974	3	25.58	260.11	13.5	1.683	60.9	气层
7	S1	2985.8	2990.3	4.5	37.89	231.13	8.6	0.324	53	含气层
8	S2	3000.3	3002.9	2.6	59.36	235.33	9.2	0.583	62	气层
9	S2	3005.6	3008.3	2.6	35.15	236.14	9.3	0.502	54	含气层

表 4-46　SD08-76 井压裂参数表

层位	射孔段（m）	压裂施工参数									井容（m³）
		陶粒用量（m³）	总入地液量（m³）	施工排量（m³/min）	破裂压力（MPa）	工作压力（MPa）	停泵压力（MPa）	伴注液氮（m³）	砂比（%）	
盒6、盒8、山1	2853.0~2856.0	35.14	199.6	2.8~2.9	51	27~60	51	7	28.5	
	2940.0~2944.0	31	230.5	2.7~2.9	53	32~58	53	10.3	23.4	
	2987.0~2990.0	21.9	171.5	2.5~2.8	40	20~65	40	8.4	22.9	
	日期	压裂概况								压裂日期
	2011年10月16日	入井总液量（m³）	累计排液量（m³）	返排率（%）		恢复油压（MPa）		恢复套压（MPa）		2011年10月2日
		601.6	518	81.8		19.5		19.5		
		已完成单点法测试								

2．试井施工过程

1）试井设计

SD08-76 井于 2011 年 10 月 16 日实施"单点法"测试，原始地层压力 24.8958MPa，测试产气量 $4.0319\times10^4\text{m}^3/\text{d}$，流动时间 24h，稳定时间 8h，稳定流压 21.9976MPa，无阻流量 $10.6446\times10^4\text{m}^3/\text{d}$。

该井试气成果表明，该地区上古生界盒6、盒8、山1具备一定的开发潜力，为进一步落实该地区盒6、盒8、山1的生产能力，安排 SD08-76 井进行短期试采（表 4-47，图 4-77）。

表 4-47　SD08-76 井试采设计表

井号	层位	生产量（$10^4\text{m}^3/\text{d}$）	生产时间（d）	关井恢复时间（d）
SD08-76	盒6、盒8、山1	2.0	30	30

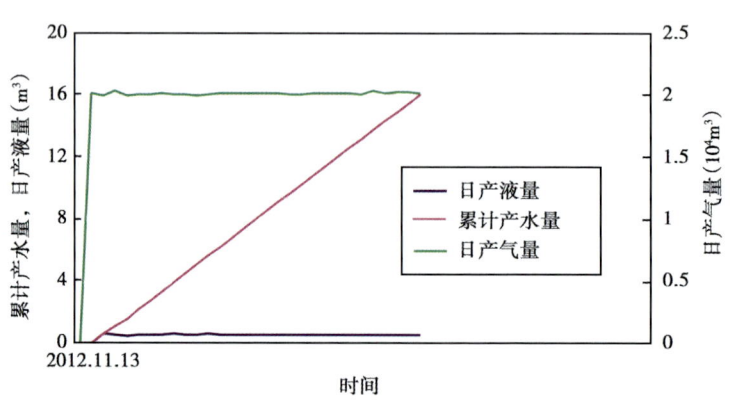

图 4-77　SD08-76 井试采动态曲线图

为确定该地区多层系的生产能力，考虑到气井无阻流量较低，本书采用"一点法"进行短期试采，了解气井的生产动态特征及稳产能力。

生产时间暂定 30 天，视井底流压下降速率决定具体生产时间。若井口压力下降速率连续 10 天小于 0.02MPa/d，可提高产量继续进行试采，否则降低产量进行试采。压力恢复时间暂定30天，以获得可靠的压力恢复曲线，且恢复压力趋于基本稳定，压力恢复速率小于0.01MPa/d结束测试（表4-48）。

表4-48 SD08-76井压力、温度梯度测点安排表

测点（m）	0	500	1000	1500	2000	2500	2550	2600
停时（min）	15	15	15	15	15	15	15	15
测点（m）	2650	2700	2750	2800				
停时（min）	15	15	15	15				

2）试井执行过程

实际测试过程，如表4-49所示。

表4-49 SD08-76井试井实际执行过程

时间		测试内容	开（关）前压力（MPa）		累计产气 (10^4m^3)	累计产水 (m^3)
起	止		油压	套压		
2012.11.25 8:00	2012.12.13 8:00	稳产阶段	13.89	16.41	60.2339	16.5073
			12.63	14.79		
2013.03.19 13:30	2013.5.6 11:30	压力恢复	14.10	14.52	0	0

3. 分析结果

根据测井和其他实验获得动态分析基本数据（表4-50、图4-78—图4-80）。

表4-50 地层及流体性质数据表

参数	取值	备注
地层有效厚度（射孔厚度）h（m）	9	电测解释
孔隙度 ϕ（%）	10.4（平均）	
井底半径 r_w（m）	0.062	完井
天然气偏差系数 Z（无因量纲）	0.8529	计算值
天然气黏度 μ_g（mPa·s）	0.01897	
天然气体积系数 B_g（m^3/m^3）	0.058	
天然气压缩系数 C_g（MPa^{-1}）	0.05317	
综合压缩系数 C_t（MPa^{-1}）	0.0536	

4. 一点法无阻流量

该井的无阻流量计算方法与之前所述一致，其所需数据和计算结果见表4-51。

表4-51 双6-8井求产结果表（压力为中深2921.5m处）

产量 q ($10^4m^3/d$)	流压 p_{wf}（MPa）	地层压力 p_R（MPa）	生产压差 p_R-p_{wf}（MPa）	p_D	无阻流量 q_{AOF} ($10^4m^3/d$)
2.0108	10.34	20.15	9.81	0.7367	2.68

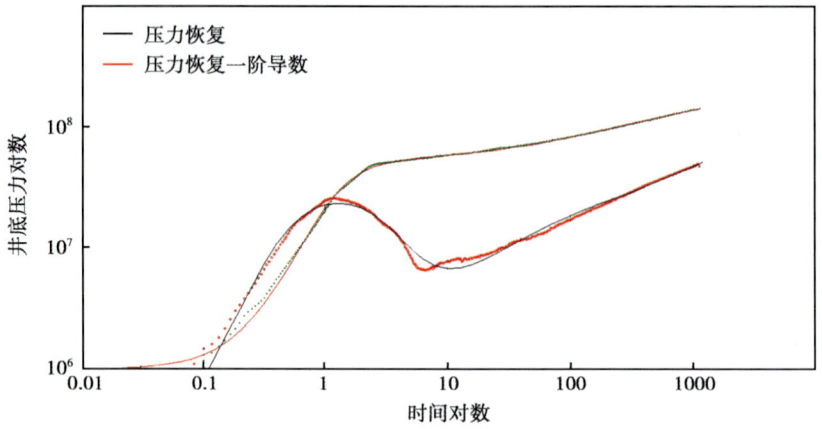

图 4-78　SD08-76 井压力恢复数据双对数和导数拟合图

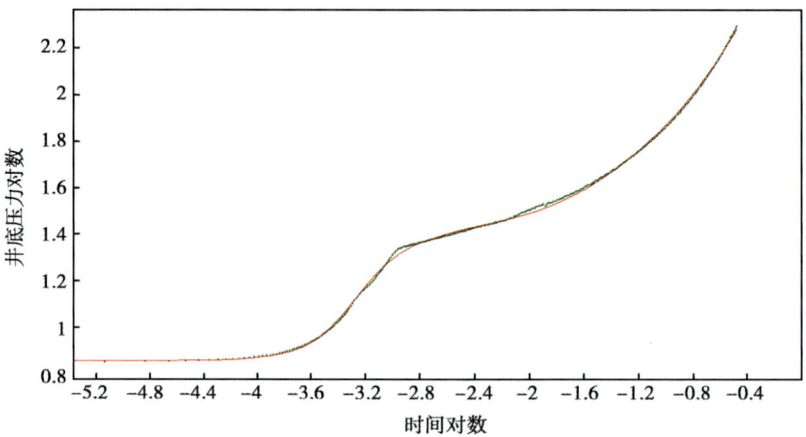

图 4-79　SD08-76 井压力恢复数据半对数拟合图

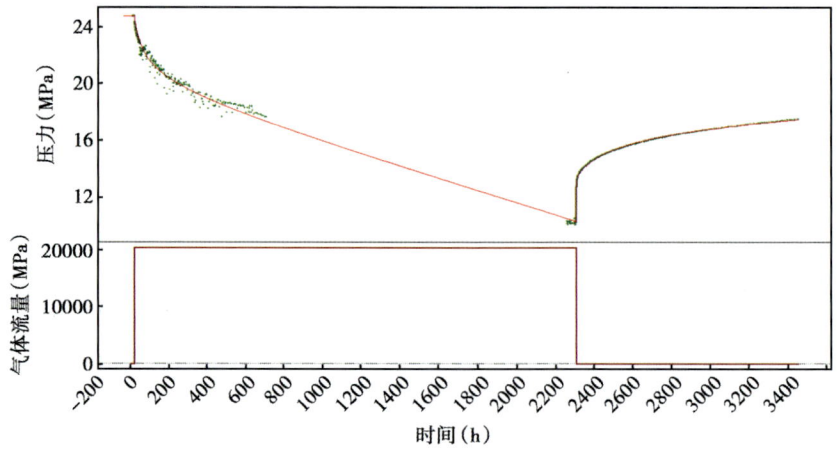

图 4-80　SD08-76 井压力史拟合图

无阻流量的计算没有直接采用陈元千的经典无阻流量公式，而是根据苏里格气田的具体情况对 α 取平均值（0.9214）进行计算，其中地层压力取压力恢复测试解释得到的外推原始地层压 20.15MPa。

（五）小结

1. T29—T34 井区各井解释结果

各井试井分析结果见表 4-52。

表 4-52　T29—T34 井区各井解释结果综合表

井号	表皮系数	内区渗透率（mD）	地层渗透率（mD）	裂缝半长（m）	裂缝导流能力（mD·m）	内区半径（m）	无阻流量（$10^4 m^3/d$）
SD47-40	-5.13	1.4	0.35	44.5	152	45.5	3.0507
SD48-51	5.68	7.64	0.91			102	7.5548
SD05-105	-5.38	1.33	0.06	42.2	400	44.9	7.8326
T18	-4.38	1.82	0.26	55	50	55.8	11.7897
T20	-5.1	0.175	0.028	28.1	121	31.6	0.8644
Z4	-4.74	0.0813	0.01	21.2	17.3	30.9	2.5158
Z5	-6.71	0.0307	0.03	133	94.6	140	1.2143
Z21	-3.8	0.24	0.024	16	50	16	0.7897
Z23	-4.08	0.0189	0.0012	10.9	59	69	1.2106
Z46	-5.54	0.0213	0.0051	45.1	50.4	49.7	1.2646
Z51	-4.74	0.294	0.0256	14	23.8	17	0.5281

2. 模拟等时修正产能试井方案设计

1）确定产量序列

由经验公式

$$q_{AOF估} = \frac{0.1706 Q_g}{\sqrt{1 + 0.3703 \left(\frac{p_R^2 - p_{wf}^2}{p_R^2} \right)} - 1} \tag{4-99}$$

估算无阻流量 $q_{AOF估}$，按照 q_{AOF} 的 10%，20%，40% 和 60% 确定测试产量序列，延长流动阶段产量则是 50%。

以 Z93 井为例（表 4-53）。

$$q_{AOFZ93} = \frac{0.1706 \times 12.045}{\sqrt{1 + 0.3703 \left(\frac{29^2 - 21.135^2}{29^2} \right)} - 1} = 24.6566 \times 10^4 m^3/d \tag{4-100}$$

表 4-53　Z93 井模拟等时修正试井测量序列

井名	等时阶段流量序列（$10^4 m^3/d$）				延续阶段流量（$10^4 m^3/d$）
	q_1	q_2	q_3	q_4	q_{ext}
Z93	2.4	4.8	9.6	14.4	12

2）确定等时间隔试井

理论分析表明，为获得可靠（稳定）的产能方程系数 B，修正等时试井的等时生产时间必须大于气井的井筒储集效应时间 t_w，此时获得的不稳定产能曲线方为相互平行的直线。

开井初期，由于受井筒储集效应的影响，产能方程系数 B 是一个随时间延长而不断增大的变量，B 只有在时间达到一定数值时方为一恒定常数。描述 B 变化规律的数学式为：

$$B_t = -\alpha e^{-\beta t} + B \tag{4-101}$$

式中　B——二项式产能方程系数，[$MPa^2/(10^4 m^3/d)$]^2；

　　　α——表示产能方程系数 B 变化快慢，与气井地层系数有很好的相关性，大量统计得出 $\lg\alpha = 1.002921\lg(KH) - 1.97532$；

　　　t——生产时间，h。

由此可以看出，等时间隔时间对 B 有着很大影响。等时间隔设计得偏短，获得的 B 值偏小，偏小的产能方程系数 B 必将对稳定产能方程的建立和最终绝对无阻流量的确定产生影响。因气井绝对无阻流量与 B 呈反比，故偏小的产能方程系数 B 使确定的气井绝对无阻流量偏大。

3）确定延续生产时间

理论分析表明，延续生产时间对 A 有很大的影响，特别是对于有不渗透边界和地层非均质存在的气井更为严重。当延续生产时间较短时，由于边界对气井动态的影响未产生，井底流动压力可能保持较小的下降速率，此时满足测试条件而关井必将造成确定的 A 值偏小。实际上，当边界或地层非均质的影响产生后，A 值将急剧增大。因 A 与气井的绝对无阻流量呈反比，故偏小的产能方程系数 A 必将使确定的绝对无阻流量偏大。

4）不同渗透率下合理测试时间

由产能方程可知渗透率与二项式 A 和 B 值有紧密关系，渗透率越低，达到径向流所需时间越长，合理测试时间需要适当延长。对井区各井进行统计，得出研究区内不同渗透率下的等时间隔时间和延续生产时间（表4-54）。

表4-54　不同渗透率下合理测试时间

渗透率 （mD）	等时间隔时间 （h）	延长测试时间 （d）
0.01~0.02	96	30
0.02~0.05	48	30
>0.05	24	30

四、典型地区产能影响因素分析

影响 T29—T34 井区压裂井产能的因素主要有表皮系数、裂缝半长、地层渗透率和裂缝导流能力等，本章对该井区的产能影响因素进行相关性分析，通过主控因素与无阻流量的关系来分析，量化描述各因素对产能的具体影响，为生产开发提高指导依据。

（一）各主控因素相关系数

运用 Pearson 相关性进行分析时，若某因素对产能影响越大，其相关值越高。如图4-81所示，利用 Pearson 相关性分析得到，主控因素对无阻流量的影响程度不同，通过各因素与无阻流量相关系数可知，地层渗透率的影响系数最大，其次是裂缝导流能力和裂缝长度。

（二）地层渗透率

渗透率是产能最主要影响因素，无论是压裂后裂缝影响带还是地层本身渗透率，都对产能起着至关重要的作用（图4-82）。

渗透率 K 与二项式中 A、B 值都有反比关系。K 越大，则 A 和 B 越小，无阻流量 q_{AOF} 越大。以 Z93 井为例，在同样条件下，逐渐增加渗透率，按照上一章中所说模拟等时修正试井，然后计算无阻流量。如图4-83所示，无阻流量随渗透率的增加而增大，但增加速度逐渐变缓。

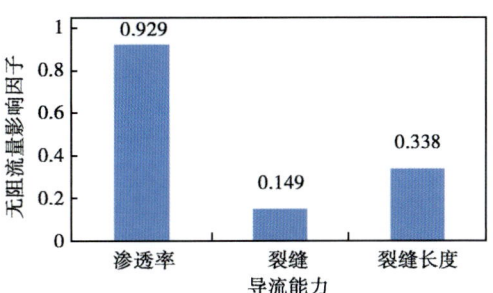

图4-81 各主控因素与无阻流量的相关程度

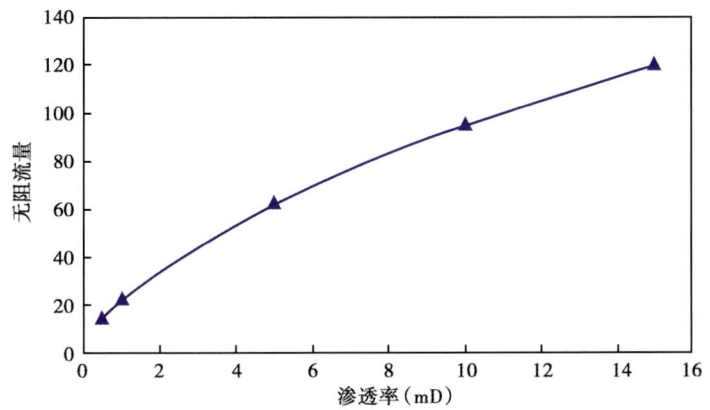

图4-82 Z93井不同渗透率下的无阻流量

（三）裂缝导流能力

裂缝导流能力是压裂井重要评价指标之一，为了获取典型渗透率下主控因素的影响规律，选取 Z4 井（$K=0.01\text{mD}$）和 Z93 井（$K=1.7\text{mD}$）作为分析目标。图4-83和图4-84是 Z4 井和 Z93 井在不同导流能力下，无阻流量变化曲线。

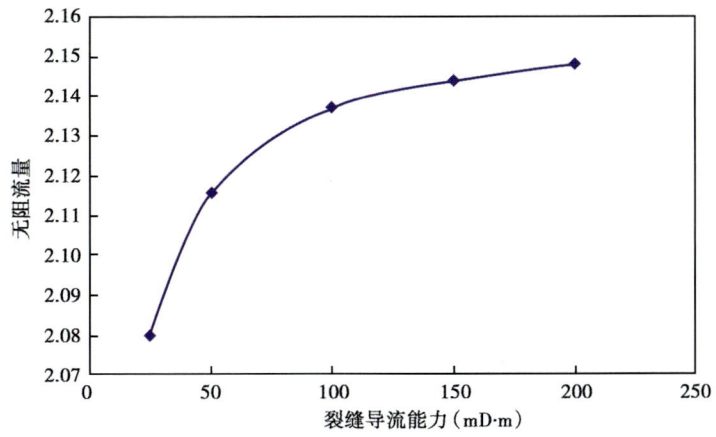

图4-83 Z4井不同裂缝导流能力下无阻流量变化曲线

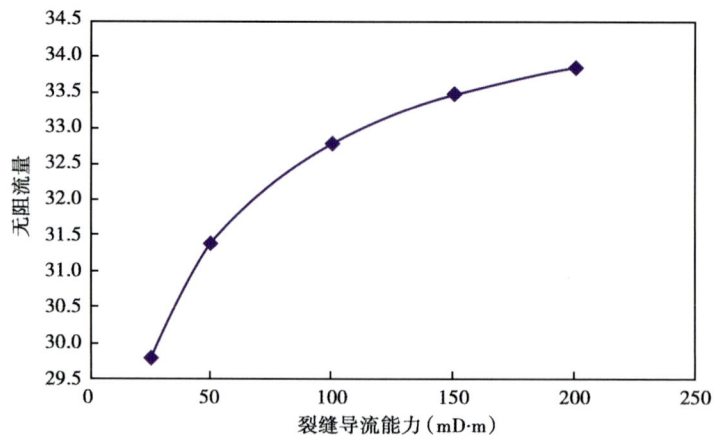

图 4-84　Z93 井不同裂缝导流能力下无阻流量变化曲线

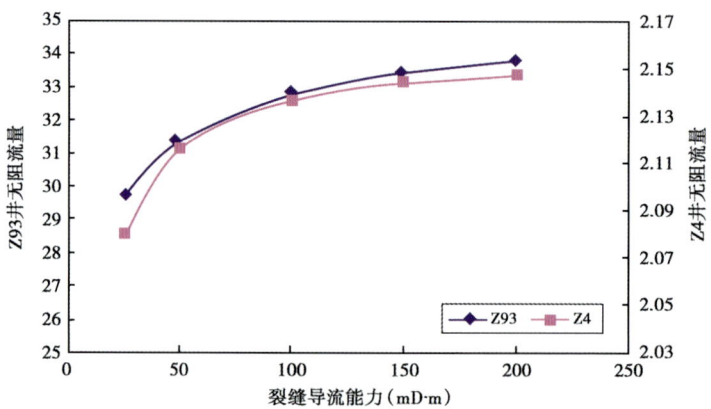

图 4-85　Z4 井和 Z93 井裂缝导流能力与无阻流量关系曲线

由图 4-83 和图 4-84 可知，无阻流量随裂缝导流能力增加而增大。但明显存在一个拐点，拐点之前，无阻流量增速快，拐点后，增速明显放缓。

由图 4-85 可知，不同渗透率的地层，拐点不相同。

定义 $V=\dfrac{q_{\text{AOFF}_{n+1}}-q_{\text{AOFF}_n}}{q_{\text{AOFF}_0}(F_{n+1}-F_n)}$ 作为衡量裂缝导流能力对不同渗透率井影响程度大小的参数。

Z93 井（$K=1.01\text{mD}$）　$V=1.19\times 10^{-3}$（mD·m）$^{-1}$；

Z4 井（$K=0.01\text{mD}$）　$V=6.10\times 10^{-4}$（mD·m）$^{-1}$。

由此可知，不同渗透率的地层，裂缝导流能力的影响程度不同；渗透率越高，裂缝导流能力对产能贡献越大。

（四）裂缝半长

裂缝导流能力是压裂井重要评价指标之一，为了获取典型渗透率下主控因素的影响规律，选取 Z4 井（$K=0.01\text{mD}$）和 Z93 井（$K=1.7\text{mD}$）作为分析目标。图 4-86、图 4-87、图 4-88 是 Z4 井和 Z93 井在不同导流能力下，无阻流量变化曲线。

由图 4-88 可知，无阻流量随裂缝长度增加而增大。但明显存在一个拐点，拐点之前，无阻流量增速快，拐点后，增速明显放缓。不同渗透率地层，拐点值不同。

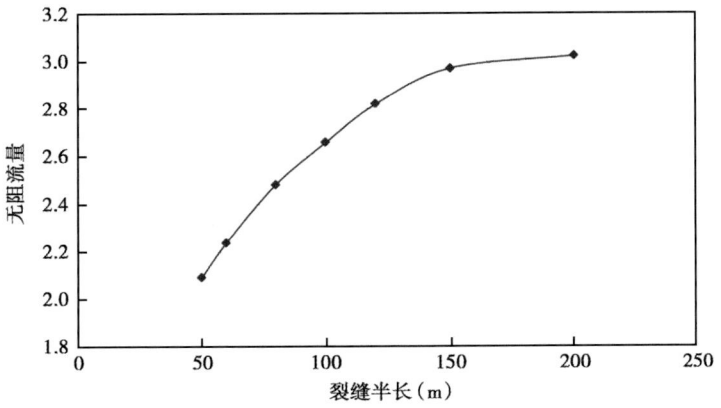

图 4-86 Z4 井不同裂缝长度下无阻流量

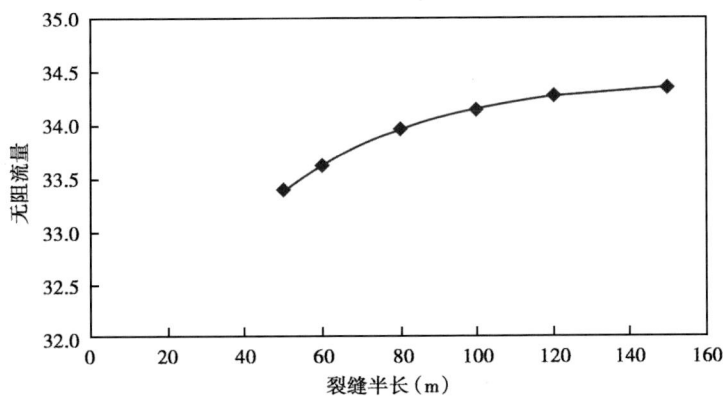

图 4-87 Z93 井不同裂缝长度下无阻流量

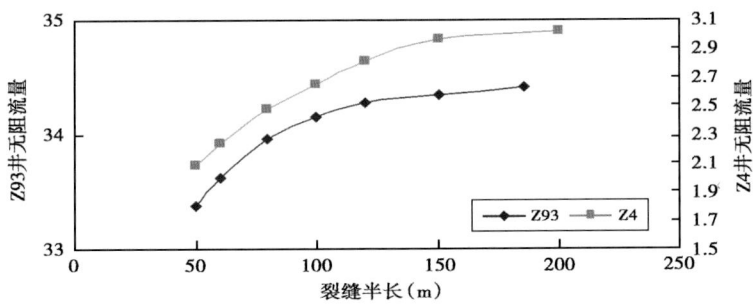

图 4-88 Z4 井和 Z93 井裂缝半长与无阻流量关系曲线

定义 $U=\dfrac{Q_{\mathrm{AOFL}_{n+1}}-Q_{\mathrm{AOFL}_n}}{Q_{\mathrm{AOFL}_0}(L_{n+1}-L_n)}$ 作为衡量裂缝长度影响度的参数。

Z93 井（$K=1.01\mathrm{mD}$），$U=9.80\times10^{-4}\mathrm{m}^{-1}$；

Z4 井（$K=0.01\mathrm{mD}$），$U=1.17\times10^{-2}\mathrm{m}^{-1}$。

由此可知，不同渗透率的地层，裂缝半长的影响程度不同；渗透率越低，裂缝长度对产能贡献越大。

（五）小结

本书建立了苏里格气田 T29—T34 井区压裂直井试采资料产能评价模型，进行了压裂直井压力恢复测试的解释工作以及生产动态曲线拟合，确定了压裂直井产能方程，并分析了产能影响因素，得到了以下结论：

(1) 项目建立的 T29—T34 井区压裂直井产能评价模型，建立了致密气藏垂直压裂井的有限导流与无限导流渗流模型，并对其在相应的渗流状态进行不稳定试井分析；同时针对致密气藏垂直压裂井的不同渗流状态建立了对应的产能预测模型，对其变化规律进行详细分析，可以为致密气田压裂井产能评价提供理论基础。研究表明压裂直井产能方程满足二项式表达式，其受地层系数、裂缝半长、裂缝导流能力以及地层厚度等因素影响，其中渗透率影响程度最大，裂缝导流能力、裂缝条数的影响程度存在一个最优值。

(2) 项目一共解释了 5 井次试井测试资料，分析了 3 井次压裂井生产动态资料，其中 3 口井包括压力恢复解释和生产动态分析，2 口井只有生产动态分析。通过分析分析评价表明这些井所在地层渗透率分布范围较大，在 0.01~1.01mD 之间，反映了地层的非均质性较强，平均值为 0.21mD；而压裂措施对致密岩层起着至关重要的作用，通过解释分析，得到该井区裂缝半长基本在 40m 左右；而裂缝的导流能力基本在 10^3mD·m 左右。

(3) 本书运用 Pearson 相关性进行分析，分析了压裂直井产能主控因素，其中地层渗透率影响程度最高，其次是裂缝半长和裂缝导流能力。进一步研究裂缝半长和导流能力对不同渗透率的井贡献度有所不同。渗透率越高，裂缝导流能力对产能贡献越大。渗透率越低，裂缝长度对产能贡献越大。

(4) 建立计算产能方程和无阻流量的方法。以试井和动态分析结果作为模拟产能测试的模型基础，通过模拟产能测试过程，得到产能方程并计算其无阻流量。该方法既避免了实际产能测试中关井带来的产量损失，又获得了可靠的二项式产能方程，经济高效，充分利用了试采资料。各井无阻流量范围 $0.53\times10^4 \sim 28.79\times10^4 m^3/d$，平均值为 $5.36\times10^4 m^3/d$。

参 考 文 献

[1] 陈元千. 油藏工程计算方法. 北京：石油工业出版社，1990.
[2] Arps J J. Analysis of Decline Curves. Trans., AIME (1945), 160, 228.
[3] 郎兆新. 油藏工程基础. 东营：石油大学出版社，1991.
[4] 葛家理. 油气层渗流力学. 北京：石油工业出版社，1982.
[5] 管保山，王欣. 低渗透气藏压裂改造技术研究. 中国石油勘探开发研究院廊坊分院，2009.
[6] F O Jones, W W Owens. A Laboratory Study of Low-Permeability Gas Sands. SPE7551, 1980.
[7] A T 戈尔布诺夫. 异常油田开发. 北京：石油工业出版社，1987.

第五章 气藏开发指标评价

第一节 气井产能评价

气田开发过程中,准确预测气井的产能和分析气井的动态,并了解气层及井筒的特性,是科学开发气田的基础。产能分析是预测气井产能、分析气井动态、了解气层特性的最常用,也是最主要的手段,气井产能分析主要有气井产能测试和气井产能分析两个阶段。

一、常规评价方法的适应性分析

常规产能试井方法有三种:常规回压试井、修正等时试井、一点法。一点法简便易于操作,被广泛采用;常规回压试井适用于中、高渗透气井;修正等时试井适用于低渗透气井(陈元千,1992)。苏里格气田为低渗透气田,故采用一点法和修正等时试井进行产能测试,但修正等时试井在苏里格东区基本未开展,因此下面主要以"一点法"测试为研究对象,从试井理论出发,探讨一点法测试的适用范围。

气井"一点法"试气工艺技术简单,具有施工成本低,周期短,能源浪费少,安全系数高的特点。在试井过程中不需要较长的测试时间,对气井的正常生产没有太大的影响,也不会因为探井缺少集输流程装置而将大量的气体放空燃烧。对于新的探井而言,测试应采用流动时间最短的方法。采用"一点法"对储层特性和产量没有要求,但必须具备下列条件之一:被测试井以前从事过成功的产能试井;该油气田已成功进行过一大批井的产能试井,积累了丰富的产能试井成果。

(一)一点法理论基础

对于气井的稳定渗流,以拟压力形式表示的二项式产能方程在一定条件下可简化为压力平方的形式:

$$p_R^2 - p_{wf}^2 = Aq_g + Bq_g^2 \tag{5-1}$$

当 $p_{wf}=0.101\text{MPa}$ 时,所对应的产量就是气井的无阻流量,此时有:

$$p_R^2 - (0.101)^2 = Aq_{AOF} + Bq_{AOF}^2 \tag{5-2}$$

将上两式相除得:

$$\frac{p_R^2 - p_{wf}^2}{p_R^2} = \frac{Aq_g + Bq_g^2}{Aq_{AOF} + Bq_{AOF}^2} \tag{5-3}$$

令

$$p_D = \frac{p_R^2 - p_{wf}^2}{p_R^2} \quad \alpha = \frac{A}{A+Bq_{AOF}} \quad q_D = \frac{q_g}{q_{AOF}}$$

将式(5-3)简化得:

$$p_D = aq_D + (1-\alpha)q_D^2 \tag{5-4}$$

由（5-4）式解得：

$$q_D = \frac{\alpha\left[\sqrt{1 + 4\left(\frac{1-\alpha}{\alpha^2}\right)p_D} - 1\right]}{2(1-\alpha)} \tag{5-5}$$

将（5-5）式进一步变形得：

$$q_{AOF} = \frac{2(1-\alpha)q_g}{\alpha\left[\sqrt{1 + \left(\frac{1-\alpha}{\alpha^2}\right)\left(\frac{p_R^2 - p_{wf}^2}{p_R^2}\right)} - 1\right]} \tag{5-6}$$

可对于公式（5-6），只要确定了 α 值，便可根据气井测试的一个稳定点的数据（即稳定产量 q_g 和对应稳定井底流压 p_{wf} 及当时气层的静压 p_R），就可以计算无阻流量 q_{AOF}。

（二）一点法经验公式

由以上推导过程可以看出，α 值是由气井稳定二项式方程系数 A、B 和无阻流量 q_{AOF} 所决定的。如果一个气田已经开展了大量的常规回压试井或修正等时试井，获取了不同类型井的稳定二项式产能方程和对应无阻流量，就可以求得该气田的 α 经验值。

1. 陈氏公式

陈元千教授曾根据我国四川 14 个气田的 14 口气井常规多点试井结果，确定 α 值为 0.25。由式（5-6）有：

$$q_{AOF} = \frac{6q_g}{\sqrt{1 + 48\left(\frac{p_R^2 - p_{wf}^2}{p_R^2}\right)} - 1} \tag{5-7}$$

公式（5-7）就是通常广泛应用的计算无阻流量的经验公式。"一点法"是计算气井无阻流量的一种经验方法，其精度主要取决于大量气井常规回压试井或修正等时试井结果的可靠性。陈元千教授根据国内不同气田的仅十几口气井回归分析得到 α 值为 0.25，显然，井数太少，且过于笼统，对地质特征不同的气田，误差较大。

2. 苏里格气井"一点法"经验公式的建立

通过统计苏里格气田修正等时试井测试结果可以确定 α 值，从而得到适合苏里格气田的产能计算公式（表5-1）。对于长庆上古生界气井 $\alpha = 0.82$，可得苏里格气田"一点法"无阻流量计算公式为：

$$q_{AOF} = \frac{0.439 q_g}{\sqrt{1 + 1.07 p_D} - 1} \tag{5-8}$$

表 5-1 苏里格气田井 α 值

井号	苏4	苏5	苏6	苏10	桃5	苏20	苏25
α	0.66	0.635	0.836	0.878	0.923	0.819	0.818

（三）"一点法"测试时间研究

气井产能测试是确定气井产能大小的重要手段，一般来说，测试时间越长，确定气井产能越可靠，但是，测试时间过长既影响生产，又增加测试费用，导致测试效率降低。因此，既能使测试资料能够准确地求取气井的产能,又能提高测试效率的测试时间研究,是人们长期以来一直研究的重要问题之一。由于苏里格东区储层的非均质性强烈,而非均质对气井产能的影响明显。因此,要想获得可靠的气井产能,必须达到一定的测试时间,即探测半径达到或接近气井所控制的范围,否则得到的气井产能将偏大。

1. 渗流特征

苏里格气田是一个低压、低渗透,储层以河流相沉积为主的大面积分布的岩性气藏,以辫状河发育为特征。河道侧向迁移、改道和切割频繁,造成心滩和边滩砂体在纵向上相互叠置、交错排列。横向上,砂体连片性较好,但属于多期河道形成的心滩和边滩叠加而成。有效储层成因分析认为:有效砂体以孤立状或条带状为主,部分砂体切割相连,表现出气层分布的强非均质性。由于渗透率低,必须压裂投产。对于这种地层测得的压力恢复曲线,一般分为四个流动阶段:

(1) 续流段。对于压裂的低渗气井,当采用井口关井时,经常出现续流段;

(2) 裂缝线性流段。特征线是1/2斜率的线,出现在早期;

(3) 拟径向流段。关于拟径向流段,存在三种不同的情况:①具备一定宽度的条带形地层,导数曲线会出现拟径向流水平段;②地层宽度较小,拟径向流水平段消失,地层边界线性流段(特征线是1/2斜率)同裂缝线性流段相衔接,难以区分;③介于①、②两种情况之间,拟径向流段稍有显示,可以区分两个线性流段。

(4) 地层边界线性流段。在曲线段的晚期,再次出现斜率为1/2的直线,如果储层长宽很大,这一段一直延续下去。

从图5-1曲线中看到,这属于③类型:早期段显示压裂裂缝存在表皮伤害影响;中期段显示压裂裂缝形成的线性流特征;后期段显示拟径向流特征,但是存在时间较短;晚期段显示边界影响。

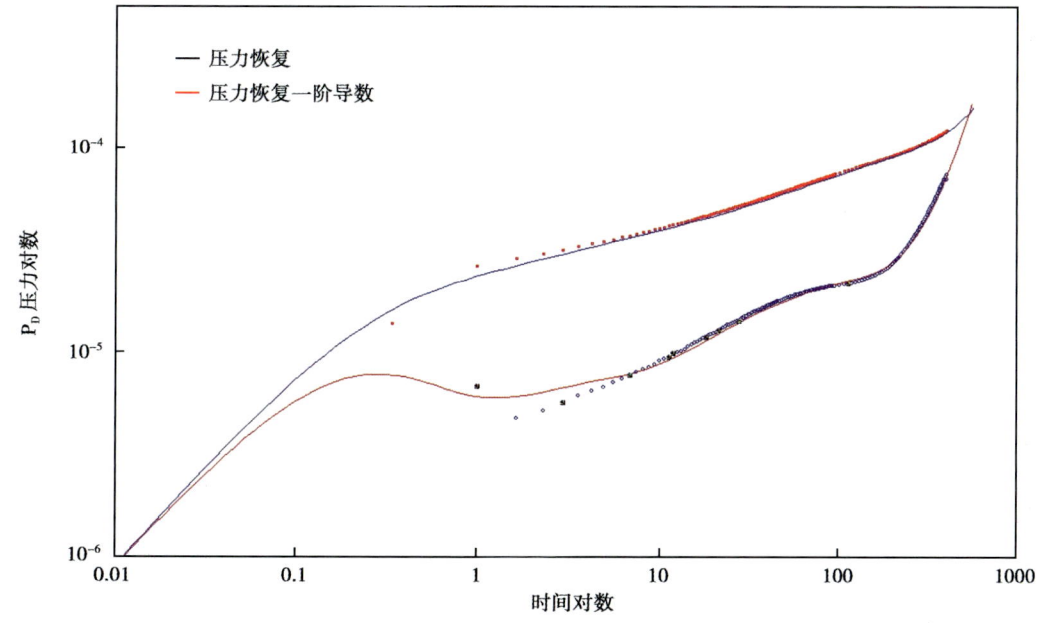

图5-1 条状储层压力恢复双对数曲线图

2. 条带状储层渗流模型

定义条带状储层无量纲时间为：

$$t_D = \frac{3.6Kt}{\phi \mu c_t L^2} \tag{5-9}$$

无量纲压力为：

$$p_D = \frac{78.489Kh}{\phi \overline{\mu z} T_f} \Delta p^2 \tag{5-10}$$

式中：L 为河道宽度，m。Miller 第一次研究了无限大条带状储层的不稳定压力分析，给出了描述线性流动的无量纲方程（面源解）：

$$p_{wD} = 2\sqrt{\pi t_D} + s \tag{5-11}$$

Larsen 等进一步研究了无限大条带状储层线性流数据的分析方法，导出了描述线性流动的无量纲井底压降的一般性方程（线源解）：

$$p_{wD} = 2\sqrt{\pi t_D} + \sigma + S \quad \sigma = \ln\left(\frac{L}{2\pi r_w}\right) - \ln(\sin(\pi\alpha)) \quad \alpha = \frac{a}{a+b} = \frac{a}{L} \tag{5-12}$$

式中：S 为表皮系数，a、b 分别为井到两条平行边界的距离，常数 σ 反映了井位置的影响和线性流动时流线汇集的影响。对于封闭条带状储层，当达到拟稳态时，描述线性流动的无量纲方程（面源解）为：

$$p_{wD} = \frac{2\pi A_s}{L^2}\left(\frac{1}{3} - a_E d_E\right) + s \quad \alpha_E = \frac{a}{a+b} \quad d_E = \frac{b}{a+b} \tag{5-13}$$

对比公式（5-12）、（5-13）可以发现，无限大条带状储层面源解和线源解仅仅相差一个 σ。由此可以得到封闭条带状储层达到拟稳态时，描述线性流动的无量纲方程（线源解）为：

$$p_{wD} = \frac{2\pi A_s}{L^2}\left(\frac{1}{3} - a_E d_E\right) + \sigma + s \tag{5-14}$$

公式（5-14）即为封闭条带状储层（拟）稳定流动态方程。式中，A_s 为封闭条带状储层排泄面积，km²。将无量纲时间、压力代入公式（5-12）、（5-14）中，若井处于河道中心，分别得到不稳定产能方程和拟稳定产能方程。

不稳定产能方程：

$$\Delta p^2 = \frac{q\overline{\mu z}T_f}{78.489Kh}\left[2\sqrt{\frac{3.6K\pi t}{\phi \mu c_t L^2}} + \ln\left(\frac{L}{2\pi r_w}\right) + s\right] + \frac{\overline{\mu z}T_f}{78.489Kh}Dq^2 \tag{5-15}$$

$$A_t = \frac{\overline{\mu z}T_f}{78.489Kh}\left[2\sqrt{\frac{3.6K\pi t}{\phi \mu c_t L^2}} + \ln\left(\frac{L}{2\pi r_w}\right) + s\right] \tag{5-16}$$

拟稳定产能方程：

$$\Delta p^2 = \frac{q\overline{\mu z}T_f}{79.489Kh}\left[\frac{\pi A_s}{6L^2} + \ln\left(\frac{L}{2\pi r_w}\right) + s\right] + \frac{\overline{\mu z}T_f}{78.489Kh}Dq^2 \tag{5-17}$$

$$A = \frac{\overline{\mu}zT_f}{78.489Kh}\left[\frac{\pi A_s}{6L^2} + \ln\left(\frac{L}{2\pi r_w}\right) + s\right] \tag{5-18}$$

式中，D 为湍流系数，$(10^4 \mathrm{m}^3/\mathrm{d})^{-1}$。

由公式（5-15）、（5-17）可以看出，对于储层为条带状的气井，不管流动期处于不稳定流动段，还是拟稳定流动段，其井底压力的平方差与产量之间的关系式均可用二项式表示，即：

$$p_i^2 - p_{wf}^2 = Aq + Bq^2 \tag{5-19}$$

只是对于不同的流动阶段，产能方程中的系数 A 不同，但对于系数 B，则在不同的流动阶段，其值保持恒定。图 5-2 显示河道型储层产能方程二项式系数 A 随时间的变化关系。

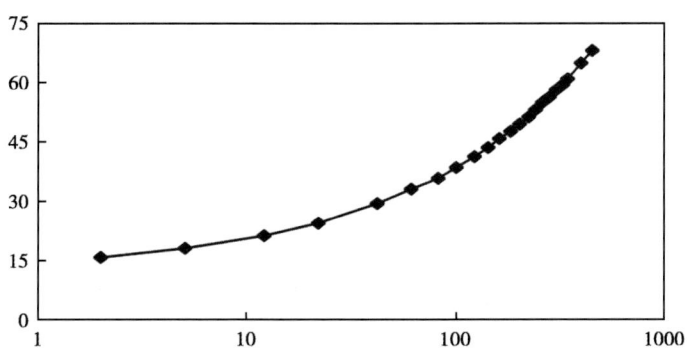

图 5-2　河道型储层产能方程二项式系数 A 随时间的变化关系

（四）"一点法"合理测试时间

通过上面的推导，发现对于条带状储层，随着测试时间的延长，其产能方程的 A_t 值持续增大，导致无阻流量不断减小，只有达到拟稳定状态时，A_t 值才趋于稳定。因此，只有当公式（5-17）和（5-19）达到一致时，即为"一点法"要求的合理测试时间。

$$2\sqrt{\frac{3.6K\pi t}{\phi\mu c_t L^2}} = \frac{\pi A_t}{6L^2} \tag{5-20}$$

对公式（5-20）简化得：

$$t = 2.4228 \times 10^{-2} \frac{\phi\mu c_t L_{inv}^2}{K} \tag{5-21}$$

公式（5-21）中 L_{inv} 为河道砂体长度的一半，m。不同河道砂体长度及渗透率要求的测试时间如图 5-3 所示。研究表明，苏里格气田东区低渗，并且储层呈条带状，准确地评价苏里格气田东区气井产能需要连续测试 10 天以上。苏里格气田东区采用快速投产技术进行投产，没有进行大规模的常规试气，又由于井下节流技术的使用，使得压力、产能测试难以广泛开展，许多气井只是投产前进行了简化试气，测试时间只有三天，计算的无阻流量是否反映了气井的真实产能，需要进行研究，鉴于此开展了试采无阻流量、试气无阻流量及复算无阻流量的误差分析。

以 Z10 井为例，该井 2006 年 8 月 9 日至 8 月 15 日对盒 $8_下$ 进行试气，射孔井段：

3093.0~3097.0m，地层压力28.0693MPa，生产时间72小时，稳定时间13.78小时，井口产量10.6131×10^{4}m^3/d，流压11.1257MPa，无阻流量为11.7081×10^{4}m^3/d。

2006年9月至12月对该井进行修正等时试井（图5-4），四个制度分别为2×10^{4}m^3/d、4×10^{4}m^3/d、6×10^{4}m^3/d、8×10^{4}m^3/d，延续期初期产量3×10^{4}m^3/d，由于井口压力下降较快，产量调整为2×10^{4}m^3/d生产，生产压差为9.1MPa，试采计算无阻流量3.5×10^{4}m^3/d。该值与试气计算产能相差大，主要是由于测试时间长短造成的。

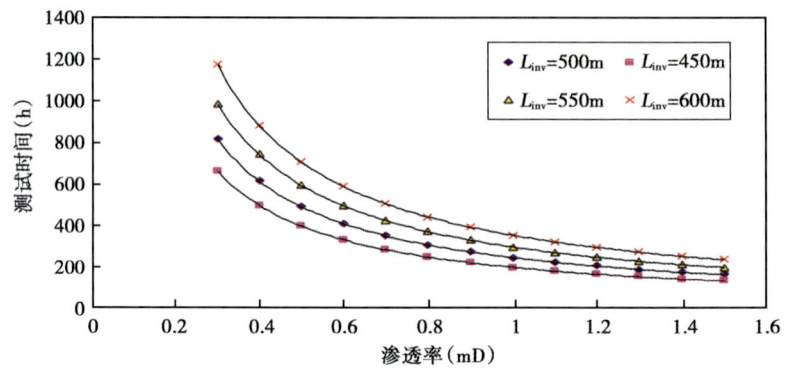

图5-3 不同河道砂体长度及渗透率要求的测试时间变化曲线

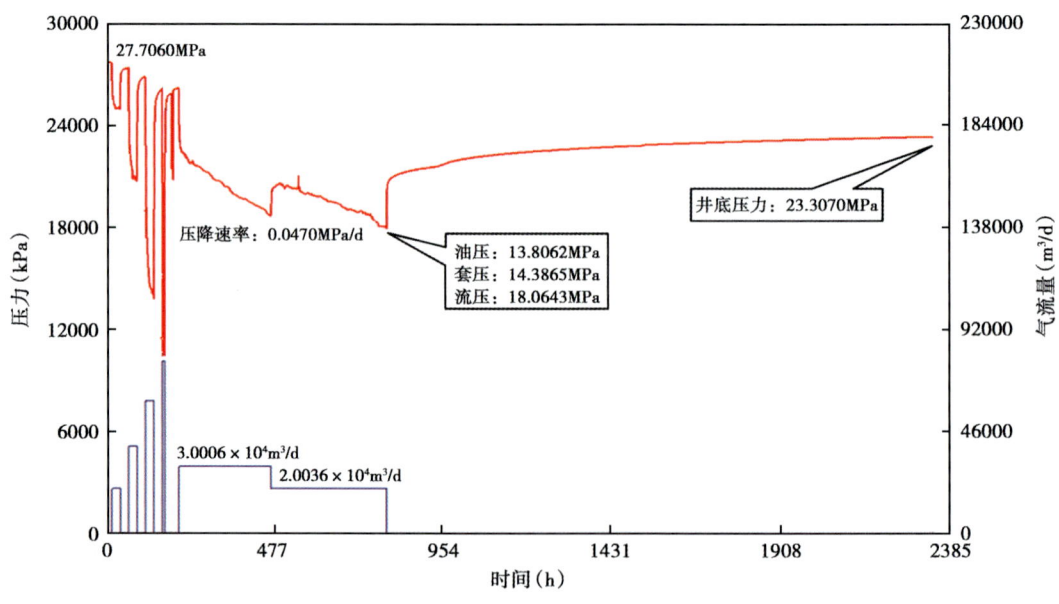

图5-4 Z10井压力与流量历史曲线

苏里格东区只有部分井进行了试采，并计算了无阻流量，从表5-2可以看出，试气结果与试采结果4口井平均误差123.51%，两口井误差大于100%，采用苏里格气田"一点法"无阻流量计算公式核算的结果与试采结果4口井平均误差9.63%，因采用稳定生产一个月资料计算的产能与试井结果相近，故可采用稳定生产一个月资料对苏里格东区气井产能进行复算。

表 5-2 苏里格东区部分试采井计算无阻流量的误差表

井号	试气无阻流量 ($10^4m^3/d$)	试采无阻流量 ($10^4m^3/d$)	一个月生产数据核实 无阻流量 ($10^4m^3/d$)	试气—试采 误差 (%)	核算—试采 误差 (%)
Z4	4.20	2.95	2.35	42.37	20.43
Z12	—	4.12	3.61		
T18	8.26	6.65	6.11	24.14	8.11
Z5	—	1.62	1.35		
T20	2.71	0.93	0.88	191.61	5.41
Z10	11.71	3.49	3.33	235.93	4.58
平均	6.72	3.29	2.94	123.51	9.63

二、苏里格气田东区产能复算

采用气井投产初期连续生产一个月左右的数据进行无阻流量计算。本书总共计算了482口井，平均无阻流量 $4.95×10^4m^3/d$。其中 $q_{AOF}>10×10^4m^3/d$ 的井21口，$10×10^4m^3/d>q_{AOF}>4×10^4m^3/d$ 的井221口，$4×10^4m^3/d>q_{AOF}>2×10^4m^3/d$ 的井141口，$q_{AOF}<2×10^4m^3/d$ 的井99口，其分布范围见图5-5。

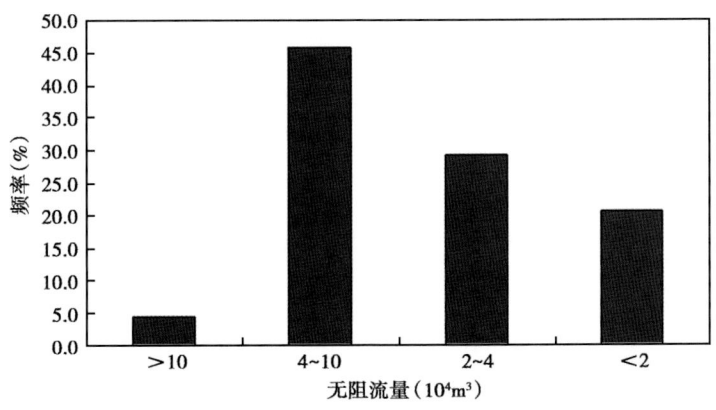

图 5-5 苏里格东区无阻流量分布范围图

计算结果显示：有32口井计算产能明显高于试气计算结果（表5-3）。分析认为，这类井试气时地层没有完全排通，气层存在一定的伤害，气井产能未得到充分发挥，从而造成计算产能偏高的现象。141口井计算产能明显低于试气计算结果（表5-4）。平均误差为32.08%，分析认为这是试气时测试时间短造成的。试气时，生产时间为8~120小时，明显没有达到理论的要求，没有满足"一点法"测试的要求，从而使计算的产能偏低，试气时计算的无阻流量为瞬时无阻流量，仅能作为气井配产的一个参考。

复算结果表明：试气时由于测试时间偏短，计算的结果多数偏低，其平均误差为30%~50%之间，可考虑对试气计算产能除以0.6进行校正，作为配产的依据。苏里格东区平均无阻流量 $4.95×10^4m^3/d$，低于苏中的平均值（$7.9×10^4m^3/d$），苏里格东区气井生产能力要差于苏中，苏里格东区低产井多，开发管理难度大。

表 5-3 部分井试气产能与复算产能对比表

井号	地层压力（MPa）	井底流压（MPa）	产气量（$10^4 m^3/d$）	试气无阻流量（$10^4 m^3/d$）	计算无阻流量（$10^4 m^3/d$）	误差（%）
SD55-65	27.69	26.49	2.7664	10.4623	27.440	61.87
SD52-66	27.14	26.78	0.5845	3.2554	18.432	82.34
SD59-55	27.59	24.20	3.2109	0.7393	12.102	93.89
SD40-59	27.48	24.88	1.9818	0.4	9.426	95.76
SD29-54	28.473	27.45	0.8144	1.278	9.671	86.79
SD41-52	25.435	24.40	1.0752	3.3338	11.341	70.60
SD25-60	25.26	24.72	0.4902	2.3996	9.545	74.86
SD33-37	27.431	27.26	0.1095	0.6159	7.170	91.41
SD56-59	28.586	28.06	0.4178	3.0484	9.548	68.07
SD53-53	28.873	26.21	1.7966	2.3574	8.770	73.12
SD24-56	27.722	27.09	0.5221	3.2446	9.598	66.20
SD41-58	27.871	26.74	0.9387	3.6502	9.871	63.02
SD31-32	27.31	26.92	0.2545	1.195	7.412	83.88
SD49-53	27.9	27.03	0.657	3.3359	8.953	62.47
SD38-56	28.484	26.01	1.8543	3.9488	9.557	58.68
SD28-68	27.394	25.83	0.9975	2.056	7.591	72.91
SD29-60	27.227	26.60	0.4019	1.947	7.369	73.58
SD58-68	27.792	26.62	0.8845	3.7821	8.992	57.94
SD61-65	27.234	26.52	0.4591	2.2382	7.396	69.74
SD32-37	26.482	25.60	0.8553	5.8492	10.889	46.28
SD41-54	28.257	27.10	0.8074	3.4039	8.424	59.59
SD28-56	25.901	24.45	0.9984	2.7547	7.732	64.37
SD59-62	27.448	26.59	0.6448	3.7497	8.708	56.94
SD57-58	27.133	26.14	0.7441	3.729	8.680	57.04
SD52-46	28.678	27.21	1.1988	5.2295	10.148	48.47
SD61-51	28.01	27.29	0.3814	1.321	6.209	78.72
SD50-45	28.784	27.31	0.9197	3.017	7.756	61.10
SD39-31	27.946	27.26	0.339	1.1573	5.778	79.97
Z17	27.365	26.16	0.6043	1.316	5.903	77.71
SD53-64	26.909	25.64	2.4643	18.075	22.461	19.53
SD39-36	28.01	26.73	0.721	2.6136	6.802	61.57

表 5-4 部分井试气产能与复算产能对比表（偏高）

井号	地层压力（MPa）	井底流压（MPa）	产气量（$10^4 m^3/d$）	试气无阻流量（$10^4 m^3/d$）	计算无阻流量（$10^4 m^3/d$）	误差（%）
SD57-40	30.166	25.15	14.5867	75.967	42.247	44.39
SD49-52	27.62	18.51	3.9296	36.421	6.615	81.84
SD60-61	30.222	22.96	16.992	61.078	36.348	40.49
SD52-47	27.9	24.22	4.2316	36.484	14.972	58.96
SD41-33	27.7	23.86	2.5668	26.830	8.691	67.61
SD61-39	31.242	26.24	17.3706	67.352	51.939	22.88
SD32-47	28.073	21.08	3.4852	22.267	7.245	67.46
SD45-67	27.36	20.92	1.6142	18.107	3.512	80.61
T26	28.196	27.55	0.345	20.364	6.309	69.02
SD47-40	27.801	23.19	1.4639	16.700	4.246	74.57
SD28-55	25.91	22.80	2.5961	20.573	9.970	51.54
SD52-51	31.21	25.73	28.1756	88.335	77.882	11.83
SD38-46	28.6	18.81	2.4015	13.576	3.938	71.00
SD31-30c3	29.211	19.21	3.038	13.722	4.979	63.71
SD48-42	28.5	21.47	2.6757	14.264	5.609	60.67
SD36-35	26.549	23.61	1.0743	12.830	4.435	65.43
SD37-60	28.6	22.53	2.2018	13.258	5.204	60.75
SD31-30	28.6	19.13	2.2251	11.593	3.736	67.78
SD62-66	27.12	26.04	0.3558	11.436	3.813	66.66
SD32-45	28.6	25.26	0.718	10.144	2.825	72.15
SD25-57	27.516	20.94	1.7459	11.005	3.751	65.92
SD31-30c4	28.6	20.58	2.2662	11.365	4.304	62.13
SD38-85	28.6	13.93	6.2316	14.766	7.870	46.71
SD44-58	26.66	21.07	1.8116	11.198	4.324	61.39
SD23-53	27.15	20.78	2.9649	13.174	6.466	50.92
SD51-60	29.691	27.07	0.8576	10.967	4.356	60.28

三、苏里格气田东区产能方程的建立

根据单点测试的 p_R、p_{wf} 和 q_g 的数值，以及利用前面两个关系式求得的 q_{AOF} 值，通过推导可以分别确定二项式的 A、B 值，从而建立起二项式方程。具体方法如下：根据公式（5-21）、公式（5-23），考虑到 $p_R^2 - 0.101^2 \approx p_R^2$，由两式相减解得 A、B 值的关系式为：

$$A = \frac{p_R^2}{q_{AOF}} + \frac{p_R^2(q_{AOF} - q_g) - p_{wf}^2 q_{AOF}}{q_g(q_{AOF} - q_g)} \quad (5-22)$$

$$B = \frac{p_R^2 q_g - (p_R^2 - p_{wf}^2) q_{AOF}}{q_{AOF} q_g (q_{AOF} - q_g)} \quad (5-23)$$

将单点测试的数据求得的 q_{AOF} 数值分别代入，即可得到二项式的 A 值和 B 值，从而可以建立起气井的二项式产能方程表达式。

以 SD60-61 为例，该井于 2009 年 12 月 12 日投产，投产前油、套压为 21.3/23.3MPa；初期以 $15×10^4 \sim 18×10^4 m^3/d$ 生产，连续生产一个月，井口套压 15.1MPa，产气量 $16.992×10^4 m^3/d$（图 5-6），计算得复算无阻流量为 $36.348×10^4 m^3/d$，根据公式（5-22）及公式（5-23），求得二项式产能方程为：

$$p_R^2 - p_{wf}^2 = 20.63 q_g + 0.12 q_g^2 \tag{5-24}$$

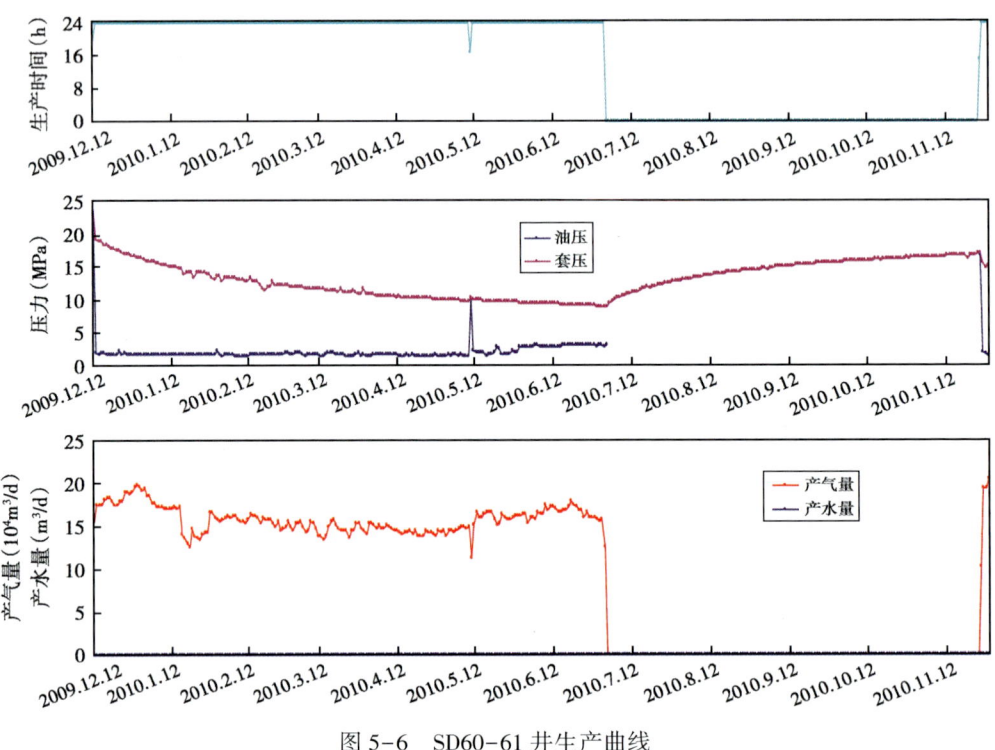

图 5-6 SD60-61 井生产曲线

采用苏里格气井"一点法"经验公式进行产能复算，得到气井的无阻流量，根据公式（5-22）、公式（5-23）求得气井的二项式产能方程系数 A、B，从而求得不同类型井产能方程如下：

Ⅰ类井二项式产能方程 $\qquad p_R^2 - p_{wf}^2 = 45.89 q_g + 3.27 q_g^2 \tag{5-25}$

Ⅱ类井二项式产能方程 $\qquad p_R^2 - p_{wf}^2 = 129 q_g + 6.31 q_g^2 \tag{5-26}$

Ⅲ类井二项式产能方程 $\qquad p_R^2 - p_{wf}^2 = 198.78 q_g + 26.20 q_g^2 \tag{5-27}$

上古生界平均二项式产能方程 $\qquad p_R^2 - p_{wf}^2 = 130 q_g + 8.18 q_g^2 \tag{5-28}$

下古生界平均二项式产能方程 $\qquad p_R^2 - p_{wf}^2 = 29.2 q_g + 2.37 q_g^2 \tag{5-29}$

另外，从 A、B 值与复算的无阻流量的关系曲线可以看出，无阻流量的大小与产能方程系数 A、B 存在一定的关系。如图 5-7 所示：无阻流量随产能方程系数 A 的增加而减小。当

A<60 时，q_{AOF}>10×10⁴m³/d；当 60<A<140 时，10×10⁴m³/d >q_{AOF}>4×10⁴m³/d；当 A>140 时，q_{AOF}< 4×10⁴m³/d。如图 5-8 所示：无阻流量随产能方程系数 B 的增加而减小。当 B<3.5 时，q_{AOF}>10×10⁴m³/d；当 3.5<B<9.5 时，10>q_{AOF}>4×10⁴m³/d；当 B>9.5 时，q_{AOF}< 4×10⁴m³/d。该研究成果可用于指导求取苏里格东区不同类型井的产能方程。

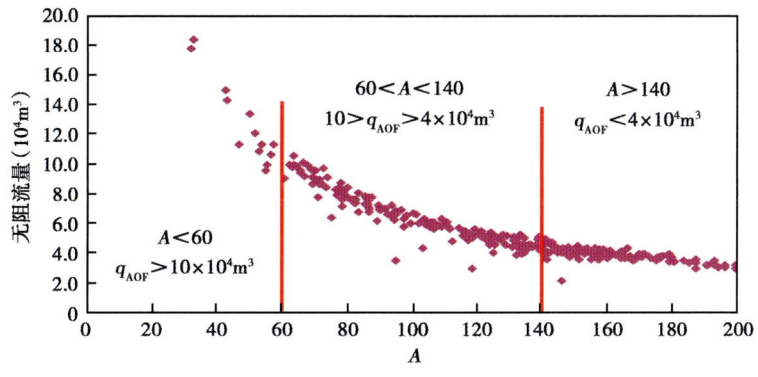

图 5-7　产能方程系数 A 变化曲线

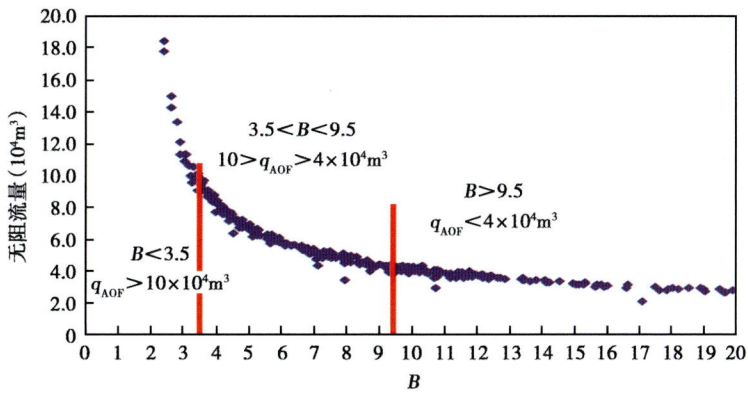

图 5-8　产能方程系数 B 变化曲线

第二节　地层压力评价方法适用性研究

地层压力是油气田开发过程中动态分析必不可少的参数。通过监测地层压力的动态变化，能够对气藏剩余能量、前期储量分布、储量动用程度进行较为合理的评价，并为后期的开发部署提出合理的指导。以苏里格东区生产资料为依据，分析并比较几种常见的地层压力评价方法的优缺点，优选出计算单井地层压力的方法，进而确定整个气田的地层压力，对后期的开发方向具有重要的意义。

地层压力主要通过下井底压力计实测关井后的稳定压力和通过井口压力等生产数据来获取不同时期的地层压力值。由于关井大面积测压需要测试时间，增加了测试成本，在气藏实际开发过程中，不可能频繁地关井下压力计来测量地层压力以及长时间的关井来进行压力恢复测试，如何直接利用生产数据来获取气井不同时期的地层压力成为我们急需解决的问题。

本节结合苏里格东区的生产资料，对不关井条件下地层压力评价技术在苏里格气田的适应性进行评价。

一、地层压力计算方法

气井正常生产时一般处于三种状态即：不关井、短关井和长时关井（葛家理，1982）。长时关井有利于压力恢复至稳定，井底处于拟稳定流动状态，此时测量的地层压力较为准确。但苏里格气田中的气井属于低渗致密气藏，压力恢复需要较长时间，在生产过程中较难实现。因此，在生产实践中提出几种不关井求取地层压力的方法。

（一）井口压力折算方法

利用井口压力折算井底压力是一种成熟方法。按照井筒内的能量守恒定律，纯气井静气柱条件下静止气体压力随井深变化关系符合如下方程（何丽萍等，2011）：

$$\frac{gL}{29.28} = \int_{p_{wh}}^{p_{ws}} \frac{TZ}{p} dp \tag{5-30}$$

式中 L——气层中部井深或测压点井深，m；

p_{ws}——井底流压，MPa；

p_{wh}——井口静压力，MPa；

T——温度，K；

Z——偏差系数。

公式（5-30）中，温度、偏差系数都是井深的函数即为变量。传统的处理方式是假设T、Z都为井筒内的平均值（即T_{avg}、Z_{avg}）并保持为常数，对公式（5-30）积分可得到气井静止井底压力计算公式：

$$p_{ws} = p_{wh} e^{\frac{0.03415 Y g L}{T_{avg} Z_{avg}}} \tag{5-31}$$

上述气井静止井底压力的计算方法一直得到广泛运用，但在苏里格气田具有特殊性。仔细分析发现，引入"平均温度"、"平均偏差系数"这种简化处理方法虽大多数情况下误差很小可以忽略，但苏里格气田区内地表的昼夜温差大（8~18℃），气体偏差系数随深度的变化更加显著，必然引起较大误差。经过多年研究和实践，探索出了适合苏里格气田具体情况的井口压力折算方法。

为了更加准确地考虑气体偏差系数随井深不断变化的情况，提出了分段积分法计算井底压力。方法的实质是考虑井筒温度的分段校正，即从井底往上分成若干段作分段计算，在井口段温度根据实测确定。对公式（5-31）右端部分进行数值积分，把（p_{ws}，p_{wh}）段平均分作n个压力段（p_{i-1}，p_i）$\{i=1, 2, 3, \cdots, n; p_0 = p_{wh}, p_n = p_{ws}\}$，并使每个压力段的步长足够小，则有：

$$\int_{p_{wh}}^{p_{ws}} \frac{TZ}{p} dp = \int_{p_0}^{p_n} \frac{TZ}{p} dp = \frac{1}{2} \sum_{i=1}^{n} [(p_i - p_{i-1})(I_i + I_{i-1})] \tag{5-32}$$

其中，$I_i = (TZ/p)_i$，$i = 1, 2, 3, \cdots, n$

对于气体偏差系数确定方法开展研究发现，在提出并投入使用的十多种偏差因子计算公式中，Hall-Yarborough方法、LXF方法、Gopal方法、DPR方法、DAK方法等5种方法的结果误差相对较小，其中Hall-Yarborough方法在常压和超高压情形下均有较高的精度，计算结果相对误差只有 1.071%。

为了验证分段积分法计算井底压力的可靠性，针对苏里格气田 12 口井的计算地层压力与实测地层压力对比分析，结果显示进行井口温度分段校正后计算地层压力的折算精度平均提高了 2%，误差仅为 0.3MPa，效果十分理想。

（二）产量不稳定分析法（RTA）

实际生产数据表明，气井地层压力下降遵循线性规律。其下降速率与储层物性、流体组分等有关，运用 RTA 计算地层压力较为简便，不要求长时关井，只需把每天的生产压力（油压或套压）和产气量进行加载并预处理，然后输入该井的基础参数，用 Blasingame（1989，1991）等方法建立模型并进行历史拟合，由此确定储层的参数（如 K、S 等）和动态储量，并得到地层压力的拟合曲线，由此确定任何时刻的地层压力，RTA 软件处理流程见图 5-9。研究过程中对苏里格东区具有地层压力测试资料的 11 口井利用 RTA 法评价了地层压力，以验证方法的适用性，图 5-10 是 SD50-60 井 RTA 拟合曲线。SD50-69 井于 2009 年 6 月 11 日投产，经软件 RTA 拟合后压力曲线显示 2010 年 8 月 27 日地层压力为 21.1MPa，实测地层压力 20.59MPa，误差约为 2.5%。

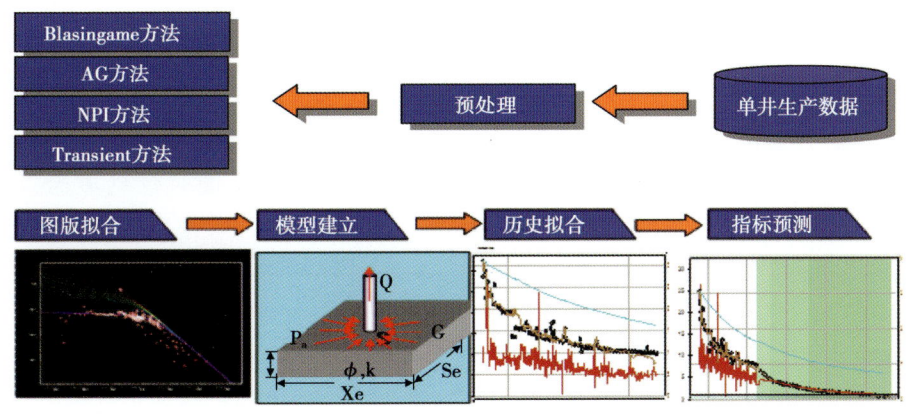

图 5-9　RTA 软件计算地层压力流程图

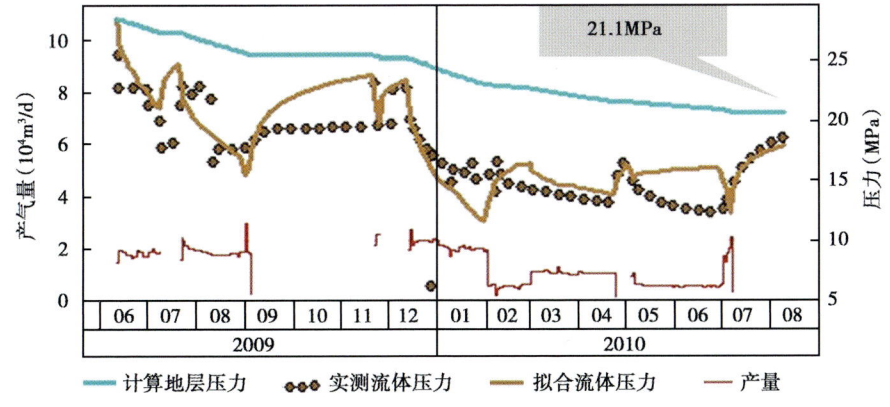

图 5-10　SD50-69 井地层压力随时间变化图

（三）流压—累计产气量法

对于外边界封闭的均质气藏，当地层中的流体渗流进入拟稳定状态后，地层中各点压降

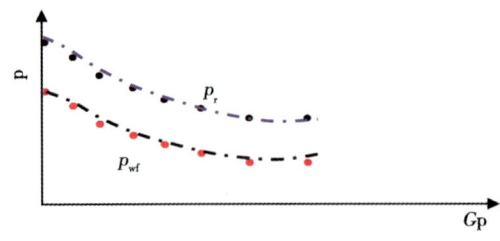

图 5-11 拟稳态流动示意图

速度相等并等于一常数，即认为在拟稳定流阶段，气井井底流压与地层压力在下降动态趋势上是一致的（图 5-11）。通过分析这一阶段井底流压和累计产气量的对应关系，从而也就掌握了地层压力与累计产气量相关关系。其中，气井井底流压与累计产气量服从二项式关系：

$$p_{wf} = aG_p^2 + bG_p^2 + c \tag{5-33}$$

式中　p_{wf}——气井井底流压；
　　　G_p——累计产气量；
　　　c——气井 $G_p = 0$ 时流动压力与地层压力之差。

注意公式（5-33）表示的井底流压随累计产气量变化的回归关系式只能在一个特定的区间内成立，不同的采出量范围关系式不同。按照计算的生产压差，即可进一步得到地层平均压力随采出量变化的曲线。得到的某一累计采出量（某一时间）对应的地层平均压力称作拟地层平均压力，区别于真实的地层平均压力。在试井初期，忽略可能存在的低渗透边界的影响，拟地层平均压力等于真实地层平均压力。

对苏里格东区具有地层压力测试资料的 11 口井利用流压—累计产气量法评价了目前地层压力。

以 SD44-52 井为例，该井于 2009 年 6 月 20 日投产，投产套压 21.2MPa，截至 2013 年底套压 14.3MPa，产气量 $1.2 \times 10^4 \text{m}^3/\text{d}$，压降速率 0.02MPa/d，累计产气量 $552.39 \times 10^4 \text{m}^3$（图 5-12）。2010 年 9 月 2 日进行地层压力测试，压力计下深至井下 1480.0m，实测压力

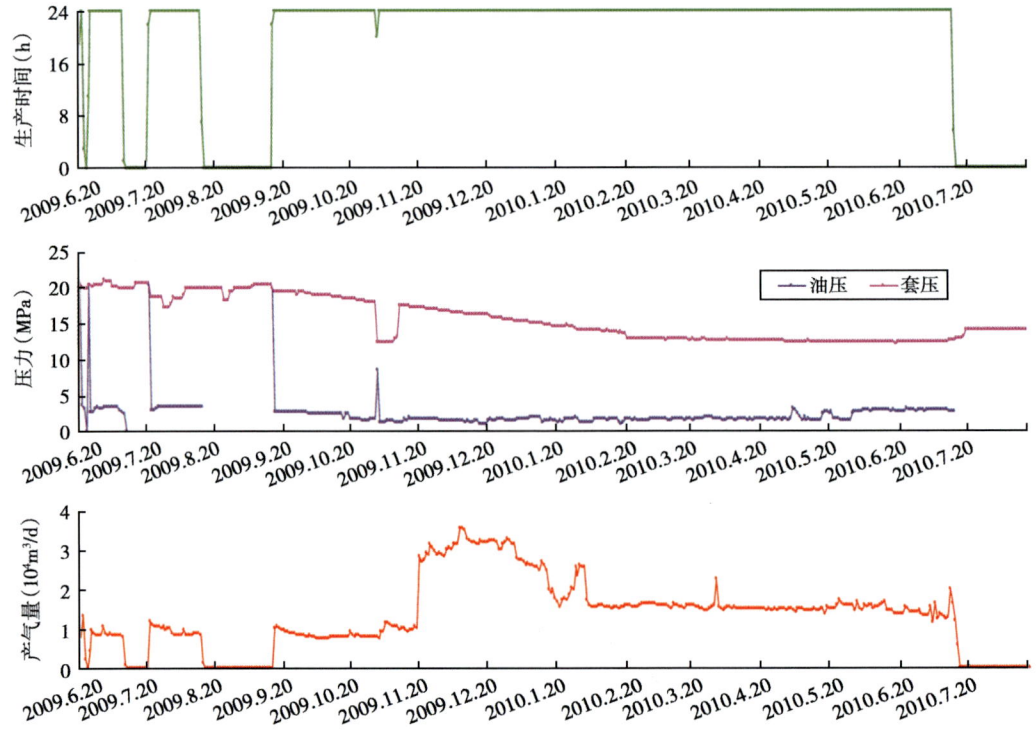

图 5-12　SD44-52 开采曲线

15.96MPa，根据静压梯度 0.00124MPa/m，折算井底（3079.0m）地层压力 17.94MPa。利用生产资料建立了井底流压与累计产气量关系曲线（图 5-13）。计算气井地层压力 18.52MPa，与实测结果绝对误差 0.58MPa。

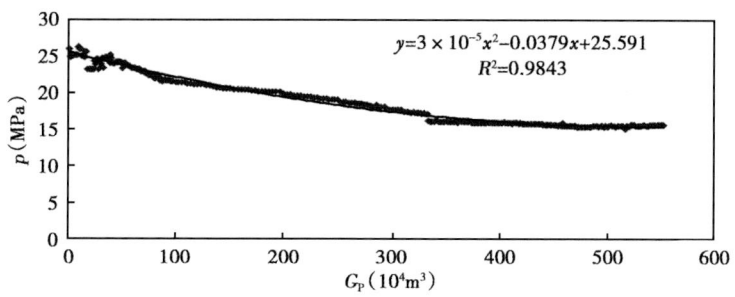

图 5-13　SD44-52 井井底流压与累计产气量关系图

流压—累计产气量法计算结果与实测资料结果对比情况（表 5-5），对比表明：计算与实测平均绝对误差为 0.8MPa，在允许误差范围内。理论上，流压—累计产气量法能够用于苏里格东区地层压力评价，但是该方法在实际使用上受到较大限制。首先要求压力下降呈现拟稳态，这对苏里格东区气田的气井不容易达到。其次要正确计算生产压差，这个需要有较好的试井资料作依据。

表 5-5　流压—累计采气量计算的地层压力与实测地层压力对比表

井号	投产时间	实测地层压力（MPa）	计算地层压力（MPa）	绝对误差（MPa）
SD39-53	2009-6-21	17.71	18.32	-0.61
SD49-53	2009-6-16	26.15	25.35	0.8
SD48-51	2009-5-10	23.15	22.51	0.64
SD48-48	2009-6-9	18.42	19.35	-0.93
SD44-52	2009-6-20	17.94	18.52	-0.58
SD44-50	2009-6-19	20.09	18.85	1.24
SD60-61	2009-12-12	18.51	17.55	0.96
SD50-69	2009-6-11	20.59	20.72	-0.13
SD52-51	2009-6-23	14.89	14.25	0.64
SD15-50	2009-8-1	23.3	21.88	1.42
Z35	2008-12-8	14.1	13.25	0.85
合计		19.53	19.14	0.8

二、现代产量不稳定分析法

RTA 软件实现了"现代产量不稳定分析法"，能根据油气藏生产史中产量和井口压力数据对油气藏进行递减分析和产能预测。软件在不需要关井数据条件下即可确定的油气藏参数有：渗透率、可采储量、表皮系数、最终可采储量等，并能进行生产动态预测。该方法适用于生产历史较长、产量保持相对稳定的气井，有关井地层压力测试资料则效果更好。

实例一：典型井 SD50-69，于 2009 年 6 月 11 日投产，投产套压 21.0MPa，截至 2010 年底套压 15.4MPa，产气量 $1.4×10^4m^3/d$，压降速率 0.02MPa/d，累计产气量 $363.1×10^4m^3$（图 5-14），2010 年 8 月 27 日进行地层压力测试，压力计下深 1880.0m，实测压力 18.74MPa，根据静压梯度 0.00154MPa/m，折算井底（3052.1m）地层压力 20.59MPa。通过 RTA 软件对该井生产动态进行历史拟合（图 5-15），计算地层压力 21.1MPa，与实测结果绝对误差-0.51MPa。

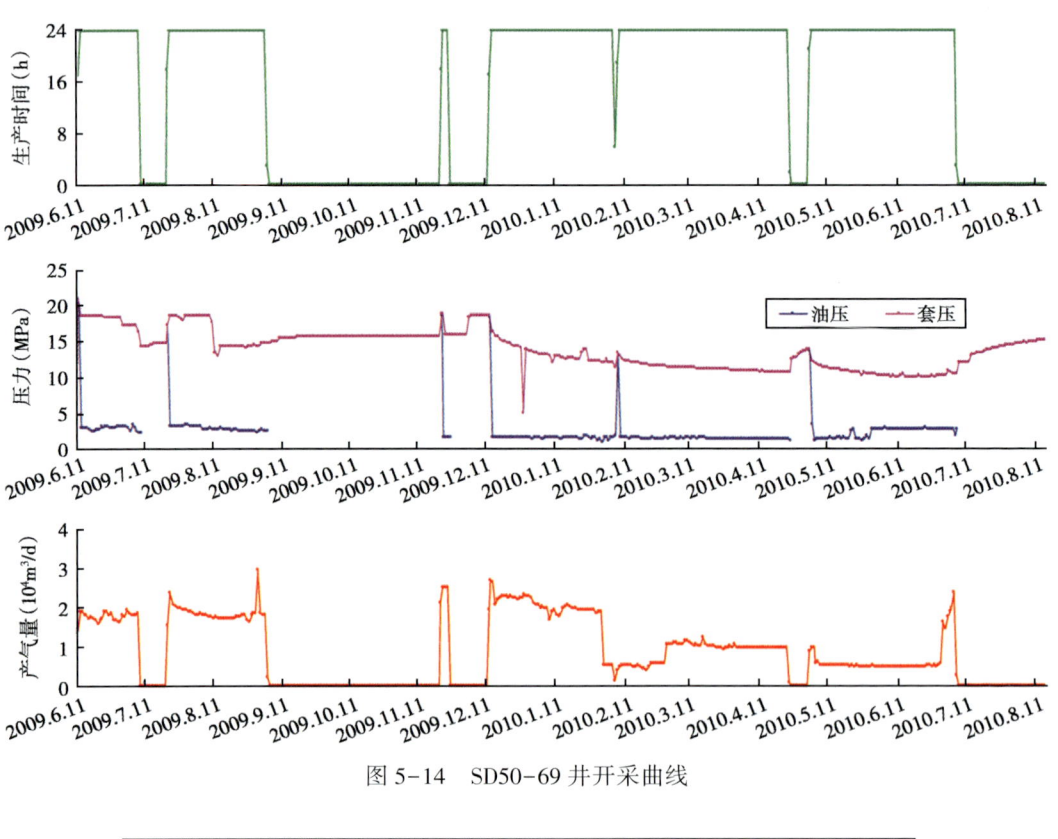

图 5-14　SD50-69 井开采曲线

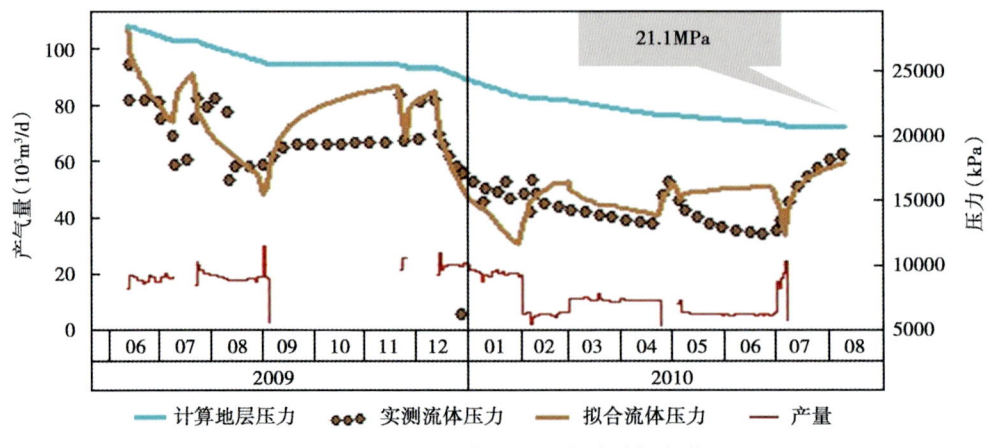

图 5-15　SD50-69 井地层压力随时间变化图

实例二：典型井 SD48-51，于 2009 年 5 月 10 日投产，投产套压 18.2MPa，截至 2010 年 8 月 10 日套压 17.4MPa，产气量 $3.7×10^4m^3/d$，压降速率 0.02MPa/d，累计产气量 $1507.5×10^4m^3$（图 5-16）。2010 年 9 月 8 日进行地层压力测试，压力计下深 1550.0m，实测压力 20.6MPa，根据静压梯度 0.00156MPa/m，折算井底（3196.4m）地层压力 23.15MPa。通过不稳定试井软件对该井生产动态进行历史拟合（图 5-17），计算地层压力 22.5MPa，与实测结果绝对误差 0.65MPa。

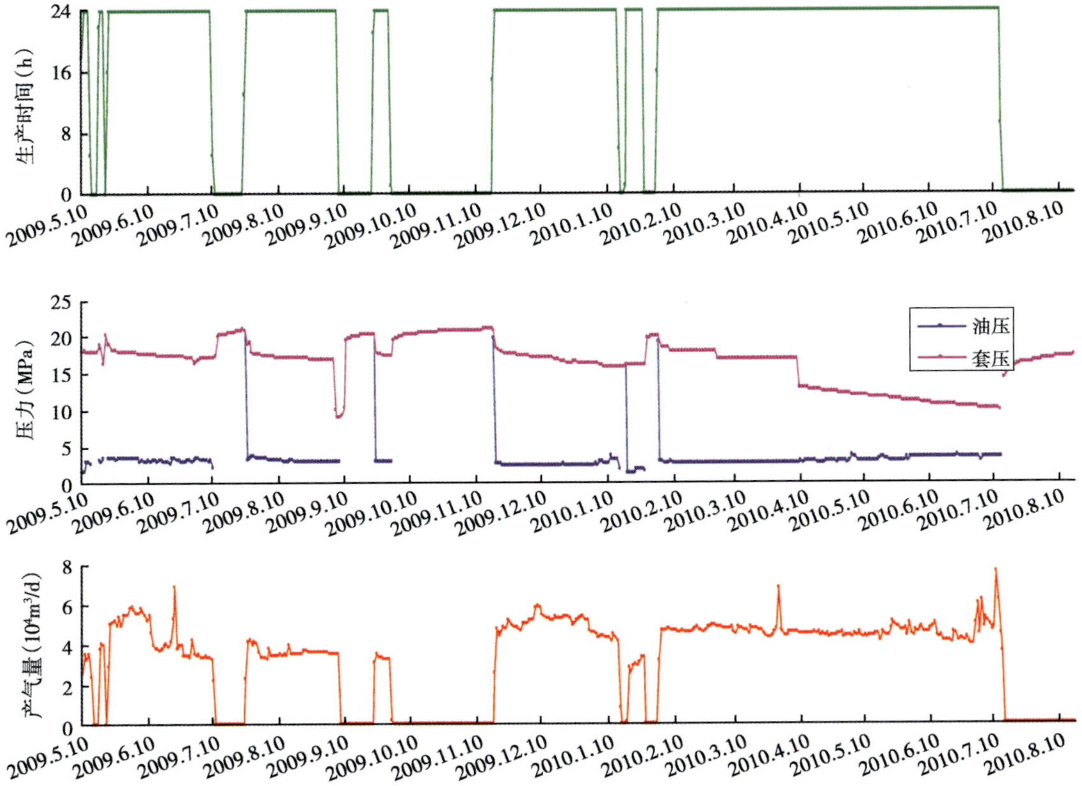

图 5-16 SD48-51 井开采曲线

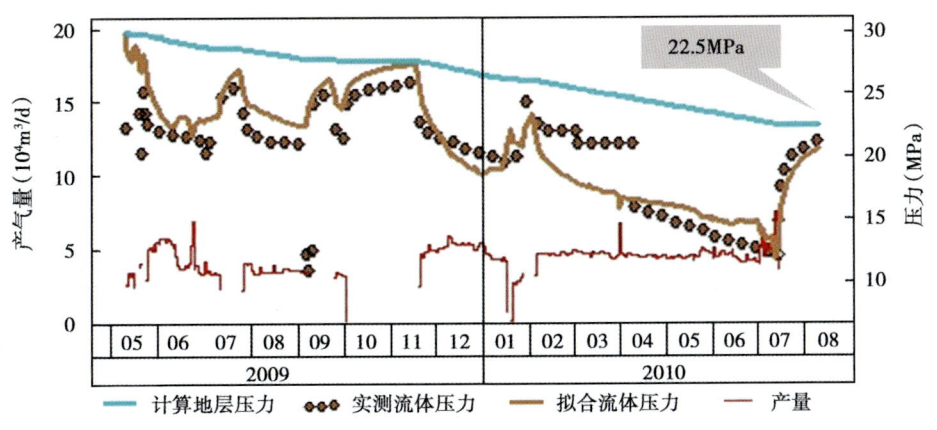

图 5-17 SD48-51 井地层压力随时间变化曲线

表 5-6 是利用 RTA 软件计算的地层压力与实测压力对比表，平均绝对误差 0.66MPa，说明现代产量不稳定分析法计算地层压力可靠，满足苏里格东区压力评价的要求，该方法仅需气井生产资料，适宜在苏里格东区气田应推广使用。但是该方法的可靠性依赖于生产资料的可靠性和气井生产的连续性。开井时率越大预测越可靠，经验表明开井时率小于 0.8 则误差较大。

表 5-6　部分井 RTA 软件计算地层压力与实测值对比表

井号	投产年份	实测地层压力（MPa）	RTA 拟合压力（MPa）	绝对误差（MPa）
SD39-53	2009-6-21	17.71	19.37	-1.66
SD49-53	2009-6-16	26.15	26.41	-0.26
SD48-51	2009-5-10	23.15	22.5	0.65
SD48-48	2009-6-9	18.42	18.68	-0.26
SD44-52	2009-6-20	17.94	19.18	-1.24
SD44-50	2009-6-19	20.09	20.25	-0.16
SD60-61	2009-12-12	18.51	19.06	-0.55
SD50-69	2009-6-11	20.59	21.1	-0.51
SD52-51	2009-6-23	14.89	15.15	-0.26
SD15-50	2009-8-1	23.3	22.1	1.2
Z35	2008-12-8	14.1	13.77	0.33
合计		19.53	19.78	0.66

三、数值模拟法

气藏数值模拟是以渗透力学为基础，利用差分法求得气水两相在多孔介质中渗流的偏微分方程组数值解的方法。渗流偏微分方程组包括流体流动方程、流体状态方程和流体质量连续方程。求解初始条件描述了流体在储层空间的原始分布和地层压力的原始分布，求解的边界条件描述了储层空间的三维形态和物性分布，特别是能在宏观尺度上描述并反映出储层物性的非均质性及其对渗流过程的影响。求解过程中要充分考虑流体的各类物理性质以及油藏构造形态、断层位置、砂体分布、储层孔渗饱等参数的变化（管保山等，2009）。该方法适用范围广，可以较准确地获得气井动态储量、产量和地层压力等各种动态指标，是最全面、最可靠的全定量化计算方法。

以 SD15-50 井为例，2010 年 8 月 6 日进行地层压力测试，压力计下深 1870.0m，实测压力为 21.52MPa，根据静压梯度为 0.00164MPa/m，折算井底（2933.5m）地层压力为 23.3MPa。数值模拟生产历史拟合曲线（图 5-18），拟合效果良好，其单井压力剖面见图 5-19，从模拟结果得到该井地层压力 22.65MPa，与实测值绝对误差 0.65MPa。

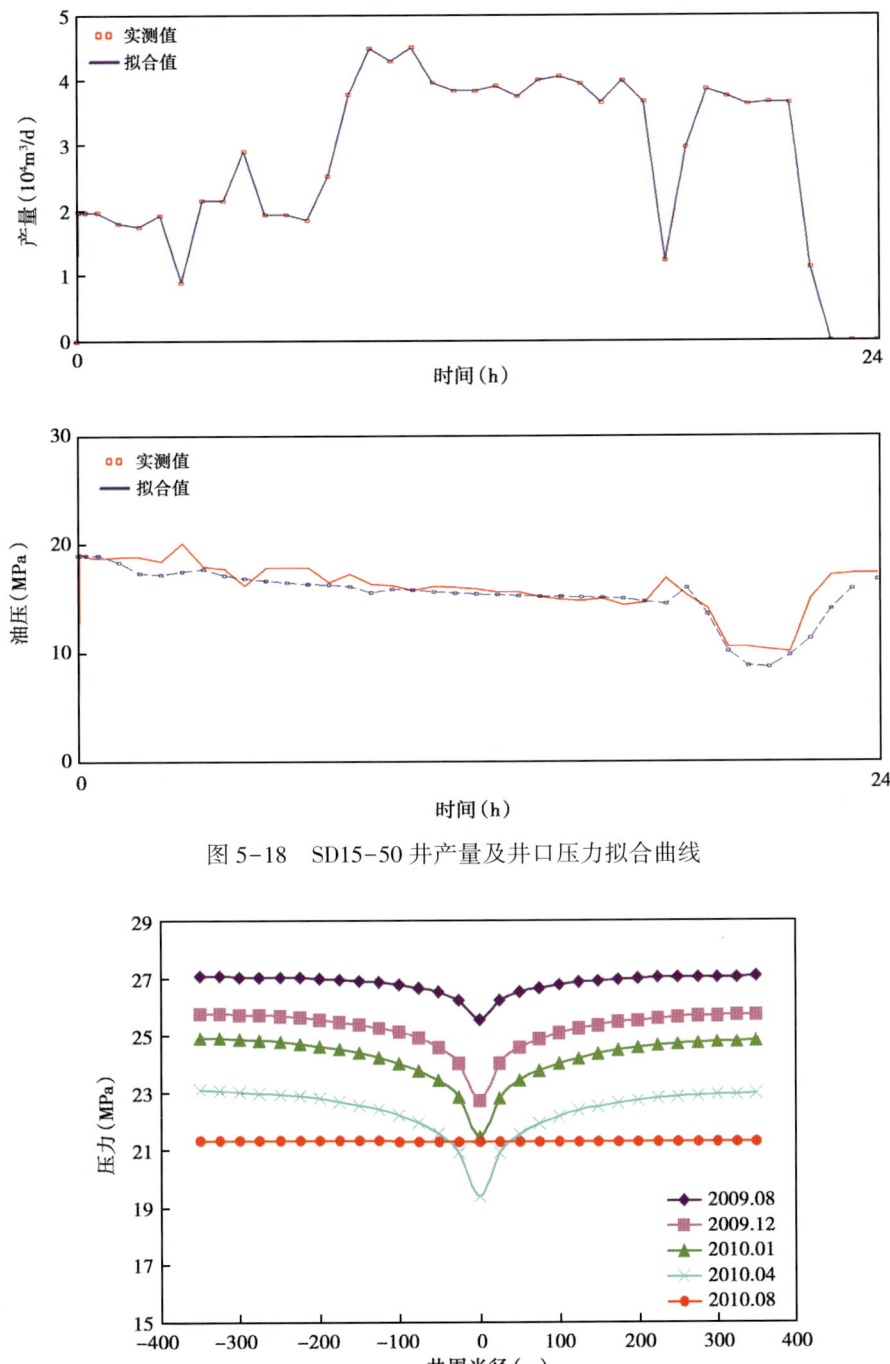

图 5-18　SD15-50 井产量及井口压力拟合曲线

图 5-19　SD15-50 井压力剖面

表 5-7 是利用数值模拟法评价的地层压力与实测压力对比表，从表可见平均绝对误差 0.96MPa。这个误差可以人为控制，生产史拟合越严格，误差会越小。数值模拟法具有普遍适用性，可用于苏里格东区地层压力评价。数值模拟法的缺点在于计算量大，需要建立地质模型，成本较高。

表 5-7 数模拟合压力与实测压力对比结果表

井号	投产年份	实测地层压力（MPa）	数模计算压力（MPa）	绝对误差（MPa）
SD39-53	2009-6-21	17.71	18.24	-0.53
SD48-51	2009-5-10	23.15	21.93	1.22
SD44-52	2009-6-20	17.94	19.03	-1.09
SD60-61	2009-12-12	18.51	17.76	0.75
SD50-69	2009-6-11	20.59	19.71	0.88
SD52-51	2009-6-23	14.89	15.33	-0.44
SD15-50	2009-8-1	23.3	22.65	0.65
Z35	2008-12-8	14.1	15.28	-1.18
平均		19.53	18.6	0.96

通过上述不关井压力评价方法对苏里格东区气田的适用性研究，认为计算结果均在误差允许范围内，可用于苏里格东区地层压力预测评价，对地层压力评价技术进行小结。

（1）流压—累计产气量法适用于生产较为稳定，并且有连续的井口压力测试数据和累计产气量的井数据，但该方法仅适用于定容气藏。与实测平均绝对误差为 0.8MPa，在允许误差范围内。使用该方法的前提是能判断一个储层内一个压力系统（连通砂体）有几口生产井，这样才能正确得到该连通砂体的累计产气量。苏里格东区气田上古生界气藏属多期叠置辫状河沉积环境，砂体小而且泥质体分隔频繁，在当前井距下基本上一口井只能控制一个砂体。因此，流压—累计产气量法适用性应该较好。该方法的难点在于正确计算不同产量下的生产压差。

（2）针对苏里格当前的简易开采模式，采用不稳定试井法评价地层压力，可以简便地利用气井井口数据进行计算，与实测平均绝对误差 0.66MPa，可以满足评价苏里格东区地层压力的需要。该方法要求有较长时期的连续开采井生产数据。

（3）数值模拟法主要在单井地质认识的基础上进行生产史数据拟合，评价的地层压力与实测压力绝对误差平均小于 0.96MPa。如果生产史拟合严格，误差可以更小。该方法不仅可用于地层压力评价，同时能解决气井压力梯度递减生产方式下的动态预测问题，使用该方法技术难度大、费时、成本高。

（4）井口压力折算法需要在生产动态资料中存在大量关井恢复井口压力数据，此计算方法简单、快捷，与实测地层压力的绝对误差平均为 0.50MPa。该方法的难点在于正确计算不同产量下的生产压差。

四、苏里格气田东区地层压力评价

苏里格东区气井普遍采用井下节流工艺，因此难以实测地层压力，尚没有对已开发区进行地层压力评价，本书主要采用数模及现代产量不稳定分析法计算苏里格东区气井地层压力。

从计算结果看，两种方法所求压力基本一致，利用 RTA 法计算苏里格东区 I 类井地层压力 20.9MPa，II 类井地层压力 20.7MPa，III 类井地层压力 18.8MPa；利用数模法计算苏里格东区 I 类井地层压力 21.3MPa，II 类井地层压力 21.2MPa，III 类井地层压力 18.9MPa。数值模拟法求得地层压力比 RTA 预测法略高 0.5MPa 左右（图 5-20、图 5-21）。

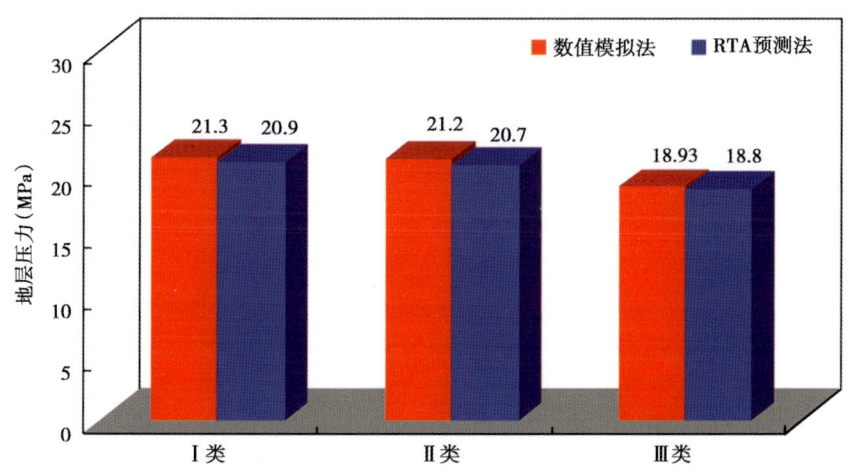

图 5-20　不同地层压力评价技术对比柱状图

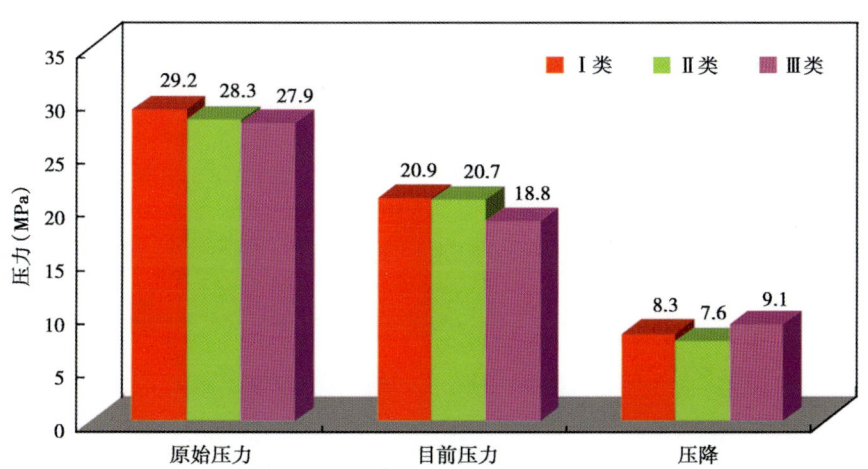

图 5-21　三类井地层压力及压降柱状对比图

本书绘制了苏里格东区各小层地层压力分布图，以面积加权平均计算，盒 8 砂层组平均地层压力 19.99MPa，山 1 砂层组平均地层压力 20.19MPa。

从上述两种方法的计算结果看（图 5-22），苏里格东区平均地层压力 20.16MPa，地层压力下降 8.3MPa，平均年压降 3.6MPa；III 类井压降较大，反映其单井控制储量小。

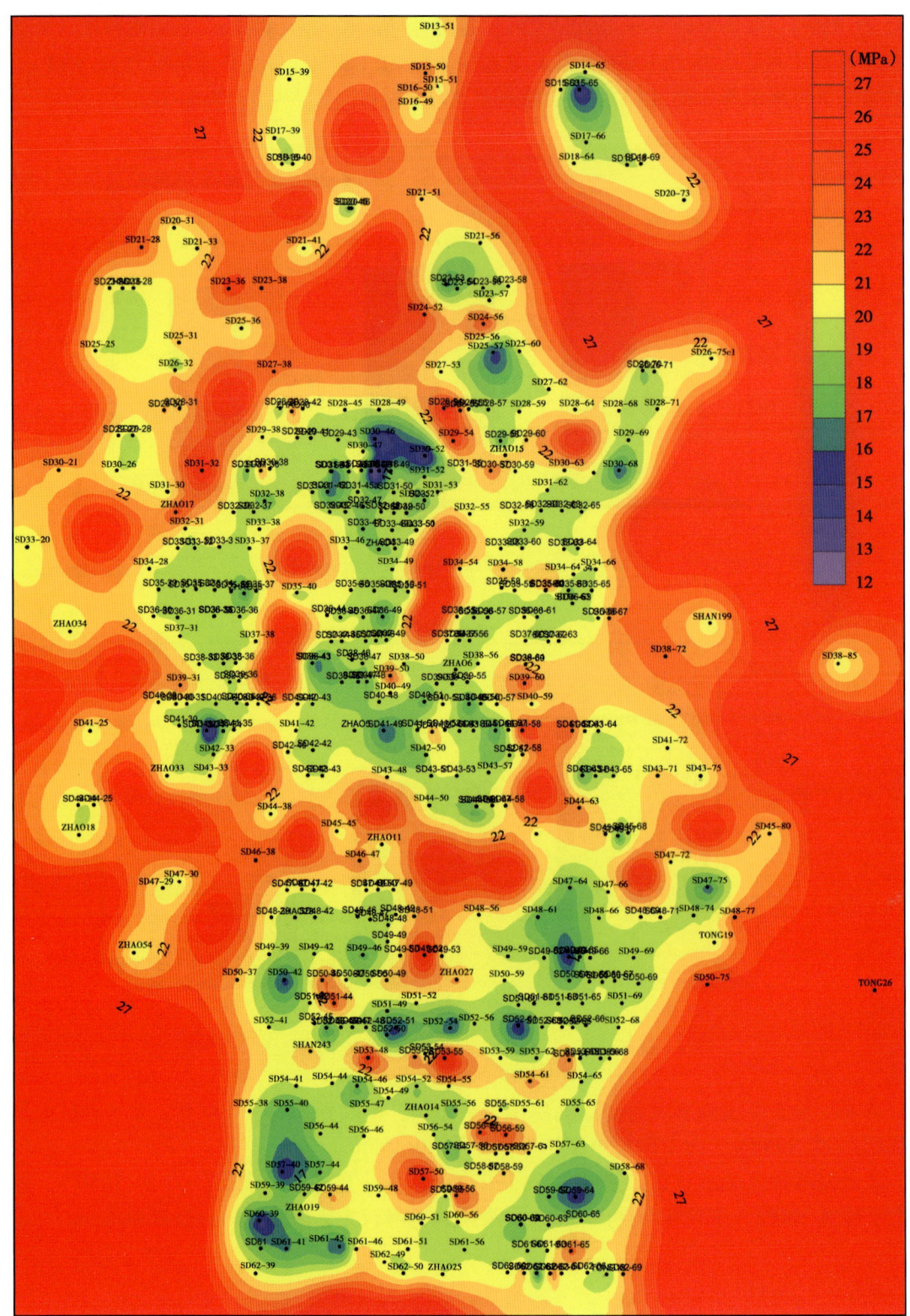

图 5-22 苏里格气田东区地层压力分布图

第三节 动态储量评价

一、动态储量评价的必要性

气藏动态储量是指气藏连通孔隙体积内,在现有开采技术水平条件下最终能够有效流动的气体折算到标准条件下的体积量之和。当气藏渗透性与连通性很好时,其动态储量接近于它的静态储量。

储量计算及评价是一项十分重要的工作,是气藏综合评价的重要成果,也是气藏开发的基础。处在不同勘探与开发阶段的气藏,所取得的资料不同,对气藏的认识程度也就不相同。因此,所采用的储量计算及评价方法也应该有所不同。在详探试采阶段,可采用容积法计算气藏储量。在气藏开发阶段,可利用动态资料计算气藏地质储量和最终可采储量。对不同的资料和不同的需要,可计算单井储量和气藏储量。准确的气藏或单井的储量计算与分析,关系着对气藏的客观综合评价,关系着气井产量及工作制度的制定与开发井网的部署和调整,这是气田高效、科学开发的基础,是实现气田长期高产、稳产的前提条件。

二、动态储量评价方法

在气田开发过程中,许多专家学者对气藏的动态储量计算方法都有系统研究,迄今为止,计算气藏动态储量的方法有数十种,本书针对苏里格东部气田气井生产动态特征和简化生产工艺流程的实际情况,针对不同的渗流特征和生产动态特征的气井,主要采用压降法、产量不稳定分析法、数值模拟方法、产量递减法进行动态储量评价,并对应用条件给出明确的界定,初步形成了适应苏里格东部气田的动态储量评价技术。

(一) 压降法

自1936年R. J. Schilthuis利用物质守恒原理,首先建立了气藏的物质平衡方程式以来,它在油藏工程中得到了广泛的应用和发展。物质平衡方程式的主要功能在于:确定气藏的原始地质储量、判断气藏的驱动机理、计算气藏天然水侵量的大小;在给定的产量条件下预测气藏未来的压力动态等(庄惠农,2005)。

物质平衡法是用气田动态资料进行储量计算的一种方法,这种方法要求天然气采出程度大于10%,地层压力有明显下降(在1MPa以上)的情况下使用,复杂的断块、岩性圈闭、裂缝性及边底水活跃的气藏均可使用。物质平衡法原理:原始地质储量=剩余地质储量+累积采出量。数学表达式为:$G=G_H+G_p$(G、G_H和G_p分别为原始地质储量、剩余地质储量和累计采出量),定容封闭性气藏物质平衡方程式为:

$$\frac{p}{Z}=\frac{p_i}{Z_i}\left(1-\frac{G_p}{G}\right) \qquad (5-34)$$

压降法是利用气藏视地层压力(p/Z)与累计产气量(G_p)所构成的"压降图"来确定气藏储量的(将直线外推到$p/Z=0$,则可得$G=G_p$)。实际上"压降图"是封闭型气藏物质平衡方程式的图解,而封闭型气藏的物质平衡方程式则是压降图的"解析式"。也就是说,压降法是物质平衡法在封闭型气藏应用中的一个特例。它主要分为下面三种方式。

1. 单井压降集合法

利用单井稳定生产后同期关井测压后获得的稳定地层压力,计算单井储量,累加各井储量得到气藏储量。

2. 典型井压降法

选用气井产量大、关井易稳定、处于构造中部的井作为气藏关井地层压力的代表，取等时关井的数据计算地层压力，与气藏累计产量作图，可计算出气藏储量。

3. 气藏压降储量

气藏统一关井测压，获得各井稳定关井压力，选用算术平均及加权平均计算历次关井气藏平均地层压力及累计采气量。

压降法不需要任何地质参数，故对于那些地质结构复杂，而无法求准储量的气藏，如碳酸盐岩裂缝性气藏，采用该法最好。但对于活跃的水压驱动气藏，由于开采中压力不下降（或下降不明显），则不宜使用该法。另外，在计算累计产气量时，由于实际放空量的估计往往误差较大，故在一定程度上影响了压降储量的精度。本书只有18口井在生产过程中测试过地层压力，采用压降法对这些井的动态储量进行分析。图5-23—图5-26为压降法要求气井关井测试地层压力，且计算结果受地层压力测试精度影响较大。用压降法求解的动态储量结果见表5-8。

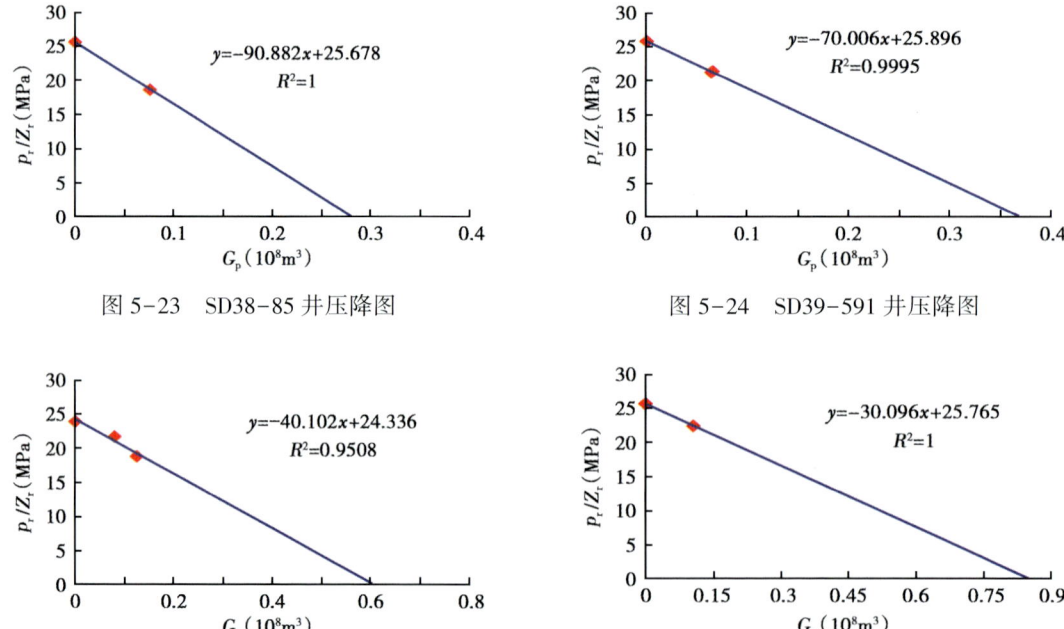

图 5-23　SD38-85 井压降图　　　　图 5-24　SD39-591 井压降图

图 5-25　SD41-53 井压降图　　　　图 5-26　SD41-63 井压降图

表 5-8　压降法求解部分气井的动态储量

井名	生产层位	累计产量（$10^8 m^3$）	动态储量（$10^8 m^3$）
SD31-46	盒8+山1	0.044	0.111
SD32-47	盒$8_下$+山1	0.150	0.576
SD35-63	盒8	0.040	0.093
SD38-56	盒$8_下$+山1	0.048	0.221

续表

井名	生产层位	累计产量（$10^8 m^3$）	动态储量（$10^8 m^3$）
SD38-85	盒8+山2	0.081	0.283
SD39-59	山1	0.067	0.370
SD47-40	盒8$_下$+马五4+山2	0.073	0.301
SD41-63	盒8	0.202	0.856
SD43-63	盒8$_上$+盒8$_下$+山1	0.151	0.723

（二）产量递减法

关于产量递减法的相关介绍，在第四章中有过详细的介绍，在此只是将相关公式列表（表5-9）。

表5-9 产量递减规律的有关公式

递减类型	指数递减	双曲线递减	调和递减
递减指数	$n=\infty$	$1<n<\infty$	$n=1$
产量与时间关系	$q=q_i e^{-Dt}$ $\lg q=\lg q_i - D_i t/e$	$q=q_i(1+D_i t/n)^{-n}$ $\lg q=\lg q_i - n\lg(1+D_i tn^{-1})$	$q/q_i = D/D_i$ $q=q_i(1+D_i t)^{-1}$
产量与累计产量的关系	$q=q_i - DG_p$	$G_p = q_i/D_i(1-n)^{-1}[1-(q_i/q)^n]$ 无线性关系	$G_p = q_i/D_i \ln(q_i/q)$ $\lg q=\lg q_i - D_i/(e^{q_i})G_p$

注：D 为产量递减率，mon^{-1} 或 a^{-1}；q 为产气量，$10^4 m^3/mon$ 或 $10^8 m^3/a$；t 为递减阶段与 q 相应的生产时间，mon 或 a；n 为递减指数，无量纲；q_i 为在递减期人为选定 $t=0$ 时对应的初始产量，$10^4 m^3/mon$ 或 $10^8 m^3/a$；D_i 为初始递减率，mon^{-1} 或 a^{-1}；G_p 为从人为选定的 $t=0$ 时算起的累计产量，$10^4 m^3/mon$ 或 $10^8 m^3/a$。

国内外学者认为：对大多数气井，递减指数取0.4~0.5是合适的，因此本书采用衰减方程进行气井的产量变化规律研究。于是可得

$$G_p = \int_0^t \frac{q_i}{(1+0.5D_i t)^2} dt \tag{5-35}$$

求解公式得

$$G_p = \frac{q_i}{0.5D_i} - \frac{q_i}{0.5D_i(1+0.5D_i t)} \tag{5-36}$$

化简得

$$\frac{1}{G_p} = A + B\frac{1}{t} \quad A=\frac{0.5D_i}{q_i} \quad B=\frac{1}{q_i} \tag{5-37}$$

由公式（5-37）可以看出：以 $1/t$ 为横坐标，$1/G_p$ 为纵坐标，可以得到一条直线，其截距为 A，斜率为 B，通过对直线进行线性回归确定出 A、B 后，就可以进行油气藏动态指标的预测。将公式（5-37）中分子、分母同时除以 q_i，得到预测不同时间产量的模型为：

$$q = \frac{1}{B\left(1+\frac{A}{B}t\right)^2} \tag{5-38}$$

由公式（5-37）得到累计产量表达式为：

$$G_p = \frac{t}{At+B} \tag{5-39}$$

对于致密气藏，简单采用衰减曲线会出现较大的偏差，为此提出修正衰减曲线分析方法。该方法就是通过修正系数 A，使得预测模型能够很好拟合实测数据。通过修正，使得常规衰减曲线分析方法扩展到致密气藏，具体过程见图 5-27。

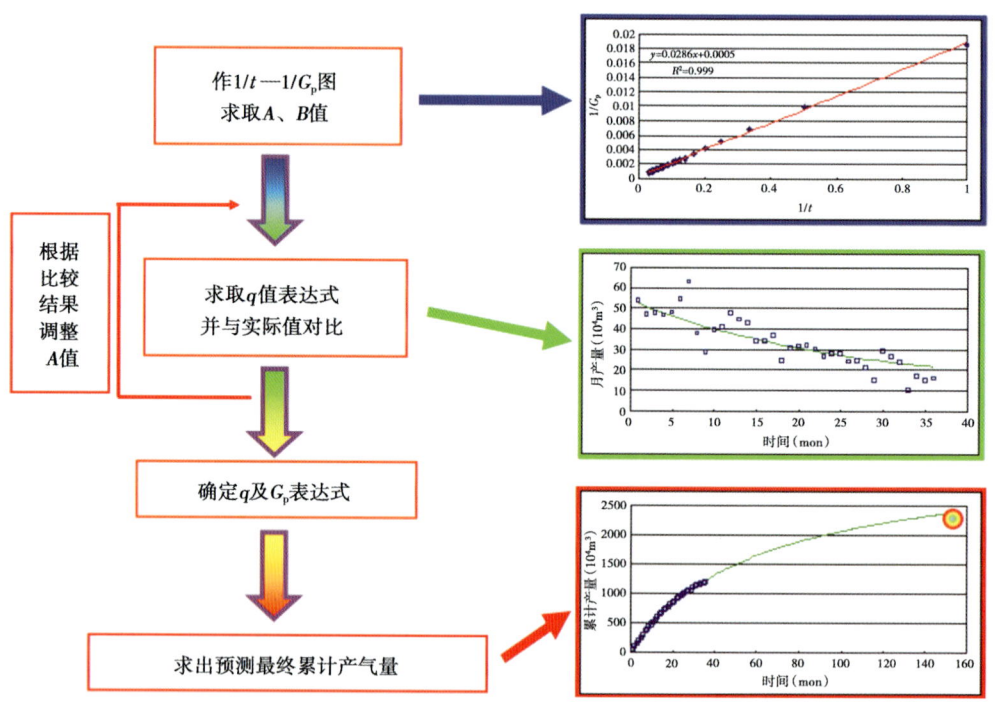

图 5-27 修正衰减曲线计算流程图

采用产量递减法对 68 口井进行了动态储量计算，计算结果见表 5-10，其中Ⅰ类井平均动态储量为 $4689.5\times10^4\text{m}^3$，Ⅱ类井平均动态储量为 $2279.5\times10^4\text{m}^3$，Ⅲ类井平均动态储量为 $1098.7\times10^4\text{m}^3$。按照苏里格东区投产气井比例加权计算，苏里格东区平均单井动态储量 $2108.7\times10^4\text{m}^3$。

表 5-10 不同类型气井产量递减法动态储量计算结果表

类型	比例（%）	动态储量（10^4m^3）
Ⅰ类	15.12	4689.5
Ⅱ类	39.51	2279.5
Ⅲ类	45.37	1098.7
加权平均	100	2108.2

(三)"流动"物质平衡法

"流动"物质平衡法是由 L. Matter 等在 1998 年提出的。根据渗流力学原理,封闭气藏气井相对稳定地以一定产量生产一定时间后,压力波将传到地层外边界,并且气体流动较快进入拟稳定态,在不同时间对应的压降漏斗曲线之间彼此平行,即在同一个时间段内地层压力的下降与井底流压下降值几乎是相等的。同时由于气井以稳定的产量进行生产,所以在井底流压和井口套压之间存在稳定的转换关系,由此 L. Matter 提出利用井口拟套压代替广义物质平衡中的拟地层压力,即"流动"物质平衡公式为:

$$\frac{p}{Z} = \frac{p_i}{Z_i} - \frac{p_i}{Z_i G}G_p = a - bG_p \tag{5-40}$$

用视井底流压或视井口套压代替视地层压力作与累计产气量的相关直线,再通过视原始地层压力点作平行线,与横轴的交点即为动态储量(图 5-28)。

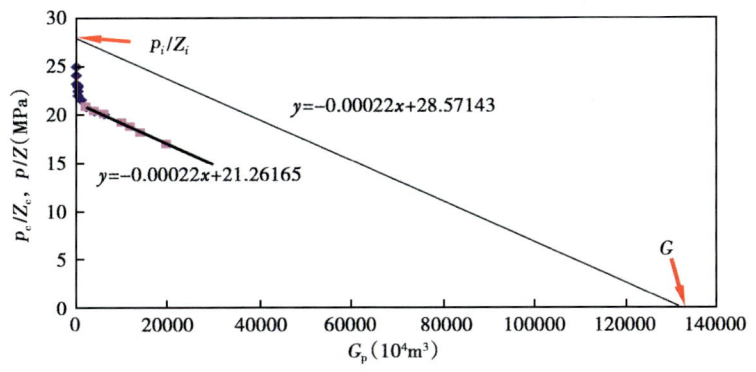

图 5-28 "流动"物质平衡法求解地质储量示意图

原则上,利用"流动"物质平衡法计算气井的动态储量时,应选取 p_{wf}/Z_{wf}—G_p 关系曲线上靠后的直线段作分析。但由各气井的采气曲线看出,靠后的那段时间基本上处于关井状态,或是关井后刚开井生产,视井底流压 p_{wf}/Z_{wf} 波动较大,不适合于作储量分析。因此,本书选取生产时间较长且产量相对稳定的直线段用于动态储量评价。图 5-29—图 5-34 是部分井利用"流动"物质平衡法计算动态储量时的分析曲线。

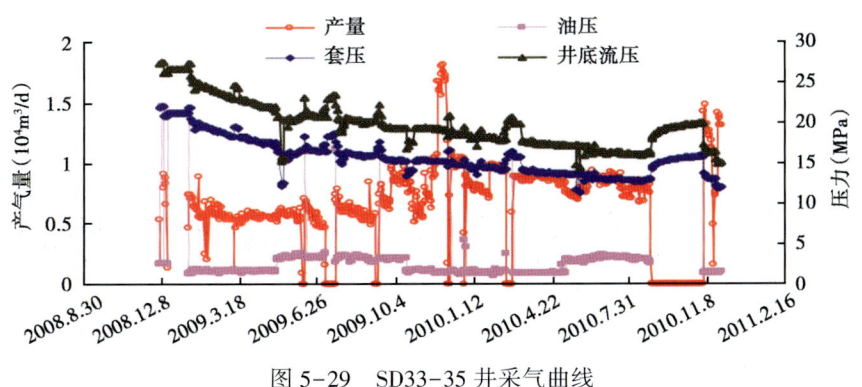

图 5-29 SD33-35 井采气曲线

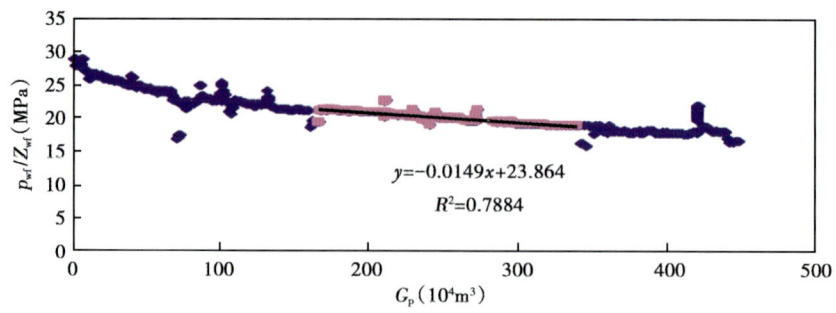

图 5-30 SD33-35 井 p_{wf}/Z_{wf} 与 G_p 关系曲线

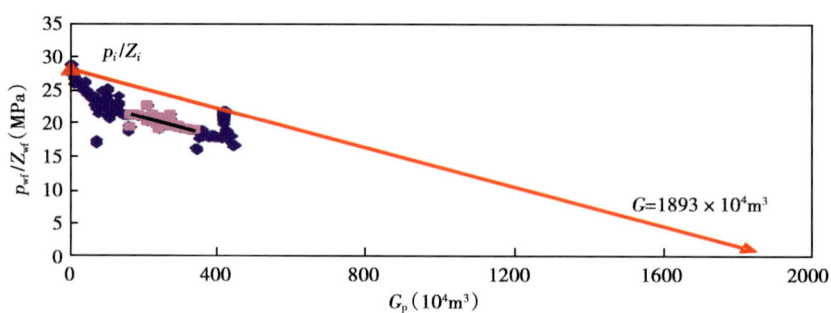

图 5-31 SD33-35 井 "流动" 物质平衡法确定储量指示曲线

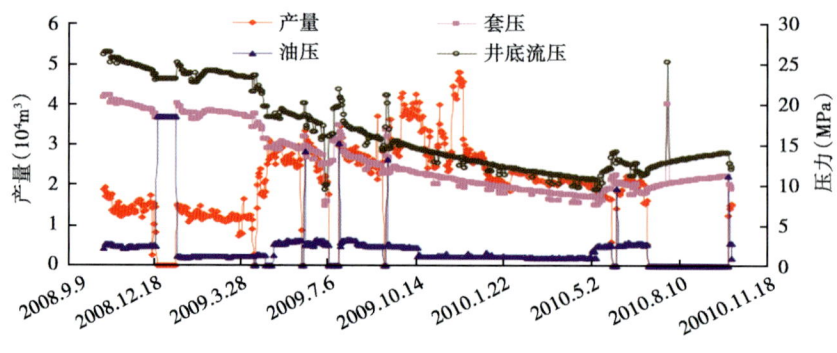

图 5-32 SD40-30 井采气曲线

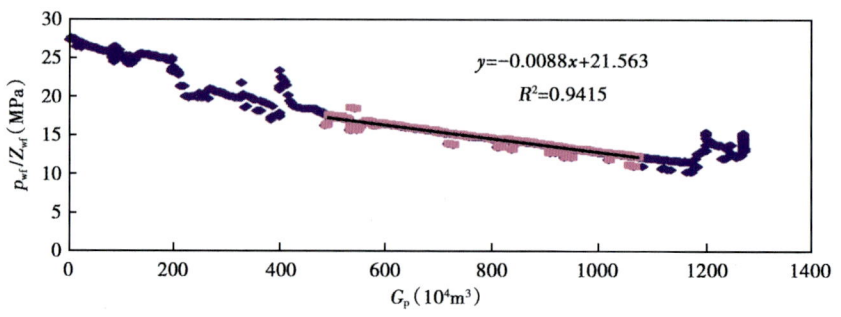

图 5-33 SD40-30 井 p_{wf}/Z_{wf} 与 G_p 关系曲线

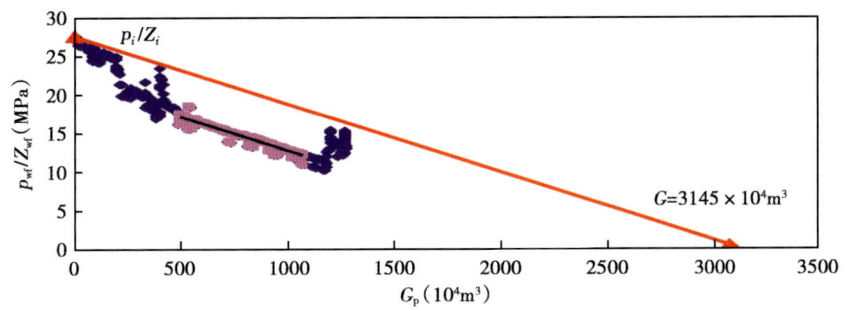

图 5-34 SD40-30 井"流动"物质平衡法确定储量指示曲线

本书采用"流动"物质平衡法对研究区块目标井的动态储量进行了计算,结果见表 5-11、图 5-35。

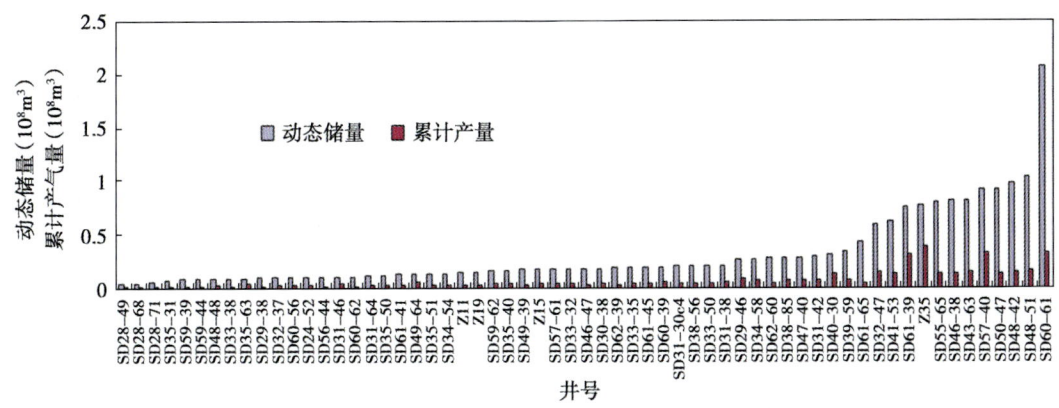

图 5-35 研究区块目标井的动态储量柱状图("流动"物质平衡法)

表 5-11 "流动"物质平衡法计算的部分目标井动态储量

井名	生产层位	累计产量（$10^8 m^3$）	动态储量（$10^8 m^3$）
SD24-52	盒$8_下$+山1	0.0345	0.1044
SD28-49	山1+山2	0.0122	0.0418
SD28-68	盒$8_上$+盒$8_下$+山2	0.0195	0.0495
SD28-71	山1+山2	0.0154	0.0630
SD29-38	盒$8_上$	0.0197	0.0988
SD29-46	盒$8_上$+盒$8_下$	0.0824	0.2630
SD30-38	盒$8_上$	0.0500	0.1841
SD31-30C4	山1	0.0419	0.2057
SD31-38	盒8+山2	0.0557	0.2084
SD31-42	盒$8_上$+盒$8_下$+山1+山2	0.0752	0.2905
SD31-46	盒8+山1	0.0436	0.1101
SD31-64	山1+山2	0.0247	0.1254

续表

井名	生产层位	累计产量（$10^8 m^3$）	动态储量（$10^8 m^3$）
SD32-37	盒8+山1	0.0262	0.1005
SD32-47	盒8下+山1	0.1495	0.5850
SD33-32	盒8下+山2	0.0419	0.1778
SD33-35	盒8下	0.0421	0.1893
SD33-38	盒8上+盒8下	0.0139	0.0893

由计算结果可看出，累计采出气量大的井，其动态储量也就越大。这是因为：累计采出气量越多，其压力下降程度相应高一些，压力波在地层中传播的距离远，控制面积大，相应的其控制的地质储量也就越大。控制储量的大于还与储层非均质性及气井生产工作制度和生产时间长短有关。以单井为单位，采用"流动"物质平衡法计算出的单井动态储量范围：$0.0418\times10^8 \sim 2.0751\times10^8 m^3$，平均 $0.316\times10^8 m^3$，共计 $19.28\times10^8 m^3$。

（四）产量不稳定分析法

利用单井的生产动态历史数据（即产量和流压），进行物质平衡分析，计算单井控制动态储量，其分析过程见图5-36。该方法适用范围广，要求数据简单，仅需产量和井口压力数据。

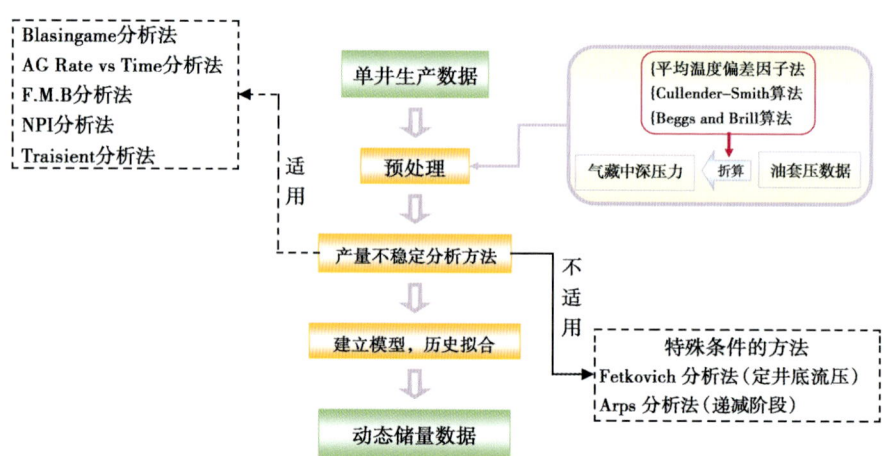

图5-36 产量不稳定分析流程图

以SD48-51井为例，该井于2009年5月10日投产，投产套压20.6MPa，套压14.5MPa，产气量 $3.37\times110^4 m^3/d$，累计产气量 $1665.68\times10^4 m^3$（图5-37）。采用RTA软件预测（图5-38、图5-39），SD48-51井合理配产 $2.6\times10^4 m^3/d$，稳产时间3.0年，单井累计最终采气量 $5731.6\times10^4 m^3$。

通过以上RTA软件实例操作过程可以看出：针对苏里格气田简化开采条件下，气井生产数据中仅压力、产量能够直接获取，RTA软件仅需气井压力、产量就能进行动态储量预测，两者之间具有较好适应性。因此，RTA软件可作为苏里格东区气井动态储量评价方法。本书共对苏里格东区200口井采用产量不稳定分析法进行了动态储量计算，结果见表5-12。

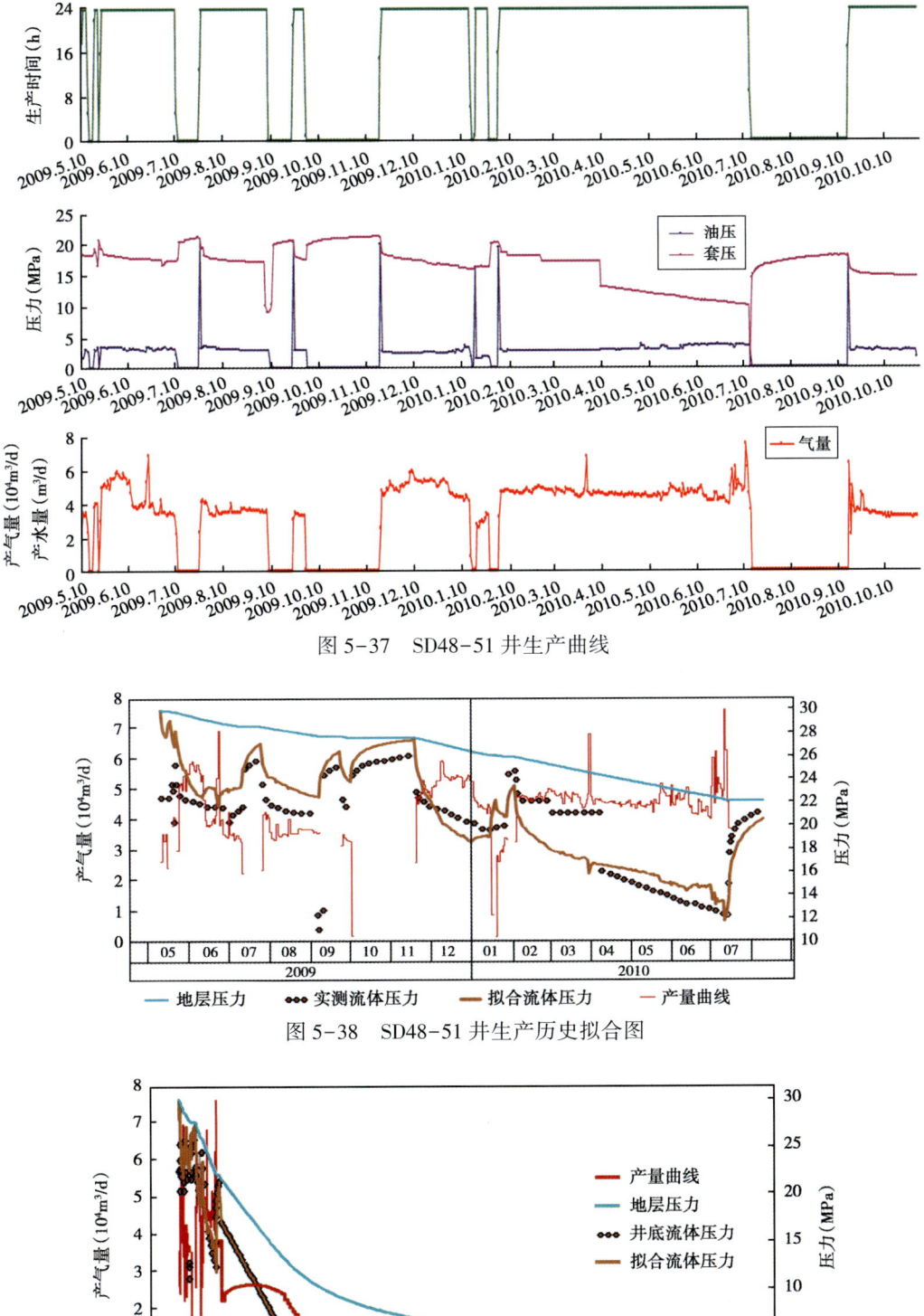

图 5-37　SD48-51 井生产曲线

图 5-38　SD48-51 井生产历史拟合图

图 5-39　SD48-51 生产预测曲线

表 5-12 苏里格气田东区部分气井 RTA 指标预测结果表

序号	井号	气井类型	合理配产（$10^4 m^3$）	稳产时间（a）	最终累计产气量（$10^4 m^3$）
1	SD60-61	Ⅰ	4.0	2.8	7061.7
2	Z35	Ⅰ	4.2	3.0	6397.8
3	T26	Ⅰ	6.5	3.0	6098.7
4	SD57-40	Ⅰ	3.0	2.5	5904.0
5	SD48-51	Ⅰ	2.6	3.0	5791.0
6	SD49-52	Ⅰ	2.6	3.0	4588.5
7	SD52-47	Ⅰ	2.0	3.0	4250.7
8	SD55-65	Ⅰ	3.0	3.0	4138.0
9	SD44-58	Ⅰ	2.0	3.0	3965.3
10	SD45-80	Ⅰ	1.8	3.0	3348.5
11	SD51-49	Ⅰ	2.0	3.0	3104.3
12	SD53-53	Ⅰ	1.6	3.0	2591.3
13	SD62-61	Ⅱ	1.8	3.2	3139.5
14	SD51-42	Ⅱ	1.6	3.0	2994.0
15	SD48-77	Ⅱ	1.6	3.0	2861.2
16	SD44-52	Ⅱ	1.3	3.0	2386.6
17	SD53-62	Ⅱ	1.2	3.0	2320.6
18	SD59-56	Ⅱ	1.4	3.0	2246.2
19	SD50-45	Ⅱ	1.5	3.0	2243.5
20	SD61-46	Ⅱ	0.8	3.0	2173.1
21	SD50-75	Ⅱ	0.8	3.0	2081.0
22	SD49-62	Ⅱ	0.8	3.0	2038.5
23	SD62-62	Ⅱ	1.4	3.0	2034.6
24	SD58-68	Ⅱ	1.3	3.0	1966.3
25	SD52-46	Ⅱ	1.0	3.0	1861.1

结果统计表明采用 RTA 软件预测，苏里格气田东区Ⅰ类井平均动态储量为 $4768.9×10^4 m^3$，Ⅱ类井平均动态储量为 $2269.0×10^4 m^3$，Ⅲ类井平均动态储量为 $1031.6×10^4 m^3$。通过苏里格东区井数比例加权计算平均单井动态储量 $2085.6×10^4 m^3$（表 5-13）。

表 5-13 不同类型气井产量不稳定分析法动态储量计算结果表

类型	比例（%）	动态储量（$10^8 m^3$）
Ⅰ类	15.12	4768.9
Ⅱ类	39.51	2269
Ⅲ类	45.37	1031.6
合计/平均	100	2085.6

（五）数值模拟法

苏里格气田东区地质特征表现为有效砂体透镜状、孤立状分布，砂体大小分布其宽厚比和长宽比符合一定的统计规律，单井动态储量特征即随着单井控制面积的增加，平均单井动态储量增大；当控制面积大于一定数值时，平均单井动态储量变化较小。数值模拟方法主要利用气井储层相关参数，建立单井储层地质模型，根据所建立地质模型进行模块分析，拟合气井生产动态，最终预测单井动态储量。通过数模建立 SD41-58 井地质模型，拟合该井生产历史（图5-40），预测单井累计最终采气量 $4856.5×10^4m^3$。

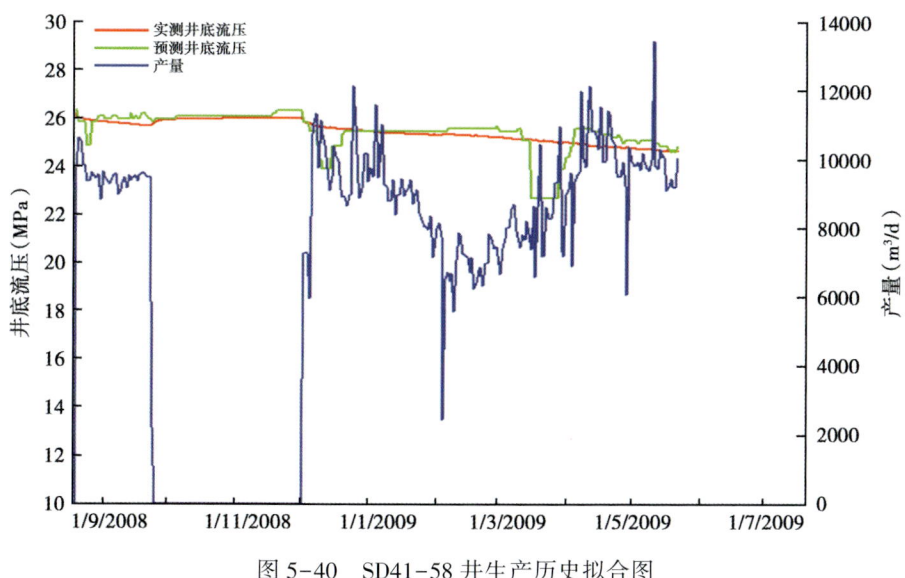

图5-40　SD41-58井生产历史拟合图

数值模拟法建立的地质模型对储层的非均质性存在一定的忽略，为验证数值模拟法预测的准确性，该井同时采用 RTA 软件进行了预测，合理配产 $3.0×10^4m^3/d$，稳产时间 3.0 年，单井累计最终采气量 $4448.2×10^4m^3$。对比表明：数值模拟计算的动态储量结果偏大，因此，数模对于单井计算动态储量具有很大局限性。

本书共采用数值模拟计算 184 口气井动储量，结果统计表明苏里格东区Ⅰ类井平均动态储量为 $5447.5×10^4m^3$，Ⅱ类井平均动态储量为 $2341.3×10^4m^3$，Ⅲ类井平均动态储量为 $1100.0×10^4m^3$。通过苏里格东区井数比例加权计算平均单井动态储量为 $2247.8×10^4m^3$（表5-14）。

表5-14　不同类型气井数模法动态储量计算结果表

类型	比例（%）	动态储量（10^8m^3）
Ⅰ类	15.12	5447.5
Ⅱ类	39.51	2341.3
Ⅲ类	45.37	1100
加权平均	100	2247.8

三、不同方法动态储量计算结果对比

针对压降法、产量不稳定分析法、数值模拟方法、产量递减法四种方法所计算苏里格东区单井平均动态储量结果进行对比（表5-15）。

表 5-15　不同方法气井控制动态储量计算结果对比表

方法	动态储量（$10^4 m^3$）			
	Ⅰ类	Ⅱ类	Ⅲ类	加权平均
压降法	4523.5	2151.8	1100.6	2033.5
递减法	4689.5	2279.5	1098.7	2108.2
产量不稳定分析法	4768.9	2269.0	1031.6	2085.6
数值模拟法	5447.5	2341.3	1100.0	2247.8
平均	4729.2	2274.25	1065.15	2096.9

对比结果表明，压降法由于受低渗气藏投产初期的气井生产特征及气井关井恢复压力的影响，动态储量计算结果明显偏小（图 5-41）。数值模拟法主要由于未能考虑苏里格东区储层非均质性强等因素的影响，动态储量计算结果明显偏大。

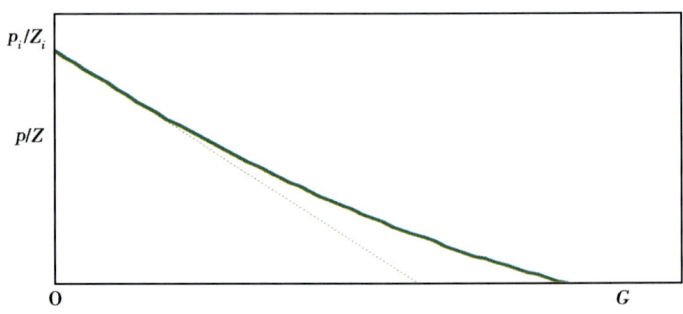

图 5-41　低渗气藏压降法指示曲线

苏里格气田东区多层系开发，下古生界具有一定开发潜力。本书针对下古生界单层系开发气井的动态储量进行综合评价，主要采用数值模拟法与产量不稳定法（表 5-16），评价结果显示：苏里格气田东区下古生界单采井动态储量平均值约为 $4682.8 \times 10^4 m^3$。

表 5-16　不同方法下古生界动态储量计算结果对比表

气井类型	方法	动态储量（$10^4 m^3$）
下古生界（20）	产量不稳定分析法	4487.1
	数值模拟法	4878.5
	平均	4682.8

第四节　气井合理配产评价

一、气井合理配产的意义及原则

气井以合理的产量进行开采不仅可以使气井保持较长的稳产期，而且能使气藏在合理的采气速度下获得较高的采收率，从而获得最好的经济效益。

苏里格气田东区气井合理配产主要遵循两个原则：（1）气井需要一定的稳产期；（2）合理利用地层能量。本书运用采气指示曲线分析、气藏数值模拟及生产统计等方法得到苏里格东区不同类型单井的合理配产。

二、气井合理配产的方法及适应性分析

（一）采气指示曲线法

该方法着重考虑减少气井渗流的非线性效应以确定气井合理配产，当气井产量较小时，流动符合达西定律，采气指数的倒数（p_e-p_{wf}）/q 与产量近似呈线形关系；而当产量增大到某一值后，（p_e-p_{wf}）/q 随产量的变化不再满足达西定律，气体流入井筒要产生附加压降，造成地层能量的损失。从气井生产能量消耗的合理性出发，要求采气指数越大越好。因此，可以把偏离早期直线段那一点的产量作为气井的最大合理产量。

由二项式方程有：

$$\Delta p = p_e - p_{wf} = \frac{Aq_g + Bq_g^2}{p_e + \sqrt{p_e^2 - Aq_g - Bq_g^2}} \tag{5-41}$$

公式（5-41）两边同时除以 q_g，得到气井采气指数的倒数（p_e-p_{wf}）/q 与产量的关系曲线（图5-42）。

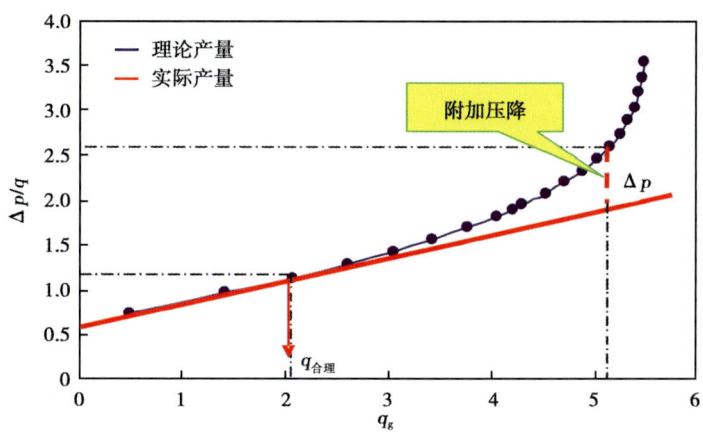

图 5-42 采气指数与产量关系曲线示意图

1. 典型Ⅰ类井分析

以 SD32-47 井为例，其产能方程为：

$$p_e^2 - p_{wf}^2 = 89.33q_g + 8.26q_g^2 \tag{5-42}$$

其采气指数与产量的关系曲线见图5-43，得到最大合理产量为 $2.0 \times 10^4 \mathrm{m}^3/\mathrm{d}$。该井于2008年7月14日投产，生产曲线见图5-44，投产初期油、套压为 3.2/21MPa；初期以 $3.0 \times 10^4 \mathrm{m}^3/\mathrm{d}$ 左右生产，后产量稳定在 $2.0 \times 10^4 \mathrm{m}^3/\mathrm{d}$，压降速率为 0.017MPa/d，生产平稳，累计产气量为 $1721.88 \times 10^4 \mathrm{m}^3$，合理产量为 $2.0 \times 10^4 \mathrm{m}^3/\mathrm{d}$，与采气指示曲线法分析的结果相当。

2. 典型Ⅱ类井分析

以 SD25-31 井为例，其产能方程为：

$$p_e^2 - p_{wf}^2 = 142.10q_g + 8.26q_g^2 \tag{5-43}$$

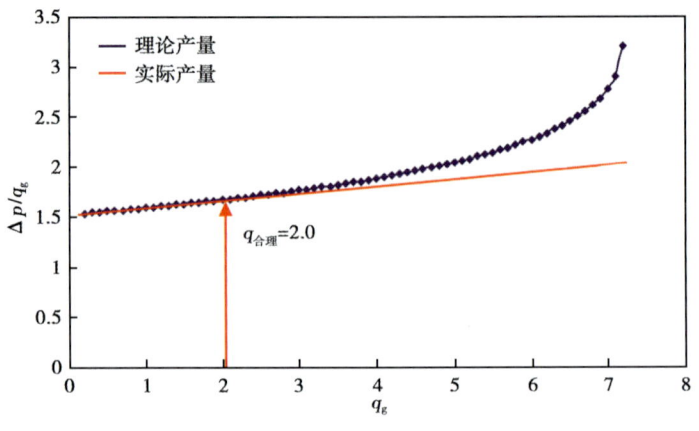

图 5-43 SD32-47 井采气指数与产量关系曲线

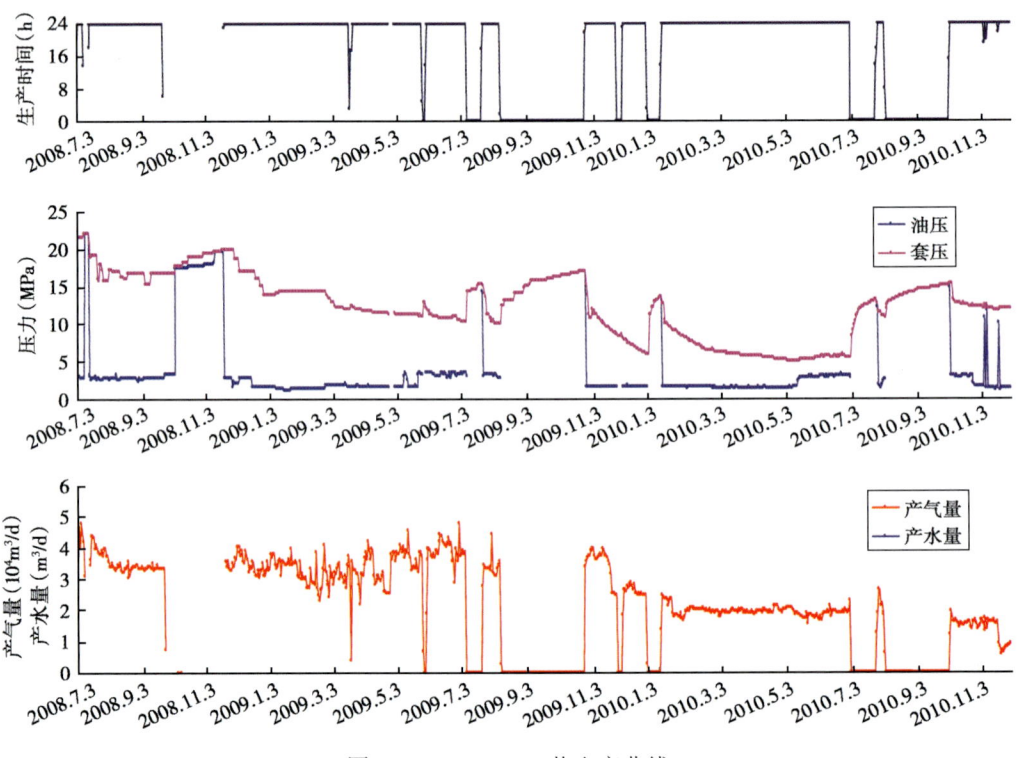

图 5-44 SD32-47 井生产曲线

其采气指数与产量关系曲线见图 5-45，得到最大合理产量为 $1.1\times10^4\mathrm{m}^3/\mathrm{d}$。该井于 2009 年 6 月 15 日投产（图 5-46），投产初期油压、套压为 22.3MPa、22.4MPa；初期以 $1.5\times10^4\mathrm{m}^3/\mathrm{d}$ 左右生产，后产量稳定在 $1.1\times10^4\mathrm{m}^3/\mathrm{d}$，压降速率为 0.007MPa/d，生产平稳，累计产气量为 $639.09\times10^4\mathrm{m}^3$，合理产量为 $1.1\times10^4\mathrm{m}^3/\mathrm{d}$，与采气指示曲线法分析的结果相当。

3. 典型Ⅲ类井分析

以 SD35-40 井为例，其产能方程为：

$$p_\mathrm{e}^2-p_\mathrm{wf}^2=408.95q_\mathrm{g}+56.98q_\mathrm{g}^2 \tag{5-44}$$

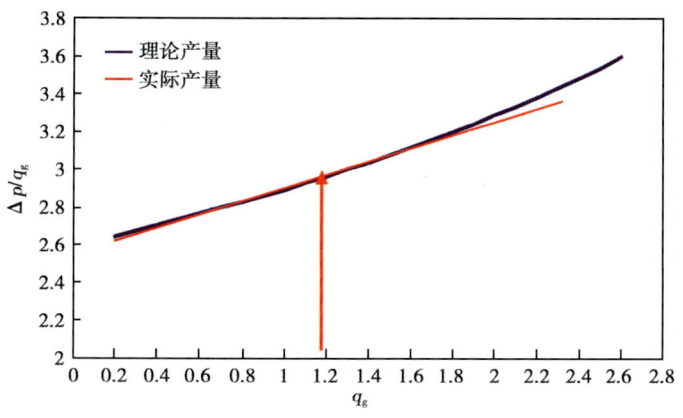

图 5-45　SD25-31 井采气指数与产量关系曲线

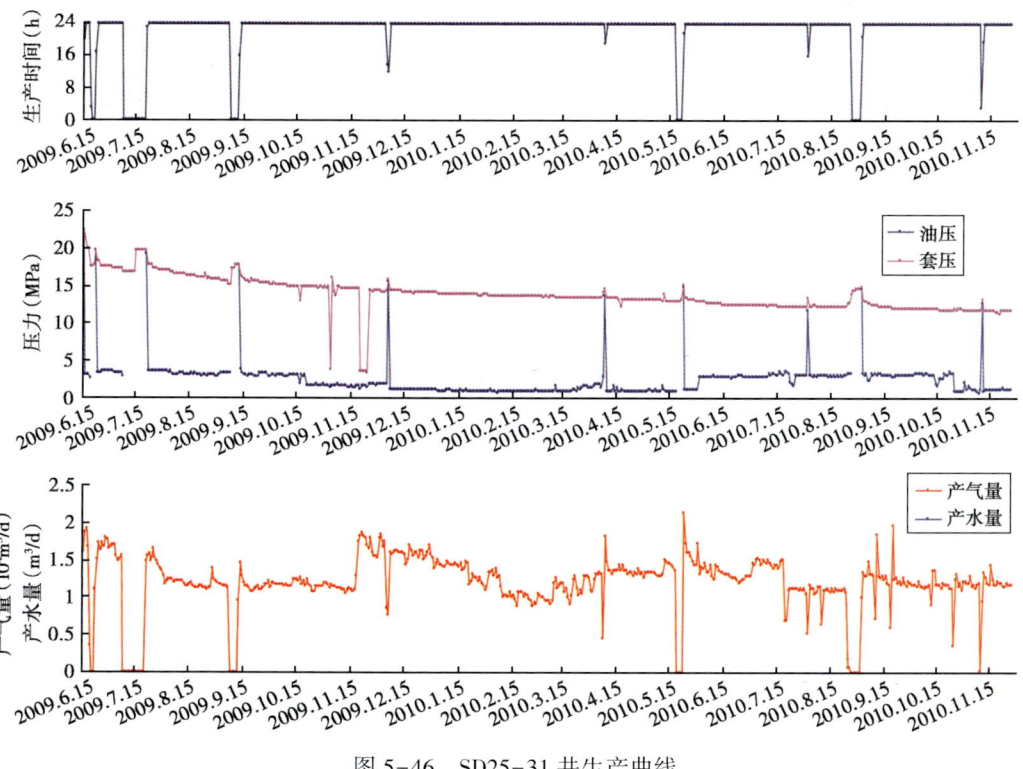

图 5-46　SD25-31 井生产曲线

其采气指数与产量关系曲线见图 5-47，得到最大合理产量为 $0.4\times10^4\mathrm{m}^3/\mathrm{d}$。该井于 2008 年 11 月 30 日投产（图 5-48），投产初期油压、套压为 2.6MPa、20.9MPa；初期以 $0.8\times10^4\mathrm{m}^3/\mathrm{d}$ 左右生产，当前以 $0.4\times10^4\mathrm{m}^3/\mathrm{d}$ 生产，压降速率为 0.016MPa/d，生产平稳，累计产气量为 $388.79\times10^4\mathrm{m}^3$，该井合理产量为 $0.4\times10^4\mathrm{m}^3/\mathrm{d}$，与采气指示曲线法分析的结果相当。

值得注意使用该方法的前提是：建立相应气井的产能方程，因此该方法在苏里格东区的应用受到限制。

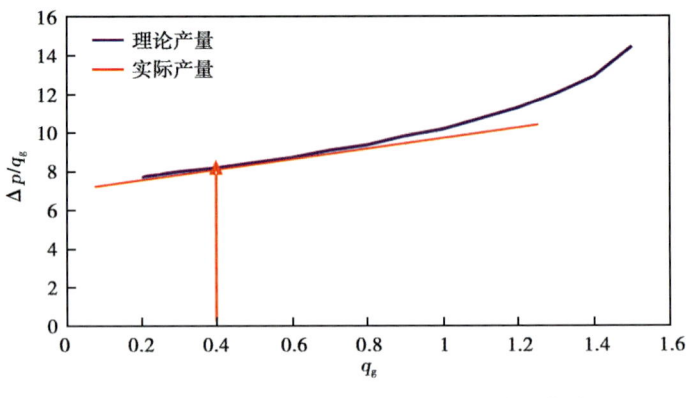

图 5-47 SD35-40 井采气指数与产量关系曲线

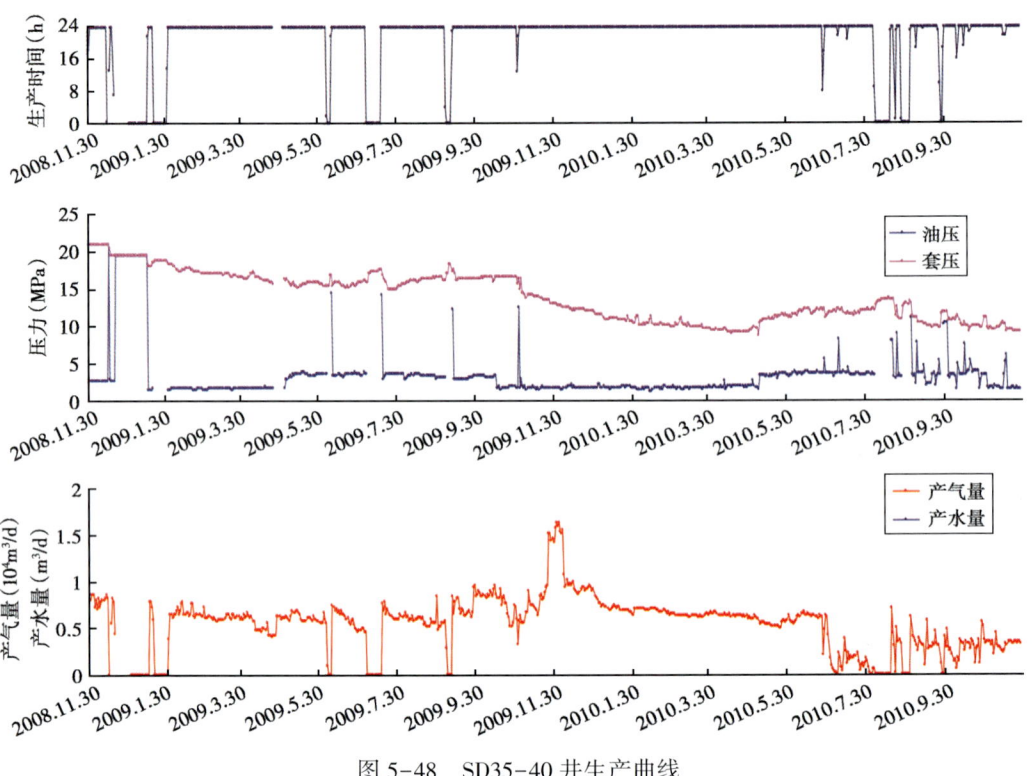

图 5-48 SD35-40 井生产曲线

(二) 节点分析法

气井节点系统分析就是将流入和流出动态特性综合在一起进行系统分析的一种方法。由于系统内每个参数的变化都会引起节点压力和流量的变化，因此在进行气井节点分析时，通常将节点压力和流量作成图，观察节点压力随流量和系统参数的变化，选取井底作为解节点，分别计算出流入与流出曲线，二者的交点即为协调生产点，图 5-49、图 5-50 为苏里格气田东区几口气井的节点分析法示意图。

苏里格东区气井具有产能递减快的特点，且在井下安放了节流器，因此该方法在苏里格气田东区不适合。

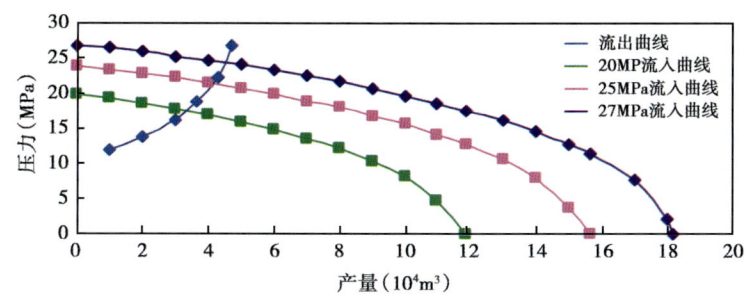

图 5-49　SD53-64 井节点分析示意图

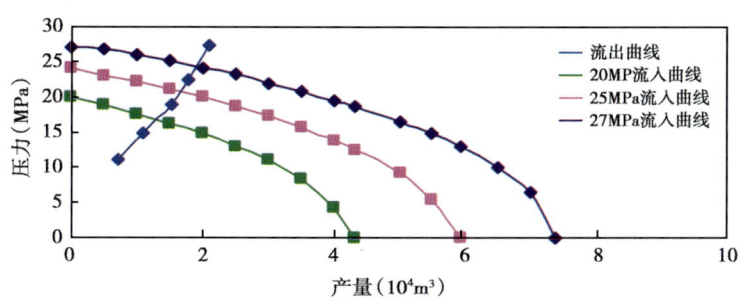

图 5-50　SD34-58 井节点分析示意图

（三）RTA 软件预测法

该方法是通过已有生产资料拟合建立气井模型，对比预测结果得到气井合理配产。RTA 软件是加拿大 Fekete 公司开发的用于天然气开采系统生产动态计算的一种软件，它是利用生产井数据进行产量动态分析的工具，分析和计算有关油气藏储量、渗透率、表皮系数、水驱特征等。该软件的特点是引入自动拟合理论，利用机器寻求模型数据。

理论上，生产数据分析与压力不稳定分析相同。如果获得了合格的生产数据，就可以对数据进行可靠的分析。但生产数据分析和压力不稳定分析的对比最终归结于实际数据的质量（生产数据属于"低频/低分辨率"数据，而压力不稳定数据属于"高频/高分辨率"数据）和数据采集（生产数据是作为"监控"数据被动收集的，而压力不稳定数据是按照设计要求收集的，以便保证储层的特征描述精确且有代表性）。为了改善生产数据分析，可使用下列方法进行生产数据的诊断、分析和解释。

步骤 1：数据审查→审查"生产曲线图"的数据质量/相关性。

步骤 2：数据审查→数据相关性检查（p_{wf} 或 p_{tf} 对产量曲线图）。

步骤 3：清理/整理数据，提高清晰度→清除诊断所使用的双对数数据曲线图中的数据。

步骤 4：识别流型（诊断）→识别特征性流型。

步骤 5：将数据与储层模型进行对比→使用"典型曲线"将数据与储层模型进行对比/拟合。

步骤 6：将模型参数细化→使用单个典型曲线、模拟模型和/或回归方法改进模型参数（K，S，x_f，F_{cD}…）的拟合。

苏里格气田东区的生产气井下了井下节流器，能够用来进行生产动态分析的生产数据主要是套压数据和气、水产量数据。对苏里格东区气井的生产数据进行审查时，发现大部分气井的数据不能直接用来进行动态分析,而需要整理。处理时按照"把准两端,调整中间"的原则进行。

采用 RTA 软件预测 SD25-31 井,以 $1.3 \times 10^4 \mathrm{m}^3/\mathrm{d}$ 生产可以稳产 3 年(图 5-51、图 5-52),单井累计产气量 $2221 \times 10^4 \mathrm{m}^3/\mathrm{d}$。

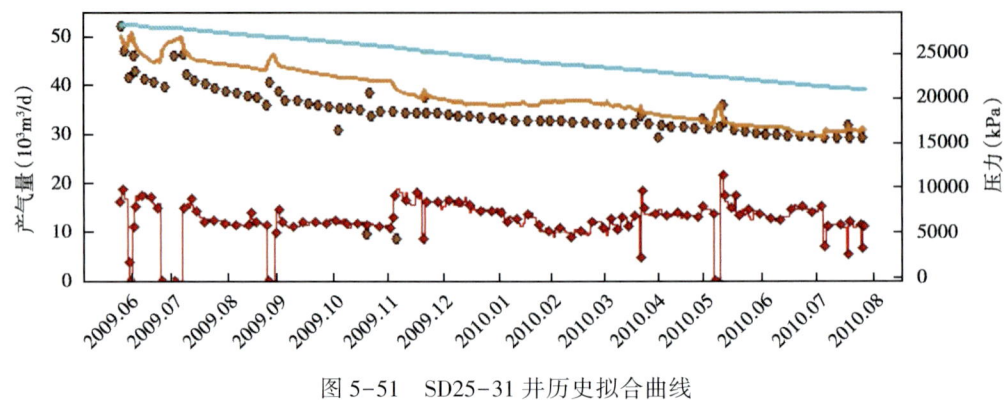

图 5-51　SD25-31 井历史拟合曲线

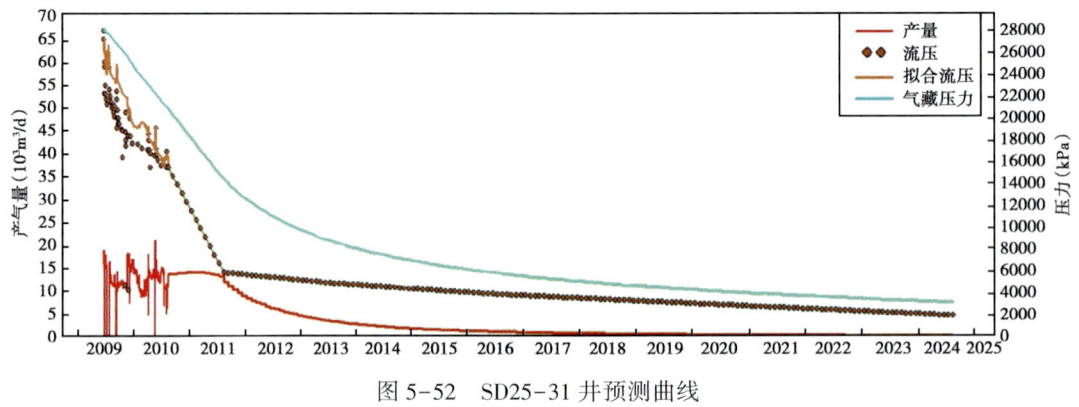

图 5-52　SD25-31 井预测曲线

利用 RTA 预测法评价了苏里格东区 200 口气井的合理配产,按气田分类井加权平均,上古生界气田平均合理配产 $1.06 \times 10^4 \mathrm{m}^3/\mathrm{d}$,下古生界气田平均合理配产 $2.52 \times 10^4 \mathrm{m}^3/\mathrm{d}$(表 5-17)。

表 5-17　部分井 RTA 软件预测配产结果表

井号	RTA 配产 ($10^4 \mathrm{m}^3/\mathrm{d}$)	井号	RTA 配产 ($10^4 \mathrm{m}^3/\mathrm{d}$)	井号	RTA 配产 ($10^4 \mathrm{m}^3/\mathrm{d}$)
SD43-48	0.40	SD15-50	2.20	SD61-65	1.00
SD44-52	1.30	SD16-49	0.40	SD62-60	0.50
SD44-56	0.60	SD16-50	0.40	SD62-61	1.80
SD46-38	3.50	SD20-45	0.30	SD62-62	1.40
SD46-47	1.00	SD21-51	0.70	SD62-63	4.50
SD48-51	2.60	SD36-67	0.80	SD62-69	0.80
SD49-46	0.60	SD38-72	1.30	T18	0.60
SD49-50	0.40	SD43-63	3.20	SD31-30c2	1.40

续表

井号	RTA 配产 ($10^4 m^3/d$)	井号	RTA 配产 ($10^4 m^3/d$)	井号	RTA 配产 ($10^4 m^3/d$)
SD49-52	2.60	SD43-71	0.90	SD31-30c3	1.50
SD50-37	0.40	SD43-73	3.20	SD32-38	1.00
SD50-42	0.20	SD44-58	3.00	SD33-38	0.30
SD50-45	1.50	SD44-63	1.00	SD35-40	0.70
SD50-49	0.70	SD45-66	0.50	SD39-31	1.50
SD51-42	1.60	SD45-67	1.70	Z17	0.80
SD51-44	—	SD45-80	2.00	Z35	4.20
SD51-49	2.00	SD47-64	0.60	SD32-47	2.30
SD52-45	1.00	SD48-61	0.30	SD32-49	1.20
SD52-46	1.00	SD48-77	1.60	SD32-50	1.20
SD52-47	2.00	SD49-62	0.80	SD32-52	0.40
SD52-50	0.80	SD49-64	0.80	SD32-58	0.90
SD52-51	8.00	SD49-66	0.60	SD33-47	1.20
SD52-54	0.22	SD50-64	0.20	SD33-49	1.00
Z27	0.50	SD50-69	0.86	SD34-57	1.00

(四) 数值模拟法

数值模拟方法是从全气藏出发，每口井的配产都同气藏的开发指标相联系，同时考虑了气藏开发方式和气井的生产能力以及各井生产时的相互干扰。因此，用这种方法配产更符合生产实际。对拟合好的单井模型，去掉实际生产数据，重新设计不同产量预测气井动态。

采用数值模拟方法对 SD15-50 井（典型 I 类井）进行合理产量预测，分别配产 $2.6 \times 10^4 m^3/d$、$2.0 \times 10^4 m^3/d$、$1.4 \times 10^4 m^3/d$，根据稳产 3 年优选气井的合理配产的原则，优化出该井合理配产 $2.0 \times 10^4 m^3/d$。

利用数模法评价了苏里格气田东区 199 口气井的合理配产，部分配产结果见表 5-18，按气田分类井加权平均，上古生界气田平均合理配产 $1.05 \times 10^4 m^3/d$，下古生界气田平均合理配产 $2.54 \times 10^4 m^3/d$。

表 5-18 数值模拟配产结果表

井号	数模配产 ($10^4 m^3/d$)	井号	数模配产 ($10^4 m^3/d$)	井号	数模配产 ($10^4 m^3/d$)
SD43-48	0.35	SD49-66	0.60	SD39-60	9.00
SD44-52	1.50	SD50-64	0.25	SD40-51	0.70
SD44-56	0.40	SD50-69	0.80	SD40-53	3.00
SD46-38	3.00	SD50-75	0.70	SD40-55	1.00
SD46-47	0.90	SD52-61	0.60	SD40-57	0.70
SD48-51	3.50	T26	5.50	SD41-49	1.50
SD49-46	0.80	SD54-46	0.30	SD41-52	2.00

续表

井号	数模配产 ($10^4 m^3/d$)	井号	数模配产 ($10^4 m^3/d$)	序号	数模配产 ($10^4 m^3/d$)
SD49-50	0.50	SD55-40	1.00	SD41-53	2.50
SD49-52	2.50	SD57-40	3.00	SD41-56	1.00
SD50-37	0.50	SD59-39	0.50	SD41-58	2.50
SD50-42	0.20	SD59-44	0.40	SD41-62	1.50
SD50-45	1.50	SD60-39	0.50	SD42-50	0.40
SD50-49	0.80	SD61-39	4.00	SD42-52	1.00
SD51-42	1.50	SD61-41	0.30	SD42-57	1.00
SD51-44	1.00	SD61-45	0.80	SD42-58	1.00
SD51-49	2.60	SD61-46	0.80	SD43-57	1.50
SD52-45	1.40	SD62-39	0.80	Z4	0.90
SD52-46	1.00	S243	0.50	SD26-70	0.40
SD52-47	2.40	SD53-48	0.80	SD29-69	0.50
SD52-50	0.65	SD53-53	1.60	SD30-68	0.40

（五）经验公式法

借鉴苏里格气田中区配产经验，对 $q_{AOF} \geqslant 10 \times 10^4 m^3/d$ 的井，可以按试气无阻流量的 $1/10 \sim 1/8$ 配产；对 $4 \times 10^4 m^3/d \leqslant q_{AOF} < 10 \times 10^4 m^3/d$ 的井，可以按试气无阻流量的 $1/8 \sim 1/6$ 配产；对 $q_{AOF} < 4 \times 10^4 m^3/d$ 的井，可以按试气无阻流量的 $1/3 \sim 1/4$ 配产。苏里格气田东区单井配产结果见表5-19。经验法对苏里格气田东区分类井进行了配产，加权得到上古生界平均配产 $0.95 \times 10^4 m^3/d$。

表5-19 苏里格东区单井配产结果表

井类	无阻流量 ($10^4 m^3/d$)	配产原则 （与无阻流量关系）	占上古生界核实 产能井比例（%）	平均配产 ($10^4 m^3/d$)
Ⅰ类	>10	1/10~1/8	15.12	2.3
Ⅱ类	4~10	1/8~1/6	39.51	0.95
Ⅲ类	<4	1/4~1/3	45.37	0.5
平均				0.95

三、配产评价方法对比分析

（一）分析与对比

通过对采气指示曲线法、节点分析法、RTA软件预测法、数值模拟法、经验公式法在苏里格东区气藏的适应性评价，认为采气指示曲线法和节点分析法不适合在苏里格东区推广应用，经验公式法方便简单，适用于指导投产初期的配产，RTA软件预测法流程简单易学，需要资料少，准确性高，可用于生产后的配产调整，适合在苏里格东区推广应用。

RTA软件预测法、数值模拟法和经验公式法的评价结果表明，RTA预测结果与数值模拟结果基本一致，经验法略小，求取三种方法的平均值，为气井合理配产。Ⅰ类井合理配产

2.5×10⁴m³/d，Ⅱ类井合理配产 1×10⁴m³/d，Ⅲ类井合理配产 0.5×10⁴m³/d，加权平均得到苏里格气田东区单井平均合理配产 1.0×10⁴m³/d，该认识与苏里格东区生产动态基本符合（表 5-20）。

表 5-20 不同方法上古生界配产综合表

类型	比例（%）	RTA 法 ($10^4 m^3/d$)	数值模拟法 ($10^4 m^3/d$)	经验公式法 ($10^4 m^3/d$)	平均 ($10^4 m^3/d$)
Ⅰ类井	15.12	2.64	2.72	2.3	2.5
Ⅱ类井	39.51	1.06	1.06	0.95	1
Ⅲ类井	45.37	0.51	0.5	0.5	0.5
加权平均	100	1.05	1.06	0.95	1.0

（二）小结

（1）对常规生产动态分析方法在苏里格东区气田的适应性进行了系统分析，初步形成了适用性强的生产动态分析体系。

①对一点法经验公式的适用条件进行了研究，研究表明，苏里格东区低渗，并且储层呈条带状，准确的评价气井产能需要连续测试 10 天以上；建立了苏里格东区产能方程；复算表明苏里格东区平均无阻流量 4.95×10⁴m³/d。

②RTA 软件预测法、数模方法和经验法适用于苏里格东区配产，计算表明，苏里格东区合理配产在 0.95×10⁴~1.04×10⁴m³/d 之间。

③不关井测压技术及经验压力折算方法，计算结果均在误差允许范围内，均可用于苏里格东区地层压力折算。苏里格东区平均地层压力 20.16MPa，地层压力下降 8.3MPa，平均年压降 3.6MPa；Ⅲ类井压降较大，反映其单井控制储量小。

④压降法计算结果明显偏小，数值模拟法动态储量偏大，递减法及产量不稳定法适用于苏里格东区动态储量计算。苏里格东区平均单井动态储量采用递减法与产量不稳定法平均值 2096.9×10⁴m³。

（2）初步揭示了苏里格东区气井、区块递减率规律。气井递减率符合衰竭式递减规律，苏里格东区平均月递减率为 1.7%；递减率受初期配产影响大，苏里格东区投产井在 2010 年、2011 年将进入递减期，区块 2010 年、2011 年月递减率将超过 2%。

（3）RTA、数模预测以配产生产，各类井均能满足方案稳产三年的要求，总体稳产形势乐观，但下古生界部分井配产明显偏高。

参 考 文 献

［1］陈元千．油藏工程计算方法．北京：石油工业出版社，1992.
［2］葛家理．油气层渗流力学．北京：石油工业出版社，1982.
［3］何丽萍，毛美丽，廖红梅，等．苏里格气田压力监测方法和远程试井技术．天然气工业，2011.
［4］Blasingame T A, McCray T L, Lee W J. Decline Curve Analysis for Variable Pressure Drop/Variable Flowrate Systems. SPE21513, 1991.
［5］Blasingame T A, Johnston J L, Lee W J. Type-Curve Analysis Using the Pressure Integral Method. SPE18799, 1989.
［6］Fast-RTA 软件用户手册．加拿大，Fekete Associate Incs, 2008.

第六章 低渗透气田储层改造与采气技术

第一节 薄层压裂工艺技术

一、储层多裂缝的形成

(一) 多裂缝的形成发展过程

多裂缝的存在造成了异常高的施工压力和早期砂堵，导致了多条长度较短、缝宽较窄、导流能力低的裂缝，严重影响压裂效果。因此，针对苏里格气藏多裂缝的形成机理进行研究是非常有必要的，从中可以为多裂缝的防治技术提供理论依据。

无论直井还是斜井，在裂缝的起裂过程中，由于射孔摩擦阻力与各个射孔破裂压力的限制，在井筒压力协调的作用下，多个人工裂缝相继开启，独立延伸、吸液。对于同一地层，同一纵向上破裂压力相差很小的多个射孔孔眼在井筒压力协调的情况下很容易相继开启，首先形成多个小裂缝；随着各个裂缝的尺寸的增大，在同一纵向上的各个裂缝可能在缝口联系在一起，成为一个大裂缝；而处于不同纵向上的小裂缝，由于与其他纵向上裂缝联系的可能性减小，有可能发展成另外的大裂缝，最后是多个大裂缝同时延伸（图6-1）。

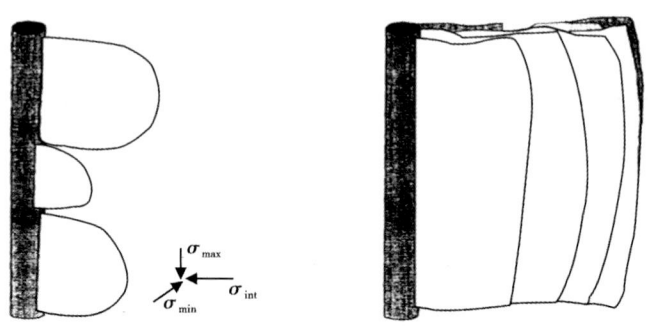

图 6-1　纵向上不同的射孔处起裂的裂缝发育成平行多裂缝

在随后的压裂过程中，由于个别裂缝的裂缝宽度、裂缝的曲折度等原因，可能造成砂堵，从而逐渐退出流量的分流与延伸；或者由于采取了加粉砂等工艺技术而不再分流延伸，最终在地层中延伸的可能只有少数几个大裂缝。图6-2示意了裂缝条数的变化规律。

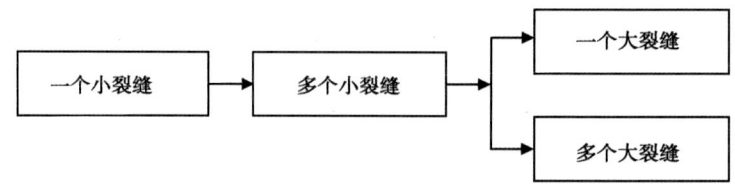

图 6-2　裂缝条数变化规律示意图

(二) 苏里格气藏多裂缝形成机理分析

（1）苏里格东区气藏部分井射孔段的层数多、单层厚度小，造成压裂液在多个层内分流，多个裂缝同时延伸扩展，形成多条裂缝。

对于均质的同一地层，沿轴向起裂的多条裂缝，如果不能在井底附近连接，则会形成多个独立发展的近平行裂缝，射孔段厚度越大，产生多裂缝的可能性越大。对于纵向上的多个薄层，随着射孔段长度增加，由于多个射孔独立进液，不同层位内的裂缝各自延伸，而且由于隔层的存在减小了不同裂缝连接的可能性，从而形成纵向多裂缝现象。

表6-1是对苏里格东区典型井的多、薄层情况的统计。在统计的6口井中，在同一层位中均相对集中有3个以上的小层，单层平均厚度仅2.2m。这种典型的多、薄层分布必然导致在压裂过程中容易形成多裂缝现象。

表6-1 苏里格东区气藏典型井的有效厚度统计

井号	层位	气层井段 （m）	厚度 （m）	电阻率 （Ω·m）	时差 （μm/m）	层数	平均层厚 （m）	总体平均层厚 （m）
SD32-49	盒$8_下$	3002.0~3003.9	1.9	24.24	264.74	4	2.5	2.2
		3004.8~3005.7	0.9	25.87	262.28			
		3006.5~3008.8	2.3	25.44	266.25			
		3009.7~3014.6	4.9	27.49	235.5			
	山1	3020.5~3022.3	1.8	30.8	238.66	3	1.9	
		3037.4~3039.3	1.9	62.11	273.78			
		3040.0~3042.1	2.1	100.25	252.93			
SD30-47	盒$8_下$	3003.6~3005.5	1.9	37.58	250.59	4	2.1	
		3006.1~3007.9	1.8	53.56	235.89			
		3020.0~3021.0	1	20.85	247.58			
		3021.8~3025.6	3.8	23.21	260.75			
SD62-64	山1	3020.7~3021.8	1.1	125.11	223.94	3	1.4	
		3022.4~3023.9	1.5	116.28	229.17			
		3042.3~3043.9	1.6	58.71	239.09			
SD49-66	盒$8_下$	2947.3~2950.3	3	38.08	246.67	3	2.3	
		2951.1~2952.5	1.4	54.77	252.17			
		2954.3~2956.9	2.6	52.29	253.87			
SD21-56	盒$8_下^2$	2936.4~2938.0	1.6	35.57	223.83	3	3	
		2938.0~2941.3	3.3	16.2	244.49			
		2941.3~2945.5	4.2	23.9	230.69			
SD59-42	马5_5	3266.8~3269.8	3	153.35	179.7	3	2.2	
		3275.9~3277.5	1.6	91.23	179.81			
		3285.0~3286.9	1.9	150.03	191.28			

（2）岩心分析表明，苏里格东区气藏发育一定的天然微裂缝（表6-2），压裂过程中开启的天然裂缝不仅大大增加了压裂液滤失量，也增加了多裂缝产生的可能性。

压裂过程面临的多裂缝问题主要发生于天然裂缝存在或发育的地层。

表 6-2　苏里格东区岩心观察显示有裂缝的井层统计

井号	顶界（m）	底界（m）	层位	渗透率（mD）	孔隙度（%）	备注
SD23-53	2946.41	2946.63	P_2h	20.910	12.35	裂缝
SD40-30	3132.58	3132.68	P_2h	5.922	9.25	裂缝
SD41-58	2920.79	2920.90	P_2h	13.230	10.09	裂缝
SD43-64	2922.32	2922.35	P_1s	2.669	0.070	裂缝
SD50-47	3168.56	3168.69	P_1s	7.700	10.24	裂缝
SD50-47	3293.22	3293.32	O_1m	1.719	0.93	裂缝
SD50-47	3296.99	3297.15	O_1m	1.688	1.97	裂缝
SD55-59	2950.90	2950.95	P_2h	7.019	4.31	裂缝
SD55-59	2956.18	2956.23	P_2h	5.769	4.82	裂缝

1. 井筒附近

如果射孔孔眼周围存在天然微裂缝，则优先破裂的射孔孔眼就可能是存在微裂缝的射孔，也可能是已经破裂孔眼的同轴向的孔眼，或者是两种交织破裂，这种情况在微裂缝发育的地层中是常见的。如果新开启孔眼与前面已经开启孔眼在周向上存在一定的角度，该处的小裂缝不容易与已经开启裂缝在延伸过程中连接，则发展成独立的大裂缝，最终形成多裂缝。

2. 在裂缝延伸过程中

对于天然裂缝发育的地层，在裂缝延伸过程中可能形成更复杂的多裂缝形态。这些天然裂缝不定时地引导了流体的流向，因而形成了分叉裂缝，当这些分叉裂缝的尖端受阻时，裂缝又沿其他方向发展，但最终的大方向是沿最大水平主应力发展，因此形成的裂缝形态是极其复杂的。

二、储层压裂典型工艺技术

面对储层中因多裂缝造成的异常高的施工压力和早期砂堵，从而导致多条长度较短、缝宽较窄、导流能力低的裂缝，进而严重影响了压裂效果。所以针对不同的储层情况选取不同的压裂方式，分层及选择性压裂技术主要用于多层的油气井中，对其中的某个或某些目的层进行压裂。常用的分层及选择性压裂技术有堵塞球选择性压裂、限流法分层压裂和机械封堵分层压裂（吴亚红，2012）。

（一）堵塞球选择性压裂

堵塞球选择性压裂是将井中所有预压裂的层段一次射开，利用各层间破裂压力不同，首先压开破裂压力较低的层段进行加砂。然后在注顶替液时投入堵塞球，将其射孔孔眼暂时堵塞，再提高压力压开破裂压力较高的层段。也可利用各层渗透性的差异，在泵注的适当时机注入堵球，改变液体进入产层的分配状况，增加渗透性较差的层段压力，直至其破裂。如此反复进行，直到更多的层段被压开。

堵塞球分层压裂技术优点是省钱省时、经济效果好、适应范围广，可以和其他压裂方法配合使用。该技术的缺点是在地面不能准确判断各目的层被压开的顺序，投堵塞球的量带有一定盲目性。封堵球技术最大的不足是在压裂时投球控制不准，其投球的数量、投球速度、施工排量要求很严，因此施工技术难度大，在一定的压力下难以控制需重点改造的层位，即上下气层分层压裂改造目的性差，不能有效对设计层位达到最佳改造，从而不能得到理想的分层效果。如当堵球量不够时，可能造成目的层的重复处理，相应地也就可能出现没有处理到的遗漏的目的层，从而影响到压裂效果。

（二）限流法分层压裂

限流法分层压裂技术是指当一口井中有多个压裂目的层，且各层间破裂压力又各不相同时，通过严格控制各层的炮眼数量和直径，并尽可能提高注入量，利用最先被压开层孔眼产生的摩阻，大幅度提高井底压力，迫使压裂液分流，使各目的层按破裂压力的高低顺序相继被压开，最后一次加砂时支撑所有裂缝的工艺。

限流法压裂的关键是根据目的层的物性、厚度、纵向相邻油层和隔层的情况，以及平面上的连通关系，确定合理的布孔方案，即优化每个单层所射孔数量和孔径，从而控制不同油层的处理强度，因此特别适合于对未射孔的低渗透薄层进行多层压裂完井作业（龚才喜，2012）。

限流压裂工艺技术的实施还存在很大的不足之处，主要体现在以下几个方面：（1）如果限流压裂施工没有正确的实施，则不能保证每一产层都能进入足够的液体。（2）进行设计时，较薄的层位需要进入的液体和支撑剂少，所以只需布较少的射孔孔眼，由于射孔孔眼少，孔眼损坏的影响就很明显，即使仅一个或两个孔眼受到损坏，也能明显改变流量分配。（3）在压裂液中加入砂子，会很快磨蚀孔眼，并改变孔眼流动效率。因此，前置液的转向可能是成功的，但携砂液的转向就不一定成功，在孔眼磨蚀以后，很有可能一个层位就进入了大部分的液体。（4）限流压裂设计中一般都没有考虑裂缝净压力的影响。（5）由于各层位裂缝延伸的复杂性，在限流压裂施工中要实现设计要求拟定的支撑剂在各层位的分布是非常困难的。

（三）封隔器分层压裂

封隔器分层压裂是国内外应用较为广泛的一种压裂工艺技术。根据所选用的封隔器和管柱不同，封隔器分层压裂可分为以下四种类型。

1. 单封隔器分层压裂

单封隔器分层压裂主要是对最下面一层进行压裂，应用广泛。主要技术特点是：管柱结构简单；施工比较安全，不易发生砂卡；适用于各种类型油气层，特别是深井和大型压裂。

主要的技术要求有：水力锚的啮合力必须大于施工时作用于封隔器上的上顶力，以免顶弯油管；施工时作用于封隔器上下的压差必小于封隔器允许的最大压差；压裂层的射孔段与上面一层射孔段之间的距离，中深井应不小于3m，深井应不小于5m。

单封隔器也应用于油套分注中实现两层分层压裂，如在四川洛带气田和新场气田就得到了广泛应用。

2. 双封隔器分层压裂

双封隔器分层压裂管柱可在射开多层的油气井中，对其中任意一层进行压裂。

技术特点：控制压裂层位准确可靠；施工中两个封隔器之间拉力较大，对深井和破裂压力高的地层，不宜采用此种工艺技术。

技术要求：（1）两个封隔器之间的所有井下工具、短节的本体和螺纹抗拉强度必须大于施工时的最大拉力；（2）喷砂器应紧接于下封隔器上部，以免施工时在下封隔器上形成沉砂；(3) 压裂层射孔段与上下层射孔段之间的距离一般不应小于5m，最少不小于3m；(4) 起管柱前应先反循环将下封隔器上部沉砂冲净。起管柱时，应先上下活动，不得猛提。

3. 桥塞封隔器分层压裂

在射开多层的油气井中多用桥塞封隔器分层压裂这种手段，对其中任意一层进行压裂。

技术特点：(1) 施工比较安全，不易发生砂卡和拉断油管等事故；(2) 控制压裂层段准确可靠；(3) 适用于深井压裂；(4) 施工工艺较复杂，压裂前需先下入桥塞；压裂后，若桥塞下面有产层，则需打捞或钻掉桥塞。

技术要求：(1) 施工时，桥塞上下压差不能超过允许的最大压差；(2) 水力锚的啮合力必须大于施工时作用于封隔器的上顶力；(3) 打捞桥塞时，应先将桥塞上沉砂冲干净；(4) 捞住桥塞后，起管柱时应先上下活动将桥塞解封，卡瓦收回，再慢慢上起，不得猛提；(5) 若使用可钻式桥塞，钻桥塞时应注意保护油气层和防止发生井喷。

4. 滑套封隔器分层压裂

滑套封隔器分层压裂有两种管柱类型。一种是封隔器和喷砂器都带有滑套，施工时只有目的层封隔器工作。另一种是封隔器不带滑套，只有喷砂器带滑套，施工一开始所有封隔器都工作，直至施工结束。开关滑套方式也有两种。一种是投球憋压打开滑套；另一种是下入工具开关滑套。国内最常用的是只有喷砂器带滑套的管柱和采用投球憋压方法打开滑套。

滑套封隔器分层压裂用于：(1) 可以不动管柱、不压井、不放喷一次施工分压多层；(2) 对多层进行逐层压裂和求产。

技术特点：(1) 对油气层伤害小，有利于保护油气层；(2) 由于管柱内径限制，一般最多只能用三级滑套，一次分压四层，如果一次压多层，必须起钻换管柱，才能对下部层位进行排液求产。

技术要求：(1) 滑套内径自上而下要逐级减小，压裂时自下而上逐层压裂；(2) 为保证封隔器有较好的坐封位置，每个射孔段之间的距离一般不能小于5m；(3) 用于深井，为保证封隔器坐封位置准确，应对油管进行测井校深；(4) 因这套管柱结构复杂，容易造成砂卡，施工完后应立即起出管柱；(5) 如果逐层压裂求产完后再打开滑套压上层。在打开滑套前应先反循环将管柱内外沉砂冲净，以免造成砂卡。(6) 滑套外径应小于所通过的管柱最小内径，并与滑套坐落短节密封良好。

滑套封隔器分层压裂在分层压裂中得到广泛应用。如前所述的川西气藏、大庆徐深气田、山西沁水盆地的煤层气、吉林盆地八屋气田、长庆气田、吐哈红台气藏以及中原文南油田等得到了极其广泛的应用。

(四) 其他特殊分层压裂技术

1. 水力喷射压裂工艺技术

水力喷射压裂是水力喷射和水力压裂相结合的一种工艺技术，这种技术能够在准确的位置形成不同尺寸的多条裂缝。水力喷射压裂过程使用一套特殊的喷射工具可以在水平井的特定位置作业。喷射工具安装在传统的油管或连续油管上（张奉东，2009）。

此技术利用流体的巨大动能在储层岩石上喷射出一个水流通道，然后通过水力压裂产生一条裂缝。当措施层位得到了设计所要求的裂缝后，移动喷射工具到临近措施层位，开始另一条水力裂缝的喷射、压开。重复上述过程不需要使用不需要机械或化学封隔刚压开的裂缝。

应用此技术，水力压裂沿着井眼精确位置造缝，一次产生一条裂缝，裂缝的位置具有选择性。重复这个过程可以得到多条裂缝。这种技术对于单井的多缝、多层位压裂是非常经济有效的。

2. 预制式分层压裂技术

预制式分层压裂是把一种称之为预制工作筒的特制套管短节随完井套管一起下入井内并固井。投产后需要压裂时，下入由反洗井密封段、侧孔喷砂器、压裂密封段、导向头等工具组成的压裂管柱与之配合实现分段压裂。

该方案的前期工作关键是在完、钻井期间，兼顾各层位的具体条件合理划定压裂层段，并配置带有预制工作筒的套管串下入预定层位并固井。预置工作筒的配置遵循以下原则：预制工作筒的个数与压裂层段的数目相等。φ114.3mm套管井不超过3个，φ101.6mm套管井不超过2个；预制工作筒安置在油层段之间的隔层处，该隔层应有较大的厚度，阻渗性好，确保压裂不窜槽；预制工作筒尽量靠近油层段的顶、底界，顶部工作筒距油层顶2±0.5m，油层段之间的工作筒距上油层底1.5±0.5m。两个工作筒间隔不超过30m。

现场压裂时，将配置好的压裂管柱下到第一级预制工作筒顶部时，在旋转管柱的同时缓慢下放，由导向头引导压裂密封段通过第一级预制工作筒，分别插进第二、三级工作筒内，各一级形成密封。此时，反洗井密封段则插进第一级预制工作筒内形成另一级密封。它的定位环正好定位于工作筒顶部的台阶处，这样，管柱在定位的同时也就完成了对各目的层的分隔密封。然后，利用无节流的导向头压裂1#层段，逐级投球打开喷砂器的滑套压裂2#层段和3#层段。若施工中出现砂卡，即可采用反循环方式反冲砂解卡，循环液体启开反洗井密封段的洗井阀，流经喷砂器的侧孔进入油管携砂至地面，直到冲出全部沉砂为止。

3. 连续油管分层压裂隔离技术在加拿大艾伯塔地区的应用

位于加拿大艾伯塔东南地区的浅层气生产井需要进行修复来提高产量，具有代表性的生产井有4个层段。曾经尝试使用堵塞球逐层压裂，但未成功，结果支撑剂覆盖率不一，还产生了计划外的费用。施工人员为了迅速完井或再次完井，综合了回流时间，环境和成本限制等多种因素衡量决定采用连续油管压裂。

高压连续油管分层压裂隔离技术可在一次施工中对多个产层进行压裂作业，并逐一进行返排。这样可减少残液与地层的接触时间，从而保持新增裂缝的高导流能力。与传统压裂工序相比，整个作业的最大特点是修井和施工时间减少、产量提高、环境污染减少、投资回收迅速。另外，一次起下管柱的工作可减少射孔队和增产作业单位的工作量。在加拿大，连续油管在一次起下过程中处理的层段达到9层（此项技术不限制处理层段数量）。这一特殊工具的使用取代了修井机和大量的电缆作业，连续油管不需起出井口就可由一层移到另一层。

将连续油管用作加砂压裂的传输工具可节约大量的时间。对深度900m的多个浅层进行过连续油管压裂，1998年8月，约35井次使用了该项技术。多个地层同时返排减小了排放到空气中的气体量，缩短了投资的回收时间。

连续油管压裂施工设备可将所需支撑剂准确注入目的层。分析表明，使用常规加砂向一口井内的4个层段注入10.9t支撑剂，15天内产量增加18%；而通过连续油管加砂只在1天内就可将10.9t支撑剂加入9个层段，5天内产量增加190%。

三、支撑剂段塞降滤与防治多裂缝技术

（一）支撑剂段塞的主要作用

支撑剂段塞不仅能降低压裂液的滤失，而且还有防治多裂缝的作用：（1）降滤作用，支撑剂段塞中的支撑剂可以堵塞部分裂缝，降低压裂液滤失量，提高液体使用效率，使绝大多数的液体进入主裂缝，并迅速增加主裂缝的宽度，扩大改造规模，提高加砂量，形成更长的改造裂缝。（2）有减少裂缝条数的作用，这是一种重要的作用。多条裂缝并存时，裂缝壁面的闭合作用力大小不一，必然存在相对较宽的裂缝，也存在相对较窄的裂缝。这样，当小颗粒的支撑剂进入某些狭窄裂缝时，就能够封堵这些裂缝，而减少裂缝的条数。（3）它可以保护小裂缝，提高支节裂缝、边缘裂缝的导流能力，避免了这些裂缝的闭合。（4）支撑剂段塞还可以减少孔眼摩阻，在射孔过程中，套管孔眼存在或多或少的毛刺，而段塞中的支撑剂可以使孔眼更加光滑，减小液体进入孔眼的摩阻和降低压裂液进入孔眼的剪切降解，从而降低了施工压力，保证了压裂液进入裂缝的黏度，提高了液体的效率。（5）它还可以优化近井筒附近的裂缝壁面，水力裂缝壁面通常并不光滑，具有粗糙度和凹凸面，这些地方容易发生支撑剂堵塞。而支撑剂段塞与单一的冻胶段塞相比，对水力裂缝的壁面的冲蚀和磨蚀作用更大，它会使裂缝壁面更趋于光滑，减少裂缝的凹凸面，增大近井裂缝的宽度，大大减小了支撑剂在近井筒脱砂的可能性。而且它有减小近裂缝弯曲效应，支撑剂段塞借助水力切割作用对弯曲裂缝进行冲刷使裂缝弯曲度减小，并使裂缝面与优化的裂缝面趋于一致。这种高速含砂流体形成的水力切割作用可以帮助液体对各种因素形成的节流环节、迂曲构造及粗糙表面进行水力切割、打磨，使流通路径趋于完善、光滑，降低摩阻。

（二）段塞材料的选择

段塞材料的种类较多，各种材料都有其优缺点和适用条件，应根据地层实际情况进行选择。100目粉砂具有成本低，悬浮性好等优点，但粉砂易碎，导流能力低，较适合于大段裂缝降滤。粉陶、组合陶粒在高闭合应力下具有较高导流能力、破碎率较低但成本略高；乳液降滤失剂是通过形成油水乳状液，起到暂时封堵油层裂隙，防止液体滤失的作用。

在考虑段塞颗粒大小时，颗粒不能过小造成天然裂缝深部堵塞，起不到明显的降滤失效果；颗粒也不能过大从而在天然裂缝缝口疏松堵塞，同样起不到降滤效果（图6-3）。因此，颗粒大小应根据天然裂缝的开度进行合理选择。然而，由于地层内情况复杂，天然裂缝的开度很难确定。因此，苏里格气藏的低闭合应力地层，推荐使用成本低廉的100目粉砂；对于闭合应力较高的地层，可采用强度更高的70~100目粉陶为段塞材料。

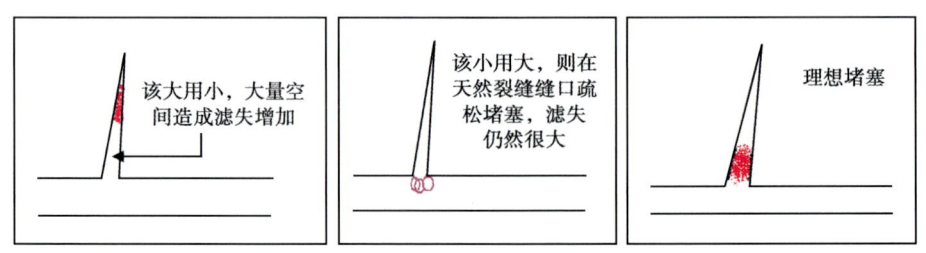

图6-3 段塞颗粒大小不当示意图

（三）段塞体积

要优化压裂施工中的段塞体积具有一定难度，从多裂缝的总空间与开启的微裂缝的总空间的方面来确定段塞体积，但具体要定量计算的难度很大。

（四）段塞浓度

对于同样的段塞体积，如段塞砂比较大，会造成压裂液的所到之处并没有被段塞颗粒完全覆盖或者说覆盖面积较小，起不到明显的降滤效果，并可能造成全面砂堵；如果砂比过低，则段塞颗粒的浓度太小，容易削弱封堵和打磨效果。建议段塞砂比在5%~8%范围内。另外，要保证段塞前一定的液体量，使段塞在前置液中均匀分布。

第二节 压裂改造效果影响因素分析

一、影响压裂效果的因素统计分析

（一）地层物性和效果统计分析

在此以苏里格东区气藏为例对地层物性与压裂效果的关系进行研究。表6-3为苏里格东区气藏山西组压裂效果与地层物性关系表。除掉生产资料不完整的井，总共对19口井进行了压裂效果与地层物性关系分析。其中，压裂效果用无阻流量来表征。图6-4—图6-8为无阻流量与对应物性参数的关系曲线。

表6-3　山西组压裂效果与地层物性关系

井号	有效厚度（m）	孔隙度（%）	渗透率（mD）	含气饱和度（%）	地层压力（MPa）	无阻流量（m³）
SD38-72	12.4	11.34	0.624	65.2	27.0	5.53
SD50-37	7.7	11.77	0.461	61.3	21.4	2.22
SD31-64	7.7	9.62	0.483	68.6	17.5	1.17
SD31-50	7.6	6.94	0.413	53.3	26.2	3.01
SD31-50	8.9	9.35	0.456	64.0	24.8	2.08
SD30-26	9.2	7.88	0.334	60.2	25.8	2.67
SD18-69	7.2	6.62	0.454	62.6	20.1	1.08
SD16-49	16.2	9.36	0.49	62.9	23.4	1.98
SD57-44	6.8	9.26	0.58	66.1	24.0	2.15
SD26-75C1	5.4	9.61	0.32	55.0	21.3	2.36
SD60-62	13.2	10.33	0.613	64.3	22.2	2.22
SD39-59	5.3	9.69	0.663	70.5	27.4	11.34
SD31-30	17.2	10.45	0.393	63.2	26.3	11.59
SD31-30C3	9.4	9.68	0.627	71.6	25.4	13.72
SD31-30C4	14	9.83	0.831	71.1	28.2	11.37
SD31-30C2	11	9.27	0.515	62.3	26.5	4.28
SD43-75	6.1	8.99	0.717	64.8	25.0	2.00
SD43-74	9.8	8.07	0.679	58.7	26.1	1.68
SD31-30C1	16.2	9.39	0.62	62.4	25.3	6.34

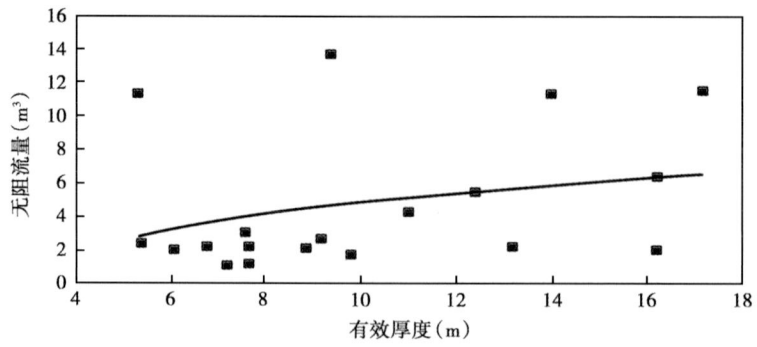

图 6-4 山西组压裂效果与地层物性关系（有效厚度—无阻流量）

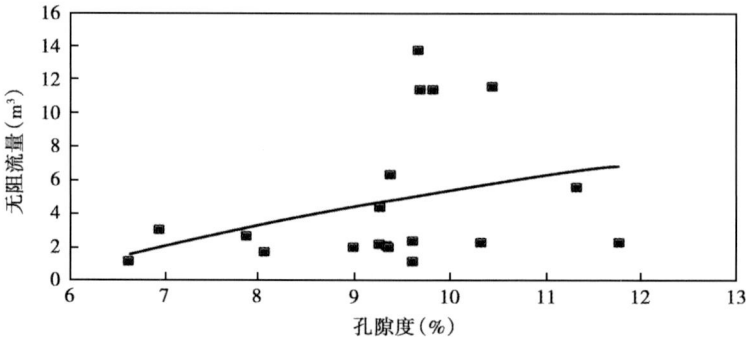

图 6-5 山西组压裂效果与地层物性关系（孔隙度—无阻流量）

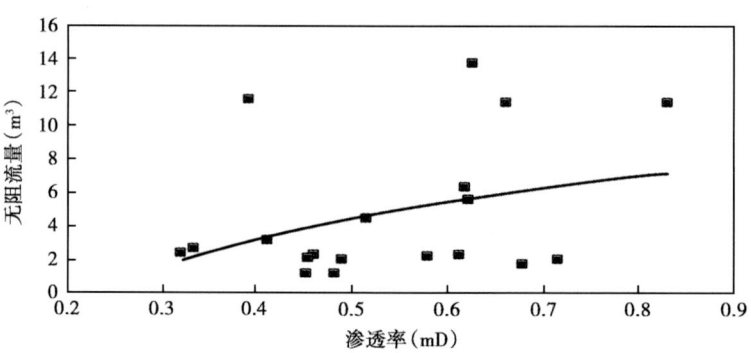

图 6-6 山西组压裂效果与地层物性关系（渗透率—无阻流量）

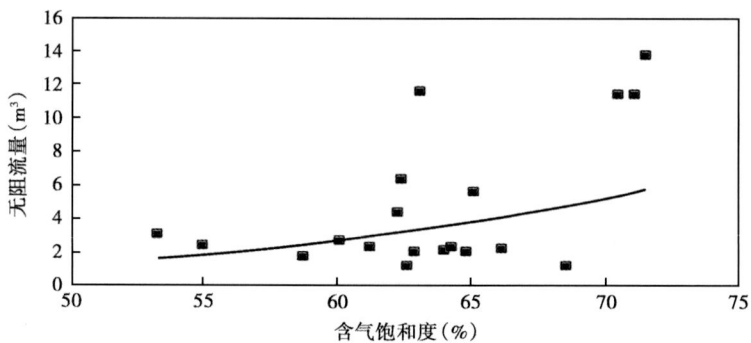

图 6-7 山西组压裂效果与地层物性关系（含气饱和度—无阻流量）

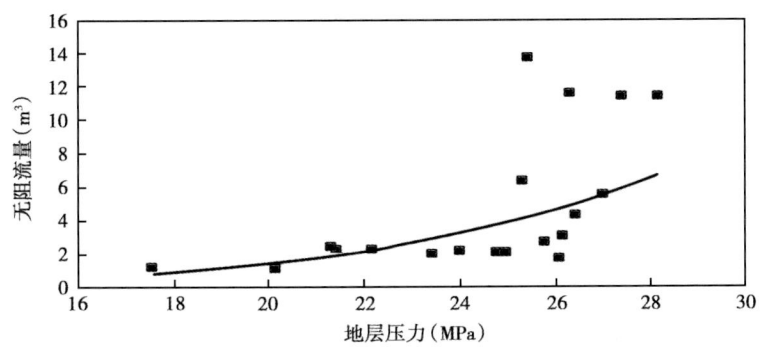

图 6-8　山西组压裂效果与地层物性关系（地层压力—无阻流量）

从以上图中可以看出，山西组无论是分层还是合层，随着有效厚度的增加，无阻流量呈现出增加的趋势；随着孔隙度的增加，无阻流量也呈上升趋势；随着渗透率的增加，无阻流量也呈上升趋势；因为山西组含气饱和度大多在60%左右，所以无阻流量也看不出趋势来。这都说明地层有效厚度、孔隙度、渗透率跟地层压力及压裂效果都有正相关的关系。

（二）施工参数和效果统计分析

同样还是以苏里格气田东区气藏为例，表6-4为苏里格东区气藏山西组压裂施工参数与效果关系表。除掉生产资料不完整的井，总共对19口井进行了压裂效果与地层物性关系分析。其中，压裂效果用无阻流量来表征。图6-9—图6-11为无阻流量与对应物性参数的关系曲线。

表 6-4　压裂施工参数与效果关系表（山西组）

井号	砂量（m³）	砂比（%）	加砂强度（m³/m）	无阻流量（m³）
SD38-72	35	28.4	2.29	5.53
SD50-37	35	28.6	3.71	2.22
SD31-64	54	51.0	6.62	1.17
SD31-50	25	25.9	3.41	3.01
SD31-50	25	25.9	3.41	2.08
SD30-26	40	28.4	3.08	2.67
SD18-69	30	28.7	3.99	1.08
SD16-49	81	26.4	3.03	1.98
SD57-44	35	26.7	3.93	2.15
SD26-75C1	25	25.3	4.69	2.36
SD60-62	43	24.8	1.88	2.22
SD39-59	30	27.5	5.19	11.34
SD31-30	28.5	20.6	1.27	11.59
SD31-30C3	28	22.6	2.40	13.72
SD31-30C4	28	19.0	1.36	11.37
SD31-30C2	39	25.3	2.30	4.28
SD43-75	40	26.5	4.34	2.00
SD43-74	49	26.1	2.66	1.68
SD31-30C1	42.2	25.6	1.58	6.34

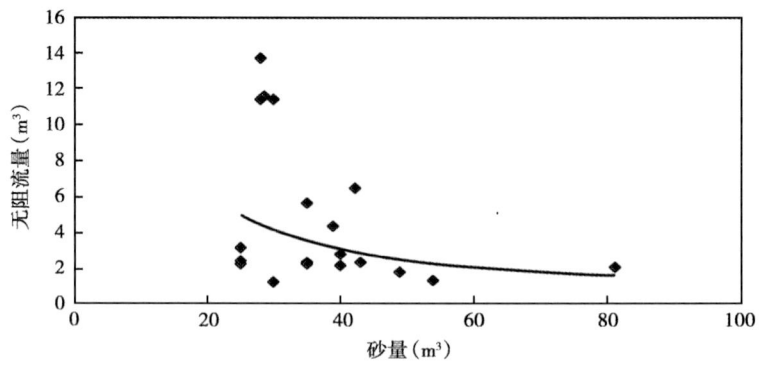

图 6-9 山西组压裂施工参数与效果关系（砂量—无阻流量）

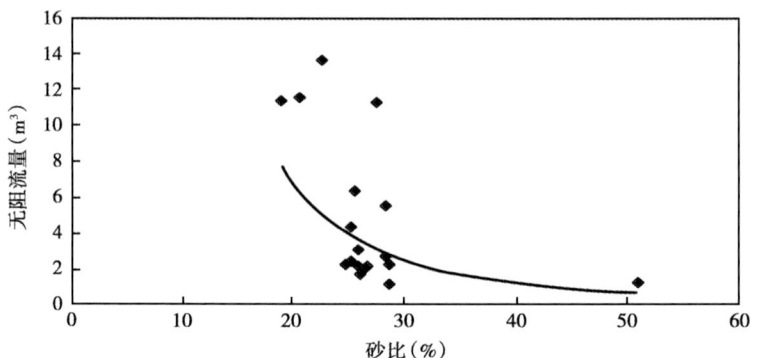

图 6-10 山西组压裂施工参数与效果关系（砂比—无阻流量）

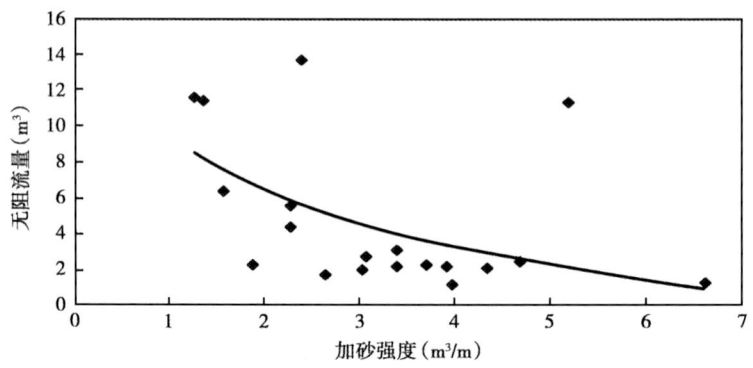

图 6-11 山西组压裂施工参数与效果关系（加砂强度—无阻流量）

图 6-9 是山西组砂量与无阻流量之间的关系曲线。从图中及从灰色关联度分析知，砂量与无阻流量之间无明显相关关系。图 6-10 是山西组砂比与无阻流量之间的关系曲线。从图中及从灰色关联度分析知，砂比与无阻流量之间无明显相关关系。图 6-11 是山西组加砂强度与无阻流量之间的关系曲线。从图中可以看出，随着加砂强度的增加，无阻流量却下降。

因此可以得出结论，影响苏里格气田东区压裂效果的主要因素为地层物性，与施工规模并无明显的相关关系。

二、压裂效果主控因素研究方法

分析影响压裂效果的常用数学方法是灰色关联分析,即各单井数据进行灰色关联分析,对影响因素进行排序,确定各影响因素的权重。根据各因数权重的大小确定主要影响因素。

第一步:原始数据预处理。各指标原始数据量纲不同,数量级差也悬殊,为使各原始数据消除量纲,合并数量级,使其具有可比性,首先对原始数据进行预处理。对于时间序列(或经济序列)原始数据预处理的主要方法有:

(1)初值化变换。计算公式如下:

$$X'_{ij} = X_{ij}/X_{i1} \tag{6-1}$$

(2)均值化变换。计算公式如下:

$$X'_{ij} = X_{ij}\sqrt{X_j} \tag{6-2}$$

而对于空间序列(或指标序列)的原始数据预处理的主要方法有:

(1)极差变换。其计算公式为:

$$X'_{ij} = \frac{X_{ij} - X_{j\min}}{X_{j\max} - X_{j\min}} \tag{6-3}$$

(2)效果测度变换。对于越大越好的指标,采用上限测度,计算公式为:

$$X'_{ij} = X_{ij}/X_{j\max} \tag{6-4}$$

对于越小越好的指标,采用下限测度,计算公式为:

$$X'_{ij} = X_{j\min}/X_{ij} \tag{6-5}$$

第二步:确定母序列 X_0 与子序列 X_i。

第三步:计算每个时刻点上母序列与各子序列差的绝对值 $\Delta_{0i}(t_j)$,即:

$$\Delta_{0i}(t_j) = X_0(t_j) - X_i(t_j) \tag{6-6}$$

第四步:从表中取差值绝对值中最大值与最小值,即:$\Delta_{\max}$,$\Delta_{\min}$。

第五步:求在各时刻点上母序列 X_0 与各子序列 X_i 的关联系数,计算公式为:

$$L_{0i}(t_j) = \frac{\Delta_{\min} + \rho\Delta_{\max}}{\Delta_{0i}(t_j) + \rho\Delta_{\max}} \tag{6-7}$$

式中,$\Delta_{\max}$ 为 $|X_i - X_0|$ 的最大值,$\Delta_{\min}$ 为 $|X_i - X_0|$ 的最小值,$\Delta_{0i}(t_j)$ 为 t_j 时刻的 $|X_i - X_0|$ 值。ρ 为明辨系数,一般取 0.5。

第六步:求关联度,即计算关联系数的平均值:

$$\gamma_{0i} = \frac{1}{n}\sum_{j=1}^{n} L_{0i}(t_j) \tag{6-8}$$

第七步:排关联序。为准确评价及理顺各子序列对母序列的关联程度,需将关联度依大小顺序排成一列,称关联序。对于各子序列要比较其对同一母序列来说,孰大孰小,从而可以明确及理顺各子序列对于母序列的"主次"、"优劣"关系,可表示为:

若 $\gamma_{0a} > \gamma_{0b}$,则有表达式 $(X_a|X_b) > (X_b|X_0)$(优于);

若 $\gamma_{0a} < \gamma_{0b}$,则有表达式 $(X_a|X_b) < (X_b|X_0)$(劣于);

若 $\gamma_{0a} = \gamma_{0b}$,则有表达式 $(X_a|X_b) = (X_b|X_0)$(等价于)。

三、苏里格气田东区压裂效果的主控因素分析

从苏里格东区气田2009年的压裂综合数据表中选取了有代表性的石盒子组和山西组的资料，用以研究有效厚度、泥质含量、孔隙度、渗透率、含气饱和度、地层压力、砂量和砂比对压裂效果的影响。表6-5为山西组19口井的压裂施工效果统计资料，表6-6为石盒子组26口井的压裂施工效果统计资料。

表6-5　山西组压裂施工效果统计

井号	有效厚度（m）	泥质含量（%）	孔隙度（%）	渗透率（mD）	含气饱和度（%）	地层压力（MPa）	砂量（m³）	砂比（%）	无阻流量（m³）
SD38-72	12.4	10.94	11.34	0.624	65.2	35	28.4	27.0	5.53
SD50-37	7.7	9.49	11.77	0.461	61.3	35	28.6	21.4	2.22
SD31-64	7.7	10.31	9.62	0.483	68.6	54	25.5	17.5	1.17
SD31-50	7.6	17.12	6.94	0.413	53.3	60	25.9	26.2	3.01
SD16-92	8.9	7.90	9.35	0.456	64.0	63	26.8	24.8	2.08
SD30-26	9.2	10.79	7.88	0.334	60.2	40	28.4	25.8	2.67
SD18-69	7.2	5.92	6.62	0.454	62.6	30	28.7	20.1	1.09
SD16-49	16.2	13.33	9.36	0.49	62.9	81	26.4	23.4	1.98
SD57-44	6.8	11.17	9.26	0.58	66.1	35	26.4	24.0	2.15
SD26-75C1	5.4	15.60	9.61	0.32	55.0	25	25.3	21.3	2.36
SD60-62	13.2	11.86	10.33	0.613	64.3	43	25.6	22.2	2.22
SD39-59	5.3	12.30	9.69	0.663	70.5	30	27.5	27.4	11.34
SD31-30	17.2	12.14	10.45	0.393	63.2	28.5	20.6	26.3	11.59
SD31-30C3	9.4	9.88	9.68	0.627	71.6	28	22.6	25.4	13.72
SD31-30C4	14	8.38	9.83	0.831	71.1	28	19.0	28.2	11.37
SD31-30C2	11	8.73	9.27	0.515	62.3	39	25.3	26.5	4.28
SD43-75	6.1	8.56	8.99	0.717	64.8	40.03	26.5	25.0	2.00
SD43-74	9.8	4.60	8.07	0.679	58.7	49	26.1	26.1	1.68
SD31-30C1	16.2	18.11	9.39	0.62	62.4	42.2	25.6	25.3	6.34

表6-6　石盒子组压裂施工效果统计

井号	有效厚度（m）	泥质含量（%）	孔隙度（%）	渗透率（mD）	含气饱和度（%）	地层压力（MPa）	砂量（m³）	砂比（%）	无阻流量（m³）
SD52-50	18.5	11.04	10.93	0.563	58.3	27.9	40	27.9	4.69
SD37-55	11.5	12.63	8.22	0.261	57.6	26.1	51	27.3	3.09
SD31-44	9.15	13.97	9.66	0.312	61.6	27.0	30	28.7	1.90
SD41-62	18	11.35	10.33	0.404	59.1	26.2	93	27.2	2.74
SD41-64	9.7	10.85	10.67	0.771	62.7	27.4	55	28.2	3.66

续表

井号	有效厚度（m）	泥质含量（%）	孔隙度（%）	渗透率（mD）	含气饱和度（%）	地层压力（MPa）	砂量（m³）	砂比（%）	无阻流量（m³）
SD44-50	3.9	10.20	9.75	0.321	64.5	18.2	25	25.7	0.61
SD18-68	4.3	7.67	11.48	1.407	56.0	16.8	49	27.5	0.64
SD32-59	15.5	7.35	11.54	0.784	63.4	27.6	49	25.0	6.60
SD31-53	5.3	8.99	9.25	0.434	50.8	24.5	30	27.9	2.88
SD44-51	9.5	14.21	10.97	0.322	53.8	22.4	55	25.9	1.55
SD32-45	10.8	10.61	9.93	0.75	60.1	27.7	46	25.3	10.14
SD31-42	20.5	11.37	12.92	1.096	62.4	26.0	58	24.1	11.28
SD44-56A	10.8	14.21	11.29	0.912	59.9	19.7	40	28.1	2.52
SD27-63	14.8	9.62	12.42	1.233	60.6	15.1	58	25.7	0.75
SD31-41	16.7	9.82	11.83	1.216	55.1	26.9	63	24.1	9.45
SD44-58	12	9.30	12.00	1.01	51.8	26.7	35	27.9	11.20
SD24-19	23.7	9.98	9.01	0.62	57.5	28.0	74.7	25.1	6.67
SD44-56	7.1	8.44	9.18	0.733	57.8	21.8	39	26.7	6.64
SD31-43	17.9	10.40	9.76	0.648	56.2	25.7	69	24.4	3.08
SD34-54	18.5	10.68	9.41	0.552	52.8	20.6	75	26.1	1.35
SD31-45	7.3	11.62	12.62	1.192	63.5	23.5	33.6	27.4	3.47
SD33-19	7.6	7.81	9.53	0.351	67.8	24.5	30	29.4	4.92
SD20-46	8.5	13.48	11.47	1.217	60.4	16.8	25	25.1	1.19
SD26-31	13.9	9.35	11.72	0.746	60.1	26.2	47	21.7	9.10
SD26-32	7.2	10.05	9.31	0.9	65.6	24.5	43	23.9	6.66
SD36-30	1.7	6.50	11.90	1.762	66.4	17.5	25.7	27.2	1.14

依据苏里格东区气田压裂选井选层影响因素和单井产量数据的统计结果，利用灰色关联分析方法，首先将各参数用极差变换进行原始数据预处理。将已压裂井的无阻流量作为母序列，以各影响参数为子序列，确定各影响因素的权重（关联度）。依据各影响因素权重的大小进行排序，研究各影响参数对压裂效果影响的大小关系，确定苏里格气田压裂选井选层的影响因素。

根据灰色关联度计算结果（表6-7），可将苏里格气田东区气田山西组气藏压裂后后无阻流量的参数的主次顺序为：有效厚度、渗透率、泥质含量、地层压力、含气饱和度、孔隙度、砂比、砂量。

表6-7　山西组压裂选井影响因素及其权重

影响因素	有效厚度（m）	泥质含量（%）	孔隙度（%）	渗透率（mD）	含气饱和度（%）	地层压力（MPa）	砂量（m³）	砂比（%）
权重	0.667	0.633	0.613	0.639	0.6222	0.629	0.525	0.554

根据灰色关联度计算结果（表6-8），可将苏里格气田东区石盒子组气藏压裂后后无阻流量的参数的主次顺序为：渗透率、含气饱和度、地层压力、砂量、有效厚度、孔隙度、泥质含量、砂比。

表6-8　石盒子组压裂选井影响因素及其权重

影响因素	有效厚度（m）	泥质含量（%）	孔隙度（%）	渗透率（mD）	含气饱和度（%）	地层压力（MPa）	砂量（m³）	砂比（%）
权重	0.633	0.628	0.630	0.698	0.661	0.635	0.634	0.589

用灰色关联分析法，初步选出了压裂选井的8个影响因素，这8个影响因素是互相关联的，存在交叉关系或重叠关系，需要进一步研究，区分真正独立的影响因素。渗透率、含气饱和度、地层压力与无阻流量有比较明显的相关关系，可以作为压裂选井的主要影响因素。

第三节　主力层压裂规模合理性研究

一、压裂优化设计的原则

（1）苏里格气藏多薄层采用一体化管柱压裂，井下工具较复杂，压裂设计应以确保施工成功为首要原则。
（2）在确保完成加砂任务的前提下，尽可能减少入地液量，降低储层伤害。
（3）在未确定有效砂体横向展布的情况下，主体采用适度规模压裂，既降低了施工成本，也降低了压裂施工风险。
（4）坚持低成本开发战略，以压后增产量为主要评价指标的同时必须重点考虑压裂施工成本。
（5）低渗、多薄层压裂设计应考虑隔层状况。
（6）设计泵注程序是施工的指导性文件，正式施工时应根据实际施工参数进行实时调整。

二、压裂裂缝参数优化设计

在以上这些原则的基础上，再根据气田具体情况进而确定主力层的压裂规模，本书以苏里格气田盒8—山1储层为例，具体介绍不同条件下采用不同的压裂规模的具体准则。

苏里格气田盒8—山1储层是发育于潮湿沼泽背景下距物源有一定距离的砂质辫状河（整体呈南北向展布）沉积，孔隙类型以次生孔隙为主。气田砂岩大面积连片分布，钻遇率多在70%以上；但有效砂体规模小，多呈孤立状分布在致密砂岩或泥岩中，连续性和连通性差，钻遇率多数小于50%（表6-9）。

表6-9　苏里格气田砂岩、有效砂岩钻遇率统计

层　段	小层	砂岩厚度（m）	砂岩钻遇率（%）	有效砂岩厚度（m）	有效砂岩钻遇率（%）
盒8上	1	6.47	72.4	2	3.4
	2	7.29	79.3	2.1	27.6

续表

层 段	小层	砂岩厚度（m）	砂岩钻遇率（%）	有效砂岩厚度（m）	有效砂岩钻遇率（%）
盒$8_下$	1	4.92	69	3.78	13.8
	2	7.14	93.1	4.02	44.8
	3	7.2	96.6	2.66	58.6
	4	6.8	96.5	2.99	55.2
山1	1	7.36	68.9	3.12	31
	2	8.11	82.8	3.33	41.4
	3	4.44	65.5	4.14	17.2

根据苏里格气田的具体情况分别取有效渗透率为 0.2mD、0.5mD、0.8mD、1.0mD、2.0mD，压裂有效厚度 3m，在不同压裂裂缝长度和裂缝导流能力参数组合下模拟预测压裂后 360 天的生产数据。主要依据模拟的产气量，并结合低渗气藏压裂优化设计的一般原则，设计苏里格气藏压裂裂缝参数。

（一）渗透率取 0.2mD 的参数优化

表 6-10、图 6-12、图 6-13 和图 6-14 为压裂裂缝导流能力取 16D·cm 时不同压裂裂缝长度下的压后产气量和累计产量模拟结果。在裂缝长度大于 100m 时，压后初期的日产气量为 $0.836×10^4m^3/d$，而不压裂的产量为 $0.167×10^4m^3/d$，压后 360 天累计增气 $120×10^4m^3$ 以上。这表明对于苏里格气藏渗透率较低的层段，具备一定的增产潜能，适宜采取压裂改造来提高气井产量。

随着裂缝长度的增加，压后产气量和累计产量几乎呈现线性增加，这主要是对低渗层来说压裂裂缝长度是影响压后产量的关键因素。但压裂裂缝越长，施工规模越大，相应的施工成本越高。考虑到施工成本，并结合产量模拟结果，建议裂缝长度设计在 160m 左右。

表 6-10　不同压裂裂缝长度的压后产量（渗透率 0.2mD，导流能力 16D·cm）

压裂规模	10 天		30 天		90 天		180 天		360 天	
	日产量 (10^4m^3)	累计产量 (10^4m^3)	日产量 (10^4m^3)	累计产量 (10^4m^3)	日产量 (10^4m^3)	累计产量 (10^4m^3)	日产量 (10^4m^3)	累计产量 (10^4m^3)	日产量 (10^4m^3)	累计产量 (10^4m^3)
不压裂	0.167	2.076	0.148	5.619	0.138	13.727	0.138	26.233	0.128	49.76
缝长 40m	0.541	9.19	0.423	19.69	0.354	41.091	0.325	71.713	0.285	126.148
缝长 60m	0.63	11.434	0.482	23.389	0.394	47.212	0.354	80.835	0.315	140.1
缝长 80m	0.748	13.864	0.551	27.837	0.443	54.838	0.394	92.308	0.344	157.635
缝长 100m	0.836	15.399	0.6	30.789	0.482	59.935	0.413	99.924	0.364	169.148
缝长 120m	0.925	16.561	0.649	33.288	0.502	64.432	0.433	106.704	0.384	179.401
缝长 140m	1.004	17.426	0.699	35.424	0.531	68.476	0.453	112.942	0.394	188.906
缝长 160m	1.063	18.037	0.738	37.185	0.561	72.067	0.482	118.59	0.413	197.625
缝长 180m	1.112	18.41	0.768	38.464	0.581	74.842	0.492	123.087	0.423	204.65

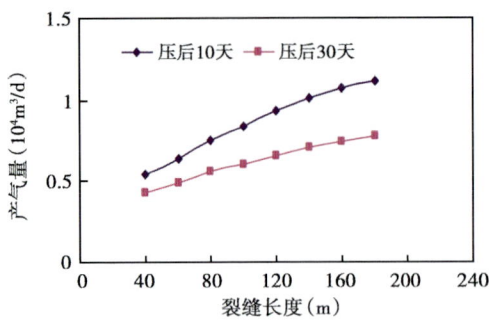

图 6-12 压裂裂缝长度对压后日产气量的影响（渗透率 0.2mD）

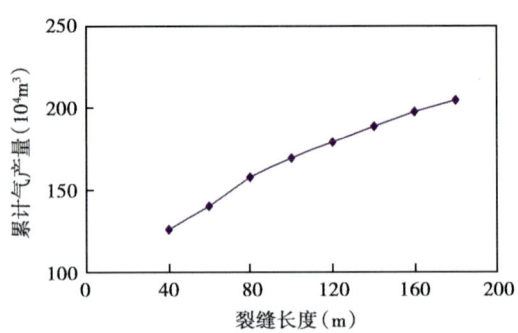

图 6-13 裂缝长度对压后 360 天累计产气量的影响（渗透率 0.2mD）

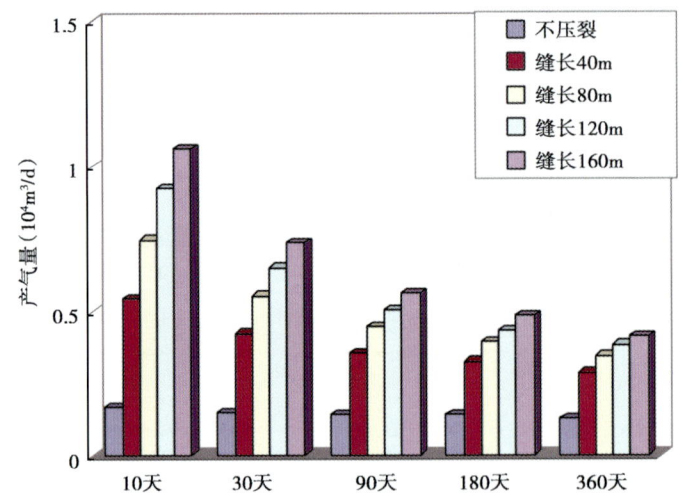

图 6-14 不同压裂裂缝长度的产气量随时间的变化（渗透率 0.2mD）

表 6-11、图 6-15、图 6-16 和图 6-17 为压裂裂缝长度取 160m 时不同裂缝导流能力下的产气量和累计产量模拟结果。就模拟结果来看，裂缝导流能力对日产量的影响较小。主要是由于低渗层段对压裂裂缝长度要求较高，相对而言裂缝导流能力影响较弱些。考虑到压裂裂缝长度设计在 160m，建议裂缝导流能力设计 16D·cm。

表 6-11 不同裂缝导流能力的压后产量（渗透率 0.2mD，缝长 160m）

压裂规模	10 天		30 天		90 天		180 天		360 天	
	日产量 ($10^4 m^3$)	累计产量 ($10^4 m^3$)	日产量 ($10^4 m^3$)	累计产量 ($10^4 m^3$)	日产量 ($10^4 m^3$)	累计产量 ($10^4 m^3$)	日产量 ($10^4 m^3$)	累计产量 ($10^4 m^3$)	日产量 ($10^4 m^3$)	累计产量 ($10^4 m^3$)
不压裂	0.167	2.076	0.148	5.619	0.138	13.727	0.138	26.233	0.128	49.76
Frcd=10D·cm	0.935	15.035	0.669	32.167	0.522	64.097	0.443	107.216	0.394	181.054
Frcd=14D·cm	1.033	17.151	0.718	35.748	0.551	69.824	0.472	115.432	0.403	193.098
Frcd=18D·cm	1.092	18.794	0.748	38.385	0.571	73.898	0.482	121.169	0.423	201.324
Frcd=22D·cm	1.141	20.123	0.777	40.422	0.59	76.938	0.492	125.37	0.433	207.287
Frcd=26D·cm	1.171	21.166	0.787	41.947	0.6	79.211	0.502	128.499	0.433	211.735
Frcd=30D·cm	1.2	22.032	0.807	43.177	0.6	81.002	0.512	130.959	0.443	215.218

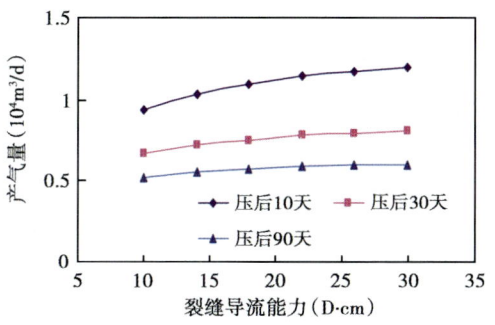

图 6-15 裂缝导流能力对压后日产气量的影响
（渗透率 0.2mD）

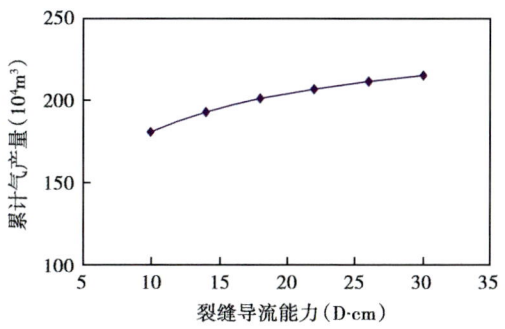

图 6-16 导流能力对压后 360 天累计产气量的影响
（渗透率 0.2mD）

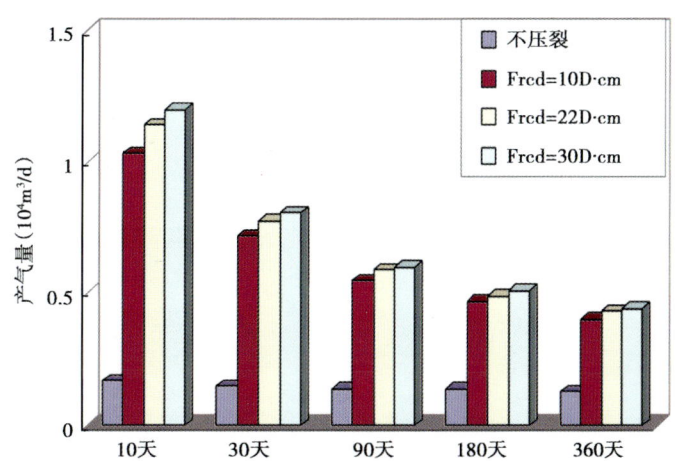

图 6-17 不同裂缝导流能力的产气量随时间的变化（渗透率 0.2mD）

（二）渗透率取 0.5mD 的参数优化

表 6-12、图 6-18、图 6-19 和图 6-20 为压裂裂缝导流能力取 16D·cm 时不同压裂裂缝长度下的压后产气量和累计产量模拟结果。裂缝长度大于 100m 时，压后初期的日产气量可达到 $1.081×10^4 m^3/d$，而不压裂的产量为 $0.256×10^4 m^3/d$，压后 360 天累计增气 $150×10^4 m^3$ 以上。

随着裂缝长度的增加，压后产气量和累计产量不同程度的增加，但增加幅度减小；图 6-18 表明，裂缝长度大于 140m 之后日产气量增加平缓。考虑到施工成本和该层的渗透率仅为 0.5mD，建议裂缝长度设计在 140m 左右。

表 6-12 不同压裂裂缝长度的压后产量（渗透率 0.5mD，导流能力 16D·cm）

压裂规模	10 天		30 天		90 天		180 天		360 天	
	产量 ($10^4 m^3/d$)	累计产量 ($10^4 m^3$)	产量 ($10^4 m^3/d$)	累计产量 ($10^4 m^3$)	产量 ($10^4 m^3/d$)	累计产量 ($10^4 m^3$)	产量 ($10^4 m^3/d$)	累计产量 ($10^4 m^3$)	产量 ($10^4 m^3/d$)	累计产量 ($10^4 m^3$)
不压裂	0.256	3.224	0.236	8.768	0.226	21.508	0.216	41.207	0.197	78.01
缝长 40m	0.767	12.13	0.619	27.219	0.531	58.567	0.482	103.922	0.423	184.163
缝长 60m	0.865	14.401	0.678	31.18	0.57	65.418	0.511	114.45	0.452	200.854
缝长 80m	0.993	16.78	0.767	35.732	0.629	73.587	0.56	127.11	0.491	220.819

续表

压裂规模	10 天		30 天		90 天		180 天		360 天	
	产量 ($10^4m^3/d$)	累计产量 (10^4m^3)	产量 ($10^4m^3/d$)	累计产量 (10^4m^3)	产量 ($10^4m^3/d$)	累计产量 (10^4m^3)	产量 ($10^4m^3/d$)	累计产量 (10^4m^3)	产量 ($10^4m^3/d$)	累计产量 (10^4m^3)
缝长 100m	1.081	18.156	0.816	38.543	0.659	78.659	0.59	134.925	0.511	233.096
缝长 120m	1.15	19.168	0.855	40.814	0.698	82.915	0.609	141.56	0.541	243.526
缝长 140m	1.219	19.906	0.904	42.691	0.718	86.621	0.629	147.439	0.55	252.786
缝长 160m	1.278	20.407	0.934	44.195	0.747	89.776	0.649	152.56	0.57	260.935
缝长 180m	1.317	20.712	0.963	45.247	0.767	92.145	0.668	156.492	0.58	267.216

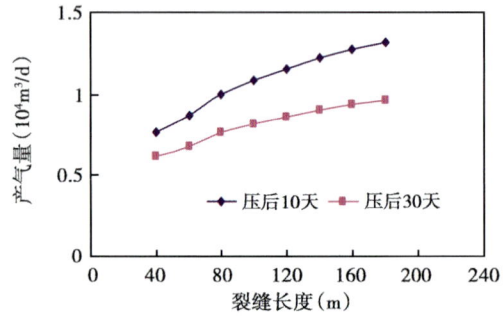

图 6-18 压裂裂缝长度对压后日产气量的影响（渗透率 0.5mD）

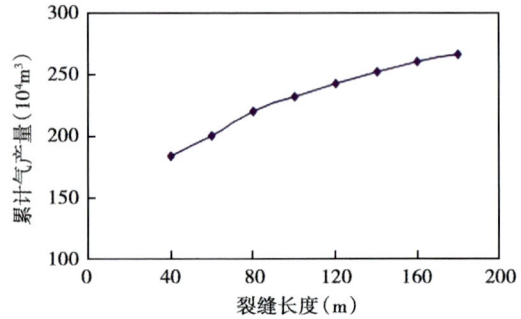

图 6-19 裂缝长度对压后 360 天累计产气量的影响（渗透率 0.5mD）

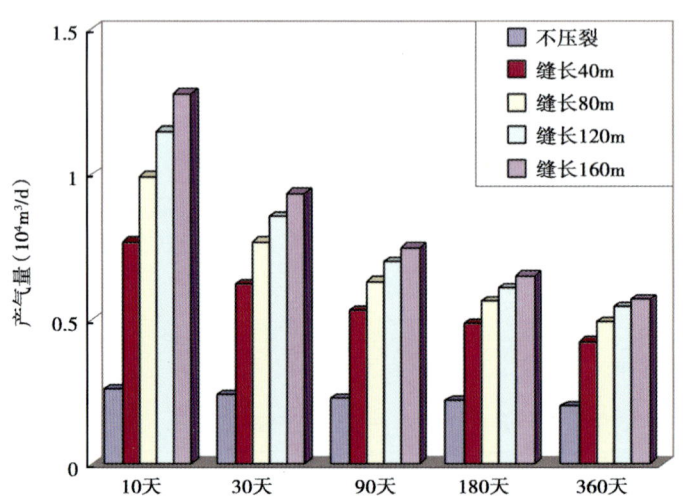

图 6-20 不同压裂裂缝长度的产气量随时间的变化（渗透率 0.5mD）

表 6-13、图 6-21、图 6-22 和图 6-23 为压裂裂缝长度取 150m 时不同裂缝导流能力下的产气量和累计产量模拟结果。随着裂缝导流能力的增加，日产气量和累计产量呈现增加趋势。在裂缝长度为 150m 时，裂缝导流能力对日产量的影响相对较弱。考虑到渗透性仅 0.5mD、裂缝长度设计在 140m，建议裂缝导流能力设计为 18D·cm 左右。

表 6-13 不同裂缝导流能力的压后产量（渗透率 0.5mD，缝长 150m）

压裂规模	10 天		30 天		90 天		180 天		360 天	
	产量 ($10^4m^3/d$)	累计产量 (10^4m^3)	产量 ($10^4m^3/d$)	累计产量 (10^4m^3)	产量 ($10^4m^3/d$)	累计产量 (10^4m^3)	产量 ($10^4m^3/d$)	累计产量 (10^4m^3)	产量 ($10^4m^3/d$)	累计产量 (10^4m^3)
不压裂	0.256	3.224	0.236	8.768	0.226	21.508	0.216	41.207	0.197	78.01
Frcd=10D·cm	1.081	16.848	0.816	37.304	0.668	77.489	0.59	133.716	0.521	231.966
Frcd=14D·cm	1.189	19.09	0.885	41.295	0.708	84.321	0.619	144.018	0.541	247.664
Frcd=18D·cm	1.268	20.849	0.924	44.343	0.737	89.354	0.639	151.459	0.56	258.811
Frcd=22D·cm	1.327	22.284	0.963	46.722	0.757	93.207	0.659	157.072	0.57	267.137
Frcd=26D·cm	1.366	23.434	0.983	48.55	0.777	96.127	0.678	161.328	0.58	273.428
Frcd=30D·cm	1.396	24.378	1.003	50.034	0.786	98.476	0.688	164.72	0.59	278.422

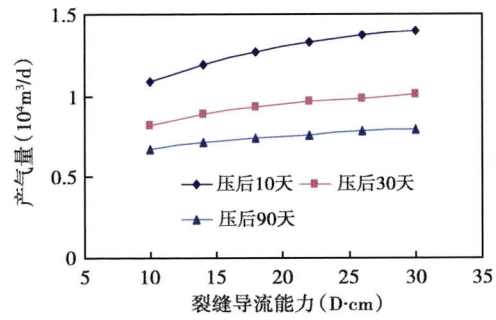

图 6-21 裂缝导流能力对压后日产气量的影响（渗透率 0.5mD）

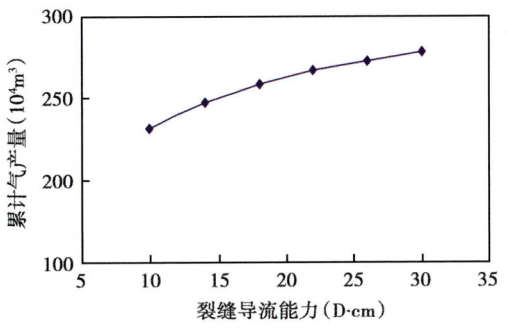

图 6-22 导流能力对压后 360 天累计产气量的影响（渗透率 0.5mD）

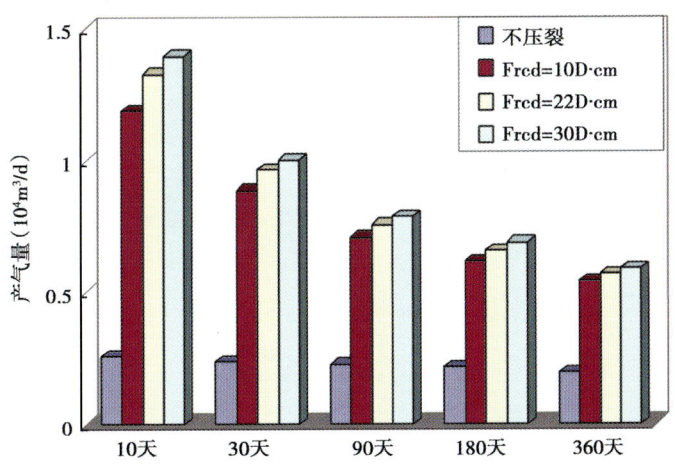

图 6-23 不同裂缝导流能力的产气量随时间的变化（渗透率 0.5mD）

（三）渗透率取 0.8mD 的参数优化

表 6-14、图 6-24、图 6-25 和图 6-26 为压裂裂缝导流能力取 18D·cm 时不同压裂裂缝长度下的压后产气量和累计产量模拟结果。在裂缝长度大于 100m 时，压后初期的产气量可达到 $1.270×10^4m^3/d$，而不压裂的产量为 $0.348×10^4m^3/d$。以压后 30 天的产量进行分析，

在裂缝长度达到130m后，压后日产气量和累计产量增加变缓。考虑实际压裂的可操作性，建议裂缝长度设计在130m左右。

表6-14 不同压裂裂缝长度的压后产量（渗透率0.8mD，导流能力18D·cm）

压裂规模	10天		30天		90天		180天		360天	
	产量($10^4m^3/d$)	累计产量(10^4m^3)	产量($10^4m^3/d$)	累计产量(10^4m^3)	产量($10^4m^3/d$)	累计产量(10^4m^3)	产量($10^4m^3/d$)	累计产量(10^4m^3)	产量($10^4m^3/d$)	累计产量(10^4m^3)
不压裂	0.348	4.317	0.32	11.786	0.301	28.997	0.287	55.497	0.258	104.068
缝长40m	0.956	14.552	0.787	33.628	0.68	73.78	0.609	131.874	0.511	231.764
缝长60m	1.059	16.794	0.85	37.665	0.729	80.946	0.648	143.173	0.549	250.267
缝长80m	1.186	19.104	0.938	42.189	0.788	89.261	0.701	156.328	0.593	271.588
缝长100m	1.27	20.394	0.992	44.86	0.821	94.186	0.731	164.099	0.617	284.357
缝长120m	1.334	21.322	1.027	46.97	0.856	98.213	0.75	170.524	0.646	294.903
缝长140m	1.399	22.005	1.071	48.695	0.876	101.663	0.774	176.078	0.66	303.914
缝长160m	1.449	22.471	1.101	50.065	0.901	104.558	0.789	180.845	0.676	311.648
缝长180m	1.484	22.757	1.126	51.023	0.921	106.708	0.809	184.428	0.685	317.331

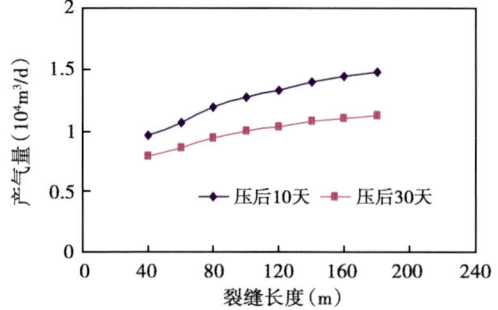
图6-24 压裂裂缝长度对压后日产气量的影响（渗透率0.8mD）

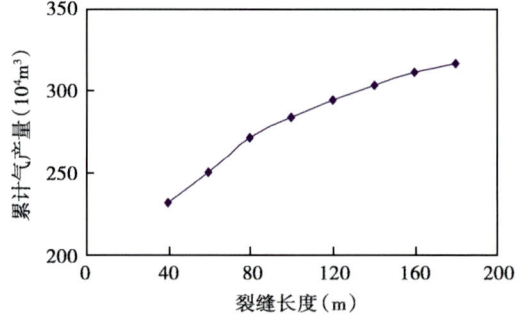
图6-25 裂缝长度对压后360天累计产气量的影响（渗透率0.8mD）

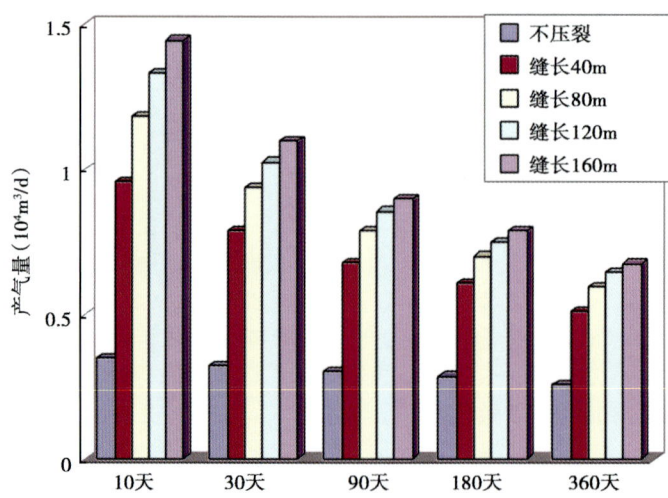
图6-26 不同压裂裂缝长度的产气量随时间的变化（渗透率0.8mD）

表 6-15、图 6-27、图 6-28 和图 6-29 为压裂裂缝长度取 140m 时不同裂缝导流能力下的产气量和累计产量模拟结果。从模拟结果可以看出，随着裂缝导流能力的增加，日产气量和累计产量呈现明显增加。综合储层物性条件和压裂实际，建议压裂裂缝导流能力设计为 20D·cm 左右。

表 6-15 不同裂缝导流能力的压后产量（渗透率 0.8mD，缝长 140m）

压裂规模	10 天		30 天		90 天		180 天		360 天	
	产量 ($10^4m^3/d$)	累计产量 (10^4m^3)	产量 ($10^4m^3/d$)	累计产量 (10^4m^3)	产量 ($10^4m^3/d$)	累计产量 (10^4m^3)	产量 ($10^4m^3/d$)	累计产量 (10^4m^3)	产量 ($10^4m^3/d$)	累计产量 (10^4m^3)
不压裂	0.348	4.317	0.32	11.786	0.301	28.997	0.287	55.497	0.258	104.068
Frcd=10D·cm	1.199	18.165	0.939	41.401	0.791	88.524	0.704	155.618	0.609	272.256
Frcd=14D·cm	1.312	20.435	1.016	45.63	0.84	96.077	0.742	167.336	0.633	290.261
Frcd=18D·cm	1.399	22.005	1.071	48.695	0.876	101.663	0.774	176.078	0.66	303.914
Frcd=22D·cm	1.467	23.732	1.108	51.501	0.902	106.16	0.79	182.577	0.671	313.187
Frcd=26D·cm	1.515	24.925	1.137	53.518	0.926	109.554	0.81	187.677	0.681	320.784
Frcd=30D·cm	1.553	25.912	1.161	55.168	0.94	112.312	0.824	191.794	0.691	326.885

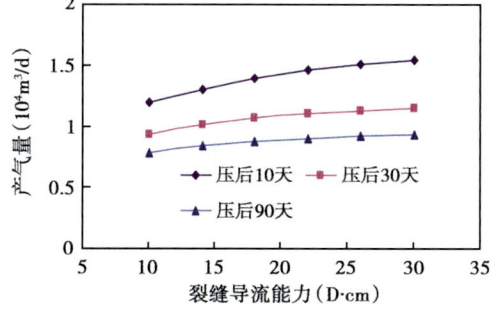

图 6-27 裂缝导流能力对压后日产气量的影响（渗透率 0.8mD）

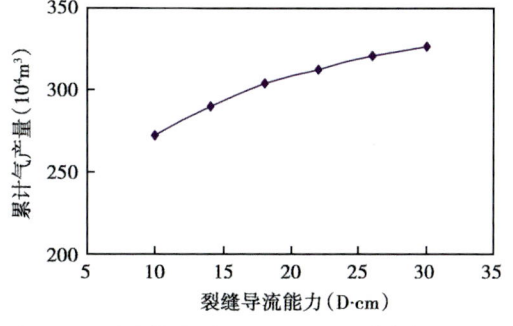

图 6-28 导流能力对压后 360 天累计产气量的影响（渗透率 0.8mD）

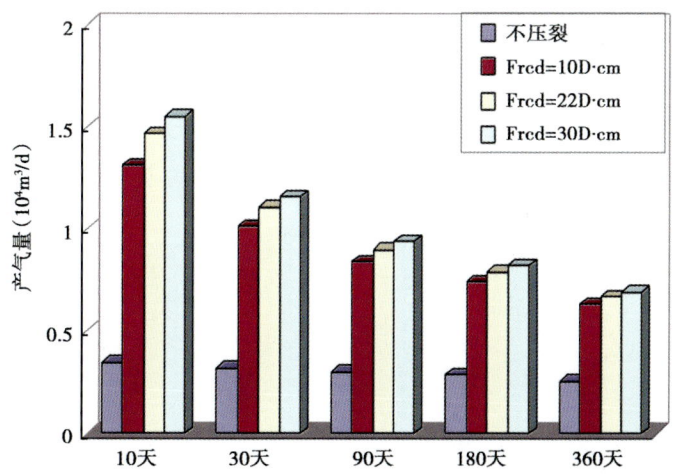

图 6-29 不同裂缝导流能力的产气量随时间的变化（渗透率 0.8mD）

(四) 渗透率取 1.0mD 的参数优化

表 6-16、图 6-30、图 6-31 和图 6-32 为压裂裂缝导流能力取 20D·cm 时不同压裂裂缝长度下的压后产气量和累计产量模拟结果。在裂缝长度大于 100m 后，压后初期的产气量可达到 $1.504×10^4 m^3/d$，而不压裂的产量为 $0.462×10^4 m^3/d$。从图 6-30 可以看出，在裂缝长度达到 100~120m 后，压后日产气量基本不再增加，建议压裂裂缝长度设计在 110m 左右。

表 6-16 不同压裂裂缝长度的压后产量（渗透率 1.0mD，导流能力 20D·cm）

压裂规模	10 天		30 天		90 天		180 天		360 天	
	产量 ($10^4 m^3/d$)	累计产量 ($10^4 m^3$)	产量 ($10^4 m^3/d$)	累计产量 ($10^4 m^3$)	产量 ($10^4 m^3/d$)	累计产量 ($10^4 m^3$)	产量 ($10^4 m^3/d$)	累计产量 ($10^4 m^3$)	产量 ($10^4 m^3/d$)	累计产量 ($10^4 m^3$)
不压裂	0.462	5.662	0.423	15.501	0.393	38.217	0.374	73.092	0.334	136.158
缝长 40m	1.189	17.546	0.993	41.539	0.865	92.545	0.767	166.345	0.619	290.481
缝长 60m	1.297	19.757	1.062	45.678	0.924	100.113	0.816	178.612	0.668	311.241
缝长 80m	1.425	21.989	1.15	50.18	0.983	108.626	0.875	192.403	0.718	334.272
缝长 100m	1.504	23.178	1.209	52.686	1.022	113.383	0.904	200.138	0.747	347.669
缝长 120m	1.563	24.004	1.239	54.603	1.052	117.138	0.924	206.321	0.777	358.384
缝长 140m	1.622	24.623	1.278	56.146	1.071	120.284	0.953	211.492	0.796	367.112
缝长 160m	1.661	25.046	1.307	57.355	1.091	122.869	0.963	215.836	0.806	374.357
缝长 180m	1.691	25.311	1.327	58.2	1.111	124.756	0.983	219.001	0.816	379.32

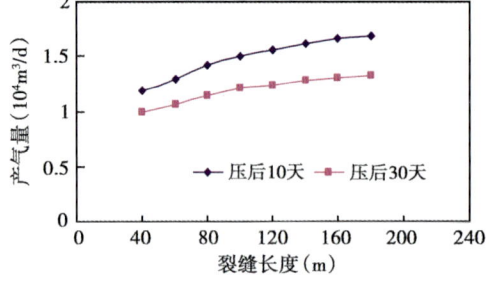

图 6-30 压裂裂缝长度对压后日产气量的影响（渗透率 1.0mD）

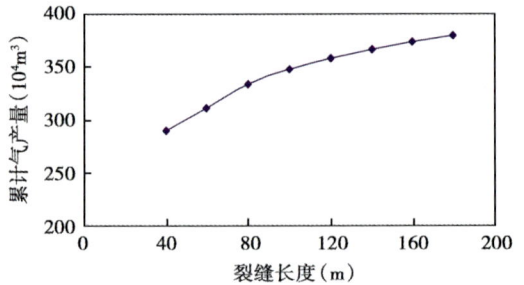

图 6-31 裂缝长度对压后 360 天累计产气量的影响（渗透率 1.0mD）

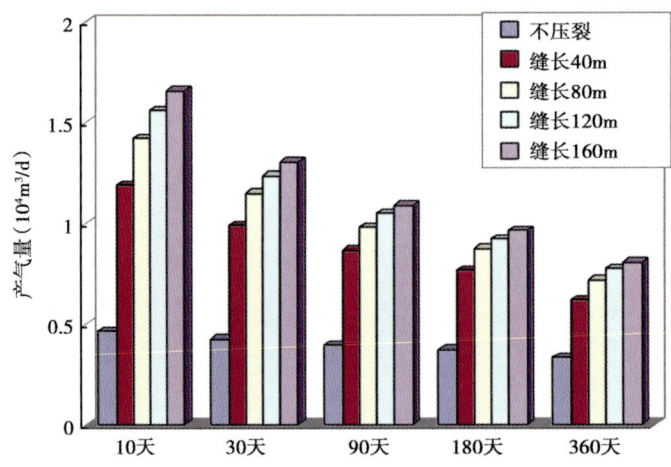

图 6-32 不同压裂裂缝长度的产气量随时间的变化（渗透率 1.0mD）

表 6-17、图 6-33、图 6-34 和图 6-35 为压裂裂缝长度取 130m 时不同裂缝导流能力下的产气量和累计产量模拟结果。从模拟结果可以看出，裂缝导流能力对压后产量的影响较为明显，随着裂缝导流能力的增加，日产气量和累计产量呈现明显增加。建议压裂裂缝导流能力设计为 24D·cm 左右。

表 6-17 不同裂缝导流能力的压后产量（渗透率 1.0mD，缝长 130m）

压裂规模	10 天		30 天		90 天		180 天		360 天	
	产量 ($10^4 m^3/d$)	累计产量 ($10^4 m^3$)	产量 ($10^4 m^3/d$)	累计产量 ($10^4 m^3$)	产量 ($10^4 m^3/d$)	累计产量 ($10^4 m^3$)	产量 ($10^4 m^3/d$)	累计产量 ($10^4 m^3$)	产量 ($10^4 m^3/d$)	累计产量 ($10^4 m^3$)
不压裂	0.462	5.662	0.423	15.501	0.393	38.217	0.374	73.092	0.334	136.158
Frcd=10D·cm	1.347	19.816	1.091	46.503	0.944	102.217	0.845	182.75	0.718	322.132
Frcd=14D·cm	1.465	22.126	1.18	51.035	1.003	110.67	0.894	196.226	0.747	343
Frcd=18D·cm	1.563	24.004	1.239	54.603	1.052	117.138	0.924	206.321	0.777	358.384
Frcd=22D·cm	1.642	25.557	1.288	57.463	1.081	122.24	0.953	214.175	0.796	370.199
Frcd=26D·cm	1.701	26.805	1.327	59.714	1.111	126.221	0.973	220.318	0.806	379.409
Frcd=30D·cm	1.75	27.847	1.356	61.572	1.13	129.484	0.993	225.331	0.816	386.879

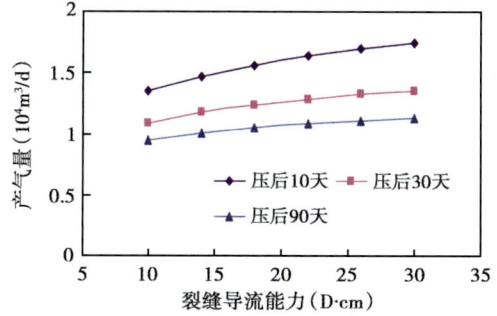

图 6-33 裂缝导流能力对压后日产气量的影响（渗透率 1.0mD）

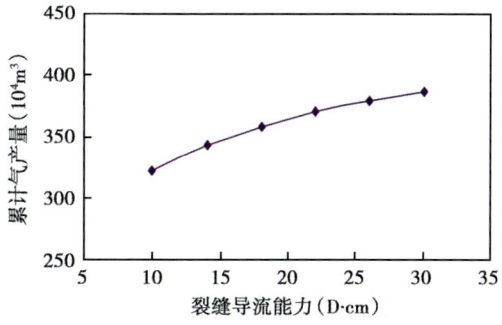

图 6-34 导流能力对压后 360 天累计产气量的影响（渗透率 1.0mD）

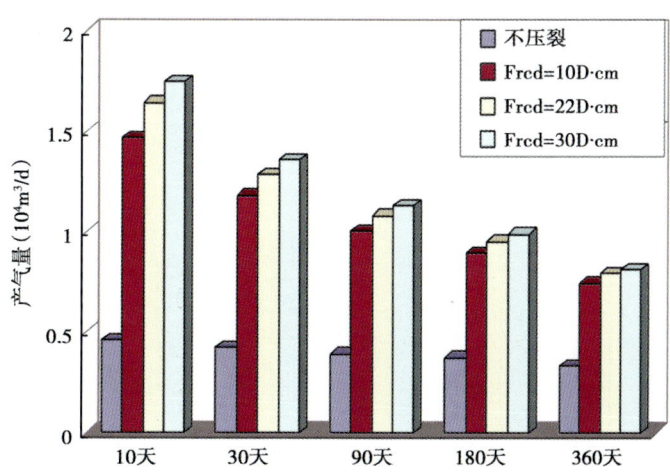

图 6-35 不同裂缝导流能力的产气量随时间的变化（渗透率 1.0mD）

(五) 渗透率取 2.0mD 的参数优化

表 6-18、图 6-36、图 6-37 和图 6-38 为压裂裂缝导流能力取 20D·cm 时不同压裂裂缝长度下的压后产气量和累计产量模拟结果。在各种裂缝长度下,压后初期的产气量可达到 $2.058×10^4 m^3/d$ 以上,而不压裂的产量为 $0.902×10^4 m^3/d$。这也充分说明了地层本身性质对气井产量的决定性作用。在裂缝长度达到 100m 后压后日产气量增加变缓,建议裂缝长度设计在 100m 左右。

表 6-18 不同压裂裂缝长度的压后产量(渗透率 2.0mD,导流能力 20D·cm)

压裂规模	10 天		30 天		90 天		180 天		360 天	
	产量 ($10^4 m^3/d$)	累计产量 ($10^4 m^3$)	产量 ($10^4 m^3/d$)	累计产量 ($10^4 m^3$)	产量 ($10^4 m^3/d$)	累计产量 ($10^4 m^3$)	产量 ($10^4 m^3/d$)	累计产量 ($10^4 m^3$)	产量 ($10^4 m^3/d$)	累计产量 ($10^4 m^3$)
不压裂	0.902	11.015	0.833	30.351	0.764	74.764	0.686	140.669	0.549	250.968
缝长 40m	2.058	28.557	1.764	70.668	1.519	161.063	1.245	285.915	0.862	472.644
缝长 60m	2.176	30.792	1.852	75.068	1.597	169.736	1.323	301.36	0.941	501.172
缝长 80m	2.303	32.83	1.94	79.468	1.666	178.674	1.401	317.226	1	530.19
缝长 100m	2.372	33.82	1.989	81.644	1.705	183.172	1.441	325.713	1.058	547.791
缝长 120m	2.421	34.447	2.019	83.173	1.744	186.455	1.48	332.083	1.098	561.305
缝长 140m	2.45	34.966	2.048	84.447	1.764	189.14	1.509	337.032	1.127	570.938
缝长 160m	2.479	35.329	2.068	85.397	1.784	191.237	1.529	340.893	1.147	578.239
缝长 180m	2.499	35.584	2.087	86.044	1.793	192.697	1.539	343.363	1.147	581.885

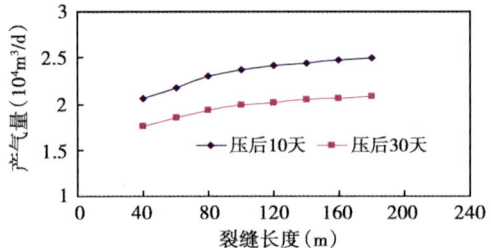

图 6-36 压裂裂缝长度对压后产气量的影响(渗透率 2.0mD)

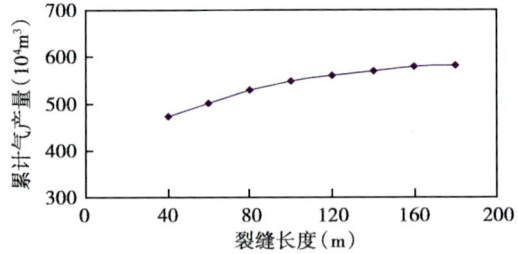

图 6-37 裂缝长度对压后 360 天累计产气量的影响(渗透率 2.0mD)

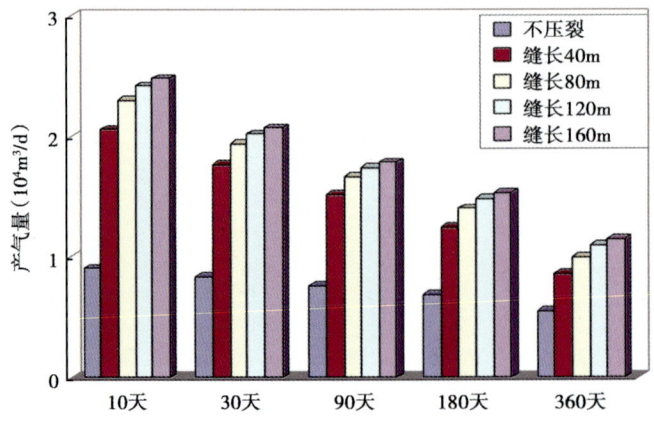

图 6-38 不同压裂裂缝长度的产气量随时间的变化(渗透率 2.0mD)

表 6-19、图 6-39、图 6-40 和图 6-41 为压裂裂缝长度取 120m 时不同裂缝导流能力下的产气量和累计产量模拟结果。从模拟结果可以看出，随着裂缝导流能力的增加，日产气量和累计产量几乎呈线性增加，这主要是由于渗透率较高的层段对裂缝导流能力的要求较高。但同时考虑到实际的可操作性和施工成本以及压裂过程中砂比的限制，建议压裂裂缝导流能力设计为 25D·cm 左右。

表 6-19　不同裂缝导流能力的压后产量（渗透率 2.0mD，缝长 120m）

压裂规模	10 天		30 天		90 天		180 天		360 天	
	产量 ($10^4m^3/d$)	累计产量 (10^4m^3)	产量 ($10^4m^3/d$)	累计产量 (10^4m^3)	产量 ($10^4m^3/d$)	累计产量 (10^4m^3)	产量 ($10^4m^3/d$)	累计产量 (10^4m^3)	产量 ($10^4m^3/d$)	累计产量 (10^4m^3)
不压裂	0.902	11.015	0.833	30.351	0.764	74.764	0.686	140.669	0.549	250.968
Frcd=10D·cm	2.019	27.94	1.735	69.502	1.529	159.456	1.333	288.884	1.029	498.555
Frcd=14D·cm	2.195	30.88	1.872	75.803	1.627	172.068	1.401	309.288	1.068	528.543
Frcd=18D·cm	2.352	33.389	1.98	80.997	1.705	182.211	1.46	325.37	1.088	551.72
Frcd=22D·cm	2.479	35.545	2.058	85.368	1.774	190.581	1.499	338.472	1.107	570.301
Frcd=26D·cm	2.587	37.446	2.136	89.111	1.823	197.617	1.539	349.37	1.127	585.57
Frcd=30D·cm	2.666	39.014	2.185	92.198	1.862	203.448	1.568	358.415	1.137	598.153

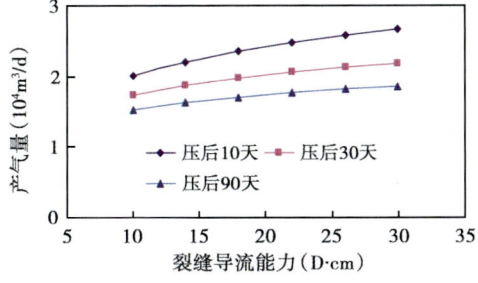

图 6-39　裂缝导流能力对压后日产气量的影响

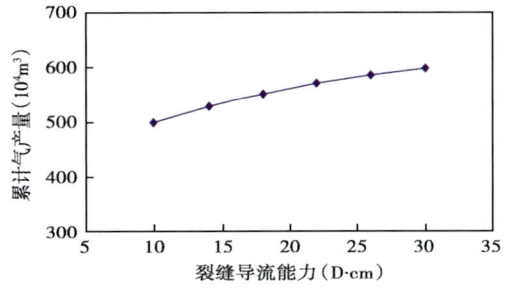

图 6-40　导流能力对压后 360 天累计产气量的影响

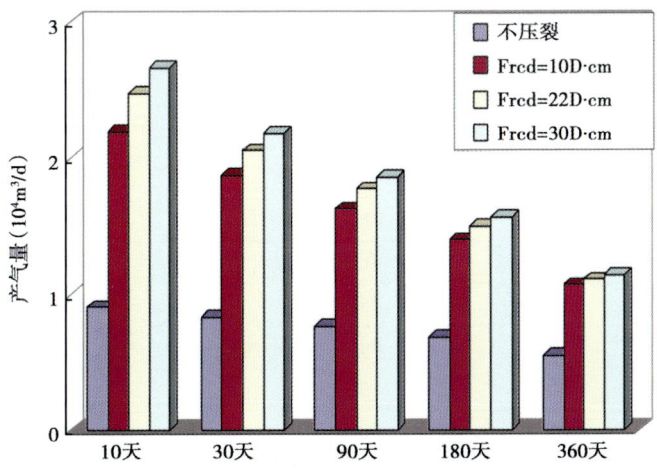

图 6-41　不同裂缝导流能力的产气量随时间的变化

综上所述，对于苏里格气藏压裂改造的裂缝参数优化设计参数见表 6-20。

表 6-20 苏里格气藏分层压裂裂缝参数优化设计结果

压裂层段渗透率（mD）	裂缝长度（m）	裂缝导流能力（D·cm）
0.2	160	16
0.5	140	18
0.8	130	20
1.0	110	24
2.0	100	25

三、苏里格气藏压裂裂缝规模推荐

依据表 6-22 的压裂裂缝参数优化设计结果，考虑到苏里格气藏的地层厚度、地层渗透率和隔层情况的差异，采用拟三维压裂优化设计软件模拟设计了压裂裂缝规模，考虑到苏里格气藏的地层厚度、地层渗透率和隔层情况的差异，针对不同的地层渗透率，分别考虑地层厚度为 3m、5m，隔层厚度小于等于 5m 或隔层厚度大于等于 10m 的不同情形，推荐压裂施工的规模（表 6-21），并给出典型的施工泵注程序（表 6-22—表 6-41）。

表 6-21 苏里格气藏压裂施工规模设计结果

压裂层厚（m）	隔层厚度（m）	渗透率（mD）	前置液（m³）	总液量（m³）	砂量（m³）	排量（m³/min）
3	≤5	0.2	100	235	28.2	2.0
		0.5	95	220	28.1	2.0
		0.8	85	205	27.1	2.0
		1.0	85	195	25.8	2.0
		2.0	90	200	27.0	2.0
	≥10	0.2	85	210	27.2	2.4
		0.5	75	185	26.2	2.4
		0.8	65	170	25.5	2.4
		1.0	60	155	23.7	2.4
		2.0	75	170	24.6	2.4
5	≤5	0.2	130	300	35.4	2.5
		0.5	105	250	32.8	2.5
		0.8	105	245	32.2	2.5
		1.0	100	230	31.2	2.5
		2.0	105	235	32.5	2.5
	≥10	0.2	95	235	32.8	3
		0.5	90	220	32.2	3
		0.8	80	200	30.8	3
		1.0	85	200	30.3	3
		2.0	90	205	31.0	3

表 6-22 压裂层段 3m、渗透率 0.2mD、隔层厚度≤5m 推荐泵注程序

阶段	液体类型	液量（m³）	支撑剂 (kg/m³)	支撑剂 (%)	陶粒量 (t)	陶粒量 (m³)	排量 (m³/min)
1	交联瓜尔胶	100	0	0	0	0	2.0
2	交联瓜尔胶	15	120	6.8	1.8	1.0	2.0
3	交联瓜尔胶	25	220	12.5	5.5	3.1	2.0
4	交联瓜尔胶	20	320	18.2	6.4	3.6	2.0
5	交联瓜尔胶	21	420	23.9	8.8	5.0	2.0
6	交联瓜尔胶	15	520	29.5	7.8	4.4	2.0
7	交联瓜尔胶	15	620	35.2	9.3	5.3	2.0
8	交联瓜尔胶	14	720	40.9	10.1	5.7	2.0
9	瓜尔胶基液	10	0	0	0	0	2.0
累计或平均	总液量：235		420	22.6	49.7	28.1	2.0

表 6-23 压裂层段 3m、渗透率 0.5mD、隔层厚度≤5m 推荐泵注程序

阶段	液体类型	液量（m³）	支撑剂 (kg/m³)	支撑剂 (%)	陶粒量 (t)	陶粒量 (m³)	排量 (m³/min)
1	交联瓜尔胶	95	0	0	0	0	2.0
2	交联瓜尔胶	15	120	6.8	1.8	1.0	2.0
3	交联瓜尔胶	15	220	12.5	3.3	1.9	2.0
4	交联瓜尔胶	15	320	18.2	4.8	2.7	2.0
5	交联瓜尔胶	18	420	23.9	7.6	4.3	2.0
6	交联瓜尔胶	18	520	29.5	9.4	5.3	2.0
7	交联瓜尔胶	18	620	35.2	11.2	6.3	2.0
8	交联瓜尔胶	16	720	40.9	11.5	6.5	2.0
9	瓜尔胶基液	10	0	0	0	0	2.0
累计或平均	总液量：220		420	24.4	49.6	28.0	2.0

表 6-24 压裂层段 3m、渗透率 0.8mD、隔层厚度≤5m 推荐泵注程序

阶段	液体类型	液量（m³）	支撑剂 (kg/m³)	支撑剂 (%)	陶粒量 (t)	陶粒量 (m³)	排量 (m³/min)
1	交联瓜尔胶	85	0	0	0	0	2.0
2	交联瓜尔胶	14	120	6.8	1.7	1.0	2.0
3	交联瓜尔胶	14	220	12.5	3.1	1.8	2.0
4	交联瓜尔胶	14	320	18.2	4.5	2.5	2.0
5	交联瓜尔胶	17	420	23.9	7.1	4.1	2.0
6	交联瓜尔胶	18	520	29.5	9.4	5.3	2.0
7	交联瓜尔胶	18	620	35.2	11.2	6.3	2.0
8	交联瓜尔胶	15	720	40.9	10.8	6.1	2.0
9	瓜尔胶基液	10	0	0	0	0	2.0
累计或平均	总液量：205		420	24.6	47.8	27.1	2.0

表6-25 压裂层段3m、渗透率1.0mD、隔层厚度≤5m推荐泵注程序

阶段	液体类型	液量（m³）	支撑剂		陶粒量		排量
			(kg/m³)	(%)	(t)	(m³)	(m³/min)
1	交联瓜尔胶	85	0	0	0	0	2.0
2	交联瓜尔胶	13	120	6.8	1.6	0.9	2.0
3	交联瓜尔胶	13	240	13.6	3.1	1.8	2.0
4	交联瓜尔胶	14	360	20.5	5.0	2.9	2.0
5	交联瓜尔胶	21	480	27.3	10.1	5.7	2.0
6	交联瓜尔胶	20	600	34.1	12.0	6.8	2.0
7	交联瓜尔胶	19	720	40.9	13.7	7.8	2.0
8	瓜尔胶基液	10	0	0	0	0	2.0
累计或平均	总液量195		420	25.8	45.5	25.9	2.0

表6-26 压裂层段3m、渗透率2.0mD、隔层厚度≤5m推荐泵注程序

阶段	液体类型	液量（m³）	支撑剂		陶粒量		排量
			(kg/m³)	(%)	(t)	(m³)	(m³/min)
1	交联瓜尔胶	90	0	0	0	0	2.0
2	交联瓜尔胶	12	130	7.4	1.6	0.9	2.0
3	交联瓜尔胶	12	250	14.2	3.0	1.7	2.0
4	交联瓜尔胶	18	370	21	6.7	3.8	2.0
5	交联瓜尔胶	20	500	28.4	10.0	5.7	2.0
6	交联瓜尔胶	20	630	35.8	12.6	7.2	2.0
7	交联瓜尔胶	18	760	43.2	13.7	7.8	2.0
8	瓜尔胶基液	10	0	0	0	0	2.0
累计或平均	总液量200		440	27.0	47.6	27.1	2.0

表6-27 压裂层段3m、渗透率0.2mD、隔层厚度≥10m推荐泵注程序

阶段	液体类型	液量（m³）	支撑剂		陶粒量		排量
			(kg/m³)	(%)	(t)	(m³)	(m³/min)
1	交联瓜尔胶	85	0	0	0	0	2.4
2	交联瓜尔胶	15	120	6.8	1.8	1.0	2.4
3	交联瓜尔胶	20	220	12.5	4.4	2.5	2.4
4	交联瓜尔胶	15	320	18.2	4.8	2.7	2.4
5	交联瓜尔胶	18	420	23.9	7.6	4.3	2.4
6	交联瓜尔胶	16	520	29.5	8.3	4.7	2.4
7	交联瓜尔胶	16	630	35.8	10.1	5.7	2.4
8	交联瓜尔胶	15	730	41.5	11.0	6.2	2.4
9	瓜尔胶基液	10	0	0	0	0	2.4
累计或平均	总液量：210		422.9	23.7	48.0	27.1	2.4

表6-28 压裂层段3m、渗透率0.5mD、隔层厚度≥10m 推荐泵注程序

阶段	液体类型	液量（m³）	支撑剂		陶粒量		排量
			(kg/m³)	(%)	(t)	(m³)	(m³/min)
1	交联瓜尔胶	75	0	0	0	0	2.4
2	交联瓜尔胶	12	120	6.8	1.4	0.8	2.4
3	交联瓜尔胶	12	230	13.1	2.8	1.6	2.4
4	交联瓜尔胶	13	330	18.8	4.3	2.4	2.4
5	交联瓜尔胶	15	440	25	6.6	3.8	2.4
6	交联瓜尔胶	17	540	30.7	9.2	5.2	2.4
7	交联瓜尔胶	16	650	36.9	10.4	5.9	2.4
8	交联瓜尔胶	15	760	43.2	11.4	6.5	2.4
9	瓜尔胶基液	10	0	0	0	0	2.4
累计或平均		总液量：185	438.6	26.2	46.1	26.2	2.4

表6-29 压裂层段3m、渗透率0.8mD、隔层厚度≥10m 推荐泵注程序

阶段	液体类型	液量（m³）	支撑剂		陶粒量		排量
			(kg/m³)	(%)	(t)	(m³)	(m³/min)
1	交联瓜尔胶	65	0	0	0	0	2.4
2	交联瓜尔胶	12	120	6.8	1.4	0.8	2.4
3	交联瓜尔胶	12	230	13.1	2.8	1.6	2.4
4	交联瓜尔胶	12	340	19.3	4.1	2.3	2.4
5	交联瓜尔胶	15	450	25.6	6.8	3.8	2.4
6	交联瓜尔胶	15	560	31.8	8.4	4.8	2.4
7	交联瓜尔胶	15	670	38.1	10.1	5.7	2.4
8	交联瓜尔胶	14	780	44.3	10.9	6.2	2.4
9	瓜尔胶基液	10	0	0	0	0	2.4
累计或平均		总液量：170	450.0	26.5	44.5	25.2	2.4

表6-30 压裂层段3m、渗透率1.0mD、隔层厚度≥10m 推荐泵注程序

阶段	液体类型	液量（m³）	支撑剂		陶粒量		排量
			(kg/m³)	(%)	(t)	(m³)	(m³/min)
1	交联瓜尔胶	60	0	0	0	0	2.4
2	交联瓜尔胶	12	130	7.4	1.6	0.9	2.4
3	交联瓜尔胶	12	260	14.8	3.1	1.8	2.4
4	交联瓜尔胶	12	400	22.7	4.8	2.7	2.4
5	交联瓜尔胶	15	530	30.1	8.0	4.5	2.4
6	交联瓜尔胶	18	660	37.5	11.9	6.8	2.4
7	交联瓜尔胶	16	780	44.3	12.5	7.1	2.4
8	瓜尔胶基液	10	0	0	0	0	2.4
累计或平均		总液量：155	460.0	27.9	41.9	23.8	2.4

表 6-31　压裂层段 3m、渗透率 2.0mD、隔层厚度≥10m 推荐泵注程序

阶段	液体类型	液量（m³）	支撑剂		陶粒量		排量
			（kg/m³）	（%）	（t）	（m³）	（m³/min）
1	交联瓜尔胶	75	0	0	0	0	2.4
2	交联瓜尔胶	12	130	7.4	1.6	0.9	2.4
3	交联瓜尔胶	12	270	15.3	3.2	1.8	2.4
4	交联瓜尔胶	12	420	23.9	5.0	2.9	2.4
5	交联瓜尔胶	15	550	31.3	8.3	4.7	2.4
6	交联瓜尔胶	16	680	38.6	10.9	6.2	2.4
7	交联瓜尔胶	18	800	45.5	14.4	8.2	2.4
8	瓜尔胶基液	10	0	0	0	0	2.4
累计或平均		总液量：170	475.0	28.9	43.4	24.7	2.4

表 6-32　压裂层段 5m、渗透率 0.2mD、隔层厚度≤5m 推荐泵注程序

阶段	液体类型	液量（m³）	支撑剂		陶粒量		排量
			（kg/m³）	（%）	（t）	（m³）	（m³/min）
1	交联瓜尔胶	130	0	0	0	0	2.5
2	交联瓜尔胶	20	120	6.8	2.4	1.4	2.5
3	交联瓜尔胶	23	220	12.5	5.1	2.9	2.5
4	交联瓜尔胶	35	320	18.2	11.2	6.4	2.5
5	交联瓜尔胶	30	420	23.9	12.6	7.2	2.5
6	交联瓜尔胶	24	520	29.5	12.5	7.1	2.5
7	交联瓜尔胶	16	620	35.2	9.9	5.6	2.5
8	交联瓜尔胶	12	720	40.9	8.6	4.9	2.5
9	瓜尔胶基液	10	0	0	0	0	2.5
累计或平均		总液量：300	420	22.1	62.3	35.5	2.5

表 6-33　压裂层段 5m、渗透率 0.5mD、隔层厚度≤5m 推荐泵注程序

阶段	液体类型	液量（m³）	支撑剂		陶粒量		排量
			（kg/m³）	（%）	（t）	（m³）	（m³/min）
1	交联瓜尔胶	105	0	0	0	0	2.5
2	交联瓜尔胶	18	120	6.8	2.2	1.2	2.5
3	交联瓜尔胶	20	230	13.1	4.6	2.6	2.5
4	交联瓜尔胶	20	340	19.3	6.8	3.9	2.5
5	交联瓜尔胶	22	440	25	9.7	5.5	2.5
6	交联瓜尔胶	22	540	30.7	11.9	6.8	2.5
7	交联瓜尔胶	18	640	36.4	11.5	6.5	2.5
8	交联瓜尔胶	15	740	42	11.1	6.3	2.5
9	瓜尔胶基液	10	0	0	0	0	2.5
累计或平均		总液量：250	435.7	24.3	57.8	32.8	2.5

表 6-34　压裂层段 5m、渗透率 0.8mD、隔层厚度≤5m 推荐泵注程序

阶段	液体类型	液量（m³）	支撑剂 (kg/m³)	支撑剂 (%)	陶粒量 (t)	陶粒量 (m³)	排量 (m³/min)
1	交联瓜尔胶	105	0	0	0	0	2.5
2	交联瓜尔胶	18	120	6.8	2.2	1.2	2.5
3	交联瓜尔胶	18	230	13.1	4.1	2.4	2.5
4	交联瓜尔胶	19	340	19.3	6.5	3.7	2.5
5	交联瓜尔胶	19	440	25	8.4	4.8	2.5
6	交联瓜尔胶	20	540	30.7	10.8	6.1	2.5
7	交联瓜尔胶	19	640	36.4	12.2	6.9	2.5
8	交联瓜尔胶	17	740	42	12.6	7.1	2.5
9	瓜尔胶基液	10	0	0	0	0	2.5
累计或平均	总液量：245		435.7	24.8	56.8	32.2	2.5

表 6-35　压裂层段 5m、渗透率 1.0mD、隔层厚度≤5m 推荐泵注程序

阶段	液体类型	液量（m³）	支撑剂 (kg/m³)	支撑剂 (%)	陶粒量 (t)	陶粒量 (m³)	排量 (m³/min)
1	交联瓜尔胶	100	0	0	0	0	2.5
2	交联瓜尔胶	15	120	6.8	1.8	1.0	2.5
3	交联瓜尔胶	15	230	13.1	3.5	2.0	2.5
4	交联瓜尔胶	17	340	19.3	5.8	3.3	2.5
5	交联瓜尔胶	18	450	25.6	8.1	4.6	2.5
6	交联瓜尔胶	18	550	31.3	9.9	5.6	2.5
7	交联瓜尔胶	19	650	36.9	12.4	7.0	2.5
8	交联瓜尔胶	18	750	42.6	13.5	7.7	2.5
9	瓜尔胶基液	10	0	0	0	0	2.5
累计或平均	总液量：230		441.4	26.0	55.0	31.2	2.5

表 6-36　压裂层段 5m、渗透率 2.0mD、隔层厚度≤5m 推荐泵注程序

阶段	液体类型	液量（m³）	支撑剂 (kg/m³)	支撑剂 (%)	陶粒量 (t)	陶粒量 (m³)	排量 (m³/min)
1	交联瓜尔胶	105	0	0	0	0	2.5
2	交联瓜尔胶	15	120	6.8	1.8	1.0	2.5
3	交联瓜尔胶	15	230	13.1	3.5	2.0	2.5
4	交联瓜尔胶	15	340	19.3	5.1	2.9	2.5
5	交联瓜尔胶	16	450	25.6	7.2	4.1	2.5
6	交联瓜尔胶	20	560	31.8	11.2	6.4	2.5
7	交联瓜尔胶	20	670	38.1	13.4	7.6	2.5
8	交联瓜尔胶	19	780	44.3	14.8	8.4	2.5
9	瓜尔胶基液	10	0	0	0	0	2.5
累计或平均	总液量：235		450.0	27.0	57.0	32.4	2.5

表 6-37　压裂层段 5m、渗透率 0.2mD、隔层厚度≥10m 推荐泵注程序

阶段	液体类型	液量（m³）	支撑剂		陶粒量		排量
			（kg/m³）	（%）	（t）	（m³）	（m³/min）
1	交联瓜尔胶	95	0	0	0	0	3.0
2	交联瓜尔胶	16	120	6.8	1.9	1.1	3.0
3	交联瓜尔胶	17	230	13.1	3.9	2.2	3.0
4	交联瓜尔胶	18	330	18.8	5.9	3.4	3.0
5	交联瓜尔胶	19	430	24.4	8.2	4.6	3.0
6	交联瓜尔胶	21	530	30.1	11.1	6.3	3.0
7	交联瓜尔胶	20	630	35.8	12.6	7.2	3.0
8	交联瓜尔胶	19	740	42	14.1	8.0	3.0
9	瓜尔胶基液	10	0	0	0	0	3.0
累计或平均		总液量：235	430.0	25.2	57.7	32.8	3.0

表 6-38　压裂层段 5m、渗透率 0.5mD、隔层厚度≥10m 推荐泵注程序

阶段	液体类型	液量（m³）	支撑剂		陶粒量		排量
			（kg/m³）	（%）	（t）	（m³）	（m³/min）
1	交联瓜尔胶	90	0	0	0	0	3.0
2	交联瓜尔胶	15	120	6.8	1.8	1.0	3.0
3	交联瓜尔胶	15	230	13.1	3.5	2.0	3.0
4	交联瓜尔胶	15	340	19.3	5.1	2.9	3.0
5	交联瓜尔胶	16	450	25.6	7.2	4.1	3.0
6	交联瓜尔胶	18	560	31.8	10.1	5.7	3.0
7	交联瓜尔胶	21	660	37.5	13.9	7.9	3.0
8	交联瓜尔胶	20	760	43.2	15.2	8.6	3.0
9	瓜尔胶基液	10	0	0	0	0	3.0
累计或平均		总液量：220	445.7	26.8	56.8	32.2	3.0

表 6-39　压裂层段 5m、渗透率 0.8mD、隔层厚度≥10m 推荐泵注程序

阶段	液体类型	液量（m³）	支撑剂		陶粒量		排量
			（kg/m³）	（%）	（t）	（m³）	（m³/min）
1	交联瓜尔胶	80	0	0	0	0	3.0
2	交联瓜尔胶	15	130	7.4	2.0	1.1	3.0
3	交联瓜尔胶	15	260	14.8	3.9	2.2	3.0
4	交联瓜尔胶	15	390	22.2	5.9	3.3	3.0
5	交联瓜尔胶	18	520	29.5	9.4	5.3	3.0
6	交联瓜尔胶	25	650	36.9	16.3	9.2	3.0
7	交联瓜尔胶	22	780	44.3	17.2	9.8	3.0
8	瓜尔胶基液	10	0	0	0	0	3.0
累计或平均		总液量：200	455.0	28.1	54.7	30.9	3.0

表 6-40　压裂层段 5m、渗透率 1.0mD、隔层厚度≥10m 推荐泵注程序

阶段	液体类型	液量（m³）	支撑剂		陶粒量		排量
			（kg/m³）	（%）	（t）	（m³）	（m³/min）
1	交联瓜尔胶	85	0	0	0	0	3.0
2	交联瓜尔胶	13	130	7.4	1.7	1.0	3.0
3	交联瓜尔胶	13	260	14.8	3.4	1.9	3.0
4	交联瓜尔胶	14	400	22.7	5.6	3.2	3.0
5	交联瓜尔胶	23	530	30.1	12.2	6.9	3.0
6	交联瓜尔胶	22	660	37.5	14.5	8.3	3.0
7	交联瓜尔胶	20	800	45.5	16.0	9.1	3.0
8	瓜尔胶基液	10	0	0	0	0	3.0
累计或平均		总液量：200	463.3	28.9	53.4	30.4	3.0

表 6-41　压裂层段 5m、渗透率 2.0mD、隔层厚度≥10m 推荐泵注程序

阶段	液体类型	液量（m³）	支撑剂		陶粒量		排量
			（kg/m³）	（%）	（t）	（m³）	（m³/min）
1	交联瓜尔胶	90	0	0	0	0	3.0
2	交联瓜尔胶	12	130	7.4	1.6	0.9	3.0
3	交联瓜尔胶	12	260	14.8	3.1	1.8	3.0
4	交联瓜尔胶	12	400	22.7	4.8	2.7	3.0
5	交联瓜尔胶	25	530	30.1	13.3	7.5	3.0
6	交联瓜尔胶	24	660	37.5	15.8	9.0	3.0
7	交联瓜尔胶	20	800	45.5	16.0	9.1	3.0
8	瓜尔胶基液	10	0	0	0	0	3.0
累计或平均		总液量：205	463.3	29.5	54.6	31.0	3.0

第四节　整体压裂改造方案优化技术

一、压裂伤害机理

压裂伤害机理涉及储层的类型和特性，且贯穿于整个压裂施工作业过程。根据苏里格东区气藏开发过程中遇到的一些具体情况进而把压裂伤害分为以下几种类型并对其进行逐个的详细分析。

（一）压裂液引起黏土膨胀、分散及运移对地层的伤害

以苏里格东区气藏为例，因为苏里格气田东区气藏主要产层大多位于石盒子组和山西组，其黏土含量大多在 10%~15% 之间（表 6-42、表 6-43）。黏土矿物主要为高岭石、蒙皂石及其混层，另有少量绿泥石及伊利石。黏土膨胀运移必然对苏里格东区气藏造成了严重的伤害，极大地影响苏里格气田东区气藏压裂改造的效果。

表 6-42　苏里格气田东区部分井盒 8 泥质含量统计表

井号	井段（m）	平均泥质含量（%）	层数
SD49-66	2947.4~2957.1	11.57	2
SD18-40	2995.0~3008.0	14.92	3
SD29-43	3002.8~3015.4	10.74	3
SD41-54	2921.0~2940.9	15.01	3
SD40-43	3015.6~3024.9	20.52	2
SD52-63	2931.4~2954.4	12.75	2
SD52-66	2900.5~2905.4	12.36	1
SD37-44	3020.0~3057.3	11.18	2
SD60-65	2977.2~2982.0	13.37	1

表 6-43　苏里格气田东区部分井山 1 层泥质含量统计表

井号	井段（m）	平均泥质含量（%）	层数
SD43-63	2971.5~2973.6	11.0	1
SD18-40	3040.9~3043.0	21.46	1
SD29-43	3068.5~3071.4	15.72	1
SD41-54	3009.2~3012.7	14.27	1
SD36-60	2976.8~2983.1	10.55	1
SD52-63	3009.4~3011.3	12.26	1
SD60-65	3074.0~3077.8	13.45	1
SD61-51	3069.3~3071.0	11.00	1

1. 黏土膨胀、分散及运移机理

黏土矿物大多对水有明显的敏感性。地层在被钻开前，黏土矿物与地层水处于平衡状态。在地层被钻开后，由于外来流体的进入，打破了原有的平衡，使黏土矿物发生膨胀，封堵孔隙喉道，同时松散粘附于孔道壁面的黏土颗粒也会随压裂液一起移动，在孔道狭窄处被卡住，形成堵塞造成对地层的伤害。

黏土矿物的膨胀主要是由于黏土颗粒中间层间距变大所造成的。由于黏土矿物大多存在晶格取代，使其表面存在或多或少的剩余电荷，在原始状态下，由于晶格中离子的取代，或外晶层的电离以及吸附 OH^- 和有机负离子，使晶层带负电性，吸附阳离子形成双电层，以达到电荷平衡。外来流体进入后，当侵入滤液的电解质浓度小于原来扩散层溶液浓度时，原来吸附的离子发生解吸，再从外来流体中吸附新的平衡离子，平衡这些电荷的无机离子的水化，以及晶面处硅氧键或氢氧键的偶极对水分子的吸引，导致黏土矿物晶层间的引力减弱，通过表面水化和渗透水化两个过程导致粒间距离增大，即发生膨胀。当距离增大到超过粒间有效作用距离时，黏土就会产生分散现象。

除了黏土水化分散产生的微粒外，地层内部本身含有的未被天然胶结物粘结的细小微粒，以及碱性或酸性滤液溶解部分天然胶结物后产生的微粒，均可能在压后返排时，在孔隙喉道部位形成机械堵塞降低油气层的渗透率。其堵塞强度除与喉道尺寸有关外，还与粒子浓度、排液速度有关。

黏土矿物中黏土成分不同，产生伤害的机理也是不同的。一般黏土中的蒙皂石和伊/蒙混层黏土主要引起水化膨胀乃至分散。蒙皂石属三层型结构，它是由两层硅氧四面体夹着一层铝氧八面体组成，蒙皂石晶层间的表面均为氧层，联结力弱，因此易膨胀（图6-42）。蒙皂石水化膨胀体积可达原始体积的几倍甚至10倍以上，造成孔隙喉道被封堵，渗透率大幅下降。

高岭石主要是通过碱性岩石，主要由钾长石等铝硅酸盐经酸性水化学淋滤作用形成，或者经过富铝矿物的再硅化作用和热液蚀变作用由富含硅、铝的溶液中结晶而成。高岭石属两层型结构，它由一层硅氧四面体与一层铝氧八面体组成（图6-43），一个晶层的氧层对着另一个晶层的氧层，层间电荷为零，没有层间阳离子。氢氧和氧直接重叠，晶层间易形成氢键，联接紧密，水不易进入其中，无层间膨胀性，因此高岭石属非膨胀性黏土矿物。但高岭石在砂岩孔隙中常以填充物的形式存在，且对碎屑颗粒的附着力很差，内部的结合力也很弱，在高速流体的剪切应力作用下，能使高岭石从碎屑颗粒的底座上脱落，并且易形成碎片微粒。这些微粒在储层中产生运移，封堵孔隙结构的喉部，降低地层的渗透性。

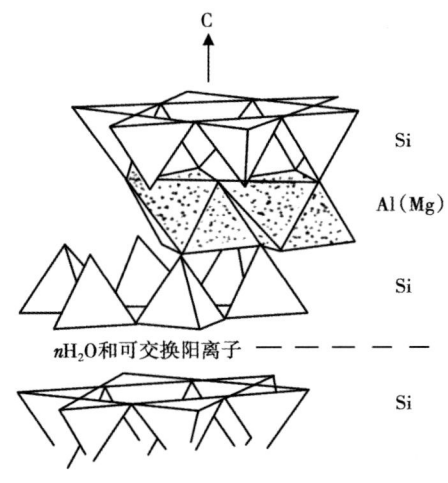

图6-42 蒙皂石晶体结构示意图

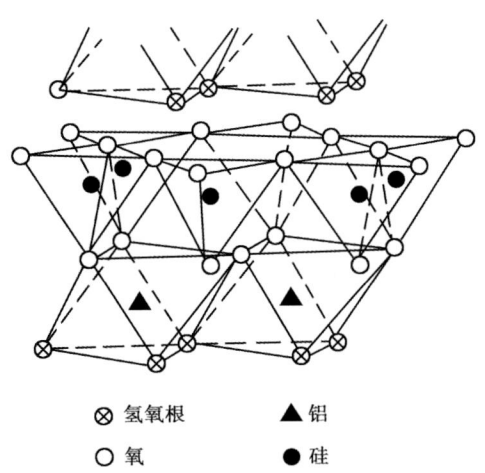

图6-43 高岭石晶体结构示意图

2. 影响因素

黏土矿物膨胀引起渗透率降低的因素，除了黏土矿物组成和含量外，还与下列因素有关。

(1) 注入流体的阳离子浓度和成分。

水敏性黏土矿物的膨胀受黏土矿物阳离子交换反应性质的控制。当注入的工作液中含有高价阳离子时，可以抑制黏土的水化膨胀，减轻对储层的伤害。

(2) 盐度变化速度。

黏土的水化堵塞不仅受到注入工作液的成分和浓度的影响，而且还受到注入时盐度变化速度的影响。当盐度变化很快时，渗透率会急剧下降。要尽量避免由于注入液盐度的急剧变化而引起渗透率的伤害。

(3) pH值的影响。

储层中的黏土一般处于pH值为6~8.5的环境中，注入工作液会改变这种环境，破坏黏土矿物与介质间的平衡，引起黏土矿物的膨胀、分散及运移，造成渗透率的伤害。

非水敏性黏土的微粒运移主要受下面几个因素影响。

(1) 注入流体的速度。

当注入流体的流速超过临界值时，就会对渗透率造成明显的伤害。临界流速的大小主要由多孔介质和孔隙流体的特性所决定。

(2) 岩体胶结程度。

注入工作液不仅会引起黏土微粒的运移，还会将很多非黏土微粒从胶结状态中释放出来，导致这些微粒的运移。胶结程度越差，微粒运移越严重。

（二）压裂液进入地层形成水锁（水相圈闭）对地层的伤害

压裂液的水锁（水相圈闭）是指在压裂改造过程中，由于压裂液滤液的侵入，使得储层含水饱和度从初始含水饱和度上升到束缚水饱和度再到100%之间变化时导致储层渗透率降低的作用过程。

1. 水锁伤害机理

毛管力作用在低渗砂岩气藏水锁伤害的形成的过程中起着主要作用。

1) 毛管力自吸效应

毛管力影响着储层中润湿相和非润湿相渗流。假设储层孔隙结构可视为毛管束，毛细管中弯液面两侧润湿相和非润湿相之间的压力差定义为毛管压力，其大小可由任意界面的 Laplace 方程来表示：

$$p_c = \sigma \left(\frac{1}{R_1} + \frac{1}{R_2} \right) \tag{6-9}$$

式中　σ——界面张力；

　　　p_c——毛管压力，方向始终指向凹面方向（非润湿相一方）；

　　　R_1，R_2——两相间形成液膜的曲率半径。

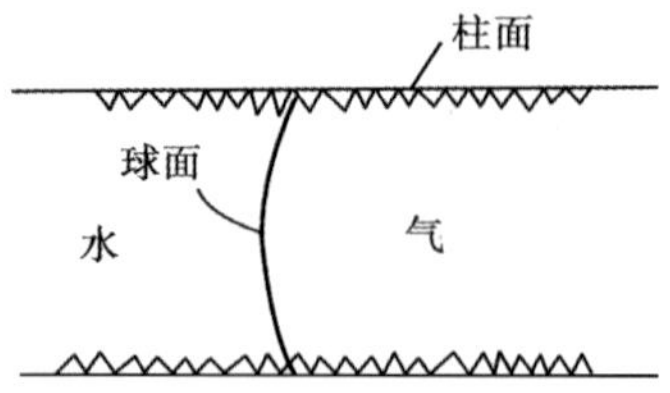

对气藏岩石而言，单根毛管中的液面常常是两种形式（图6-44）。

图6-44 亲水毛管中的气/水界面

(1) 球面：毛管壁上无水膜，毛管中的气/水界面为球面：

$$p_c = \frac{2\sigma \cos\theta}{r} \tag{6-10}$$

式中　r——毛管半径。

式（6-10）表明，p_c 与毛管半径 r 成反比；毛管半径越小，毛管压力越大。两相界面张力越大，接触角越小，则毛管力越大。毛管力的方向是指向凹面，即毛管力有利于水相的推进。压裂过程中水锁伤害的形成过程为在一定的正压差条件下，润湿液相排替非润湿气相的过程。

(2) 柱面：毛管壁上有水膜，管中心部分为气充满时形成柱形界面。此时，$R_1 = \infty$，$R_2 = r$。则 $p_c = \frac{\sigma}{r}$，p_c 指向管心，其作用是增加毛管中的水膜厚度。

对于裂缝性储层而言，当两相流体处于平行裂缝间时，如以 W 表示裂缝宽度，则有：

$$p_c = \frac{2\sigma \cos\theta}{W} \tag{6-11}$$

上述分析表明，不论何种形式的亲水毛管，在水锁伤害形成过程中，毛管力均促进外来液体向储层中推进。

2）流体滞留效应

根据 Poiseuille 定律，单根毛管排出液柱的体积 Q 为：

$$Q = \frac{\pi r^4 (\Delta p - p_c)}{8\mu l} \tag{6-12}$$

式中　l——液柱长度；

　　　Δp——驱动压力；

　　　μ——外来流体的黏度。

若换算为线速度，则式（6-12）成为：

$$\frac{dl}{dt} = \frac{\pi r^2 (\Delta p - p_c)}{8\mu l} \tag{6-13}$$

代入式（6-10）并积分，得出从半径为 r 的毛管中排出长度为 l 的液柱所需时间为：

$$t = \frac{4\mu l^2}{\Delta p r^2 - 2r\sigma\cos\theta} \tag{6-14}$$

由式（6-14）可以看出，r 越小，排液时间越长。随着排液过程的进行，液体逐渐由大到小地从毛管中排出，排液速度随之减慢。储层毛管一旦形成水锁，首先解除的是相对较大的毛管，相对较小的毛管解除较慢，有的甚至形成水墙，难以消除。实质就是毛管力对流体滞留效应的结果。低渗透气藏孔喉细小，非均质性强，利用其自身的能量解除水锁伤害是十分困难的。

2. 影响水锁伤害的因素

影响水锁伤害的因素主要有气测渗透率大小、初始饱和度、界面张力、水相物理侵入深度、注入流体黏度、驱替压力、孔隙结构、黏土矿物种类及含量。不同因素的影响机理及影响程度不同。

1）含水饱和度

在相同驱替压力梯度下，气藏含水饱和度上升后，其气体渗透率下降越大，水锁效应伤害越严重。

2）气、水相渗曲线

由于孔隙介质多相流体的干扰作用，流体低饱和度区间的气—水相对渗透率曲线越陡，说明水饱和度增加对气相渗透率的下降作用越明显。岩石的孔渗性影响相对渗透率曲线形态，岩石越致密，曲线越陡。

3）滞留水的有效气藏压力

由于残余流体饱和度是毛管压力梯度的一个直接函数参数，一般情况下，有效气藏压力越大，有效毛管压力梯度就越大，最终形成的束缚水饱和度越低。

4）水相物理侵入深度

水相物理侵入深度严格制约着有效储层压力排出滞留水的能力。一般来讲，侵入深度越深，排出滞留水就越困难，水锁造成的渗透率降低量越大。

5）流动压差

流体饱和度与施加在该体系中的毛管压力梯度直接相关，流动压差越大，产生的毛管压力梯度就越高,最终束缚水的饱和度就越低。

6) 岩石润湿性

对于水湿气藏,若具有异常低的初始含水饱和度,则水锁效应非常明显。

(三) 润湿性改变对地层的伤害

润湿性是指液体或气体在固体表面的扩散现象。储层润湿性是指岩石表面具有被一层油膜或水膜选择性覆盖的能力。对于砂岩储层,大多是水湿表面且岩石表面带有负电荷。当压裂液中的表面活性成分特别是阳离子型的表面活性剂通过离子交换吸附在岩石表面后,发生润湿反转改变岩石的润湿性,地层岩石变为油湿,使得地层流体流过多孔介质的流动阻力增加,当储层岩石由水湿变为油湿后,储层渗透率大大降低,可使油(气)的渗透率降低15%~85%,平均降低40%,对储层造成严重伤害。

(四) 压裂液与地层流体不配伍对地层的伤害

从本质上讲,压裂液与地层流体都是包含着若干种无机离子的溶液,各自保持着相对的离子平衡状态,两者混合以后,平衡状态将被外来的离子打破,发生或不发生化学反应,建立起新的平衡。因此,存在着压裂液与地层流体之间的配伍性问题,如果二者不配伍,就会发生有害的化学反应,生成诸如碳酸钙、硫酸钙等沉淀物。这些沉淀物可以堵塞孔隙和喉道,对储层造成严重的伤害。

(五) 细菌对地层的伤害

在油田水和压裂液中含有大量的腐生菌、硫酸盐还原菌、植物胶降解菌,它们在压裂液中适宜的温度和水分中,细菌繁殖速度惊人。细菌的大量繁殖形成的菌体黏液和腐蚀产物,一是引起地层伤害,比如硫酸盐还原菌能将硫酸盐或亚硫酸盐还原为硫化物,并产生 H_2S;氧化铁细菌能将 Fe^{2+} 转化 Fe^{3+},从而形成沉淀,堵塞孔隙;二是使植物胶产生生物降解破坏压裂液性能。

(六) 压裂液残渣对地层的伤害

对于植物胶水基压裂液来说,残渣几乎是无法避免的,它是压裂液破胶后不溶于水的固体物质。残渣主要来源于基液和成胶物质中的不溶物,以及压裂液的各种添加剂所带入的残渣。表6-46为常见的几种瓜尔胶破胶后的残渣比较。对于低渗透储层,残渣的存在对储层的影响有双重性:一方面,残渣的存在有利于形成滤饼,阻碍压裂液侵入储层深处,还能帮助提高压裂液的效率,减轻地层的伤害;另一方面,残渣会堵塞地层的孔隙和喉道,降低渗透率,伤害地层。

残渣对地层与裂缝的伤害程度,与其在破胶液分散体系中的粒径大小及分布规律有关。对低渗透储层而言,一般情况下压裂液残渣的粒径比地层孔隙直径要大,残渣很难进入储层深部,所以压裂液残渣对低渗透储层的渗透率影响不是很大(表6-44)。

表6-44 瓜尔胶压裂液残渣含量对比

瓜尔胶名称	含水率(%)	水不溶物(%)	残渣含量(mg/L)
羟丙基瓜尔胶(大庆)	8.5	12	526.2
羟丙基瓜尔胶(金岭)	8	9	333.7
超级羟丙基瓜尔胶(昆山)	10	6	255.7
羟丙基瓜尔胶(任丘)	8	7	296.5

但是，支撑剂充填层受压裂液残渣的影响很大。试验表明，压裂液的残渣含量在200~900mg/L之间，如此多的残渣除部分形成滤饼外，大部分将通过吸附、机械捕集、水动力学捕集等不同方式残留在储层中。

残渣的吸附包括物理吸附和化学吸附。物理吸附包括：静电力吸附、氢键力吸附、诱导力吸附、色散力吸附以及疏水力吸附等方式。化学吸附就是直接通过化学反应在残渣与支撑剂之间形成化学键的方式吸附在支撑剂充填层中。

机械捕集指聚合物分子通过小孔隙时流动受限，分子便开始缠绕，线团尺寸变大，流出孔隙的机会就大为减小，最终滞留在孔隙中。

水动力学捕集是指聚合物分子通过较大的孔隙时由于水动力学因素停留在孔隙中，当流速变化时有可能重新流出。

吸附以及捕集在支撑剂充填层内的压裂液残渣，会部分堵塞填充层空隙，减少了填充层的有效孔隙空间，使裂缝导流能力下降。

压裂液残渣对地层的伤害与残渣的含量有很密切的关系，残渣含量越大，伤害越严重。压裂液残渣含量及性质与压裂液添加剂及配方、温度和时间等因素有关。使用过渡金属类交联剂，体系破胶困难且破胶后残渣含量高，对地层伤害大。有机硼类交联剂体系破胶容易且破胶后体系残渣含量低，地层伤害小。

（七）压裂液滤饼和浓缩对地层的伤害

压裂液在裂缝的表面形成具有一定弹性的薄膜即滤饼。由于滤饼的渗透率比地层渗透率小得多，因此在生产中滤饼阻碍了地层流体向裂缝的流动，同时由于裂缝闭合，支撑剂嵌入，滤饼占据了部分以至整个支撑剂之间的间隙，导致裂缝导流能力大大降低，阻碍压裂液的返排和原油的产出（曲占良，2009）。

在水基冻胶压裂液所使用的稠化剂，分子量大多在20万~200万之间，在压裂液泵送到地层时，由于分子链尺寸很大，使得大分子链聚合物很难进入低渗透储层的基质。压裂过程中，随着压裂液注入形成裂缝，裂缝中压裂液不断滤失，导致了交联聚合物在支撑裂缝内浓度的提高即浓缩。当裂缝闭合后，裂缝中压裂液进一步浓缩，滤失过程中裂缝壁面以及支撑剂充填层中破胶剂浓度分布变得很不合理，裂缝壁面和充填层中HPG胶浓度很高。有数据表明，压裂液在裂缝的前半部分浓缩可高达原浓度的10~40倍。而破胶剂含量相对较低，破胶剂未能充分起作用，造成破胶液的黏度很高或不能完全破胶，对充填层造成很大的伤害。由于破胶液黏度很高还会引起支撑剂过度返排的危险，也会影响支撑裂缝的导流能力。

（八）支撑剂对储层的伤害

支撑剂选择不当造成的伤害。支撑剂杂质含量过高，杂质随压裂液进入地层堵塞孔道，支撑剂粒径分布过大，造成小颗粒支撑剂运移堵塞裂缝（胡博仲，2008）。此外，支撑剂强度不够，在裂缝闭合压力作用下，大量支撑剂被压碎，形成许多微粒，影响裂缝导流能力。实验测试表明，采用粉陶将大大降低裂缝的导流能力。另外，施工中的不合理举措，施工设备的损坏等人为因素也可能对储层造成伤害。

二、降低伤害的技术措施

为了降低压裂过程中的二次伤害对地层的影响，针对上述影响因素的作用机理，应采取合理的措施，最大限度地减小二次伤害，提高压裂开发效果（张士诚，2003）。

(一) 降低稠化剂的浓度

此前苏里格气田曾于2007年针对岩屑砂岩储层物性较差、黏土矿物含量高等特点,开展了压裂液体系优化,降低了压裂液的水不溶物含量,改善了压裂液的防膨性能。降低压裂液的水不溶物含量,稠化剂浓度由0.55%降至0.45%。

(二) 加入黏土稳定剂

在压裂液体系中加入黏土稳定剂,通过改变黏土表面结合的离子,改变其物理、化学性质,达到抑制水化膨胀和分散迁移的目的(胥云,2008)。针对不同的黏土矿物选择不同的黏土稳定剂类型,其作用效果和作用机理以及影响是不同的。

1. 无机盐类黏土稳定剂

根据黏土的渗透水化理论(两相水分子移动),在压裂液中加入适量的无机盐类,提高压裂液的矿化度,具有一定的抑制黏土水化膨胀的能力。使用最多的是氯化钾,其作用机理是电离出的钾离子可以中和黏土表面的负电荷,减少黏土片状结构间的静电斥力,从而使黏土膨胀受到抑制。另一方面,K^+恰好有适当的尺寸可以装入蒙皂石硅氧四面体的六角环中,导致易水化膨胀的蒙皂石呈较好的惰性。但是遇淡水后效果减弱,有效期短,效果不理想。

2. 阳离子活性剂类黏土稳定剂

阳离子活性剂在水中可以离解出表面活性阳离子,这些阳离子在黏土表面吸附,中和电性,抑制黏土的水化膨胀,对黏土的稳定有良好的持久性。但必须注意的是,以十六烷基溴化吡啶为代表的阳离子活性剂存在导致储层润湿反转问题,虽然润湿反转不影响岩石的绝对渗透率,但由于润湿性是控制油藏流体在孔隙介质中的位置、流动和分布的一个主要因素,它对油(气)、水两相的相对(或有效)渗透率有直接影响。当强水湿地层转变为强油湿时,有效渗透率可能下降到40%。

3. 有机聚合物类黏土稳定剂

非离子、阴离子、阳离子有机聚合物都对黏土有稳定作用,但在压裂液中使用最多、效果最好的是阳离子聚合物如聚季胺盐、聚季磷酸盐、聚季硫酸盐。由于阳离子聚合物在黏土表面吸附作用非常强而成为不可逆,具有长效性,同时也不存在润湿反转问题,因而是压裂液中较为广泛采用的黏土稳定剂类型。

此外,大多数压裂液体系均是在碱性环境下交联成胶,而高pH值的环境会加剧黏土的分散,还可能溶解硅石形成新的微粒。因此,合理的pH值也是必不可少的。

(三) 降低水锁伤害

采取以下措施减少水锁对地层的伤害:

(1) 在水基压裂液中加入表面活性剂即助排剂,降低油水界面张力,增大接触角,减少毛细管力。

(2) 改善压裂液破胶性能,实现压裂液在地层中的彻底水化破胶,减小压裂液在地层介质中流动的黏滞阻力。

(3) 压裂液快速破胶,并在压裂结束后采用小油嘴,利用余压强制裂缝排液,减少压裂液在地层的滞留时间。

(4) 使用液氮、CO_2助排等。

(四) 加入杀菌剂

加入杀菌剂可以抑制腐生菌、硫酸盐还原菌、植物胶降解菌等细菌在地层中的滋生,减小对地层的伤害。杀菌剂的效果主要体现在对压裂液性能的稳定能力和对地层伤害的影响。

其作用效果除与杀菌剂性能有关外,还与压裂液的类型、温度和水质等因素有关。

(五) 优选压裂液体系

要降低压裂液对地层的伤害,就要优选合适的压裂液体系。最好选用低水不溶物稠化剂和易降解破胶的交联剂,可以从根本上减少压裂液体系对储层伤害的源头;选用合适的添加剂类型,避免由于助剂与储层流体不配伍生成沉淀,或者引起储层岩石润湿性反转对储层造成的二次伤害。

(六) 优选破胶体系

优选破胶体系,可以实现高黏压裂液在地层压力温度的条件下迅速彻底破胶降黏水化压裂液,使破胶水化残液尽快返排地面,减少压裂液残渣对地层基质和支撑裂缝导流能力的伤害。提高破胶剂用量还可以消除滤饼和压裂液浓缩对支撑裂缝导流能力的影响。

不同的压裂液体系可采用不同的破胶方法,主要有通过改变压裂液体系的pH值破坏交联环境、高温热力和氧化降解这几种途径实现破胶。常用的方法是利用破胶剂(主要是酶、氧化剂)的氧化降解(或加速氧化降解)作用,在预定的地层温度下使稠化剂分子链氧化降解断裂,进而破坏聚合物分子与交联剂形成的交联结构而彻底降黏水化返排出来。

破胶剂的效果受以下因素的影响。

1. 破胶剂作用效能

破胶剂效果差,破胶不彻底,将导致压裂液破胶后残渣含量高,造成地层孔隙堵塞,使填砂裂缝渗透率降低,导流能力下降。此外,破胶不彻底造成残液黏度高,返排困难,返排率低,压裂液滞留地层形成水锁和混相流动,增加油气流动阻力。

2. 破胶剂作用时间

破胶剂在造缝之前就开始起破胶作用,造成压裂液黏度提前损失,达不到高裂缝黏度的要求。加上井底温度升高和泵送过程中的剪切降解减黏作用的影响,使压裂液的造缝能力大大降低。相反,如果压裂造缝阶段完成之后破胶剂不能及时发挥破胶作用的话,部分破胶剂经由滤饼与滤液一起滤失到储层中去,大大减少了它对滤饼的破胶水化作用,从而增加了滤饼在缝壁面上的存留时间,影响了流体从储层顺利地进入裂缝;由于在闭合后,填砂裂缝中的残渣浓度大大超过地面注入时的浓度,因而大大降低了填砂裂缝的导流能力。

3. 破胶剂作用温度

破胶剂的作用温度范围通常是选择破胶剂的首要条件,也是影响破胶剂作用时间的重要因素。对氧化剂类破胶剂而言,温度愈高,愈有利破胶。如常用的过硫酸铵的作用温度为53.7℃,低于该温度时过硫酸铵热分解缓慢,在37℃下24h也不能使冻胶破胶。

4. 破胶剂使用浓度

一般而言,破胶剂使用的浓度愈高,破胶愈彻底,破胶时间愈短,对地层伤害愈小。但同时也会造成压裂液黏度的提前损失,影响压裂液的造缝能力。如果不采取任何措施,过分地增加破胶剂浓度,必然会引起压裂液黏度的大幅下降,甚至提前脱砂,导致施工失败。

(七) 优选支撑剂

结合储层信息,选择合适的支撑剂类型,保证其强度、粒径等各项指标能够符合施工的要求,并最大程度上降低对储层的伤害。由于加入粉陶会极大地降低裂缝的导流能力,在施工中尽量避免加入粉陶。

此外,施工过程中还要严格监督,保证施工质量,避免施工中的不合理举措对储层造成的人为影响。

总之，要降低压裂过程对地层的伤害，必须综合考虑上面各个方面的因素。首先选用含低水不溶物稠化剂和易降解破胶的交联剂的压裂液体系，避免由于工作液与储层流体不配伍造成的二次伤害；其次要优选破胶体系，实现压裂液彻底破胶、水化，减少压裂液残渣对地层基质和支撑裂缝导流能力的伤害；最后，还要在施工现场加强监督，保证施工质量。

三、苏里格气田降低伤害的技术措施

（一）提高压裂效果有效的针对性措施

由于氮气有良好的可压缩性和膨胀性，在能量释放时具有良好的解堵、助排作用，这种作用有助于克服毛管力的束缚，降低水锁效应。同时可降低压裂过程中液体的滤失，提高压裂施工效率。

由于液氮在压裂液中形成一定干度的泡沫，泡沫占据孔隙空间，封堵大孔隙，这对降低压裂液的初滤失和综合滤失系数有积极的作用，因此在压裂施工的全过程加入液氮。另外，液氮在压后放喷时，由于井底压力降低，受压缩的氮气迅速膨胀，助推压裂液进入井筒，达到气液两相混合，降低了井筒液柱压力，达到助排的目的。

（二）采用适度规模压裂

苏里格东区气藏储层岩性致密，压裂液滤失不严重。实践证明，采用大规模压裂前置液比例在35%~40%能够保证施工成功。

（三）采用性能良好的成熟压裂液液体体系

由于酸性压裂液的稳定性较差，且没有证据证明储层具有碱敏特性，建议后续压裂不推广使用酸性压裂液体系，坚持以低浓度、低成本的碱性条件下交联的瓜尔胶体系为主。

（四）采用胶囊氧化破胶剂

压裂施工中应用的破胶剂主要有：氧化破胶剂、胶囊破胶剂和酶破胶剂。

氧化破胶剂有过硫酸钾、过硫酸铵等。由于氧化剂的活性和温度有关，一般当地层温度低于49℃时，反应的速度就很慢，需要加入催化剂，常用的催化剂是三乙醇胺。氧化破胶剂有很多的缺陷，如：（1）在高温下与压裂液反应迅速，使压裂液提前降解而失去输送支撑剂的能力，甚至导致压裂施工失败；（2）它属于非特殊性反应物，能和遇到的任何反应物如管材、地层基质和烃类等发生反应，生成与地层不配伍的污染物，造成地层伤害；（3）氧化破胶剂很可能在到达目标裂缝前就消耗尽了，因而达不到破胶目的。

胶囊氧化破胶剂是把过氧化物单独装在合成外壳内。胶囊氧化破胶剂的核心材料为破胶剂，可采用与水接触即可溶解变为高活性的固体强氧化剂。胶囊氧化破胶剂的优点在于减少了破胶剂对压裂液流变性能的影响；增大破胶剂用量，改善了支撑裂缝的导流能力。

尽管酶破胶剂是一种比较新型的破胶剂，在国外应用较广泛，但在国内还不算成熟。它与其他类型的破胶剂相比，具有一系列的优点，是将来破胶技术的主导方向。虽然酶的生物活性只能在一定的温度和pH值下作用，但酶破胶剂仍然有很大的发展潜力。如何提高酶破胶剂的使用范围（高温、高pH值）以及提取更优良的特异性酶破胶剂还有待研究，且苏里格气藏前期应用的酶破胶体系并未改善压裂液的返排率。

（五）加强储层地质研究工作

细化选井评层的工作程序，加强压裂改造前的增产潜力预测分析，这是确保获得预期压裂效果的基础。

（六）采取有效措施避免和减轻气藏水锁伤害

水锁伤害程度主要与储层的孔喉分布及大小、侵入压差和反排压差、液相侵入深度、侵入液返排时间、气—液界面张力、润湿接触角及侵入液黏度等因素有关。避免和减轻该气藏的水锁伤害的方法：

（1）尽量避免和减少水基工作液接触和侵入储层，改进压裂液液的配方，增强其降滤失性能，减小滤失量。

（2）减弱毛管力效应，降低界面张力。注入互溶剂（用甲醇）或加入表面活性处理剂。

（七）加强对单井的测井资料分析

加强对单井测井资料的分析，提高压裂设计的针对性；根据压裂施工层段的物性特征，结合压裂层段上、下隔层情况，优化设计施工规模，选择合理的施工参数。

（八）控制裂缝高度的过快延伸

对于隔层较差的压裂层段，压裂施工中通过施工参数和工艺技术来控制裂缝高度的过快延伸，这是保证压裂加砂成功的关键，更是提高压裂效果的有效手段。建议可试验的控缝高的技术：

（1）适当降低前置液的黏度。

（2）采取变排量的压裂技术，即"小排量造缝，大排量加砂"。开始以小排量压开地层，挤入前置液；进入携砂液阶段后，从小到大逐步提高排量。变排量压裂技术特别是对于控制裂缝向下延伸比较有效。

（九）采用酸基压裂液进行压裂

由于储层岩心含有一定的碳酸盐含量，可尝试采用酸基压裂液进行压裂，但应注意储层中含有一定的酸敏感性矿物——绿泥石的影响。

四、压裂返排工艺优化

压裂施工后压裂液返排是水力压裂作业的重要环节，科学合理的返排程序是保持裂缝导流能力和减少地层伤害的关键所在。压后油气井的生产能力在很大程度上取决于该导流能力。一方面，排液速度过快造成压入地层内的支撑剂回流返吐，导致人工裂缝被支撑的状况变差，井筒附近的裂缝导流能力下降，影响压后流体的产出。返吐的支撑剂还会在流动的过程中冲蚀刺坏地面油嘴及管线，影响测试和试采工作的顺利进行。另一方面，排液速度过慢，就会增加压裂液浸泡储层的伤害时间和滤液进入地层的总量，以及由于压裂液滞留于地层中时间延长，压裂液中残渣沉积附着后不易排除，且在井筒中的游离支撑剂将不能随压裂液一起排出井筒，造成支撑剂沉入井底堆积掩埋储层，造成井内事故，影响压裂井的增产效果。

推荐的排液方法为：小排量早期返排，中、后期强化返排。该方法在压裂液破胶后即开井，先采用小油嘴控制小排量排液，通过控制返排速度，减小地层闭合时间，增加人工裂缝对支撑剂的夹持作用，待裂缝尽可能完全闭合及压裂液破胶彻底后，再用大油嘴控制大排量快速返排，尽快排尽井筒及进入地层中的液体，缩短液体与储层的接触时间，减少工作液对储层造成新的伤害。

根据斯托克斯定律计算把支撑剂携带出井筒所需液体流速和排液速度应受到控制（表6-45）。现场具体油嘴直径可以根据表6-46和表6-47进行确定。

表 6-45 支撑剂携带出井筒所需液体流速和排液速度表（89mm 油管）

液体黏度（mPa·s）	流速（m/s）	排量（m³/h）
10	0.86	14.1
5	1.72	28.2
1	8.6	141

表 6-46 不同井口压力和液体黏度时油嘴尺寸选择（$3\frac{1}{2}$in）

井口压力（MPa）	液体黏度（mPa·s）	油嘴直径（mm）
5	10	4.44
	5	8.88
10	10	3.14
	5	6.28
15	10	2.56
	5	5.12

表 6-47 不同井口压力和液体黏度时油嘴尺寸选择（$2\frac{7}{8}$in）

井口压力（MPa）	液体黏度（mPa·s）	油嘴直径（mm）
5	10	2.95
	5	5.91
10	10	2.09
	5	4.18
15	10	1.71
	5	3.42

现场排液时应根据压裂液破胶情况，注意观察排出液体中支撑剂含量及其形状，采用合理的油嘴尺寸控制排液速度，在防止地层大量支撑剂回流，保证裂缝导流能力的前提下，连续携带出井筒内的固体颗粒，保证井内安全。

现场排液时破胶液黏度是逐步变化的，一般 10mPa·s 左右逐步降至 5mPa·s 左右，因此，根据类似油田的现场经验和上述计算结果，提出排液方法如下：压裂后尽快开井，用小油嘴（一般采用约 2.0mm）控制排液，强制裂缝快速闭合，当排出液量等于顶替液量时开始观察出砂情况。如每升液体返出液含支撑剂>100 粒，应适当降低排液速度，即采用更小的油嘴；如不见砂粒或只有微小岩石颗粒及破碎的支撑剂颗粒，可适当提高排液速度（3~4mm 油嘴控制），将含砂量控制在小于 100 粒/升，以此来控制排液期间的出砂。待裂缝充分闭合后换较大油嘴（一般 4~6mm）控制排液。

第五节 储层改造技术效果分析

一、典型压裂施工曲线分析

通过分析苏里格 2009—2010 年的压裂井施工曲线，可知主要有以下 6 种基本类型。

（1）第Ⅰ类：大部分压裂井施工过程中施工压力平稳，部分井加砂过程中压力有所降低，表明储层压裂的难度不大，也说明压裂施工参数设计合理，特别是部分井采用了非常低的前置液，表明施工队伍操作控制能力强。此类典型施工曲线见图6-45—图6-50。

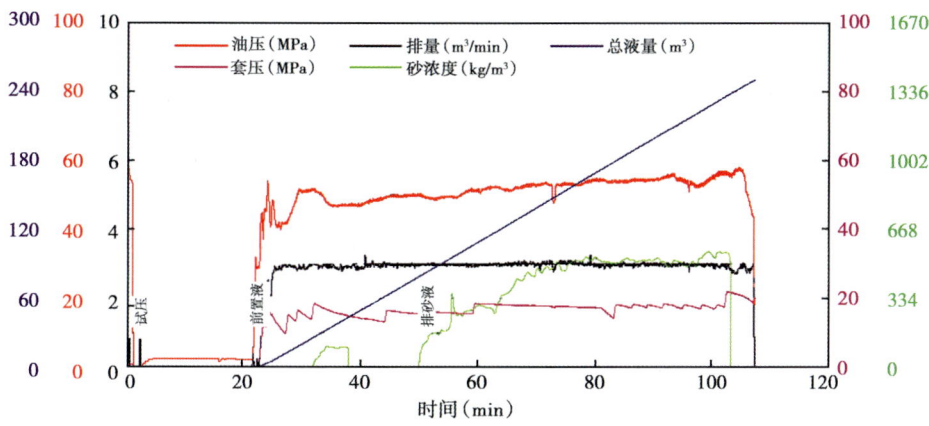

图6-45　SD52-50井盒$8_下$气层压裂施工曲线

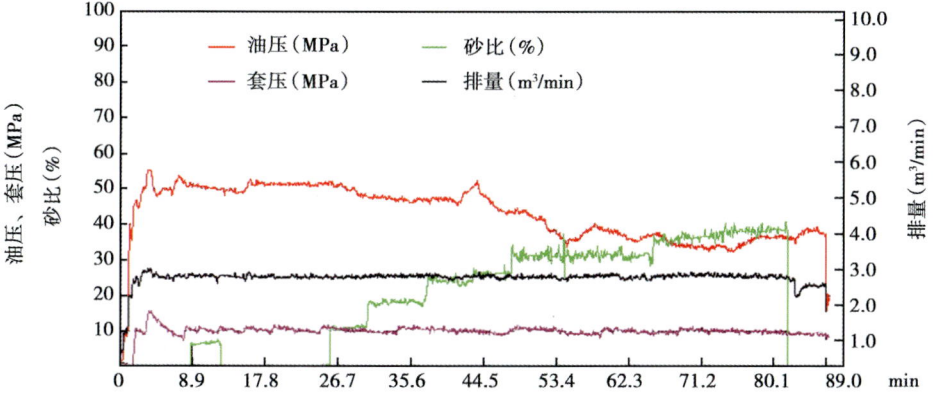

图6-46　SD32-31井山1气层施工综合曲线

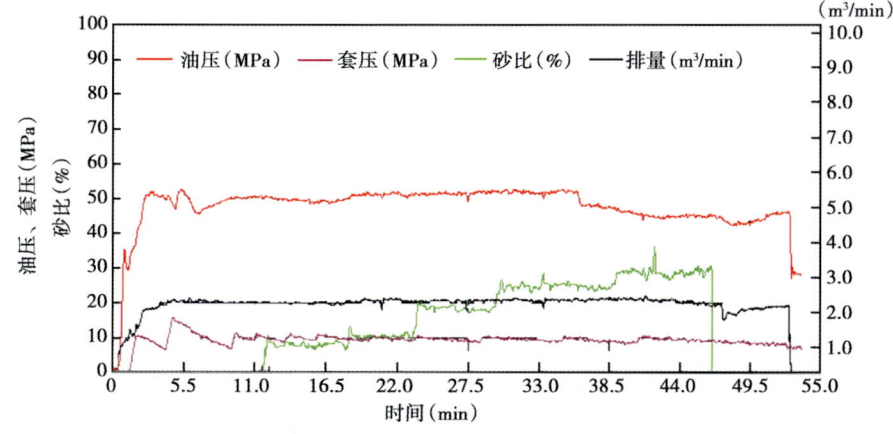

图6-47　SD28-61井山2气层施工综合曲线

203

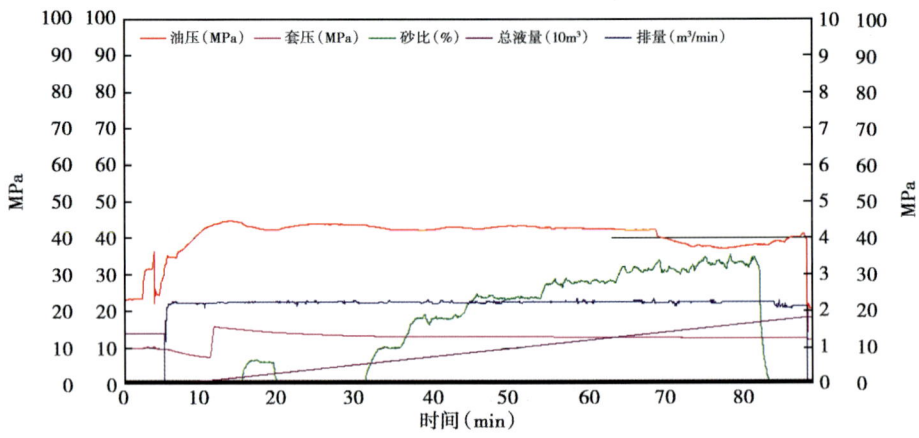

图 6-48　SD21-46 井山 2 气层压裂施工曲线

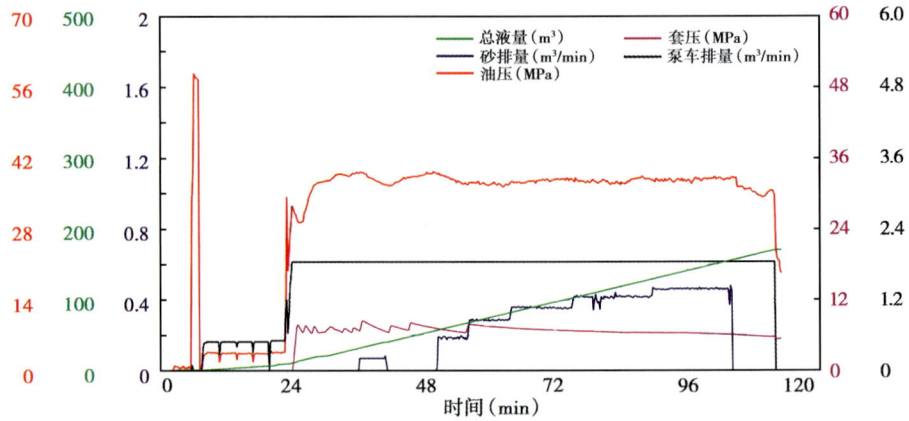

图 6-49　SD10-104（1）井山 2 气层压裂施工曲线

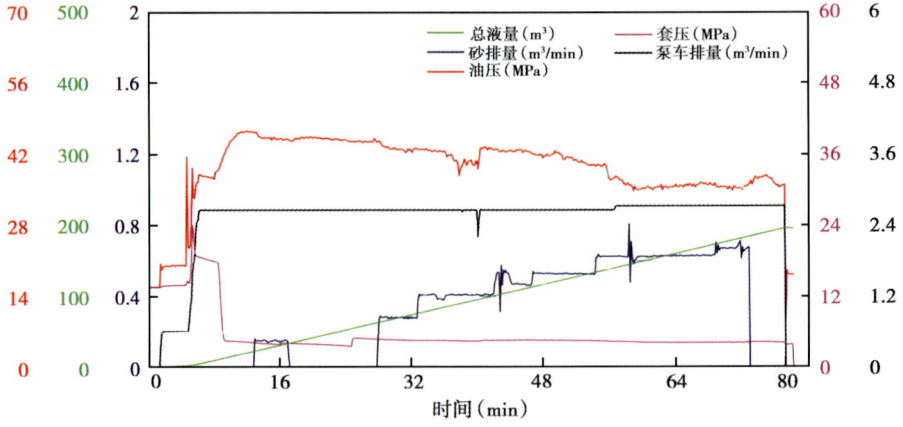

图 6-50　SD10-104（3）盒 8 气层压裂施工曲线

（2）第Ⅱ类：注前置液过程中，在排量变化不大的情况下，施工过程中施工压力出现了明显上升，说明这部分井层的储层物性差、裂缝扩展困难、延伸阻力大，这也与层薄施工排量较高有一定关系。此类典型施工曲线见图 6-51—图 6-54。

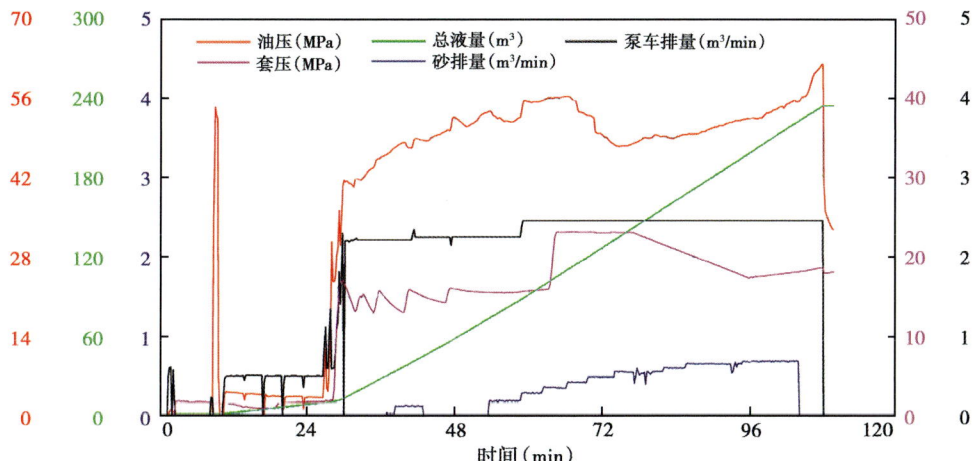

图 6-51　SD16-49 井山 2 气层压裂施工曲线

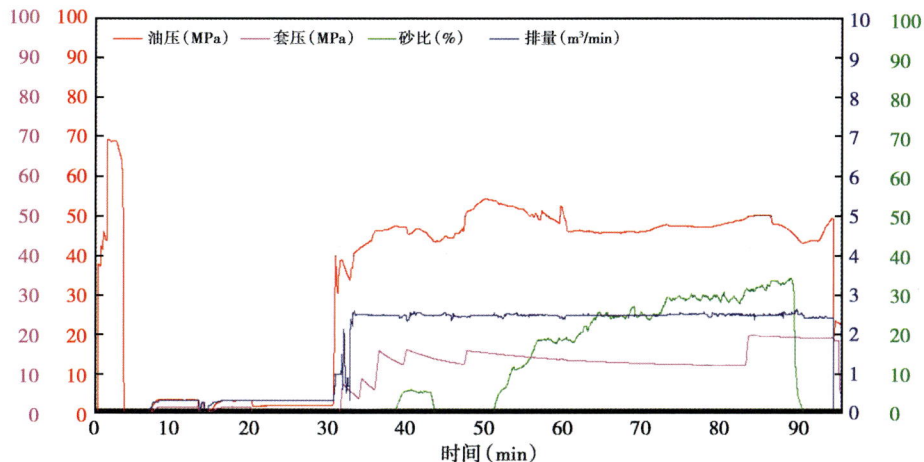

图 6-52　SD21-46 井太原组压裂施工曲线

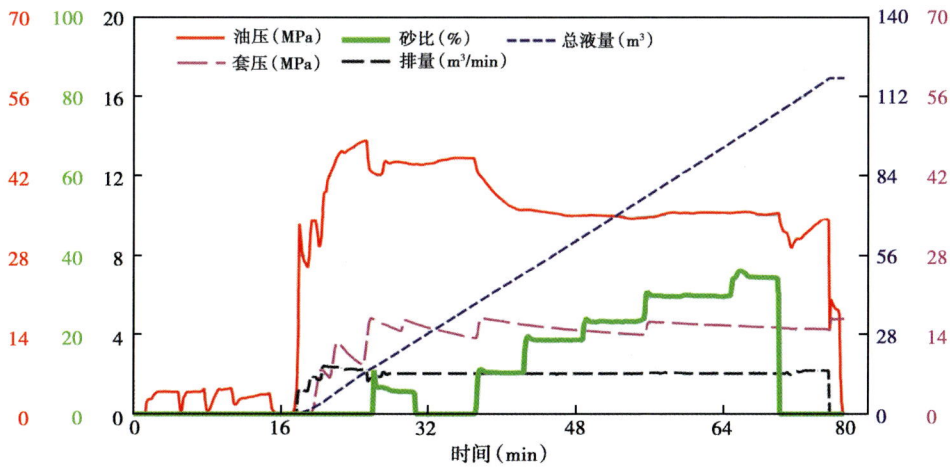

图 6-53　SD25-25 井山 1 气层压裂施工曲线

205

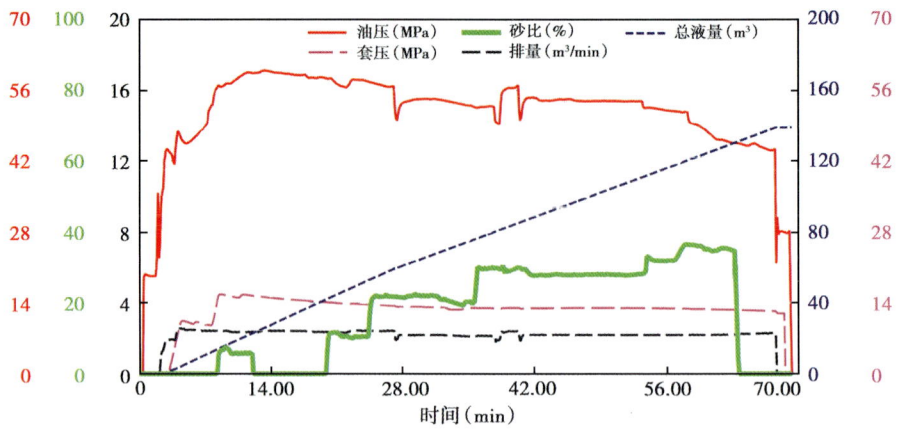

图 6-54　SD34-28 井盒 8 气层压裂施工曲线

（3）第Ⅲ类：施工过程中在油压几乎不变的情况下，套压出现大幅度波动，表明施工过程中封隔器等井下管柱出了问题，导致不得已降排量，施工后期出现砂堵迹象（图 6-55、图 6-56）。

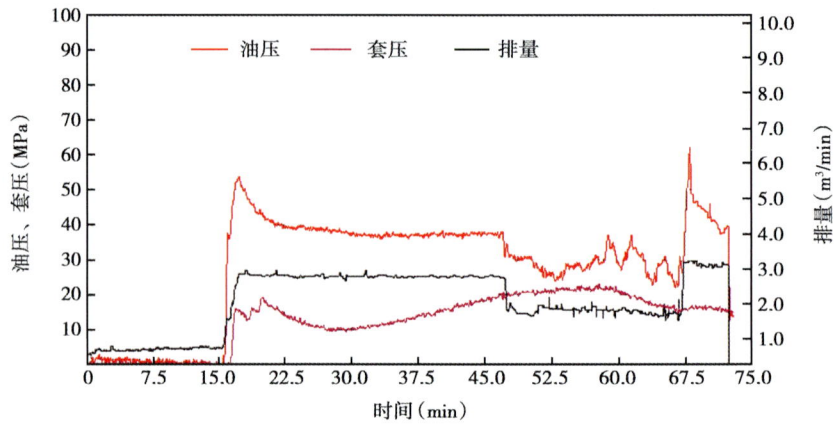

图 6-55　SD48-51 井施工综合曲线

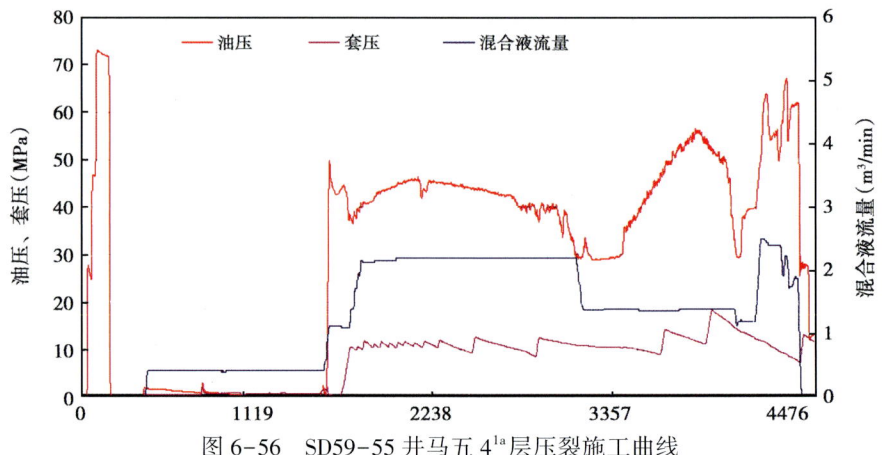

图 6-56　SD59-55 井马五 4^{1a} 层压裂施工曲线

（4）第Ⅳ类：由于前置液比例较低，砂量较大，导致施工后期发生了砂堵。此类典型施工曲线见图6-57。

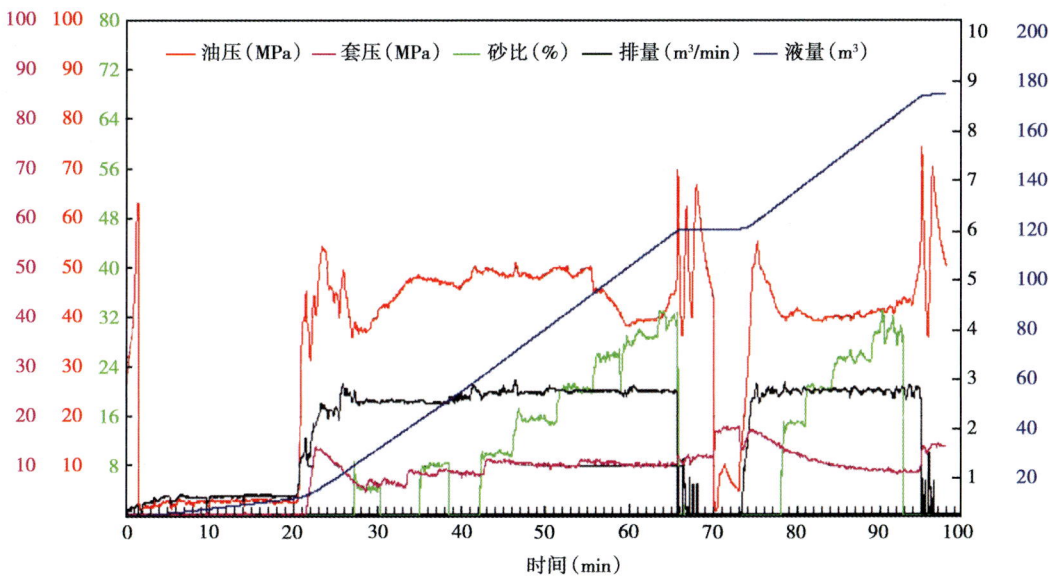

图6-57 SD60-60井山1气层施工综合曲线

（5）第Ⅴ类：注前置液过程中，部分井段施工排量几乎不变的情况下，施工压力出现明显下降，这在一定程度上说明裂缝高度延伸过快。此类典型施工曲线见图6-58—图6-61。

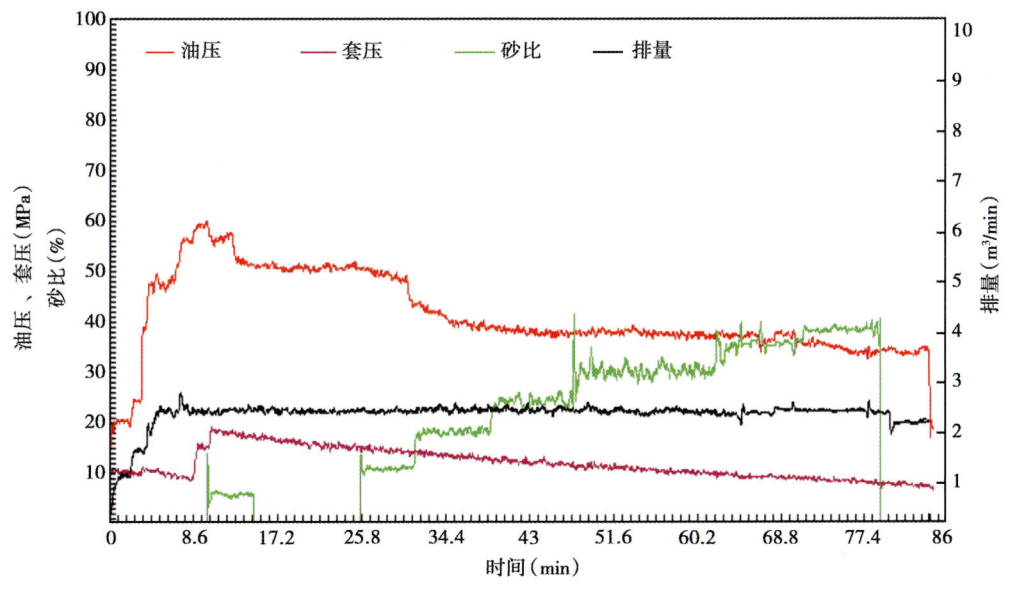

图6-58 SD18-68盒8上层井施工综合曲线

（6）Ⅵ类：部分施工井破裂压力不明显，可能是层段的泥质含量较高或者渗透率相对较高，压裂层段表现出一定的塑性变形特征。此类典型施工曲线见图6-62、图6-63。

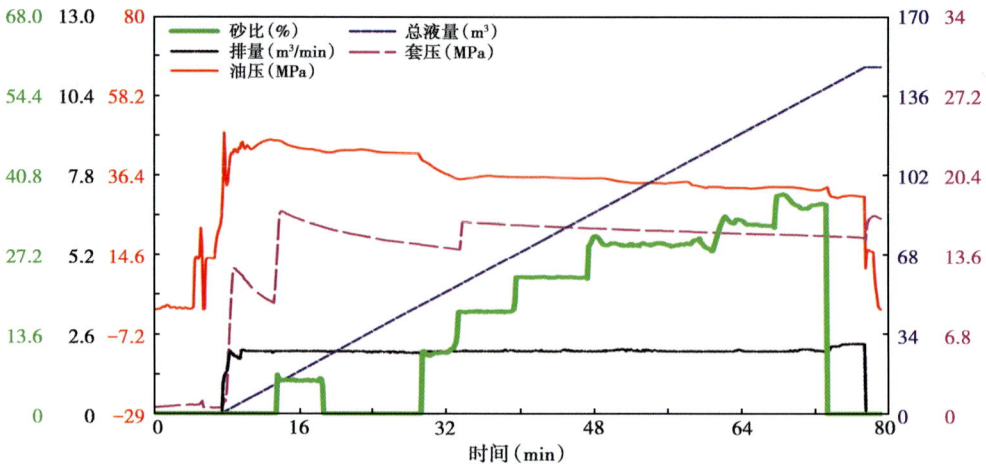

图 6-59　SD25-25 井盒 8$_上$ 气层压裂施工曲线

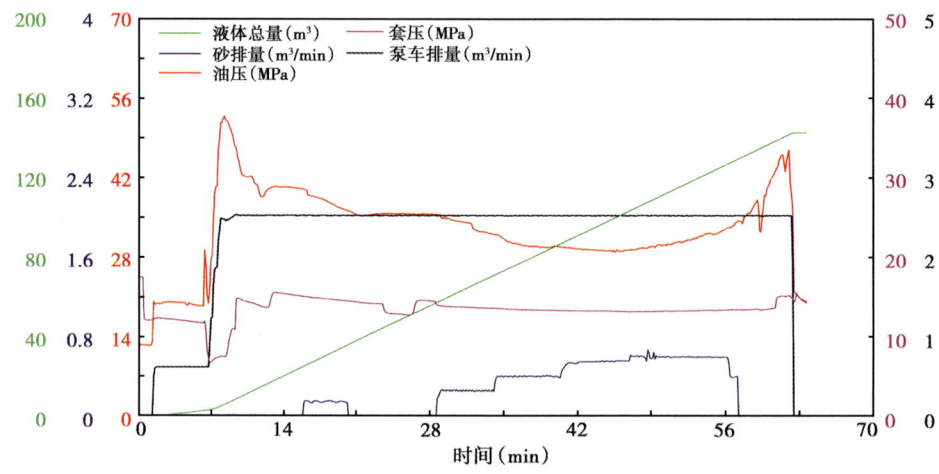

图 6-60　SD31-42（3）井盒 8$_上$ 压裂施工曲线

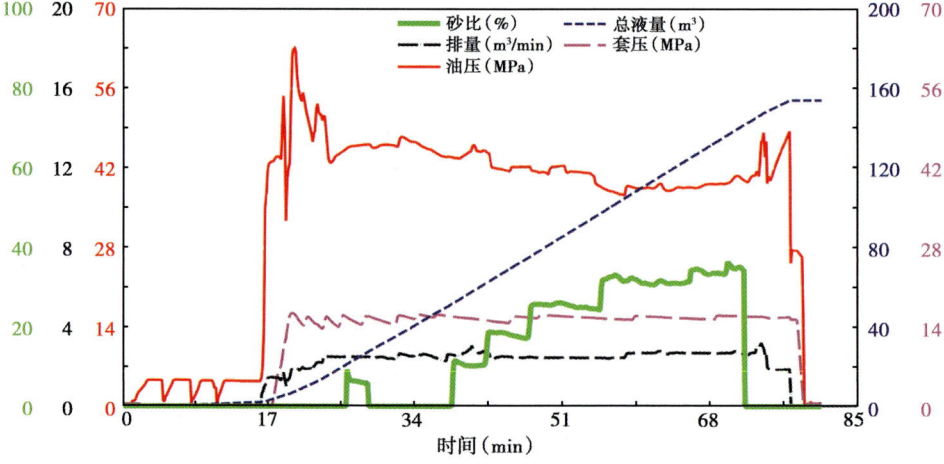

图 6-61　SD52-56 井山 1 气层压裂施工曲线

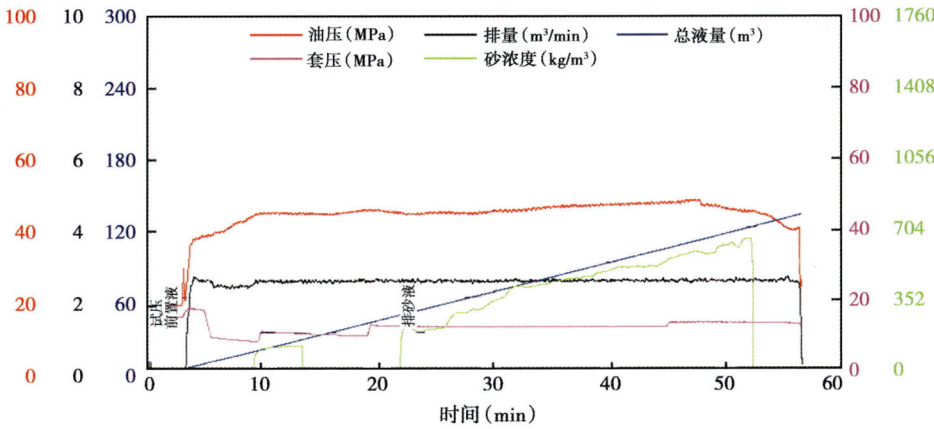

图 6-62　SD27-63 井盒 6 气层压裂施工曲线

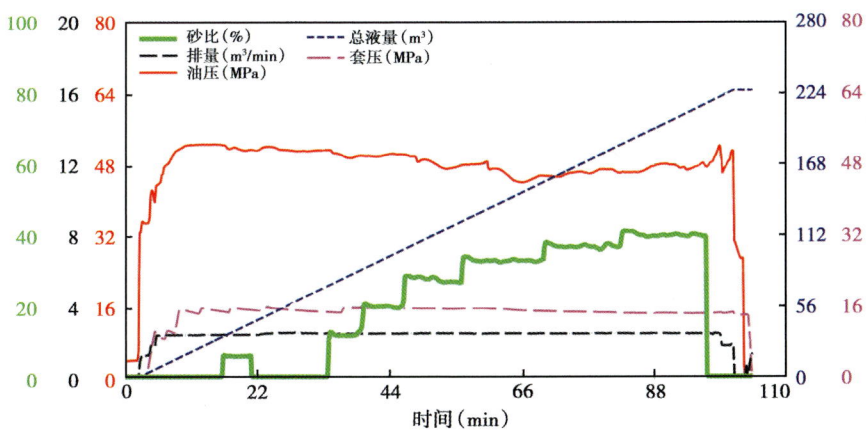

图 6-63　SD55-47 井盒 $8_下^1$ 气层压裂施工曲线

二、苏里格气田压裂统计分析

（一）压裂井统计分析

根据统计苏里格气田东区的压裂规模与地层物性参数关系，可得到苏里格气田东区山西组 2010 年压裂的 22 口井共 29 层位压裂规模与地层物性参数关系表（表 6-48）。图 6-64—图 6-79 为不同地层物性参数与不同施工参数的关系曲线。

表 6-48　压裂规模与地层物性关系（山西组）

井号	层位	有效厚度（m）	泥质含量（%）	孔隙度（%）	基质渗透率（mD）	入地总液量（m³）	陶粒用量（m³）	施工排量（m³/min）	砂比（%）
SD15-82	山1	1.9	10.4	9.8	0.637	169	24.6	2.14	24.1
SD13-62	山1	4.1	7.5	11.8	1.03	176	25.5	2	25
SD32-25	山2	2.9	9.9	8.4	0.343	163	25.6	2	25.3
SD42-62	山1	4.4	9.18	6.93	0.426	122	18.34	2.5	24.5

续表

井号	层位	有效厚度(m)	泥质含量(%)	孔隙度(%)	基质渗透率(mD)	入地总液量(m³)	陶粒用量(m³)	施工排量(m³/min)	砂比(%)
SD12-44	山1	6	15	8.1	0.219	139	21.4	1.6	25.1
	山2	2.4	10.5	9.5	0.561	102	14.4	1.4	23
SD34-72	山1	5.5	12.42	10.5	0.468	248	45.6	2.6	29.8
SD33-24	山1	5.5	13.2	13	0.938	109	14.6	2.4	23.6
	山2	9.1	10	9.28	0.467	138	20.6	2.4	25
SD10-104	山1	2.9	8.5	8.4	0.376	159	24.6	2.2	25.5
	山2	4.8	12.1	8.9	0.28	148	20.4	1.8	23.5
SD13-67	山1	2.2	10.2	10.5	0.702	149	20.4	1.43	22.8
SD38-69	山1$_上$	5.7	12.6	9.1	0.299	175	30.6	2.2	27.2
	山1$_下$	3.8	13	9.77	0.388	130	18.5	2	23.7
SD13-66	山2	2.6	10.9	9.8	0.652	174	25.6	2.4	23.7
SD13-89	山1	5.4	12.1	10.3	0.702	160	25.6	2.2	26
SD21-46	山2	3.9	15.4	7.43	0.343	170	24.6	2.15	23
SD32-23	山1	4.25	10.7	11.9	0.396	195	19	3.5	20.3
SD014-80	山1	2.6	11.3	10.1	0.42	138	21.6	2	21.7
SD21-58	山1,山2	5.8	12	10.5	0.692	251	45.6	2.4	29.1
SD05-106	山1	2.9	14	10.2	0.701	175	25.6	1.4	25.1
	山1	3.4	11.2	8.87	0.361	172	25.6	1.4	25.4
SD27-57	山1	1.9	9.3	10.1	0.372	116	12.4	2	21
SD21-59	山1	2.4	11.5	8.75	0.56	160	25.6	2.1	25.6
SD35-72	山1²	3.4	11.9	9.91	0.62	186	25.6	1.8	24.8
SD34-19	山2¹	4.9	31.3	7.14	0.09	152	17.4	3	17.4
	山2²	2.8	9.5	7	0.36	138	15	3	20.5
SD27-57C4	山2¹	1.5	6.96	7.39	0.394	112	14.6	2	21

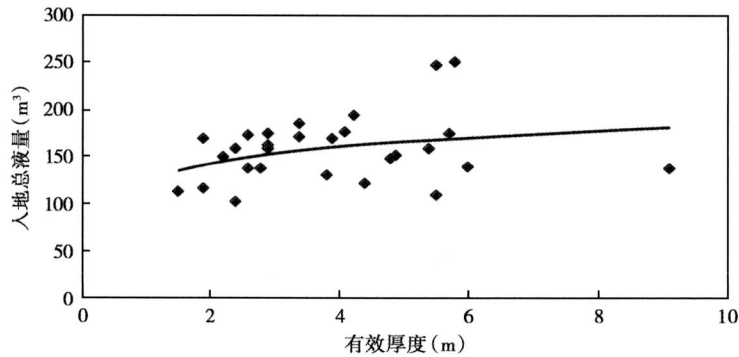

图6-64 山西组压裂规模与地层物性关系（有效厚度—入地总液量）

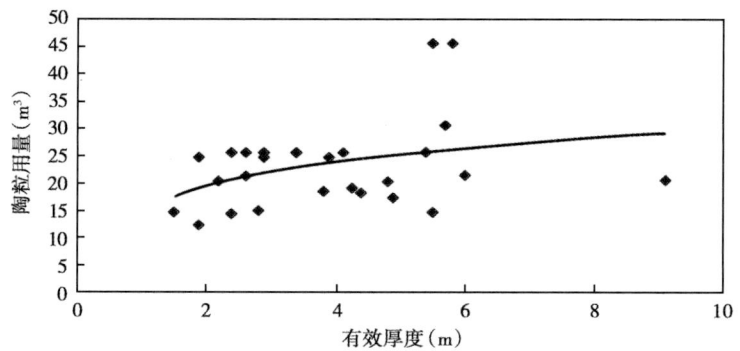

图 6-65 山西组压裂规模与地层物性关系（有效厚度—陶粒用量）

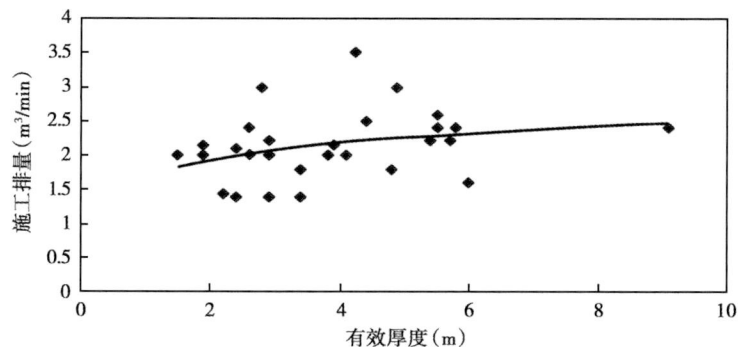

图 6-66 山西组压裂规模与地层物性关系（有效厚度—施工排量）

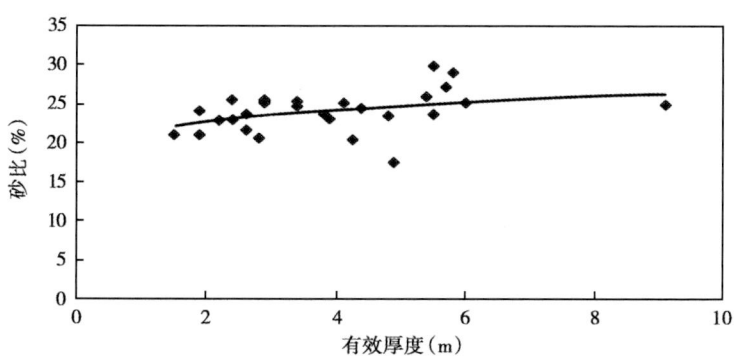

图 6-67 山西组压裂规模与地层物性关系（有效厚度—砂比）

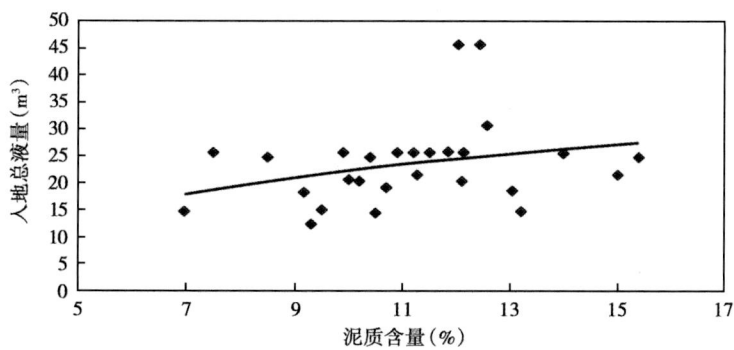

图 6-68 山西组压裂规模与地层物性关系（泥质含量—入地总液量）

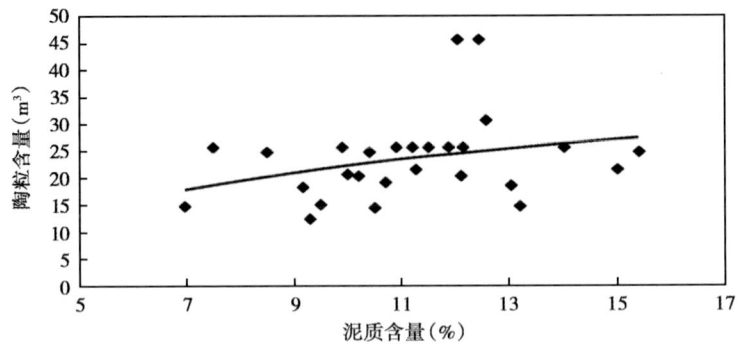

图 6-69 山西组压裂规模与地层物性关系（泥质含量—陶粒用量）

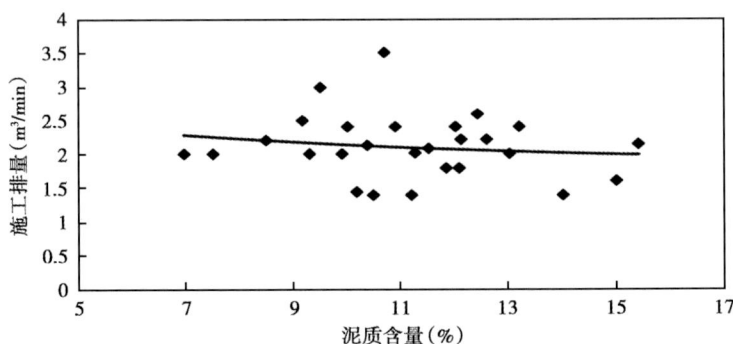

图 6-70 山西组压裂规模与地层物性关系（泥质含量—施工排量）

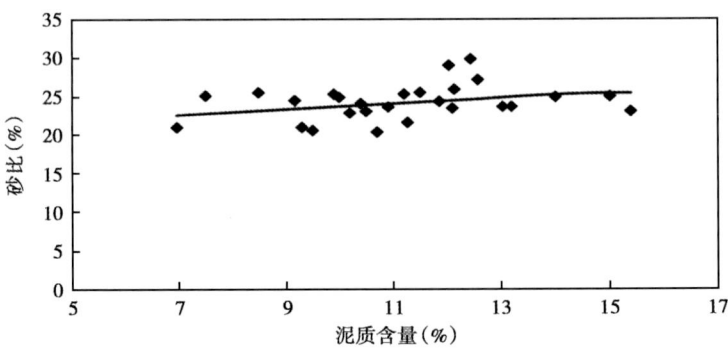

图 6-71 山西组压裂规模与地层物性关系（泥质含量—砂比）

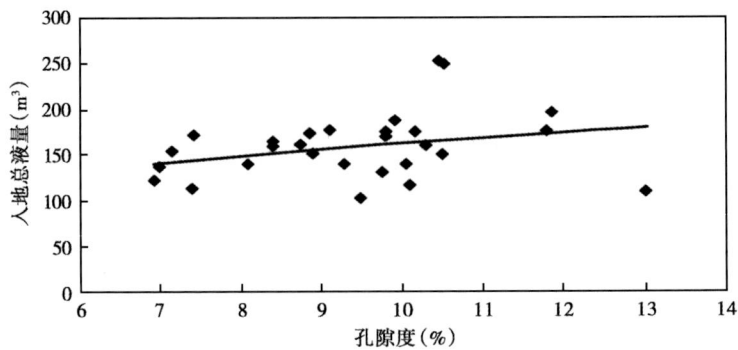

图 6-72 山西组压裂规模与地层物性关系（孔隙度—入地总液量）

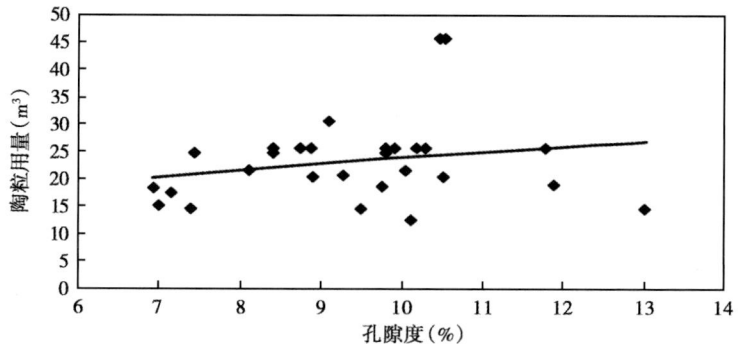

图 6-73 山西组压裂规模与地层物性关系（孔隙度—陶粒用量）

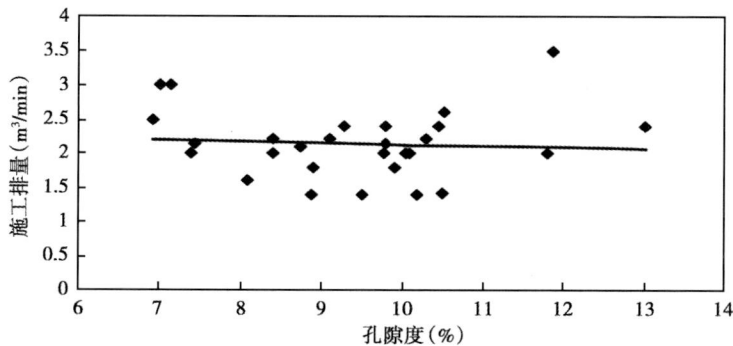

图 6-74 山西组压裂规模与地层物性关系（孔隙度—施工排量）

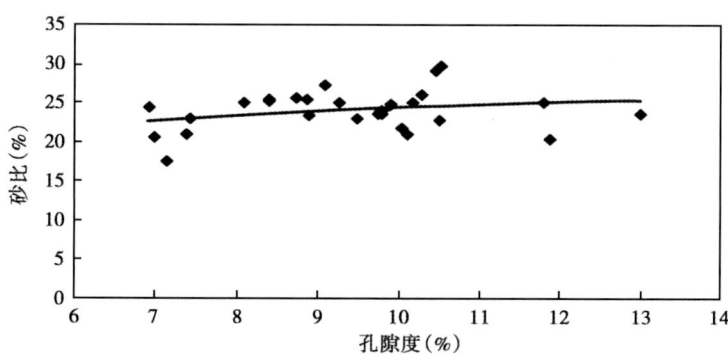

图 6-75 山西组压裂规模与地层物性关系（孔隙度—砂比）

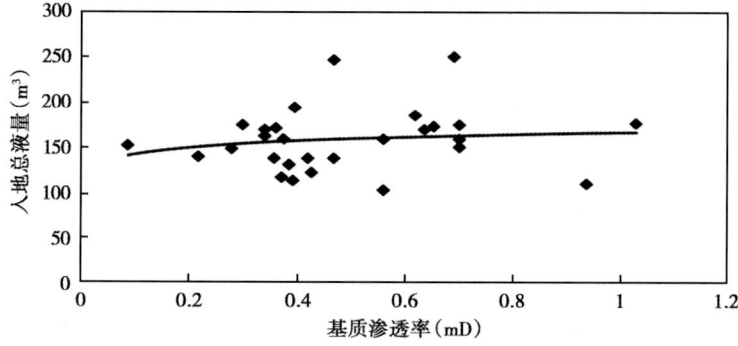

图 6-76 山西组压裂规模与地层物性关系（基质渗透率—入地总液量）

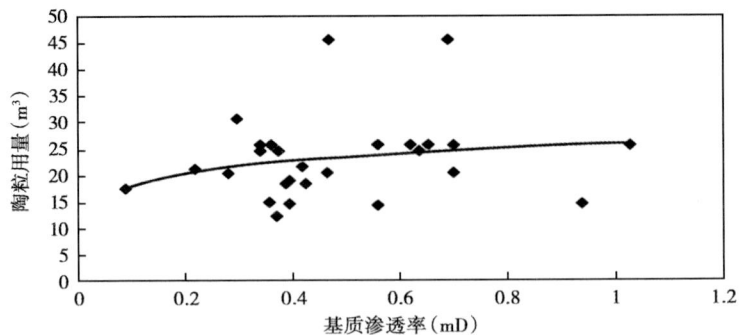

图 6-77 山西组压裂规模与地层物性关系（基质渗透率—陶粒用量）

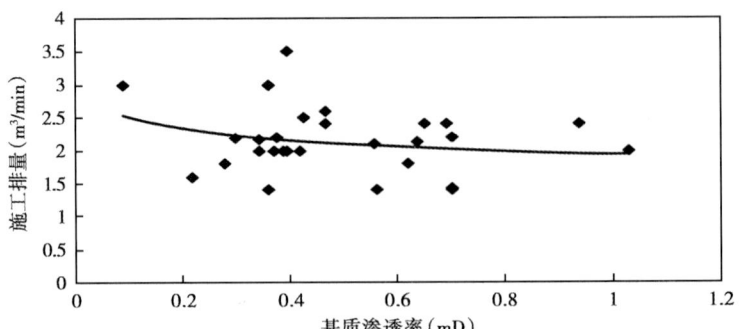

图 6-78 山西组压裂规模与地层物性关系（基质渗透率—施工排量）

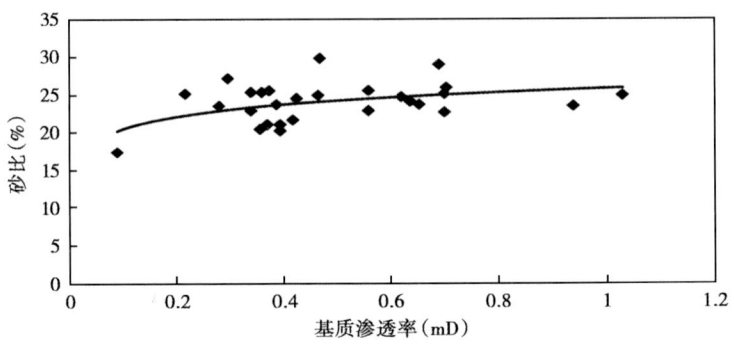

图 6-79 山西组压裂规模与地层物性关系（基质渗透率—砂比）

表 6-49 为苏里格气田东区石盒子组 2010 年压裂的 33 口井共 46 层位压裂规模与地层物性参数关系表。图 6-80—图 6-95 为不同地层物性参数与不同施工参数的关系曲线。

表 6-49 压裂规模与地层物性关系（石盒子组）

井号	层位	有效厚度（m）	泥质含量（%）	孔隙度（%）	基质渗透率（mD）	入地总液量（m³）	陶粒用量（m³）	施工排量（m³/min）	砂比（%）
SD15-82	盒8	3.4	6.3	9.8	1.106	126.6	18.6	1.95	23.8
SD16-52	盒3	8.8	5.9	9.5	0.562	181.4	28.5	1.8	26.4
SD42-61	盒8上	4.6	7.32	9.98	0.532	123.6	18.5	1.8	25.7
	盒8下	3.5	11.7	9.83	0.435	95.9	14.5	1.8	25.9

续表

井号	层位	有效厚度（m）	泥质含量（%）	孔隙度（%）	基质渗透率（mD）	入地总液量（m³）	陶粒用量（m³）	施工排量（m³/min）	砂比（%）
SD13-62	盒8下	2.8	9.4	7.9	0.331	80.2	10.5	2	22.8
SD19-54	盒8	4.4	10.4	8.3	0.432	155.1	30.6	2.2	31.9
SD32-25	盒8	3.4	12.3	11.7	1.131	182.8	28.7	2	25.1
SD42-62	盒8上	4.3	8.78	14.5	2.181	202.8	35.6	2.45	29.4
SD12-44	盒8下	5.1	13.4	8.77	0.438	153.6	25.6	1.6	27.2
SD34-72	盒8上,下	8.1	12.4	9	0.285	220.6	40.6	2.7	28.9
SD13-61	盒3	3.5	8.4	9.8	0.786	144.2	20.5	1.5	22.7
SD33-24	盒8下	2.6	11.2	10.7	0.702	114.4	14.6	2.4	21.6
SD10-104	盒8下	2.9	9	8.4	0.378	179.4	28.6	2.6	25.7
SD13-67	盒7	5.4	8.57	8.74	0.442	97.7	14.5	1.7	23.7
	盒8	2.3	12.6	10.2	0.552	183.4	28.6	1.5	24.1
SD10-61	盒6	3.4	2.2	13.6	1.334	145.7	21.6	2	25.2
	盒8下	2.8	7.61	7.33	0.227	161.1	25.6	2.2	25.1
	盒8下	3	8.88	9.41	0.396	126.6	18.4	2	23.1
SD12-45	盒3	3.5	5.5	11.7	1.031	158.7	28.4	2.2	28.5
	盒8	8.2	11.1	10.5	0.826	245.3	45.6	2.6	30.1
SD13-66	盒8下	2.9	10.9	10.6	0.729	210.5	35.6	2.4	28.3
SD6-68	盒8上	3.6	12.7	7.95	0.221	104.2	14.5	1.9	23.5
	盒8下	5.3	12.5	10.7	0.387	201.4	35.6	1.6	28.9
SD05-105	盒8	7.9	6.44	10.6	0.789	210.2	26.7	2.82	21.9
	盒8上	5	10.9	11.2	0.7324	130	15.2	2.55	20.7
	盒8下	3	11.2	12.1	0.511	211.3	22.7	2.99	18.7
SD13-89	盒8上	2.1	8.39	8.45	0.374	138.3	18.6	2	22.5
SD21-46	盒8下	1.8	9.92	12.8	1.101	164.1	24.6	1.6	24.7
SD32-23	盒8	1.4	4.2	10.5	0.56	171.6	15	3.5	21.2
	盒8下	10.2	12.6	11.7	0.445	357.3	42	3.5	20
SD014-80	盒8	2.2	8.5	9.88	0.361	171.3	26.5	1.4	25.2
SD21-58	盒8上	3	8.37	10.6	0.581	174.8	26.5	2	23.6
	盒8下	3.7	11.6	10.8	0.902	102.7	14.4	2.15	22.7
SD13-65	盒8	5.3	9.47	11	0.48	166.2	25.6	1.95	24.6
	盒8	4.8	12.4	12.8	1.126	253.2	45.6	2.5	28.3
SD27-57	盒8下	7.9	7.73	11.3	0.748	207.8	35.6	2.2	27
SD21-59	盒8上	3.1	7.69	7.71	0.402	109	15.6	2	24.5
SD35-72	盒8下	10.2	12.6	10.7	0.648	188.6	28.6	2.4	26.2

续表

井号	层位	有效厚度（m）	泥质含量（%）	孔隙度（%）	基质渗透率（mD）	入地总液量（m³）	陶粒用量（m³）	施工排量（m³/min）	砂比（%）
SD34-19	盒6	2	11.7	5.26	0.33	150.1	15.6	3	20.8
	盒8	6.9	17.6	5.47	0.16	202.6	23.8	3	23.8
	盒$8_{下}^1$	4.5	19	6.67	0.23	208.9	25.3	3	23.9
	盒$8_{下}^2$	6.6	9.09	11.5	0.810	165.4	18.5	3	25.8
SD27-57C4	盒$8_{上}^2$	2.9	13.2	8.61	0.286	114.9	14.6	2.1	20.6
	盒$8_{下}^1$，盒$8_{下}^2$	7.9	12.2	8.75	0.276	214.2	35.6	2.4	27.6

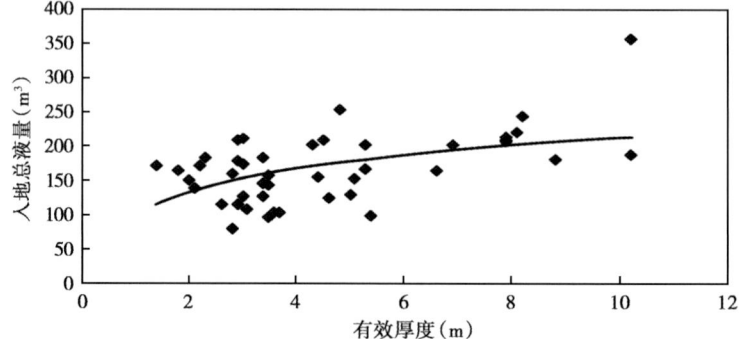

图6-80　石盒子组压裂规模与地层物性关系（有效厚度—入地总液量）

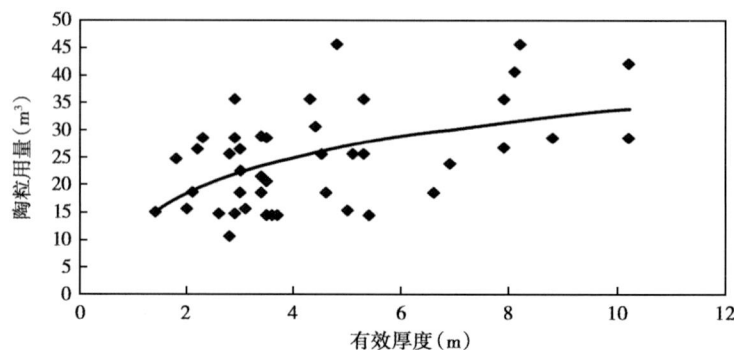

图6-81　石盒子组压裂规模与地层物性关系（有效厚度—陶粒用量）

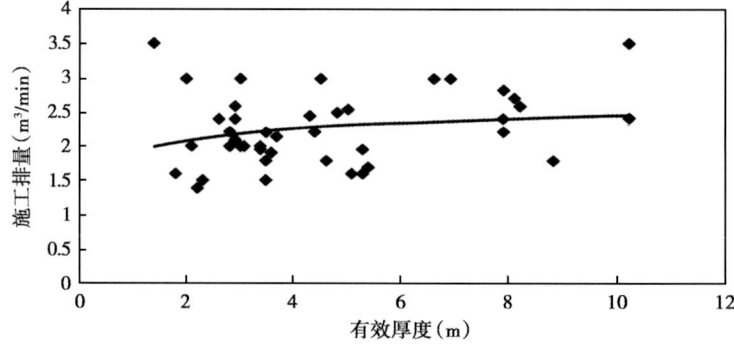

图6-82　石盒子组压裂规模与地层物性关系（有效厚度—施工排量）

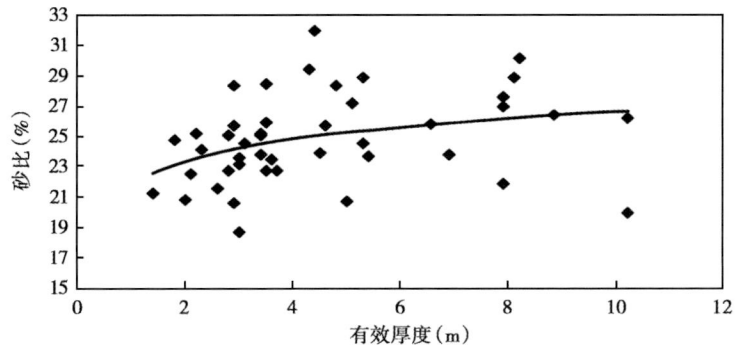

图 6-83 石盒子组压裂规模与地层物性关系（有效厚度—砂比）

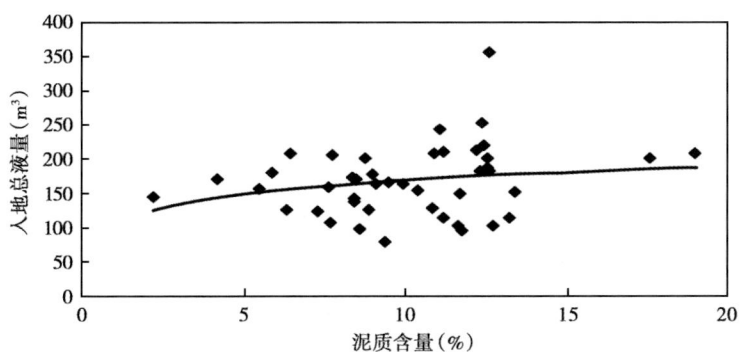

图 6-84 石盒子组压裂规模与地层物性关系（泥质含量—入地总液量）

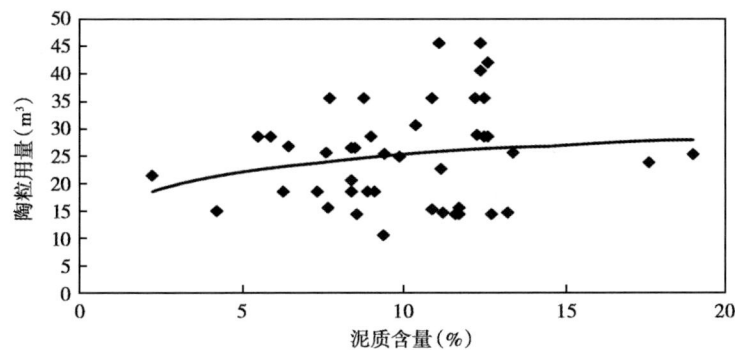

图 6-85 石盒子组压裂规模与地层物性关系（泥质含量—陶粒用量）

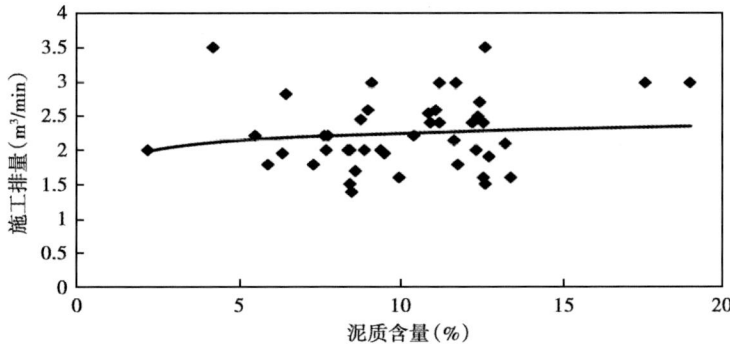

图 6-86 石盒子组压裂规模与地层物性关系（泥质含量—施工排量）

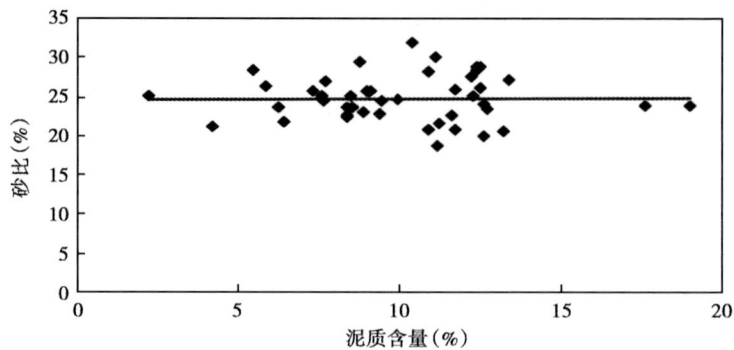

图 6-87 石盒子组压裂规模与地层物性关系（泥质含量—砂比）

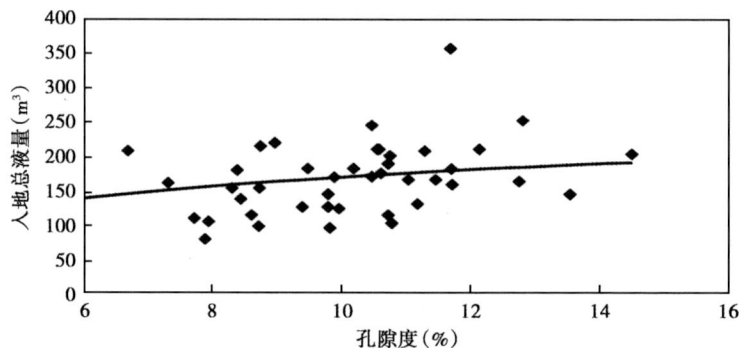

图 6-88 石盒子组压裂规模与地层物性关系（孔隙度—入地总液量）

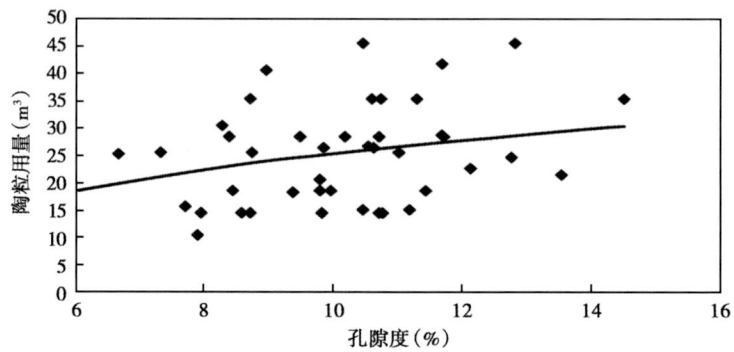

图 6-89 石盒子组压裂规模与地层物性关系（孔隙度—陶粒用量）

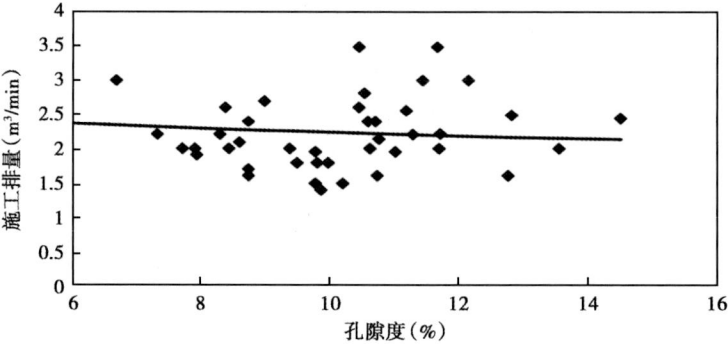

图 6-90 石盒子组压裂规模与地层物性关系（孔隙度—施工排量）

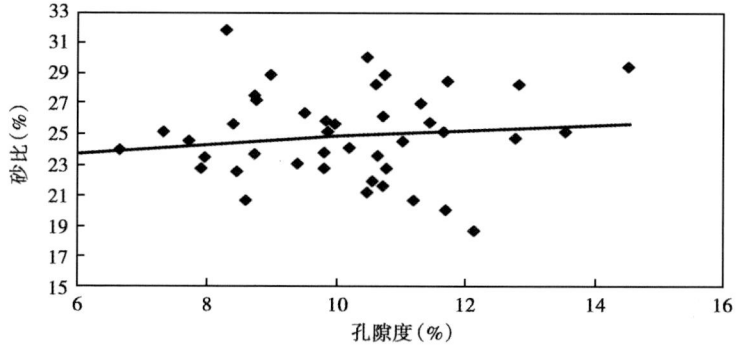

图6-91 石盒子组压裂规模与地层物性关系（孔隙度—砂比）

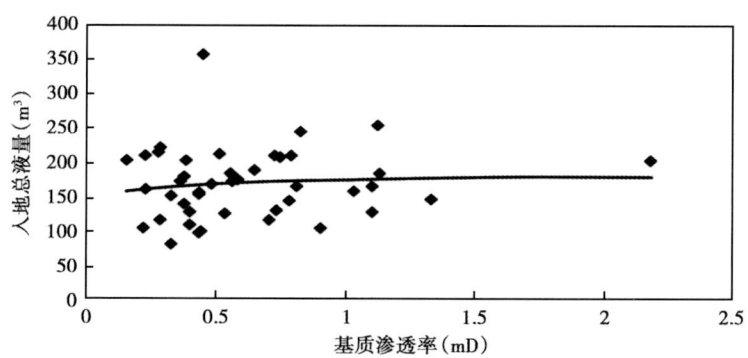

图6-92 石盒子组压裂规模与地层物性关系（基质渗透率—入地总液量）

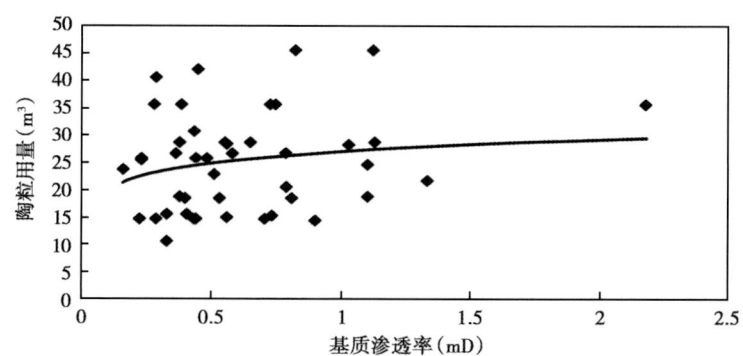

图6-93 石盒子组压裂规模与地层物性关系（基质渗透率—陶粒用量）

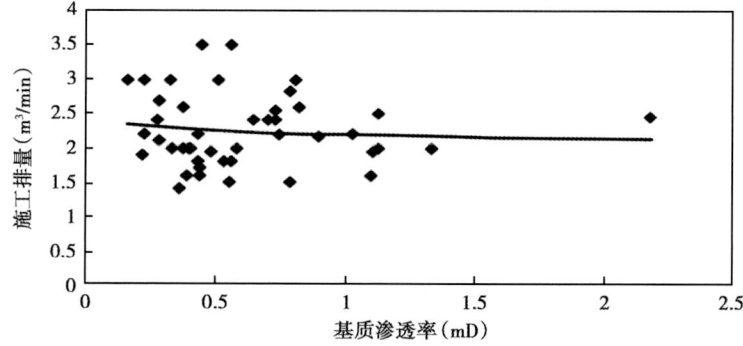

图6-94 石盒子组压裂规模与地层物性关系（基质渗透率—施工排量）

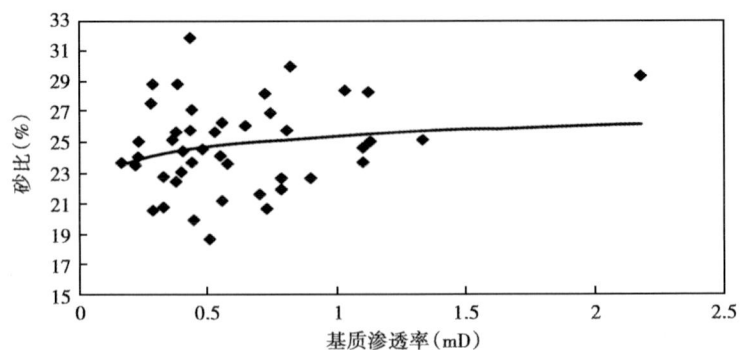

图 6-95　石盒子组压裂规模与地层物性关系（基质渗透率—砂比）

可以看出储层的渗透率集中在 0.3~1mD 范围内，属于低渗、特低渗储层。从山西组、石盒子组对比结果来看，石盒子组陶粒用量较山西组偏高。储层有效厚度介于 2~12m，属于较薄地层。

图 6-64 到图 6-67，图 6-80 到图 6-83 是统计的山西组、石盒子组入地总液量、陶粒用量、施工排量、砂比与有效厚度的关系曲线。可以看出随着有效厚度的增加，入地总液量、陶粒用量、施工排量、砂比也呈增加的趋势。这符合一般压裂设计原则。

图 6-68 到图 6-71，图 6-84 到图 6-87 是统计的山西组、石盒子组入地总液量、陶粒用量、施工排量、砂比与泥质含量的关系曲线。可以看出随着泥质含量的增加，入地总液量、陶粒用量、施工排量、砂比也呈增加的趋势。

图 6-72 到图 6-75，图 6-88 到图 6-91 是统计的山西组、石盒子组入地总液量、陶粒用量、施工排量、砂比与孔隙度的关系曲线。可以看出随着泥质含量的增加，入地总液量、陶粒用量、施工排量、砂比也呈增加的趋势，而施工排量呈下降趋势。

图 6-76 到图 6-79，图 6-92 到图 6-95 是统计的山西组、石盒子组入地总液量、陶粒用量、施工排量、砂比与基质渗透率的关系曲线。可以看出基质渗透率与入地总液量、陶粒用量、施工排量、砂比并无明显的相关关系，说明压裂设计时对渗透率的考虑不足。

（二）小结

（1）多薄层气藏压裂过程中易形成多裂缝，采用支撑剂段塞既可防治多裂缝也可达到降滤的目的。

（2）压后无阻流量和采气指数与加砂量并无明显的相关性，气井压后效果的决定性因素为地层的物性参数。地层有效厚度、孔隙度、渗透率跟地层压力跟压裂效果都有正相关的关系。

（3）根据压裂裂缝参数优化设计结果，考虑到苏里格气藏的地层厚度、地层渗透率和隔层情况的差异，采用拟三维压裂优化设计软件模拟设计了压裂裂缝规模，考虑到苏里格气藏的地层厚度、地层渗透率和隔层情况的差异，针对不同的地层渗透率，分别考虑地层厚度为 3m、5m，隔层厚度小于等于 5m 或隔层厚度大于等于 10m 的不同情形，推荐出了压裂施工的规模，并给出了典型的施工泵注程。

（4）降低压裂过程中的伤害是提高压裂效果的关键所在。苏里格东区气藏后续压裂应继续采用液氮助排、低的前置液比例、胶囊氧化破胶剂，采取有效措施避免和减轻气藏水锁伤害，确定适当的施工规模，优化施工参数和采取控缝高技术等提高该气藏的压裂效果。

（5）苏里格东区气田储层的渗透率集中在0.3~1mD范围内，属于低渗、特低渗储层。从山西组、石盒子组对比结果来看，石盒子组陶粒用量较山西组偏高。随着有效厚度的增加，入地总液量、陶粒用量、施工排量、砂比也呈增加的趋势。随着泥质含量的增加，入地总液量、陶粒用量、施工排量、砂比也呈增加的趋势。基质渗透率与入地总液量、陶粒用量、施工排量、砂比并无明显的相关关系，说明压裂设计时对渗透率的考虑不足。

第六节　储层压裂增产新技术及应用研究

一、高速通道压裂技术

（一）高速通道压裂技术原理

水力压裂通过泵入压裂液和支撑剂，在油气藏中形成一定长度的人工渗流通道。常规压裂支撑剂连续、均匀铺置在人工裂缝中，支撑剂颗粒互相接触，油气流动局限于支撑剂颗粒之间的孔隙。而高速通道压裂支撑剂以"砂团"形式，非连续、非均匀铺置在人工裂缝中，砂团与砂团之间形成离散的高导流油气通道网络（图6-96和图6-97）。

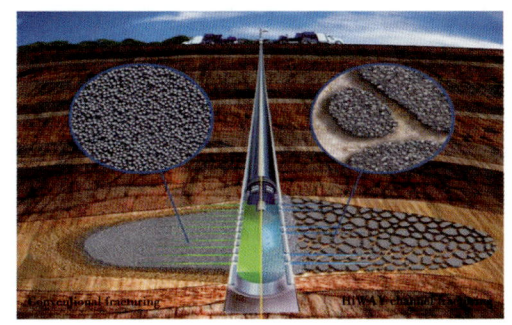

图6-96　常规压裂（左）与高速通道压裂（右）支撑剂铺置对比

图6-97　常规压裂（左）与高速通道压裂（右）导流模式对比

与常规压裂相比，高速通道压裂具有类似的设计和施工设备，但同时也具有它独有的特征，主要的区别在于脉冲式泵入支撑剂、伴注纤维注入、多簇射孔工艺三个方面。

1. 脉冲式泵入支撑剂

常规压裂每一个支撑剂浓度阶段，是连续且持续较长时间，而高速通道压裂可以在其中包含多个脉冲，脉冲分为含支撑剂脉冲和纯液体脉冲两种。同时，为了形成一个有效的裂缝与井筒的沟通，需要尾追一个时间相对长的连续支撑剂泵入阶段，从而避免在近井地带出现窄点或无支撑区域。

2. 伴注纤维注入

为了防止泵入的支撑剂"砂团"在输送中和裂缝闭合期间出现分散，影响高导流通道效果，故在压裂中添加纤维。同时，纤维对支撑剂有"束缚"作用，增强了"砂团"的稳定性，利于保持高导流能力（图6-98）。纤维的加入还减小了压裂砂堵的风险和支撑剂返排的可能性。

3. 多簇射孔工艺

直井中，常规压裂通常采用连续方式射孔，而高速通道压裂采用"等簇等间距"方式

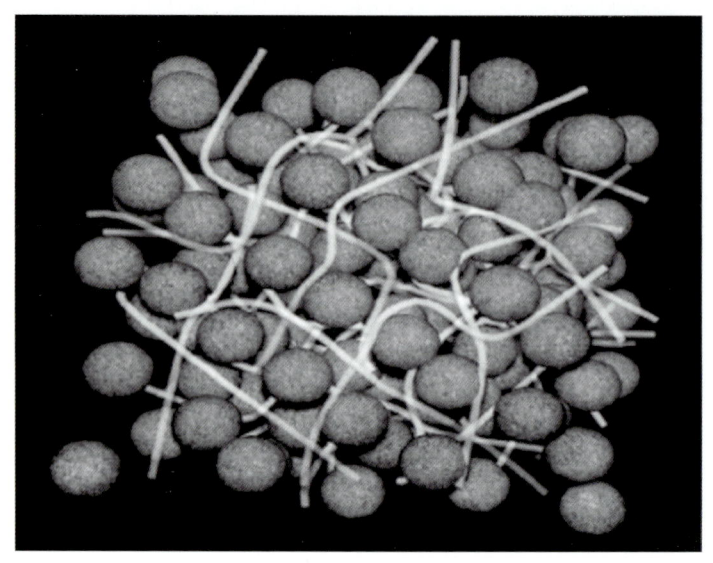

图 6-98 纤维对支撑剂的束缚

射孔。目的是使在套管上形成多段且较短的进液口,达到筛子的作用,而且在通过孔眼时自然出现分流效果,分离成多个支撑剂团,更加有助于高速导流通道的形成(图 6-99)。

在相同厚度 6m 储层下,共同点:枪型、弹型、孔密、孔径、相位角。不同点:常规射孔 6m 储层连续全部射开,"等簇等间距"射孔 6m 储层射开 1m、相隔 1m。

由此,脉冲式泵入结合多簇射孔,形成导流通道→纤维注入确保"砂团"在泵注和裂缝闭合过程中保持稳定→导流通道延伸至裂缝顶端→尾追支撑剂,确保裂缝与井筒的连通(图 6-100)。

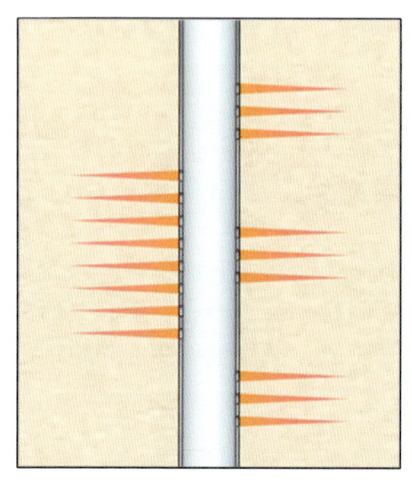

图 6-99 常规压裂(左)和高速通道压裂(右)射孔方式示意图

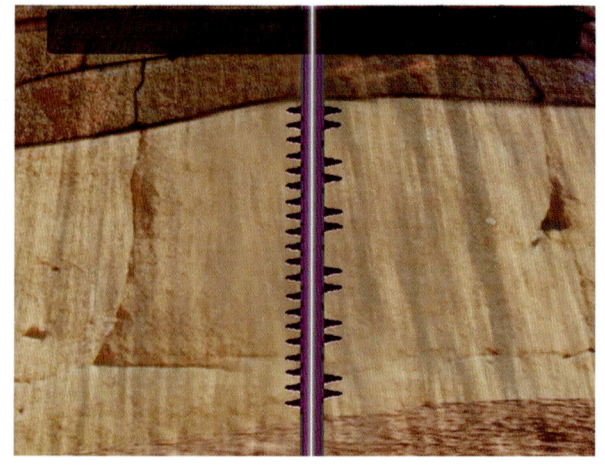

图 6-100 常规压裂(左)与高速通道压裂(右)支撑剂扩散对比

(二)高速通道压裂技术可行性分析

1. 适用地质条件分析

根据试验结果,在高闭合压力、低杨氏模量的地层中,容易引起支撑剂"支柱"垮塌,使通道堵塞、裂缝闭合、导流能力降低，所以杨氏模量和闭合压力的比值（较稳固的地层）可作为高速通道压裂可行性判断的关键参数。

$$\frac{E（杨氏模量）}{S（闭合压力）}=C\begin{cases}500>C>350 & 能够形成稳定的缝内网络通道 \\ C>500 & 具有较好的实施条件\end{cases}$$

苏里格气田东区砂岩储层条件

$$\frac{E（杨氏模量）}{S（闭合压力）}=C=\frac{18400\sim34200\mathrm{MPa}}{40\sim50\mathrm{MPa}}=460\sim684\ 地质条件满足$$

2. 高速通道导流能力测试

将支撑剂充填在两个砂板之间，形成"三明治"状，放置在导流仪上模拟支撑剂非均匀铺置状态，验证该状态对导流能力大小的影响（图6-101）。通过试验计算，得出不连续充填层的渗透率比连续充填层的渗透率高1.5~2.5个数量级（图6-102）。

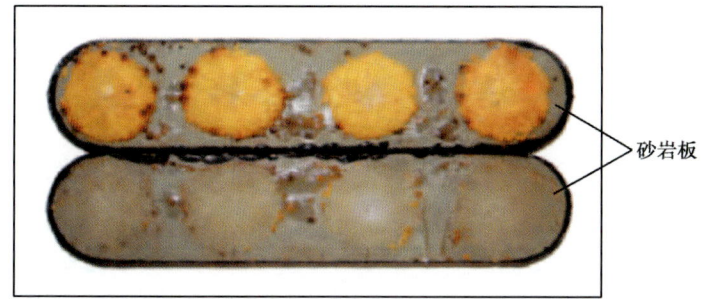

图6-101 模拟"砂团"和高速通道

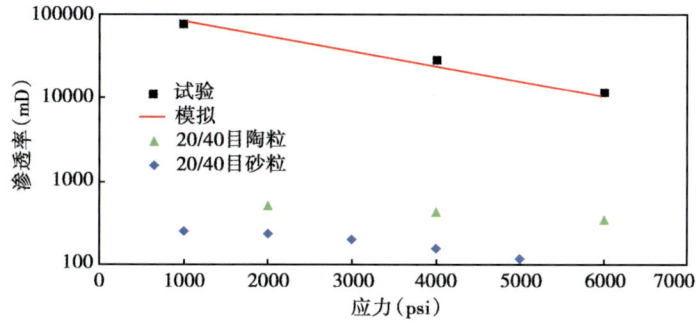

图6-102 不连续充填（上）与连续充填（下）渗透率对比

3. 脉冲式泵入的实现

为了实现这种脉冲式泵入，必须要有配套的地面压裂设备去实现。通过已设计好的施工程序，由监控系统发送给混砂车来执行，最终实现这种脉冲式泵入（图6-103）。

4. 支撑剂团块动态稳定性试验

通过夹板沉降模拟试验得出，常规压裂液配制的支撑剂团块会分散，而向压裂液中添加纤维可显著提高支撑剂团块的稳定性（图6-104）。

（三）高速通道压裂技术现场应用及实施效果分析

首次在SD34-51井和SD34-51C4井开展了高速通道压裂试验，并采用斯伦贝谢Frac-CADE软件，分别模拟常规压裂和高速通道压裂的裂缝导流能力，结果表明高速通道压裂高

图6-103 常规压裂(左)与高速通道压裂(右)支撑剂泵送方式对比

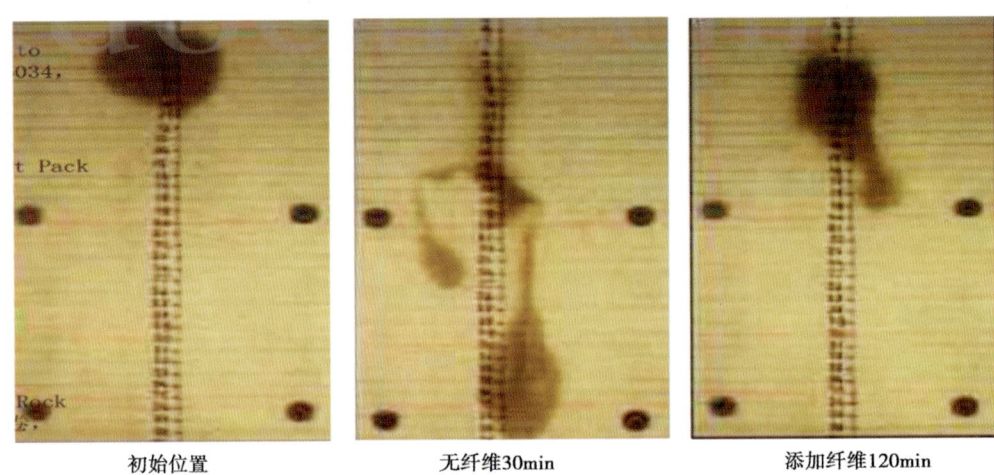

初始位置　　　　　　　无纤维30min　　　　　　添加纤维120min

图6-104 纤维对支撑剂悬浮效果的对比图

于常规压裂2个数量级以上(表6-50、表6-51和表6-52)。由此,高速通道压裂技术在苏里格气田东区气田取得良好试验效果,建议进一步引进该压裂技术试验,将体积压裂建立复杂裂缝网络与高速通道压裂高导流网络相结合,同时高导流通道可以改善体积压裂大液量返排困难的问题,更大程度发挥储层的潜能。

SD34-51井:

$$\frac{E(杨氏模量)}{S(闭合压力)} = C = \frac{28965 \text{MPa}}{49.3 \text{MPa}} = 587$$

SD34-51C4井:　　　　　　➡实际测试地质条件满足

$$\frac{E(杨氏模量)}{S(闭合压力)} = C = \frac{26896 \text{MPa}}{44.6 \text{MPa}} = 603$$

表 6-50 试验井储层物性简况

井号	层位	有效厚度（m）	孔隙度（%）	基质渗透率（mD）	含气饱和度（%）	综合解释结果	综合分类
SD34-51	盒$8_上$	7.5	10	0.736	60	气层	I
	盒$8_下$	2.8	9.5	0.38	53.1	含气层	
	山1	1.5	8.6	0.216	56.6	含气层	
		4.4	9.5	0.391	60.1	气层	
	本溪	2.9	4.3	0.17	70.6	气层	
		6.9	4	0.1	59.3	含气层	
SD34-51C4	盒$8_下$	12.1	11.6	1.203	53.9	气层	I
	山1	7.3	10.3	0.761	65.3	气层	
	山2^1	5.8	7.3	0.263	40	含气层	
	山2^2	4.3	6.5	0.466	56	气层	
平均		5.55	8.16	0.4686	57.49		

表 6-51 高速通道压裂施工参数

井号	改造层数	施工管柱	压裂液体系	支撑剂类型及数量		施工排量（m³/min）	总液量（m³）	脉冲时间（s）
SD34-51	4	3½in 油管	斯伦贝谢 YF125	40/70 目低密度陶粒 78.8m³	20/40 目低密度陶粒 329m³	4~5	1795	2
SD34-51C4	3	3½in 油管	斯伦贝谢 YF125	40/70 目低密度陶粒 49.8m³	20/40 目低密度陶粒 526m³		1815	

表 6-52 试验井与邻井无阻流量对比

井号	SD34-47H2	SD34-48C4	SD34-48C1	SD34-48	SD34-47	SD34-51C1	SD34-52	SD34-51	SD34-51C4
层位	山1	盒8	盒8、山1	盒8、山1	盒7、盒8、山1	盒8、山1_1、山1_2、太原	盒7、盒8、山1、山2	盒8、山1、本溪	盒8、山1、山2
层数	9	2	2	2	5	3	3	4	3
综合分类	水平井	II	I	I	I	I	II	I	I
无阻流量（10^4m³/d）	21.3406	3.666	5.6138	5.494	1.6846	4.4402	3.8898	20.8219	20.8127

二、体积压裂技术

"体积压裂"指在水力压裂过程中，使天然裂缝不断扩张和脆性岩石产生剪切滑移，形成天然裂缝与人工裂缝相互交错的裂缝网络，从而增加水力裂缝波及体积，提高初始产量和最终采收率。苏里格气田东区砂体规模小，多薄层特征明显，储层致密，岩屑含量高，常规压裂形成的双翼对称裂缝改造体积有限，且主裂缝的垂向上仍然是基质向裂缝的"长距离"

渗流（图6-105）。而"体积压裂"建立主裂缝与多级次生裂缝交织的裂缝网络，使基质从任意方向向裂缝的"短距离"渗流，实现对储层在长、宽、高三维方向的"立体改造"（图6-106）。

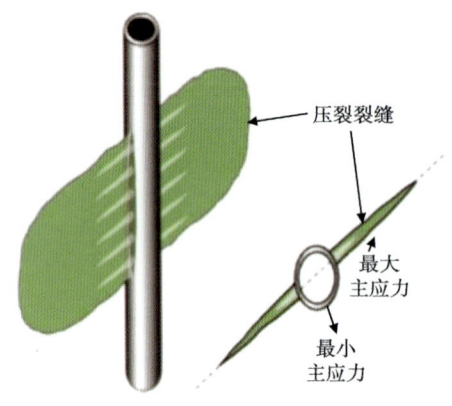

图6-105 常规压裂人工裂缝示意图

图6-106 体积压裂裂缝网络的最美诠释

（一）体积压裂技术可行性分析

通过对页岩气储层的调研，认为储层岩石脆性特征、天然裂缝发育情况以及三向应力是实现"体积压裂"的物质基础。

1. 岩石脆性

储层要富含石英或者碳酸盐岩等脆性矿物以有利于产生复杂缝网，苏里格气田东区盒8、山1储层石英含量高（表6-53），且与页岩气/油储层岩石相比，储层岩石具有一定脆性（杨氏模量≥24000MPa、泊松比≤0.25）（表6-54）。

表6-53 苏里格地区砂岩中碎屑组分含量对比

地区	层位	碎屑组分百分含量（%）		
		石英类	岩屑类	长石类
东部	盒8	79.16	20.65	0.18
	山1	75.9	24	0.068
中部	盒8	86.82	12.26	0.92
	山1	88.42	11.44	0.14
西部	盒8	93.57	6.42	0.02
	山1	87.67	12.13	0.21

表6-54 苏里格气田东区砂岩与北美不同区域页岩岩石力学特征对比

气田名称		杨氏模量（MPa）	泊松比	布氏硬度	脆性指数
Barnett		48300~62000	0.15	80	77.3~87.1
Haynesville		5000~20690	0.23	18	29.3~41.6
Eagleford		31000~41300	0.26	22	43.0~50.4
Marcellus		27600~48300	0.2	32	52.6~67.3
苏里格东区	盒8	17760~39177	0.21	—	11.5~42.0
	山1	23860~33350	0.25	—	19.9~33.5

2. 天然微裂缝

对于"体积压裂",天然裂缝状况及层理发育状况,可以降低分支裂缝的形成所需要的净压力。天然微裂缝性储层是天然微裂缝张开形成的力学条件,在施工过程中,裂缝内的净压力在数值上至少大于两个水平主应力的差值与岩石的抗张强度之和。SD岩心观察及电成像测井情况表明,储层中天然裂缝部分发育,如SD×井石盒子组、山西组,井段2460.0~2905.0m,共识别出47条天然裂缝,局部也有不规则和高角度裂缝发育(图6-107)。

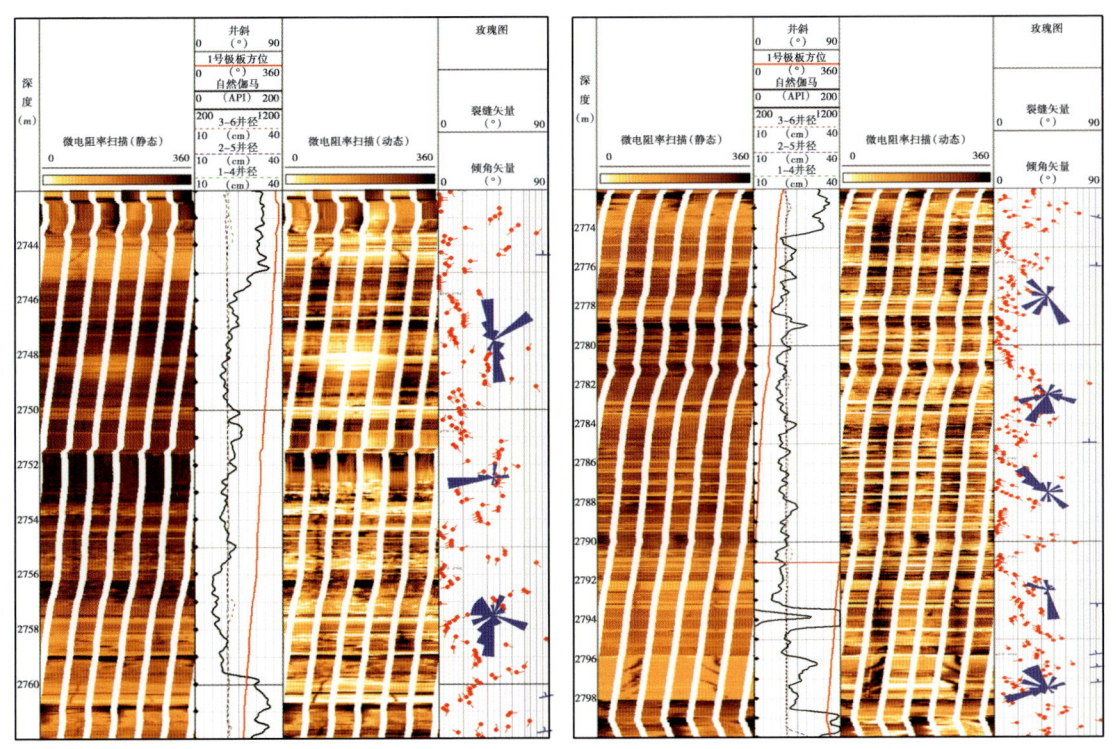

图6-107　SD×井石盒子组(左)、山西组(右)测井成像特征图

3. 砂岩储层抗张强度与三向应力

研究表明,苏里格气田砂岩两向应力差在7~10MPa,两向应力非均质系数0.17,能够实现一定缝网系统。抗张强度为4.15~6.08MPa,小于两向应力差,主缝特征较明显(表6-55)。

表6-55　苏里格气田盒8储层岩心应力测试结果

区块	层位	岩性	最大水平地应力（MPa）	最小水平地应力（MPa）	水平两向应力差（MPa）	水平应力非均质性	抗张强度（MPa）
苏东	盒8	砂岩	51.14	43.76	7.38	0.17	5.23~6.11
苏南	盒8	砂岩	69.93	59.54	10.39	0.17	4.83~5.95
苏中	盒8	砂岩	55.88	47.76	8.12	0.17	4.15~6.08

(二)体积压裂技术现场应用及实施效果分析

1. 苏里格气田东区"体积压裂"参数优化及工艺优选

针对苏里格气田东区储层地质特点,结合前期多项压裂工艺认识,优化施工参数及工艺,以"扩大接触面积、增加改造体积"为主体改造思路,开展"混合水压裂+大排量注入+低伤害压裂液"的体积压裂工艺试验。

苏里格东区致密砂岩储层"体积压裂"采用施工排量 6~13m³/min,为常规压裂排量的 2~4 倍,能够满足形成网络裂缝所需的裂缝延伸净压力。同时为满足大排量下施工要求,常规井采用 2⅜in 油管环空注入、3½in 油管注入及套管注入三种方式,水平井采用 4½in 基管裸眼封隔器注入(表6-56—表6-60)。

表6-56 3½in 外加厚油管性能数据表

钢级	壁厚(mm)	内径(mm)	外径(mm)	重量(kg/m)	抗拉强度(t)	抗内压强度(MPa)	抗外挤强度(MPa)	抗拉安全系数
N80	6.45	72.0	88.9	13.69	93.99	70.1	72.6	2.14

表6-57 井口最高油管压力预测数据表(3½in 油管 3070m)

排量(m³/min)	油管摩阻(MPa)	静液柱压力(MPa)	裂缝延伸压力(MPa)	井口压力(MPa)
4.0	21.3	30.7	54.6	45.2±5
4.5	25.7			49.6±5
5.0	30.4			54.3±5
5.5	35.3			59.2±5
6.0	40.6			64.5±5
6.5	46.1			70.0±5
7.0	51.8			75.7±5

表6-58 4½in 套管性能数据表

套管数据	外径(mm)	扣型(mm)	内径(mm)	壁厚(mm)	钢级	抗拉(kN)	抗内压(MPa)	抗外挤(MPa)
气层套管	114.3	LTC	97.18	8.56	N80	1570	76.39	72.26

表6-59 井口施工压力根据不同排量计算如下表

排量(m³/min)	管柱摩阻(MPa)	闭合压力(MPa)	液柱压力(MPa)	近井筒摩阻(MPa)	净压力(MPa)	泵压(MPa)
2.5	4.5	45	31	5	5	28.5±5
3.2	5.6	45	31	5	5	29.6±5
4	6.8	45	31	5	5	30.8±5
4.7	7.8	45	31	5	5	31.8±5
5.5	9.1	45	31	5	5	33.1±5
6	10.1	45	31	5	5	34.0±5

续表

排量 （m³/min）	管柱摩阻 （MPa）	闭合压力 （MPa）	液柱压力 （MPa）	近井筒摩阻 （MPa）	净压力（MPa）	泵压 （MPa）
7	14.3	45	31	5	5	38.3±5
8	17.9	45	31	5	5	41.9±5
9	22.4	45	31	5	5	46.4±5
10	27.2	45	31	5	5	51.2±5
11	32.3	45	31	5	5	56.3±5

致密砂岩储层和体积压裂入地液量巨大，要求压裂液要具有较低伤害、高返排能力的特点。苏里格东区致密砂岩储层"体积压裂"采用压裂液体系主要为前置酸+低浓度瓜尔胶液体、滑溜水+低浓度瓜尔胶液体两种（图6-108），具有较低伤害、低黏度的特点，同时采用了高性能的助排剂和黏度稳定剂，达到了强化排液的目的。

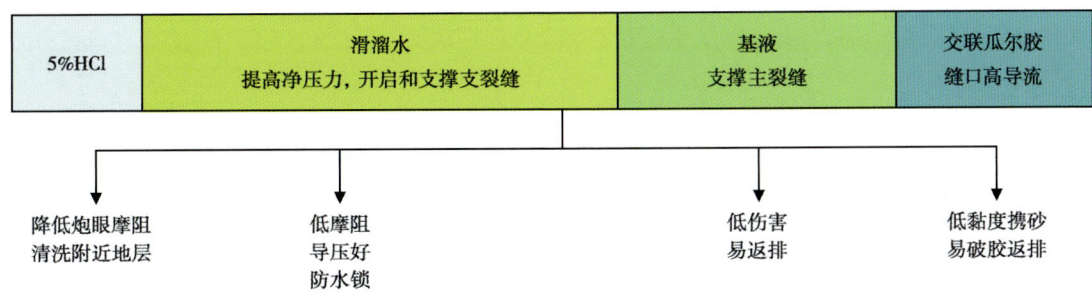

图 6-108 苏里格气田东区地区储层压裂液体系特征

根据体积压裂所采用的不同压裂液体系及对裂缝导流能力的优化结果，确定采用40~60目低密度陶粒和20~40目低密度陶粒组合（表6-60，图6-109）。通过泵注程序设计先小粒径陶粒，后大粒径陶粒，有助于提高裂缝的导流能力，同时小粒径陶粒更容易进入形成的次生裂缝中，对裂缝的转向有促进作用。

表 6-60 低密度支撑剂物理性能的评价结果

指标	粒径分布 （%）	视密度 （g/cm³）	体积密度 （g/cm³）	酸溶解度 （%）	浊度	圆度	球度	破碎率（%）	
								52MPa	86MPa
20~40目	99.2	2.9	1.6	3.2	25	0.9	0.9	5.3	—
40~60目	99.1	3.2	1.7	5.4	46	0.9	0.9	—	4.8

2. 苏里格气田东区"体积压裂"现场应用效果分析

苏里格气田东区实施体积压裂常规井15口，最大施工排量13m³/min，单层最大加砂量101.5m³，平均无阻流量$6.11×10^4$m³/d；与常规压裂工艺井相比，施工具有高排量、低砂比、大砂量与大液量的特点，单井平均无阻流量提高$1.48×10^4$m³/d，取得初步效果（表6-61和表6-62）。

 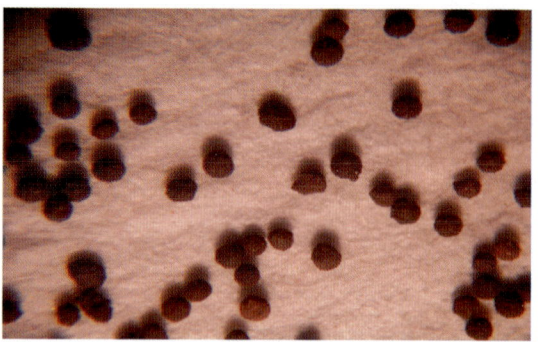

a. 20~40目低密度陶粒圆度、球度图片　　　　　　b. 40~60目低密度陶粒圆度、球度图片

图 6-109　陶粒圆度、球度图片

表 6-61　苏里格气田东区"体积压裂"与常规压裂参数对比表

压裂类型	平均排量（m³/min）	平均砂比（%）	单层加砂量（m³）	单层液量（m³）
常规压裂	2.3	24.6	28.2	185.2
体积压裂	8	16.7	44.4	396

表 6-62　苏里格气田东区"体积压裂"井与常规压裂井效果对比表

综合分类	井数	层位	有效厚度（m）	视孔隙度（%）	视基值渗透率（mD）	视含气饱和度（%）	无阻流量（10⁴m³/d）
Ⅰ	试验井（3）	盒8	17.48	10.91	0.92	65.87	10.86
	对比井（3）		22.77	12.12	1.20	66.13	9.27
Ⅱ	试验井（3）	山2、山1、盒8	12.88	12.33	1.50	69.47	7.51
	对比井（3）		12.63	12.41	1.48	66.61	6.15
Ⅰ+Ⅱ	试验井（6）	山2、山1、盒8	15.18	11.65	1.20	67.34	9.19
	对比井（6）		17.70	12.26	1.34	66.37	7.71

该区还实施体积压裂水平井3口，均采用4½in裸眼封隔器改造，最大施工排量10m³/min，最大单段加砂100m³；与常规压裂工艺水平井相比，施工具有高排量、大液量的特点，而砂比和单段加砂量规模与常规压裂工艺相当，平均无阻流量27.53×10⁴m³/d，水平井体积压裂试验效果初显（表6-63和表6-64）。

表 6-63　苏里格气田东区水平井"体积压裂"与常规压裂参数对比表

压裂类型	排量（m³/min）	平均砂比（%）	单段加砂量（m³）	单段液量（m³）
常规压裂	3	23	43.7	346
体积压裂	10	22	47.5	445

表 6-64 苏里格气田东区水平井"体积压裂"井参数统计

井号	水平段长度（m）	有效储层长度（m）	改造方式	压裂液体系	支撑剂类型	加砂量（m^3）	液量（m^3）	施工排量（m^3/min）	最高工作压力（MPa）	无阻流量（$10^4 m^3/d$）
SD59-56H1	777	600	4½in 基管裸眼封隔器改造 6 段	低浓度瓜尔胶	40~60 20~40	219.6	1844	8~10	60.6	51.7
SD55-66H2	1000	266	4½in 斯伦贝谢基管裸眼封隔器改造 8 段	滑溜水、低浓度瓜尔胶	20~40	508.3	5424	6~10	62	15.3
SD53-64H2	1545	1253	4½in 基管裸眼封隔器改造 10 段	低浓度瓜尔胶	20~40	555.3	4752	8~10.5	60.2	15.7

综上所述，苏里格致密砂岩具有实现体积压裂的储层条件，改造工艺现场试验取得初步效果，但压裂液平均返排周期较常规液量多出 5 天左右，仍有待进一步试验和跟踪评价。

三、新型压裂液体系应用技术

（一）新型压裂液体系应用必要性分析

针对苏里格气田东区储层低孔低渗、地层致密、黏土矿物总量较高、储层敏感性强、易伤害、压力系数低、压裂液返排困难等特点，要求尽可能降低压裂液残渣含量，提高压裂液防膨助排效果，同时压裂液高效返排，减少压裂液滞留对地层的伤害。新型压裂液体系（包括羧甲基压裂液、阴离子表面活性剂压裂液和超低浓度瓜尔胶压裂液）具有低浓度、残胶残渣含量低、破胶彻底、易返排和防膨性好的特点，通过对新型压裂液体系研究及现场试验，最终形成苏里格气田东区较为完整与成熟的低伤害压裂改造技术，降低储层伤害，最大限度地提高单井产量与经济效益。

（二）新型压裂液体系应用效果分析

1. 羧甲基压裂液体系

羧甲基羟丙基瓜尔胶是在瓜尔胶或羟丙基瓜尔胶的主链上引入羧甲基基团，属于阴离子性瓜尔胶。通过对瓜尔胶分子进行羧甲基化改性得到羧甲基瓜尔胶 CMG，CMG 的聚糖分子链上随机排列的阴离子基团之间的静电斥力，使卷曲的聚糖分子链刚性化，在溶液中分子链伸直并接近平行排列，因而高分子间临界接触浓度大幅度降低，较少量的 CMG 就可以形成有效交联，只需使用普通 HPG 的一半就可以满足施工要求的黏度（图 6-110）。

1）羧甲基压裂液体系特征

针对苏里格气田的特征，各处理剂配制比例如下：前置液阶段基液为 0.28%羧甲基+0.5%防膨剂+0.4%交联促进剂+0.5%助排剂+0.05%杀菌剂+0.5%降滤失剂；携砂液阶段基液为 0.28%羧甲基+0.5%防膨剂+0.4%交联促进剂+0.5%助排剂+0.05%杀菌剂；基液 pH 值 11；交联时间 80s；基液黏度 19.5mPa·s。

研究表明，羧甲基羟丙基瓜尔胶具有以下优点（表 6-65）：（1）降低聚合物用量，比常规交联瓜尔胶压裂液的用量要少 1/3~1/2，水不溶物低，比常规瓜尔胶平均降低 87%，比优级瓜尔胶降低 67%，比超级瓜尔胶降低 10%；（2）压裂液残渣低，100℃条件下为 88mg/L，仅

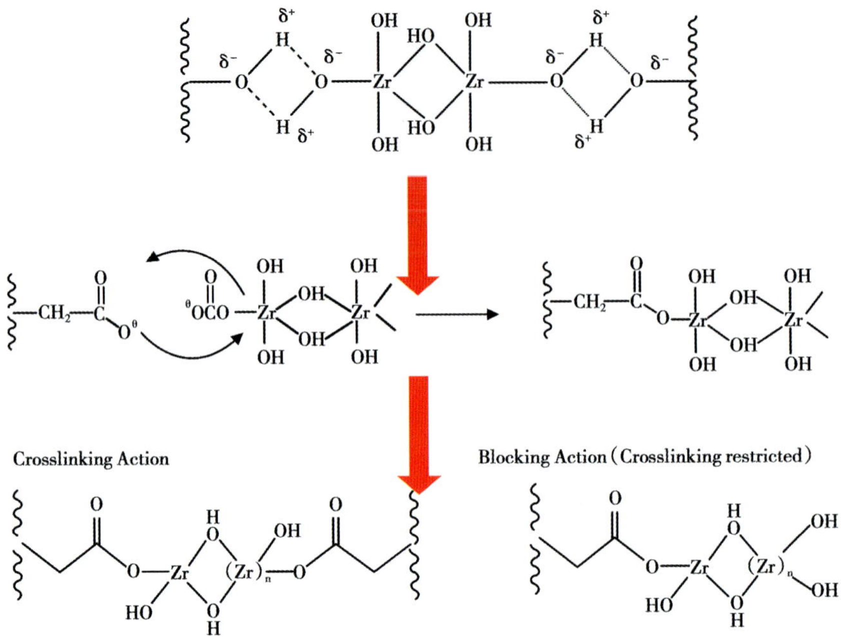

图 6-110 羧甲基羟丙基瓜尔胶交联结构示意图

为常规瓜尔胶压裂液体系的 30% 左右；（3）弹性优于黏性，携砂性能良好；（4）破胶彻底，残胶伤害小。

表 6-65 几类常用压裂液体系对比表

名称	外观	粒度	含水率（%）	水不溶物（%）	0.6%胶液黏度（mPa·s）	交联性能
羟丙基瓜尔胶	淡黄色粉末	98%过120目	7.25	9.65	105	良好，能挑挂
优级羟丙基瓜尔胶	乳黄色粉末	100%过120目 98.19%过120目	8.20	3.76	127.3	良好，能挑挂
超级瓜尔胶	乳白色粉末	100%过120目 98.19%过200目	7.49	1.38	132	良好，能挑挂
羧甲基羟丙基瓜尔胶	乳白色粉末	97.70%过120目 96.47%过120目	7.96	1.23	102.5	良好，能挑挂

2）羧甲基压裂液体系现场应用及实施效果分析

（1）现场应用难点及针对性措施。

苏里格气田实施了羧甲基压裂液试验 40 口，施工难点之一在于羧甲基体系交联比常规瓜尔胶敏感，具体解决措施：交联剂稀释，且不影响体系性能，便于现场控制；配置 0~50L/min 的最佳交联剂比例泵。

难点之二在于羧甲基液体静态滤失高于常规体系，影响前置液阶段的裂缝延伸，后期高砂比造缝阶段容易造成砂堵（表 6-66）。具体解决措施：适当增加前置液比例；前置液中加入降滤失剂；段塞采用粉陶，堵微裂缝，降低滤失。

表 6-66 羧甲基液体静态滤失量

静态滤失实验条件：温度：90℃，压差：3.5MPa，36min						
时间（min）	0	1	4	9	16	25	36
累计滤失量（mL）	12.00	13.50	19.00	26.00	35.00	43.50	53.00
滤失系数 $C_m = 1.57 \times 10^3 \text{m/min}^{0.5}$						
滤失速率 $V = 2.62 \times 10^4 \text{m/min}$						

难点之三在于液体对 Na^+、K^+、Ca^{2+}、Mg^{2+} 比较敏感，对配液要求高在水溶液中易受矿化度的影响，如 Na^+、K^+、Ca^{2+}、Mg^{2+} 等离子使稠化剂增稠，不溶胀，在配液罐底部形成沉淀，无法满足施工要求，对水质要求高。具体解决措施：配液前检测水源井水质；对大罐要清洗彻底；配液前先对每罐水作配液小样，对液体进行检测，黏度、pH 值、交联等达到要求后再进行整体配液。

（2）羧甲基压裂液实施效果分析。

苏里格气田试验井与邻井对比，平均无阻流量分别为 $7.65 \times 10^4 \text{m}^3/\text{d}$ 和 $5.76 \times 10^4 \text{m}^3/\text{d}$，提高单井产量效果明显（表 6-67）。

表 6-67 羧甲基试验井与邻井试气效果对比表

类别	井数	层位	有效储层厚度（m）	孔隙度（%）	基质渗透率（mD）	含气饱和度（%）	返排率（%）	排液周期（d）	恢复套压（MPa）	无阻液量（$10^4 \text{m}^3/\text{d}$）
I	试验井（16口）	盒8、山1、山2	13.63	9.78	0.71	60.38	83.9	12.7	19.0	8.19
I	对比井（16口）	盒8、山1、山2	13.29	9.86	0.74	59.97	83.7	12.8	18.8	7.50
II	试验井（15口）	盒8、山1、山2	11.69	9.27	0.64	58.83	83.7	12.2	18.7	4.78
II	对比井（15口）	盒8、山1、山2	13.00	10.11	0.64	61.43	83.4	13.0	17.7	3.38
III	试验井（6口）	盒8、山$_1$、山2	7.20	9.23	0.59	56.77	84.1	13	18.9	3.58
III	对比井（6口）	盒8、山1、山2	7.78	9.67	0.58	65.21	84.0	14.8	17.5	2.02
平均	试验井（37口）	盒8、山1、山2	13.53	9.69	0.72	59.11	84.1	11.3	18.9	7.65
平均	对比井（35口）	盒8、山1、山2	12.64	10.26	0.65	64.96	83.5	12.6	18.7	5.76

（3）羧甲基压裂液试验井生产情况分析。

生产情况与邻井相比，产气量分别为 $1.34 \times 10^4 \text{m}^3/\text{d}$ 和 $0.86 \times 10^4 \text{m}^3/\text{d}$，累计产气量分别为 $584.82 \times 10^4 \text{m}^3$ 和 $344.11 \times 10^4 \text{m}^3$，生产套压分别为 14.2MPa 和 13.1MPa，均高于邻井（表 6-68）。

表6-68 羧甲基试验井与邻井生产效果对比表

类别	井数（口）	平均无阻流量（$10^4 m^3/d$）	投产前套压（MPa）	生产套压（MPa）	平均产气量（$10^4 m^3/d$）	生产时间（d）	累计产气量（$10^4 m^3$）
Ⅰ	试验井（1）	12.04	17.6	15.0	1.80	15	341.80
	对比井（12）	8.72	15.3	13.9	1.04	15	187.22
Ⅱ	试验井（13）	5.33	18.5	13.9	0.88	17	208.18
	对比井（13）	3.44	14.2	12.4	0.71	17	145.09
Ⅲ	试验井（2）	4.99	13.3	11.8	1.55	13	34.83
	对比井（2）	1.76	14.4	12.4	0.58	13	11.79
平均	试验井（27）	8.29	17.7	14.2	1.34	15	584.82
	对比井（27）	5.89	14.7	13.1	0.86	15	344.11

（4）经济评价。

配液700m^3所用的化工料的价格，羧甲基为33.288万元，1m^3液体的成本大约在470元（表6-69）；常规压裂液为24.5万元，1m^3液体的成本大约在350元（表6-70），羧甲基1m^3液体的成本比常规液体贵120元。

表6-69 羧甲基液体配方价格表

产品名称	规格型号	数量（t）	单价（万元/t）	金额（万元）
瓜尔胶	CJ2-6	3.85	1.98	7.63
助排剂	JF-50	3.5	0.99	3.46
杀菌剂	JM-100	0.7	0.89	0.62
Na_2CO_3		0.85	0.28	0.246
起泡剂	JFP-2	3.5	0.91	3.2
KCl		7	0.52	3.65
黏土稳定剂	JOP-2	2.1	1.09	2.28
交联剂	JL-1（A）	2.28	1.39	3.14
交联剂	JL-B	0.28	0.93	0.26
合计				24.5

表6-70 常规液体配方价格表

产品名称	规格型号	数量（t）	单价（万元/t）	金额（万元）
瓜尔胶	CJ2-6	3.85	1.98	7.63
助排剂	JF-50	3.5	0.99	3.46
杀菌剂	JM-100	0.7	0.89	0.62
Na_2CO_3		0.85	0.29	0.246
起泡剂	JFP-2	3.5	0.91	3.2
KCl		7	0.52	3.65

续表

产品名称	规格型号	数量（t）	单价（万元/t）	金额（万元）
黏土稳定剂	JOP-2	2.1	1.09	2.28
交联剂	JL-1（A）	2.28	1.39	3.16
交联剂	JL-B	0.28	0.93	0.26
合计				24.5

2. 阴离子表面活性剂压裂液

阴离子表面活性剂体系表活剂取代了瓜尔胶，溶液中不含任何高分子聚合物，其黏度是通过在 KCl 溶液中表面活性剂胶束的相互缠绕而形成。

破胶原理表现为当外来因素使得黏弹性胶束的带电环境发生变化，胶束结构就会被改变，从而丧失了压裂液的黏弹性，主要有以下三种方式：（1）油气等烃类物质接触破胶；（2）大量地层水稀释破胶；（3）压裂液中含量减少而破胶。

1) 阴离子表面活性剂压裂液体系特征

根据该区实际情况，所选基液配方 3.3% D3F-AS05+0.6%KOH+6%KCl+0.21%EDTA；配液用水质 pH 值 6.5~7.5；活性水的配方为 0.2%EDTA+4%KCl+0.1%KOH。

此种压裂液通过高剪切后黏度立即得到恢复，最高耐温可达 135℃，具有良好的耐温抗剪切性能（图 6-111）；与常规水基压裂液相比，阴离子表面活性剂压裂液黏性较小，但弹性远大于常规水基压裂液，具有明显低黏度高弹性的特点（表 6-71）；阴离子表面活性剂压裂液的滤失量低于常规瓜尔胶压裂液（表 6-72），说明阴离子表面活性剂压裂液更有利于携砂，对储层伤害更低；液体破胶黏度随着气体的增多而降低，气体越多破胶越彻底（图 6-112）；与常规瓜尔胶体系相比，阴离子表面活性剂施工摩阻低，在 3.0m³/min 排量下管柱摩阻损失 4.6MPa/1000m，仅相当于清水摩阻的 21.42%，排量越大降阻效果越明显（表 6-73 和图 6-113），对深井难压层降低施工压力有非常重要的意义。

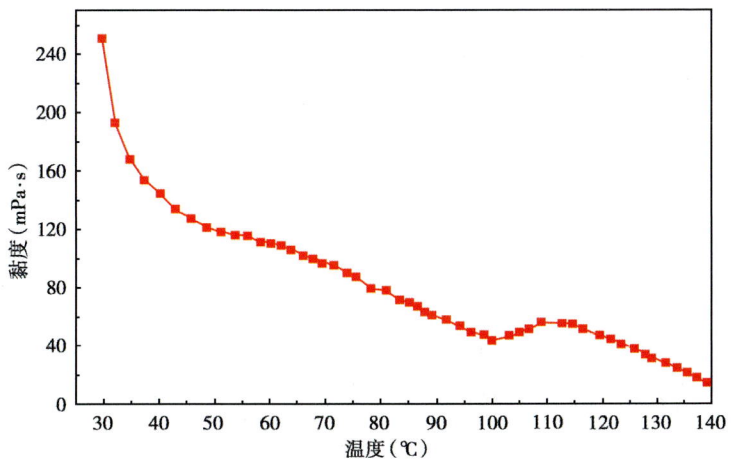

图 6-111 阴离子表面活性剂压裂液耐温曲线

表 6-71 压裂液冻胶黏弹性测试对比表

序 号	温度（℃）	初滤矢量（m³/m²）	滤失系数（m/min^0.5）
常规压裂液	80	0.375	6.23×10^{-4}
阴离子表面活性剂压裂液	80	0.187	2.64×10^{-4}

表 6-72 静态滤失性能对比表

序 号	温度（℃）	初滤矢量（m³/m²）	滤失系数（m/min^0.5）
常规压裂液	80	0.375	6.23×10^{-4}
阴离子表面活性剂压裂液	80	0.187	2.64×10^{-4}

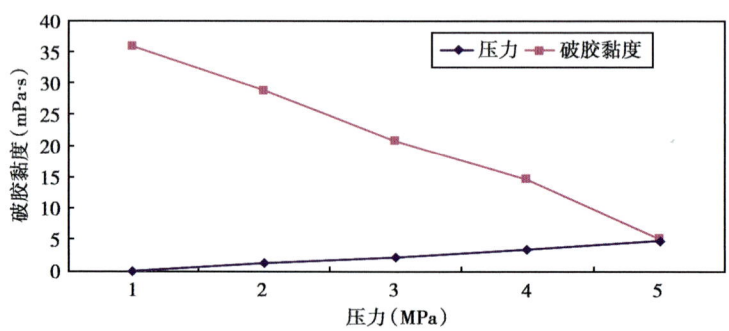

图 6-112 甲烷气体对表面活性剂压裂液的破胶试验

表 6-73 压裂液摩阻测试对比表

排量（m³/min）	管柱内径（mm）	交联瓜尔胶压裂液摩阻（MPa/km）	阴离子表面活性剂压裂液摩阻（MPa/km）
4	62	13.7	6.498
3.5	62	11.0	5.415
3	62	8.9	4.693
2.5	62	6.7	3.610

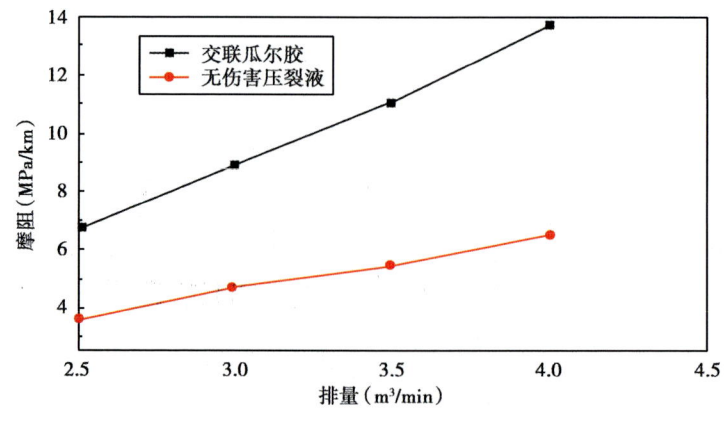

图 6-113 压裂液摩阻测试曲线

2）阴离子表面活性剂压裂液现场应用及实施效果分析

（1）现场应用难点及针对性措施。

苏里格气田东区阴离子表面活性剂压裂液试验24口，现场配液过程中，表面活性剂不易溶于水，使得液体配置不均匀，无法保证液体性能，针对此情况应先加入助溶剂，充分循环10分钟后再加入表面活性剂；表面活性剂和氯化钾的比例控制难度大，通过在现场配液时，将装有表面活性剂与氯化钾的大罐间隔开，便于控制液体吸入量，且在大罐内用标尺进行计量解决此问题；顶替液不易破胶，应在最后一层顶替时，采用活性水顶替。

（2）阴离子表面活性剂实施效果分析。

试验井与邻井对比，平均无阻流量分别为 $7.51×10^4m^3/d$ 和 $6.51×10^4m^3/d$，提高单井产量效果明显（表6-74）。

表6-74 阴离子表面活性剂试验井与邻井试气效果对比表

类别	井数	层位	厚度（m）	孔隙度（%）	基质渗透率（mD）	气饱和度（%）	返排率（%）	排液周期（d）	恢复套压（MPa）	无阻流量（$10^4m^3/d$）
Ⅰ	试验井（9口）	盒8、山1、山2	17.17	9.57	1.35	61.86	81.9	9.0	19.2	8.83
Ⅰ	对比井（9口）	盒8、山1、山2	16.26	9.68	0.59	63.10	82.4	9.8	18.9	8.13
Ⅱ	试验井（11口）	盒8、山1、山2	15.05	9.16	1.14	60.36	83.3	12.3	18.5	7.51
Ⅱ	对比井（11口）	盒8、山1、山2	15.37	10.06	0.67	64.44	83.2	12.7	19.7	5.97
Ⅲ	试验井（2口）	盒8、山2	12.20	8.71	0.38	47.90	90.6	18	12.0	1.56
Ⅲ	对比井（9口）	盒8、山1	9.65	8.42	0.58	52.40	85.7	16	12.2	0.55
平均	试验井（22口）	盒8、山1、山2	15.65	9.29	1.16	59.84	83.4	11.5	18.2	7.51
平均	对比井（22口）	盒8、山1、山2	16.25	9.72	0.62	62.65	83.1	11.6	17.8	6.51

（3）阴离子表面活性剂生产情况分析。

生产情况与邻井相比，产气量分别为 $1.29×10^4m^3/d$ 和 $1.13×10^4m^3/d$，累计产气量分别为 $326.42×10^4m^3$ 和 $267.65×10^4m^3$，生产套压分别为13.8MPa和12.5MPa，均高于邻井（表6-75）。

表6-75 阴离子表面活性剂试验井与邻井生产效果对比表

类别	井数	平均无阻流量（$10^4m^3/d$）	投产套压（MPa）	生产套压（$10^4m^3/d$）	平均产气量（$10^4m^3/d$）	生产时间（d）	累计产气量（10^4m^3）
Ⅰ	试验井（6口）	10.54	18.5	12.0	1.67	18.6	150.97
Ⅰ	对比井（6口）	9.23	15.4	10.8	1.27	18.1	137.53
Ⅱ	试验井（8口）	8.41	21.0	15.7	1.25	14.8	156.83
Ⅱ	对比井（8口）	6.18	15.9	13.0	1.28	14.3	121.86
Ⅲ	试验井（2口）	1.56	15.5	10.6	0.53	16.5	18.61
Ⅲ	对比井（2口）	0.55	15.8	15.8	0.26	16.5	8.25
平均	试验井（16口）	8.21	19.4	13.8	1.29	16.3	326.42
平均	对比井（16口）	6.68	15.6	12.5	1.13	16.2	267.65

（4）经济评价。

配液700m³所用的化工料的价格，阴离子表面活性剂压裂液为101.49万元，1m³液体的成本大约在1450元（表6-76）；常规压裂液为24.5万元，1m³液体的成本大约在350元（表6-76），1m³阴离子表面活性剂压裂液液体的成本比常规液体贵1100元，成本太高。

表6-76 阴离子液体配方价格表

产品名称	规格型号	数量（t）	单价（万元/t）	总金额（万元）
增稠剂	ZC	24.5	2.368	58.02
助溶剂	ZR	21	1.05	22.05
氯化钾	KCl	42	0.51	21.42
合计				101.49

3. 超低浓度瓜尔胶压裂液

超低浓度瓜尔胶体系是将瓜尔胶浓度降低至0.33%，将水基料的性能进一步提升，并开发相应交联剂体系，从而形成有效交联。

1) 超低浓度瓜尔胶压裂液体系特征

根据苏里格气田现场情况，压裂液基液配方：

0.33%CJ2-6+0.5%CF-5F+0.3%COP-3+0.3%TJ-1+0.1%CJSJ2+1.0%KCl+0.5%YFP-2。

交联剂：50%JL-9；交联比：100:0.4~0.6；破胶剂：过硫酸铵+胶囊破胶剂。

压裂液的耐温抗剪切性能直接关系到压裂施工造缝和携砂能力，该体系在90℃、170s⁻¹剪切60min后，冻胶的黏度为155mPa·s左右，表明该体系在90℃下有良好的耐温、抗剪切性能（图6-114）。通过调整水化剂的加量，在很短时间内，压裂液形成的冻胶可完全破胶水化，且破胶液较低的表面张力和黏度有利于返排（图6-115）。

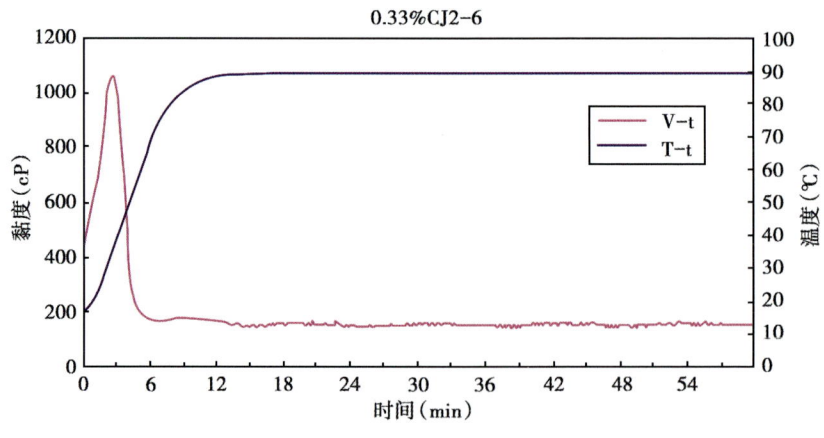

图6-114 超低浓度压裂体系抗剪切曲线（90℃）

2) 超低浓度瓜尔胶压裂液现场应用及实施效果分析

（1）现场应用难点及针对性措施。

苏里格气田东区实施超低浓度瓜尔胶压裂液试验51口，难点之一在于使用国产KCl配

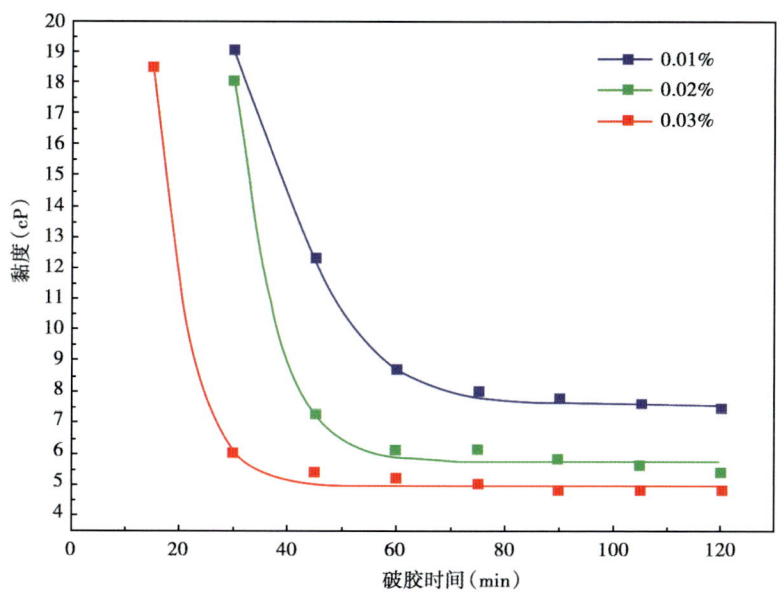

图 6-115 超低浓度压裂体系破胶能力曲线（破胶液性能表面张力：26.7mN/m；残渣含量：290mg/L）

出的液体交联效果比较差，无法达到携砂要求，针对此情况，选用质量更优的 KCl（俄罗斯进口）解决。此外该体系高温天气下液体存放时间短，性能容易发生改变，无法达到交联携砂要求，这一问题可通过大罐清洗彻底；配液前分别取水源井和每个大罐的水样做配液小样，合格后再进行全面配液；加快生产组织，做好配液和压裂施工的衔接解决。

（2）超低浓度瓜尔胶实施效果分析。

该区试验井与邻井对比，平均无阻流量分别为 $5.85×10^4m^3/d$ 和 $5.14×10^4m^3/d$（表6-77）。

表 6-77 超低浓度瓜尔胶试验井与邻井试气效果对比表

类别	井数	层位	厚度（m）	孔隙度（%）	基质渗透率（mD）	气体饱和度（%）	返排率（%）	排液周期（d）	恢复套压（MPa）	无阻流量（$10^4m^3/d$）
I	试验井（11口）	盒8、山1、山2	13.69	9.25	0.71	59.10	84.2	8.4	20.2	8.46
	对比井（21口）	盒8、山1、山2	16.24	9.93	0.50	61.60	84.8	8.1	17.9	7.41
II	试验井（21口）	盒8、山1、山2	13.74	8.51	0.84	58.23	85.7	11.4	18.3	5.52
	对比井（11口）	盒8、山1、山2	13.12	9.34	0.61	63.61	82.1	11.9	18.2	4.74
III	试验井（8口）	盒8、山1、山2	9.29	9.25	0.71	55.56	91.3	13.7	16.4	3.10
	对比井（8口）	盒8、山1、山2	8.82	10.32	0.46	64.07	83.9	12.6	18.3	3.00
平均	试验井（40口）	盒8、山1、山2	14.16	8.91	0.68	57.94	86.3	11.0	18.4	5.85
	对比井（40口）	盒8、山1、山2	13.15	9.93	0.56	63.62	83.2	10.6	18.1	5.14

(3) 超低浓度瓜尔胶生产情况分析。

生产情况与邻井相比,产气量分别 $1.07×10^4m^3/d$ 和 $0.96×10^4m^3/d$,累计产气量分别为 $605.34×10^4m^3$ 和 $551.67×10^4m^3$,平均生产套压分别为 14.9MPa 和 12.5MPa,均高于邻井(表 6-78)。

表 6-78 超低浓度瓜尔胶压裂液试验井与邻井生产效果对比表

类别	井数	平均无阻流量 ($10^4m^3/d$)	投产套压 (MPa)	生产套压 (MPa)	平均产气量 ($10^4m^3/d$)	生产时间 (d)	累计产气量 (10^4m^3)
Ⅰ	试验井(6口)	8.78	19.0	15.6	1.91	25	280.78
Ⅰ	对比井(6口)	8.39	16.6	12.0	1.39	25	206.37
Ⅱ	试验井(11口)	4.93	20.0	14.3	0.87	28	273.21
Ⅱ	对比井(11口)	4.51	17.2	11.6	0.86	28	268.90
Ⅲ	试验井(4口)	3.14	17.4	15.5	0.44	29	51.34
Ⅲ	对比井(4口)	4.80	17.6	15.8	0.56	29	65.23
平均	试验井(21口)	5.74	19.2	14.9	1.07	27	605.34
平均	对比井(21口)	5.67	17.1	12.5	0.96	27	551.67

(4) 经济评价。

配液 $700m^3$ 所用的化工料的价格,超低浓度瓜尔胶为 30.46 万元,$1m^3$ 液体的成本大约在 435 元(表 6-79),常规压裂液为 24.5 万元,$1m^3$ 液体的成本大约在 350 元,超低浓度瓜尔胶 $1m^3$ 液体的成本比常规液体贵 85 元。

表 6-79 超低浓度液体配方价格表

产品名称	规格型号	数量(t)	单价(万元/t)	金额(万元)
肥胶	OJ-6	2.31	2.49	5.752
助排剂	OF-5F	3.5	1.51	5.285
杀菌剂	OJSJ-2	0.7	1.37	0.959
调节剂	TJ-1	2.1	1.18	2.478
起泡剂	YFP-2	3.5	1.28	4.48
KCl		7	0.7	4.9
黏土稳定剂	OOP-3	2.1	1.496	3.141
交联剂	JL-9	2.1	1.65	3.465
合计				30.46

4. 新型压裂液体系在水平井的应用

2011 年首次将羧甲基压裂液和超低浓度瓜尔胶压裂液应用于水平井改造,取得了较好的实施效果。其中:3 口井采用羧甲基压裂液,平均无阻流量 $22.22×10^4m^3/d$;3 口井采用超低浓度瓜尔胶压裂液,平均无阻流量 $30.47×10^4m^3/d$;3 口井采用常规瓜尔胶压裂液,平均无阻流量 $11.32×10^4m^3/d$(表 6-80 和图 6-116)。

表 6-80 新型压裂液体系在水平井应用效果对比表

序号	压裂液体系	井号	水平段长（m）	有效储层钻遇率（%）	无阻流量（$10^4 m^3/d$）	平均无阻流量（$10^4 m^3/d$）
1	羧甲基压裂液	SD16-33H2	1109	45.8	7.324	22.2185
		SD36-31H	1050.2	47.2	3.5094	
		SD59-34H2	1000.0	66.6	55.822	
2	超低浓度肥胶	SD33-60H	1020.3	56.7	52.6578	30.465
		SD26-31H2	1000.0	59.4	34.3442	
		SD15-36H	1023.0	69.2	4.3932	
3	常规肥胶	SD55-29H2	805	17.3	16.323	11.3191
		SD46-78H	1000	93.92	6.3699	
		SD27-29H2	1116	58.3	11.2645	

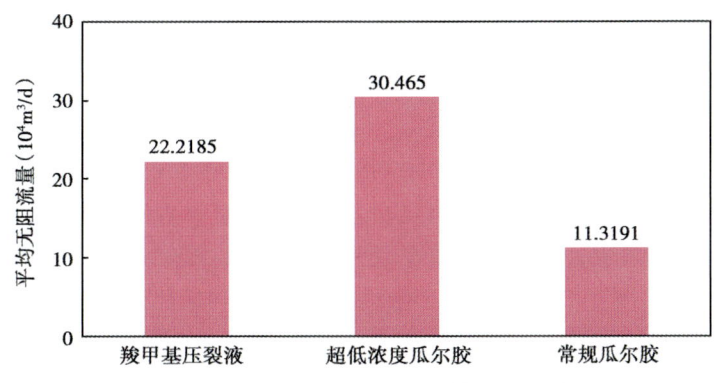

图 6-116 水平井不同压裂液体系改造效果

综上所述，新型压裂液体系在苏里格气田东区取得了很好的应用效果，与邻井相比，单井产量提高明显，生产稳定，开发效果显著。其中，羧甲基压裂液浓度低，残渣和残胶含量低，对储层伤害小，破胶彻底，易返排，提高单井产量效果明显，可以大面积推广使用；阴离子表面活性剂压裂液液体不含残渣，防膨性好，对水质要求不高，和常规瓜尔胶一样即可，携砂性能较好，不需要破胶剂，提高单井产量效果明显，但液体成本过高，如果液体价格大幅下降，具有较好的推广价值。超低浓度瓜尔胶压裂液浓度低，残渣和残胶含量低，对储层伤害小，现场配液过程比较简单，携砂性能较好，可大面积推广使用。

参 考 文 献

[1] 吴亚红. 低渗油藏整体压裂技术. 北京：石油工业出版社，2012.
[2] 龚才喜. 特低渗砂岩油藏整体压裂工艺技术. 北京：石油工业出版社，2012.
[3] 张奉东. 松南腰英台油田低渗透裂缝性油藏压裂技术研究与实践. 北京：石油工业出版社，2009.
[4] 曲占良. 水平井压裂技术. 北京：石油工业出版社，2009.
[5] 胡博仲. 大庆油田水力压裂工程. 北京：石油工业出版社，2008.
[6] 张士诚. 压裂开发理论与应用. 北京：石油工业出版社，2003.
[7] 胥云. 低渗透复杂岩性油藏酸化压裂技术研究与应用. 北京：石油工业出版社，2008.

第七章 气水分布规律与排水采气工艺技术

苏里格气田东区是近几年天然气储量增长的有利目标区，然而在局部地区岩性气藏中出现了不同程度的产水现象，制约了单井产量的提高以及含气规模的进一步扩大，同时低渗致密砂岩气藏成藏机理、气、水分布规律及控制因素等研究还缺乏深入认识，从而必然影响到该区上古生界天然气勘探的进一步深化。为此，有必要开展对致密砂岩气、水分布规律及控制因素的深入系统研究，以便为该区下一步的勘探决策提供依据。

第一节 地层水地球化学特征与气水分布规律

一、地层水矿化度

研究区地层水的 pH 值在 5.87~6.75 之间，水型基本都为 $CaCl_2$ 型。总矿化度为 19.85~793.36g/L（图 7-1），平均矿化度为 124.243g/L，其中盒 8 总矿化度在 19.85~793.36g/L 之间，平均矿化度为 178.86g/L；山 1 总矿化度在 24.10~634.69g/L 之间，平均矿化度为 212.61g/L；山 2 总矿化度在 28.88~793.36g/L 之间，平均矿化度为 239.8g/L。

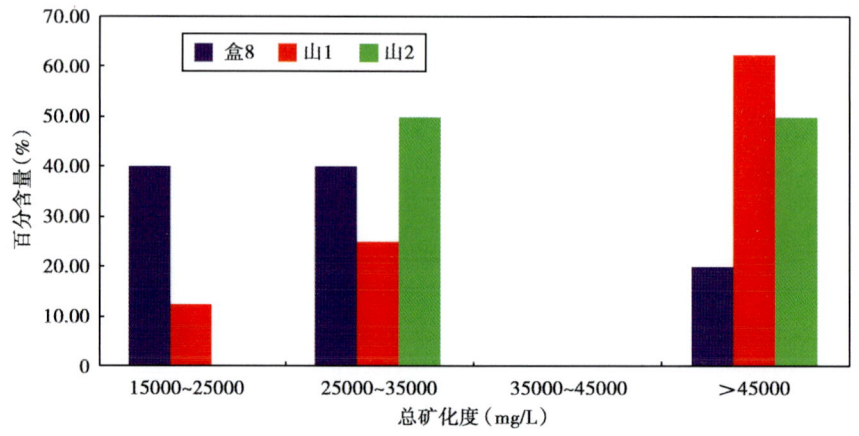

图 7-1 盒 8、山 1、山 2 地层水总矿化度直方图

阳离子以 Ca^{2+} 和 $K^+ + Na^+$ 离子占优势，$K^+ + Na^+$ 含量变化范围为 4065~15534mg/L，Ca^{2+} 变化范围为 2422~15780.18mg/L；Mg^{2+} 含量较低，Mg^{2+} 的变化范围为 93.84~846.01mg/L，基本不含 Ba^{2+} 离子（图 7-2）；阴离子以 Cl^- 离子含量占绝对优势，其值变化范围为 46607~43748.68mg/L，它占阴离子总量的 90% 以上，而 HCO_3^- 和 SO_4^{2-} 之和还不到 10%，一般缺乏 CO_3^{2-} 离子（图 7-2）。

按苏林分类法，苏里格地区所有井地层水水型全为 $CaCl_2$ 型水；根据博雅尔斯基对氯化钙型水细分，研究区地层水基本都在Ⅲ、Ⅳ、Ⅴ类中分布，以Ⅳ类居多（表7-1），说明该区盒8、山西组地层封闭性能整体比较好，水动力条件平稳，有利于天然气的聚集成藏和后期的保存。

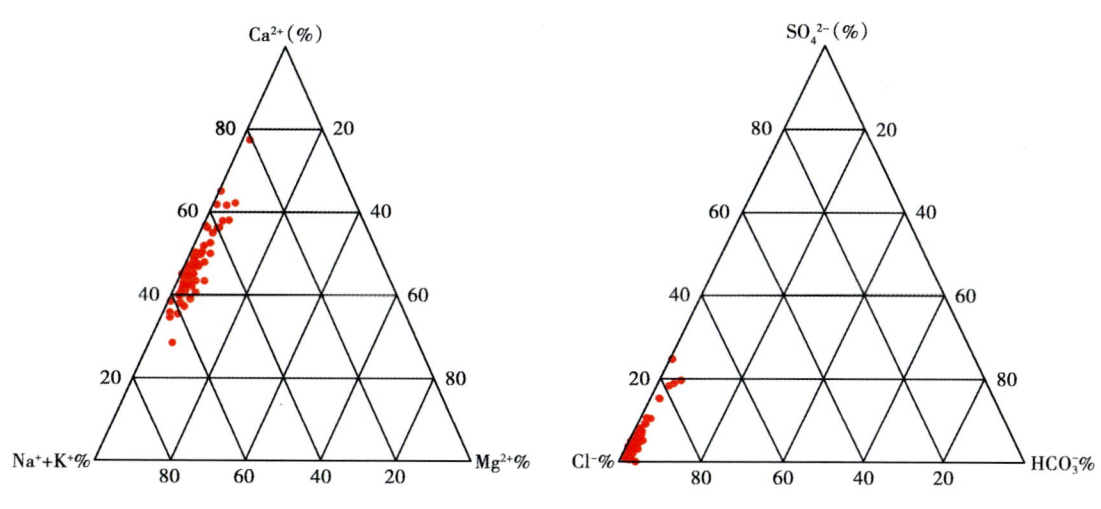

图7-2　苏里格地区阳、阴离子含量三角分布图

表7-1　盒8、山1、山2地层水类型与特征系数统计表

站名/井名	总矿化度（g/L）	钠氯系数 Na^+/Cl^-	钠钙系数 $Na^+/2Ca^{2+}$	变质系数 $(Cl^--Na^+)/2Mg^{2+}$	碱交换指数 IBE	脱硫系数 $2*100*SO_4^{2-}/Cl^-$	水型	水型博雅尔斯基	D函数	
									D阳	D阴
SD12站	49.4	0.49	1	10.71	0.39	2.44	$CaCl_2$	Ⅴ	69.36	10.24
SD13站	45.4	0.48	0.95	12.29	0.47	2.4	$CaCl_2$	Ⅴ	64.74	10.65
SD14站	63.9	0.5	1.03	11.14	0.28	3.07	$CaCl_2$	Ⅳ	65.84	11.86
SD15站	44.9	0.52	1.11	10.5	0.35	3.13	$CaCl_2$	Ⅳ	67.12	12.65
SD17站	56.9	0.51	1.04	14.33	0.4	2.98	$CaCl_2$	Ⅳ	67.12	11.62
SD18站	72.5	0.34	0.54	11.64	0.25	3.27	$CaCl_2$	Ⅴ	78.91	13.87
SD11-60	74.1	0.51	1.19	12.73	0.24	3.82	$CaCl_2$	Ⅳ	75.82	14.69
SD15-70	62.9	0.57	1.27	10.67	0.2	3.59	$CaCl_2$	Ⅳ	80.82	13.55
SD16-3	24.1	0.52	1	3.35	0.05	17.06	$CaCl_2$	Ⅳ	70.88	54.67
SD18-26	634.7	0.58	1.24	3.83	0.05	19.2	$CaCl_2$	Ⅳ	83.23	58.69
SD4-71	793.36	0.69	1.5	3.46	0.04	24.31	$CaCl_2$	Ⅲ	94.08	74
SD18-25	28.9	0.61	1.36	4.04	0.06	13.58	$CaCl_2$	Ⅳ	88.65	45.64
T25	19.9	0.72	2.01	2.17	0.03	17.96	$CaCl_2$	Ⅲ	96.62	11.89
T25	23.9	0.52	1.15	4.23	0.11	7.58	$CaCl_2$	Ⅳ	85.17	56.43
T23	28.3	0.6	1.6	9.29	1.16	0	$CaCl_2$	Ⅳ	78.46	27.48

二、气水分布特征及其控制因素

为了较好的把握苏里格东区地层水的展布特征,分别对山1、盒$8_下$、盒$8_上$的水层厚度展布进行分析。

(一) 气、水横向展布特征分析

根据各地层水层厚度绘制各地层水层厚度分布图,根据各亚段地层水层厚度绘制层段水层厚度分布图,包括山1(图7-3)、盒$8_下$(图7-4)、盒$8_上$(图7-5)。

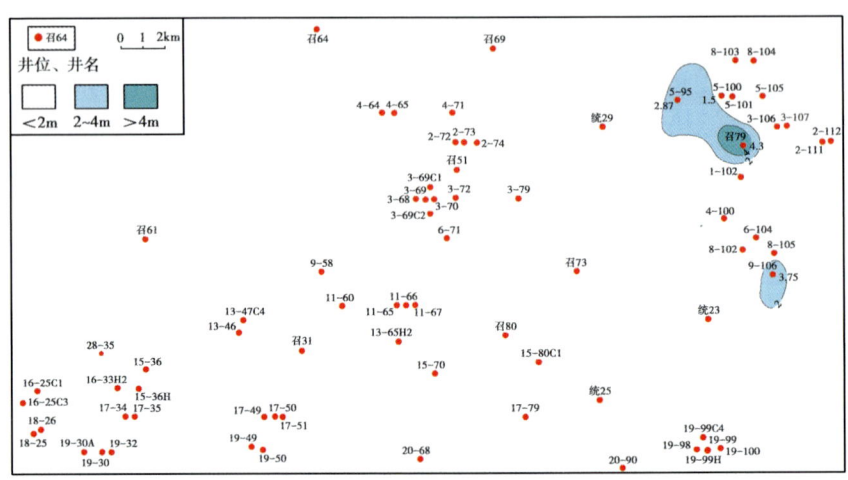

图7-3 苏里格气田东区山1水层厚度分布图

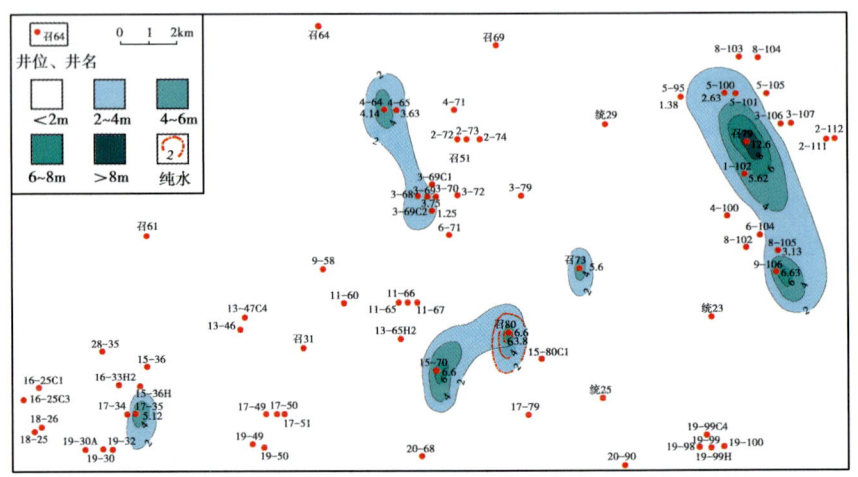

图7-4 苏里格气田东区盒$8_下$水层厚度分布图

(二) 气、水纵向展布特征分析

以SD18站气水纵向分布特征(图7-6)为例。

该剖面大致呈北—南向分布,位于研究区东北方向,由北向南依次为SD8-103井、SD5-100井、Z79井、SD4-100井。Z79井水层较厚,盒$8_下^1$、盒$8_下^2$、山1^2均有水层,盒$8_下^1$水层最厚,SD5-100井山1^1亦有水层分布。

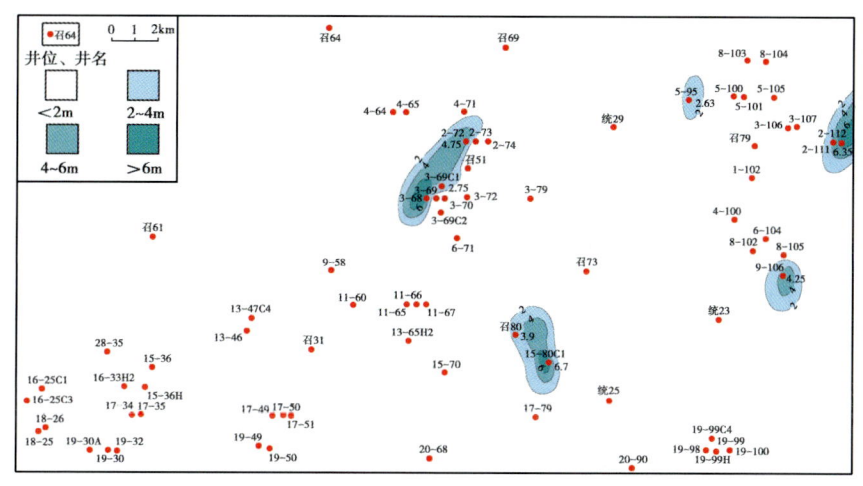

图 7-5 苏里格气田东区盒 $8_上$ 水层厚度分布图

综上所述，盒 8 产气井和产水井都明显要比山 1、山 2 的多，气产量也比山 1、山 2 的高，含气面积也比山 1、山 2 的大，是研究区最主要的产气层。地层水在大区域内呈块状或透镜状分布，无连片水体和明显的边底水，多数井以气水层共存为特点，水夹在气田内或气层中。

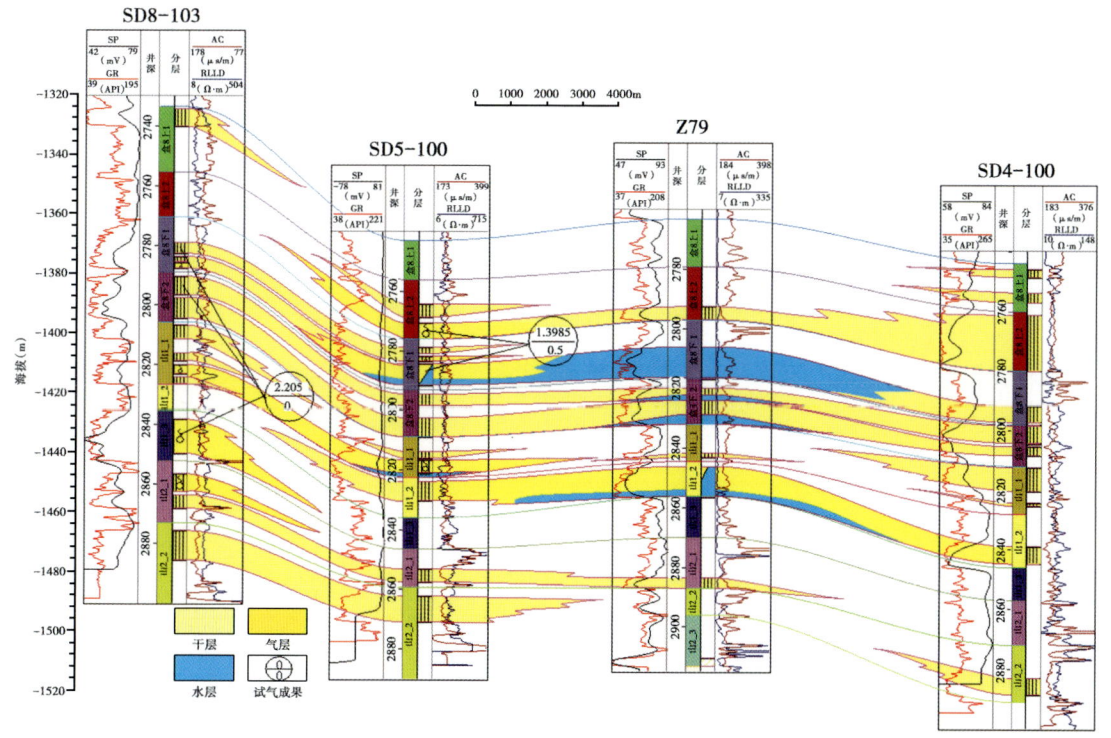

图 7-6 SD8-103 井—SD5-100 井—Z9 井—SD4-100 井连井剖面图

第二节 气水分布控制因素

一、气源条件对气水分布的控制作用

烃源岩的生烃量既是定量评价烃源岩生烃能力的综合性指标，同时也是成因法估算资源量的基础。它综合了与烃源岩生烃能力有关的各项参数，如烃源岩分布面积、厚度、有机质丰度、母质类型、热演化程度。近十几年来，有机质生烃热模拟实验技术不断发展和完善，对不同类型木质产烃率的确定提供了基础。烃源岩有机质在不同热演化程度下的油气产率，是生烃强度计算的关键性参数。

有机质的油气产率高低，收到烃源岩的母质类型和热演化程度的控制。根据干酪根演化理论，在相同成熟度条件下，烃源岩有机质类型越好，即腐泥组分含量高有机质的产烃率就越高。对相同类型有机质而言，随着热演化程度的升高，气态烃和总的产烃率将不断升高，而油的产率则经过液态烃生成高峰后，将不断裂解为气态烃。即热演化程度超过液态烃生成的高峰后，有机质的累计生油量将逐渐降低。由生烃强度图可得，生烃强度的分布特征与煤层、暗色泥岩的分布特征具有一致性。研究区西部的 Z61 井附近发育大致为椭圆状的生烃强度大于 $12×10^8 m^3/km^2$ 的区域。在研究区东北部的 T29 井到 Z73 井也发育有连片的生烃强度大于 $12×10^8 m^3/km^2$ 的区域。在研究区内大致分布三条连贯的 $12×10^8 \sim 16×10^8 m^3/km^2$ 的生烃强度分布带。苏里格东部地区烃源岩有机质丰度较高，且由于热演化程度较高，有机质处于成熟—高成熟阶段，总体上属于高演化高丰度的烃源岩（图7-7）。

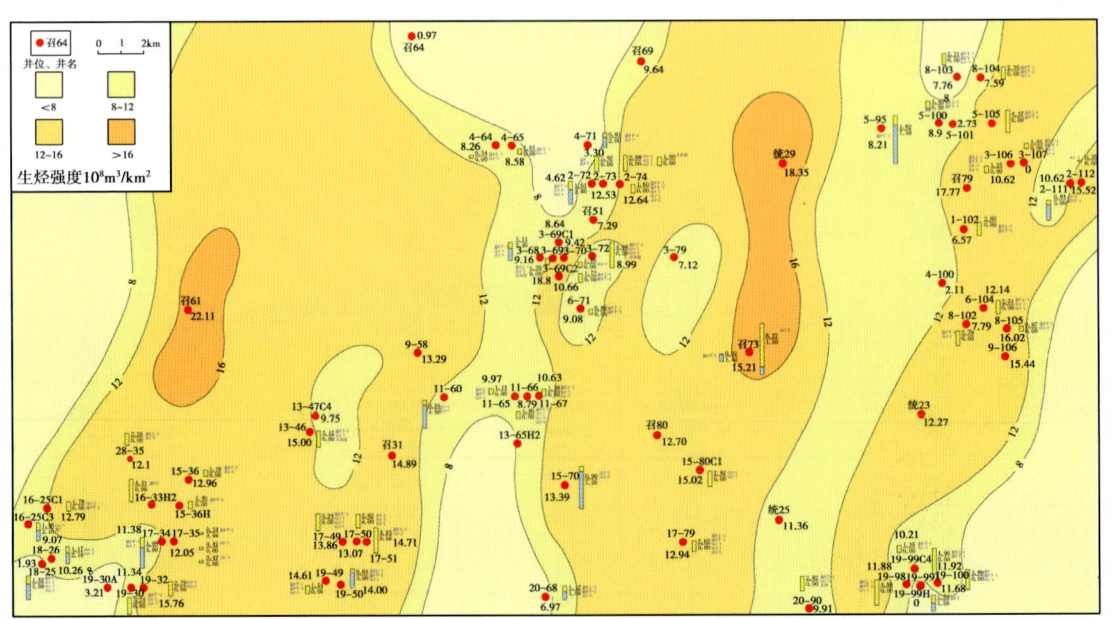

图 7-7 苏里格气田生烃强度平面图

二、古今构造特征对气水分布的控制作用

盆地广覆式分布的煤系烃源岩，在三叠系快速埋藏的正常古地温作用下，开始进入生烃

门限,并有少量烃类排出;在晚侏罗世到早白垩世(图7-8),基于热事件的影响,上古生界有机质进入成熟—高成熟阶段,从而使盆地达到主要生排烃期。早白垩世为一快速埋藏期,烃源岩迅速达到高—过成熟阶段,开始大量生气,这一时期为苏里格地区气藏的关键成藏期。

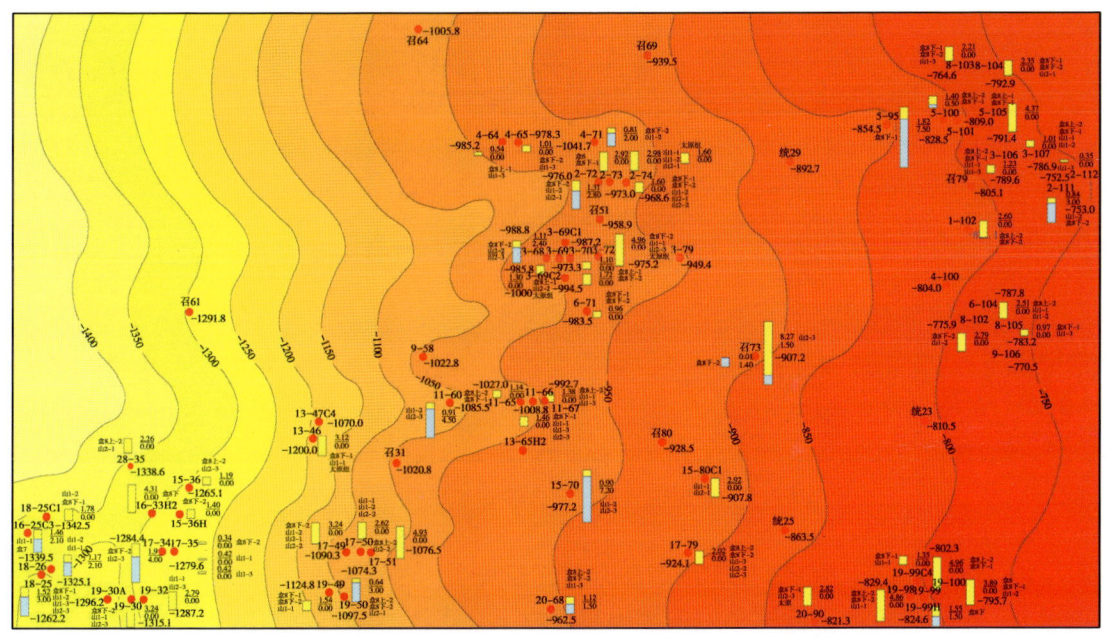

图7-8 苏里格气田下白垩统山1顶面构造图

在大面积广覆式的生排气背景下,由于盆地内部构造宽缓,构造圈闭不发育,上古生界以岩性圈闭为主,天然气基本表现为就近运移聚集的特征。烃源岩热演化程度与气藏油气相态密切相关的特征支持了这一观点。苏里格气田区本身生气强度较高,原地气源充足。同时在天然气生成和排出高峰期,苏里格气田区处于天然气运移的流体势平缓低值区,这也有利于周边气源的进一步补给。

通过对苏里格地区盒8、山1、山2早白垩世末期古构造、现今构造及气水分布特征分析认为,研究区气、水分布仍然主要受构造及储层物性控制。构造对气、水分布控制主要表现为已经发现的工业性气流井主要分布在古构造高部位(图7-9),而产水井主要在古构造位置相对较低和构造的翼部。

综上所述,研究区古构造尤其是成藏关键时期早白垩世末期时的古构造特征对天然气成藏以及研究区内的气水分布具有很强的控制作用。

三、气藏动力对气水分布的控制作用

泥岩声波时差受很多因素(井径、裂缝、含气性、致密层)的影响,导致它与孔隙度之间并非线性关系。综合对比同一岩性的声波时差、电阻率、密度、补偿中子等测井数据,可以基本确认声波时差在多大程度上反映孔隙度的变化(王震亮,2005)。为了准确划分正常压实段和异常压实段,避免多种偶然因素对单一参数的干扰,读取了90口井的砂、泥岩声波时差、深侧向电阻率、补偿中子及密度的测井曲线值,制作了相应的泥岩综合压实曲线

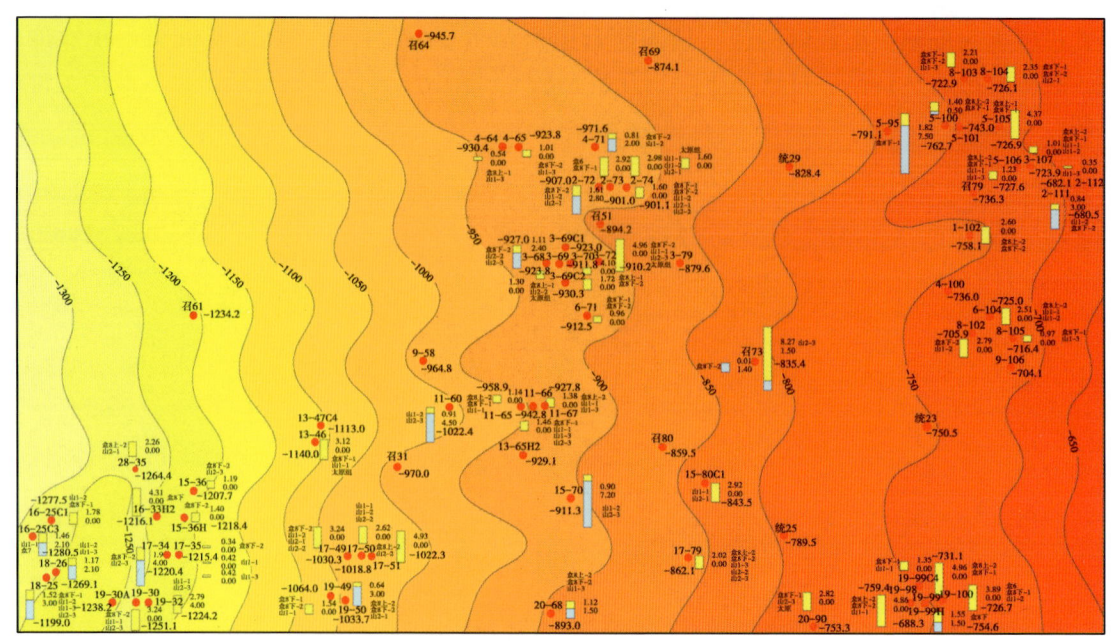

图 7-9 苏里格气田下白垩统盒 8 顶面古构造图

（图 7-10、图 7-11）。在正常压实段声波时差逐渐减小，深侧向电阻率逐渐增大，地层密度逐渐增大，中子孔隙度逐渐减小。正常压实段以下，声波时差逐渐增大，深侧向电阻率减小，地层密度减小，中子孔隙度增大，反映存在压实与排水之间不平衡引起的欠压实作用。

通过对比分析上述压实曲线，可见研究区绝大多数井的正常压实段终止于下三叠统刘家沟组底部。二叠系和石炭系压实曲线明显偏离正常压实趋势，其中石盒子组偏离幅度最大，向下偏离幅度逐渐减小。

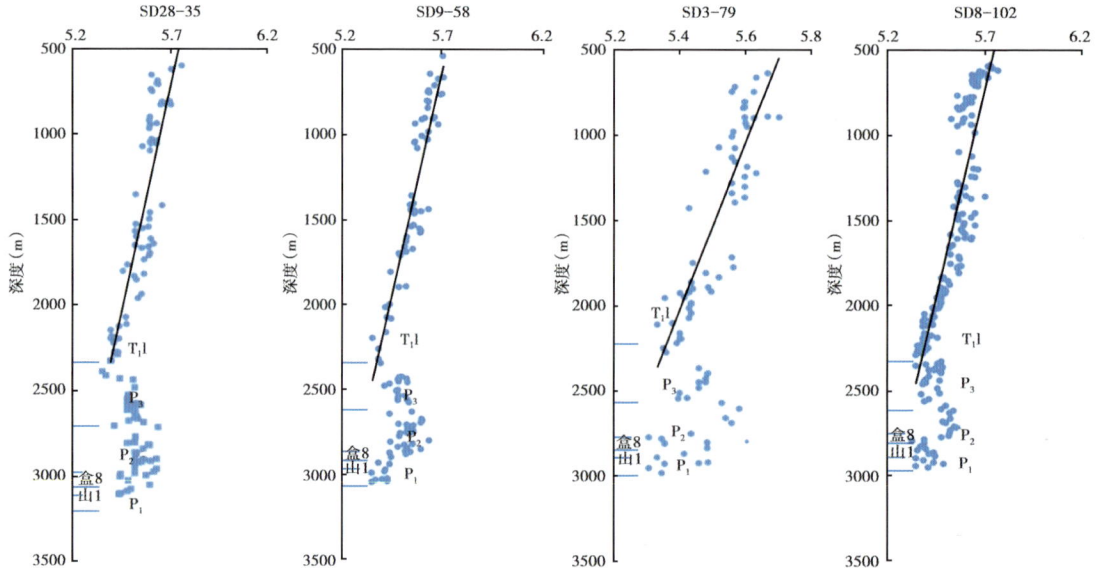

图 7-10 苏里格气田东区东西向单井泥岩压实曲线图

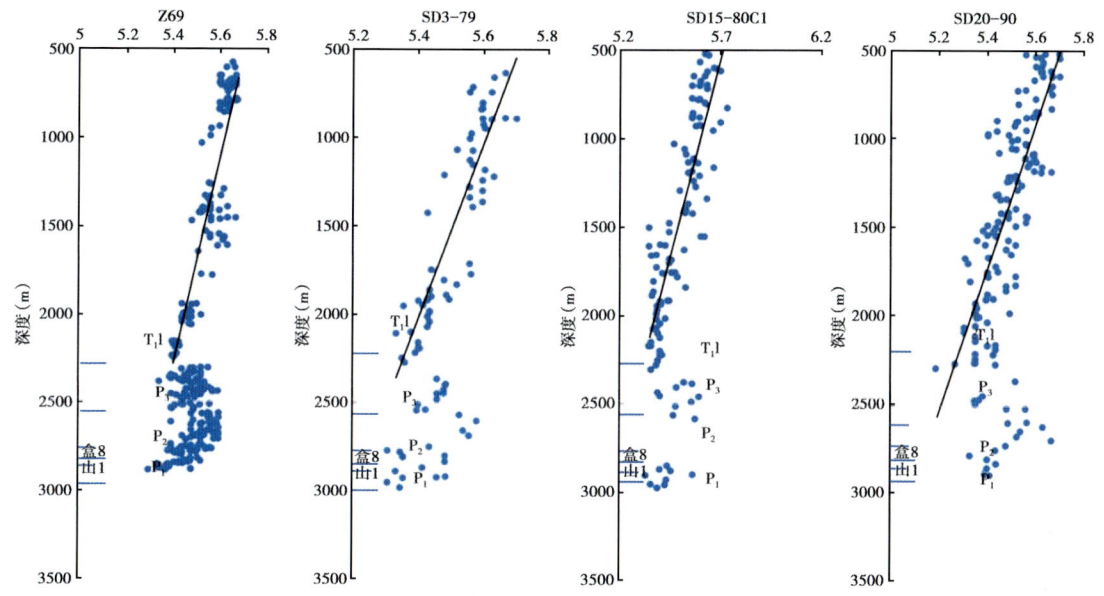

图 7-11 苏里格气田东区南北向单井泥岩压实曲线图

影响过剩压力的生成与保存的因素均为影响过剩压力的因素（表7-2）。过剩压力形成的直接原因主要是泥岩的欠压实作用、烃源岩的大量生烃增压作用和黏土矿物的脱水作用，这些作用都离不开泥岩，而泥岩的分布主要受到沉积相带的影响，因此过剩压力的影响因素之一为沉积相带的展布，在延长探区山西组沉积相的背景上可以看出过剩压力较小的地区泥岩含量少，主要分布在分流河道部位，而过剩压力大的地区位于泥岩含量高的河流分流间湾部位，同样，本溪组过剩压力较小部位砂岩厚度较大。

表 7-2 苏里格气田早白垩世过剩压力统计表

井号	盒8（MPa）	山1（MPa）	山2（MPa）
SD9-106	10.77	5.45	3.51
SD3-69	3.84	6.66	4.66
SD9-58	9.06	7.41	4.2
SD4-64	14	5.7	4.51
SD28-35	18.48	15.09	8.9
SD17-50	11.08	12.65	11.01
SD15-70	6.11	7.07	6.26
SD19-32	12.22	9.24	7.81
SD2-112	12.55	4.77	0.32
SD8-105	19.72	22.7	10.34
SD11-66	13.22	8.76	9.97
SD20-68	12.14	10.79	1.78
SD8-103	3.74	6.8	5.02
SD3-107	16.45	4.63	3.07

续表

井号	盒8（MPa）	山1（MPa）	山2（MPa）
SD20-90	9.73	10.41	10.41
SD8-102	6.29	10.43	7.11
SD15-80C1	13.63	13.28	15.68
SD3-72	10.44	8.28	
Z69	8.76	7.46	10.44
SD13-46	17.61	14.31	9.4
Z51	6.31	4.79	2.95
SD16-25C3	12.46	9.51	8.98
SD19-30a	12.12	11.07	7.44
SD19-49	8.82	10.63	3.5
SD15-36	5.59	5.51	6.25
SD6-71	16.83	7.17	7.1

压力系数的计算应是地层压力与潜水面至测试点间静水柱压力的比值。由表7-3可得研究区盒8古压力为36.99~53.81MPa，古压力系数1.11~1.58。山1古压力36.6~49.07MPa，古压力系数1.17~1.66，山2古压力35.05~45.73MPa，压力系数1.01~1.45（表7-3）。研究区盒8、山1以及山2地层压力总体以异常高压为主。

结合25口井的试气成果，区内地层压力差异性并不大，地层异常压力分布与气水分布并没有对应，因此古压力与气水分布没有明显的控制作用。

表7-3 苏里格早白垩世过剩压力统计表

井号	盒8古压力（MPa）	山1古压力（MPa）	山2古压力（MPa）	盒8古压力系数	山1古压力系数	山2古压力系数
SD9-106	44.81	40.14	38.66	1.32	1.16	1.1
SD3-69	37.76	41.09	39.29	1.11	1.19	1.13
SD9-58	43.26	42.26	39.52	1.27	1.21	1.12
SD4-64	47.99	40.12	39.17	1.41	1.17	1.13
SD28-35	51.68	49.07	43.2	1.56	1.44	1.26
SD17-50	44.81	46.96	45.73	1.33	1.37	1.32
SD15-70	40.22	41.67	41.27	1.18	1.2	1.18
SD19-32	45.62	43.2	42.41	1.37	1.27	1.23
SD2-112	46.26	39.03	35.05	1.37	1.14	1.01
SD8-105	53.81	57.31	45.28	1.58	1.66	1.3
SD11-66	46.83	43.02	44.69	1.39	1.26	1.29
SD20-68	46.43	45.67	36.98	1.35	1.31	1.05
SD8-103	36.99	36.6	39.07	1.11	1.23	1.15
SD3-107	49.96	38.69	37.55	1.49	1.14	1.09
SD20-90	44.11	45.39	45.39	1.28	1.3	1.3
SD8-102	40.08	44.73	42.03	1.19	1.3	1.2

续表

井号	盒8古压力（MPa）	山1古压力（MPa）	山2古压力（MPa）	盒8古压力系数	山1古压力系数	山2古压力系数
SD15-80C1	47.66	47.47	50.17	1.4	1.39	1.45
Z69	41.59	40.9	44.27	1.27	1.22	1.31
SD13-46	50.61	47.73	43.26	1.53	1.43	1.28
Z51	39.91	38.84	37.44	1.19	1.14	1.09
SD16-25C3	45.53	43.17	41	1.38	1.28	1.28
SD19-30a	45.49	44.89	41.57	1.36	1.33	1.22
SD19-49	42.81	45.17	38.44	1.26	1.31	1.1
SD15-36	38.77	39.21	40.28	1.17	1.16	1.18
SD6-71	50.44	41.49	41.77	1.5	1.21	1.2

根据烃源岩发育及分布情况、储层特征、古今构造特征和最大埋深时期产生的异常压力特征等多方面综合分析，探讨了该地区气、水分布规律及其控制因素。认为该地区天然气藏的分布主要受烃源岩及其生气强度控制，烃源岩好、生气强度高的东南部地区产气量大，几乎无产水井出现；烃源岩差、生气强度低的西北部及北部地区由于供气条件不足，原始气驱水不彻底，造成该地区出现大量井产水，但基本都为气水同产井，纯产水井很少；致密砂岩储层中出现的"甜点"区—相对高孔高渗的高效储层段，为天然气运移聚集提供了很好的储集空间，天然气容易在其中聚集成藏；成藏关键时期早白垩世末发育的古隆起构造和现今发现的苏里格大气田位置吻合的相当好，说明古隆起构造对现今气藏具有较强的控制作用。在烃源岩不发育的研究区西北部，并且古构造属于相对的洼地区域，现今出现大量井产水。古构造形成了气、水分布格局后，由于储层比较致密，现今构造仅对古气、水格局作了轻微的调整，但作用不是很大；成藏关键时期异常压力比较发育的地区，天然气运移的动力比较充足，有利于天然气藏的形成。

第三节　排水采气工艺技术

一、排水采气工艺技术现状

在天然气开发过程中由于边、底水的推进以及压裂、酸化等作业措施，气井井筒内不断积液，导致产气量下降，甚至压死气井。如果气流有足够的能量，水将被有效低带出井口；如果气流能量不足，地层水在井筒举升过程中由于滑脱效应将逐渐在井筒内及井底近区积聚，对气井的生产造成严重危害，严重制约着天然气井的正常生产（乐宏，2011）。大多数积液气井由于排水不畅，导致气井产气量急剧下降，部分气井甚至由于水淹停产。排水采气是解决气井积液的有效方法，也是水驱气田生产中常见的采气工艺。国外在产水气藏的排水采气工艺技术应用于20世纪初，如柱塞举升始于20世纪50年代的美国，到20世纪80年代才引入我国。

30多年来，我国气田采气工作者经过不懈努力，发展了一套具有川渝特色的排水采气工艺技术，形成了以泡排、气举、机抽、优选管柱、电潜泵、水力射流泵为代表的排水采气工艺技术。排水采气工艺技术在应用中由单一工艺应用发展为气举+泡排、气举+柱塞、机抽+喷射、气举+井口增压、泡排+井口增压等组合工艺，单井排水发展为有针对性的气藏整体治理，排水采气工艺设计由常规优化设计发展为软件包系统决策并将经济评价列入排水采气工艺决策中，使排水采气工艺技术的应用更加科学、合理、经济。

近年来，国内外石油科技工作者针对现有积液气井排水采气工艺的不足和缺陷，通过多年努力研制开发出了一系列新型适用的排水采气工艺，如超声波排水采气工艺技术、天然气连续循环工艺技术、井筒激动排液复产工艺技术、聚合物控水采气工艺技术、深抽排水采气工艺技术、同心毛细管工艺技术、单管球塞连续气举工艺等（李颖川，2002）。由此可以看出，排液采气的方法很多，各自存在其自身的优点与局限性。在生产中要利用其优点，避免其缺点，针对不同的气井条件采用合适的排液采气方法。新的排水采气技术具有广阔的使用空间，潜力巨大，将在含水气田排水采气生产中大有作为。但是，这些工艺还远远不够，不能满足实际工作的需要，急需探索新的排水采气机理和技术，最终提高气藏的采收率。排水采气工艺研究是一项系统的科学研究和技术发展工程，针对不同条件的含水气井应采取不同的开发方式，在优选排水采气方式方法上还有待更进一步去研究探讨。

二、常用排水采气工艺对比

国内产水气藏的排水采气工艺通过多年的改进和发展，已形成一套适合各种类型气藏的、比较完善的排水采气配套工艺，如优选管柱、气举、泡排、机抽、电潜泵、射流泵、柱塞气举、球塞气举等，这些工艺技术对国内各大气田的稳产和增产做出了重要贡献。这些众多的工艺技术都有其自身的优点和局限性，而对于一口具体气井而言，井况千差万别，没有一个统一的固定模式。不同排水采气工艺的优缺点（表7-4）。如何根据具体的井况和不同排水采气工艺的特点，有针对性地选择适合于某井或某区块的排水采气工艺技术就成为排水采气成败的关键。

表7-4 主要排液采气工艺的特点

对比项目		优选管柱	泡排	气举	柱塞气举	抽油机（钢杆）	电潜泵	射流泵	气举—泡排
最大排液量（m^3/d）		100	120	500	50	70	500	300	>400
最大井深（m）		4000	4500	4910	3000	4422	4752	2800	>3500
井身情况（斜井或弯曲井）		适宜	适宜	适宜	受限	受限	适宜	适宜	适宜
地面及环境条件		适宜	适宜	适宜	适宜	一般适宜	需高压电	适宜	适宜
开采条件	高气液比	很适宜	很适宜	很适宜	很适宜	较适宜	一般适宜	一般适宜	很适宜
	含砂	适宜	适宜	适宜	受限	一般适宜	一般适宜	很适宜	适宜
	结垢	化防较好	适宜	化防较好	较差	化防较差	化防较好	化防较好	化防较好
	腐蚀	缓蚀适宜	缓蚀适宜	适宜	适宜	较差	较差	适宜	缓蚀适宜
设计难易		简单	简单	较易	较易	较易	较易	较复杂	较易
维修管理		很方便	方便	方便	方便	较方便	较方便	较方便	方便
投资成本		低	低	较低	较低	较低	较高	较高	较低
运转效率		好	好	好	较低	一般	较高	较低	一般
灵活性		工作制度可调	注入量、周期可调	可调	可调	可调	变频可调	喷嘴可调	可调
免修期		长	长	长	受限	受限	受限	受限	长

苏里格气田产水气井的主要特点是低压、低产（平均单井产气量$0.57×10^4m^3/d$）、小水量（单井平均产水量小于$0.5m^3/d$），经过多年的探索与实践，初步形成了井下节流、泡排、合理携液制度、柱塞气举、井间互联气举、小直径油管、速度管柱为主，和以车载式压缩机气举、液氮气举、天然气连续循环为辅的排水采气工艺模式。

苏里格气田形成的排水采气思路是：

（1）气田开发初期主体采用井下节流技术，提高低产井的携液能力；

（2）气田开发中后期主要采用合理工作制度，部分井辅以泡沫排水；

（3）根据出水情况，积极探索试验车载式压缩机气举、天然气连续循环、采出水回注（井下排水采气）、聚合物控水采气技术。

对于水平井，由于其井身结构的差异，通常存在一些特殊的要求，而当前国内外对水平井排水采气工艺的研究还处于探索阶段。对于水平井排水采气的研究，采用的思路是分析苏里格气田东区已形成的主体。

排液采气工艺在水平井中的适应性，综合考虑苏里格气田东区水平井的井眼轨迹和生产条件，优选出了适宜的排液采气工艺技术。

国内外都使用和发展了各种排水采气工艺技术手段，并在实际生产中发挥了重要作用。但是，这些工艺还远远不够，不能满足实际工作的需要，急需探索新的排水采气机理和技术，特别是苏里格东区低渗低产气井，必须开展适应性分析和评价，确定在气井不同生产阶段的排水采气措施，最终提高气藏的采收率。

对出水气井采取必要的工艺技术，可改善生产效果，但并非所有出水气井均值得实施排水采气工艺。如果气井产量小，而实施排水采气工艺维持气井正常生产需要很大投资，就失去意义。因此，排水采气工艺的应用，必须从经济效益入手，既要分析各种排水采气工艺的可行性，还要充分考虑其产生的经济效益（李士伦，2000）。

第四节 苏里格气田东区的生产方式及排水采气工艺现状

一、节流气井基本情况

苏里格气田属于典型的低渗和特低渗河道砂体气田，具有储层非均质严重、砂体横向变化快的地质特点，试采后关井压力恢复缓慢，压力恢复程度低等特征，生产实践中表现出产量低，有凝析油和凝析水析出等现象。低渗、反凝析、井底积液以及大生产压差等因素导致了苏里格气田气井产能低，气井稳产能力差，气田采收率低。

苏里格气田东区气井原始气层压力在27MPa左右，产层中部深度在2900~3250m，温度梯度约为2.2℃/100m，气井配产一般为无阻流量的1/4~1/5，气井产液量一般在$2m^3$以内，采用的排水采气工艺主要采用角阀放喷、泡排、气举和连续油管排水采气工艺，部分工艺见到了一定的效果（图7-12）。

（一）气田地面集输工艺模式

某采气厂在靖边、榆林模式基础上，通过集成创新，形成了以"井下节流，井口不加热，不注醇，中低压集气，带液计量，井间串接，常温分离，二级增压，集中处理"为主体的"苏里格中低压集气模式"（图7-12）。

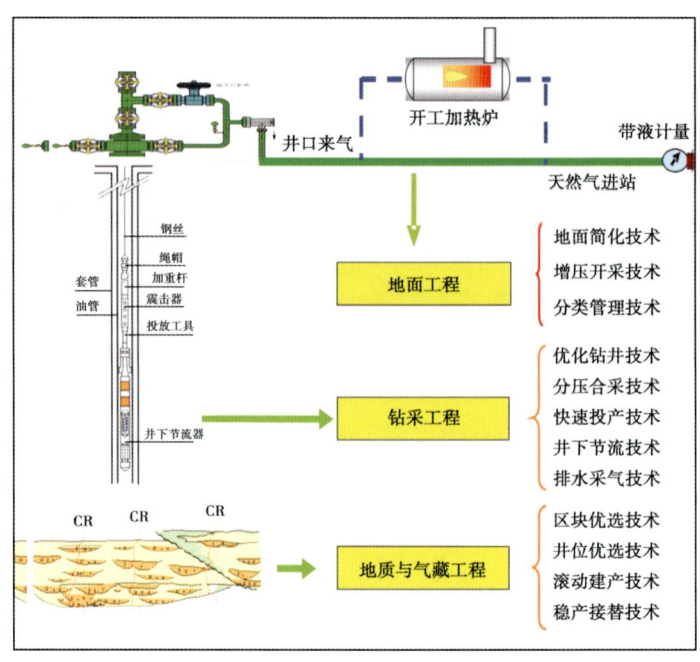

图 7-12 地面集输工艺模式

（二）集气站工艺流程

集气站工艺流程见图 7-13。

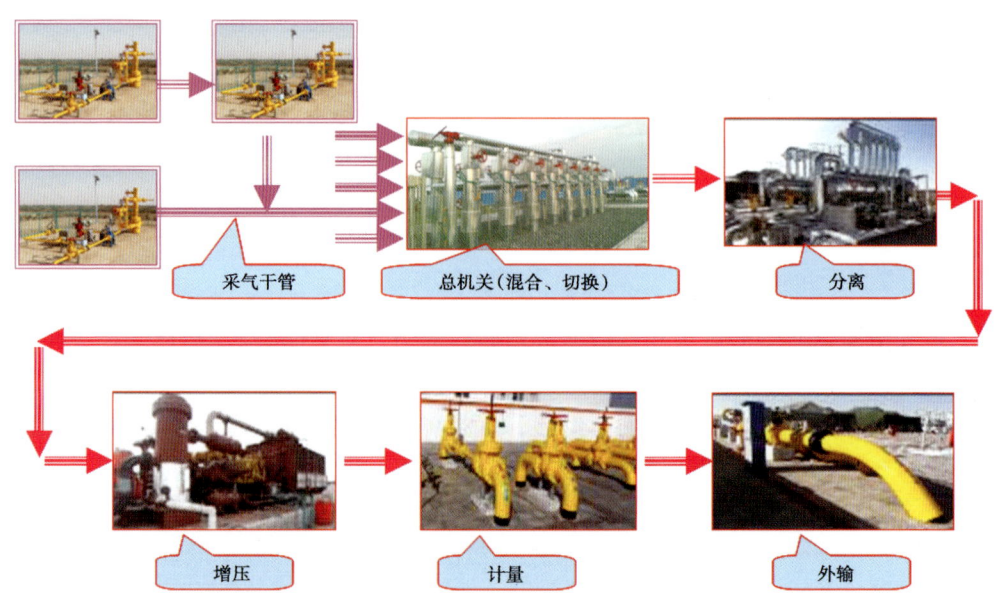

图 7-13 集气站工艺流程示意图

（三）地面工艺主体工艺特点

1. 井下节流

（1）实现了中低压集气，为简化地面流程提供了技术保证，降低了建设成本。

（2）有效防止了井筒和地面采气管线水合物的生成，提高了开井时率。

(3) 有利于防止地层激动和井间干扰。

(4) 携液能力提高，气井稳定生产，为最终提高采收率创造了条件。

2. 井间串接

(1) 苏里格气田采用树枝状井间串接工艺。

与放射状管网相比，平均单井管线长度减少36%。

(2) 采气干管串接井数可达8~12口，集气站辖井数大幅上升。

天然气通过井下节流器，在临界流状态下流动时，流量仅与节流器的流通面积有关，这一特性成为井间串接，有效控制产量，科学进行管网设计的基础。

气井井下节流工艺是依靠井下专用设备实现井筒节流降压的工艺过程。通过节流的流动可能是在临界状态或临界点以下，在临界点以下流动时，通过节流器的气体流速低于在气体中的声速，流速取决于上游和下游两者的压力。在临界流动状态下，气体通过节流处的速度等于声速。由于压力扰动在声速下传播，在临界状态下节流处的下游扰动将不会影响上游压力和流量。在临界状态下流动，流量只取决于上游压力。苏里格气田的井下节流工艺主要是使流动控制在临界流动状态下，达到对流量和压力的控制。

3. 带液计量

单井进集气站前已经在采气干管中混合，要对单井产量进行计量只能在井口进行，通过对内锥流量计、简易孔板、智能旋进流量计试验对比，在井口采用简易旋进流量计对单井产量进行带液计量，投资低，且生产维护管理方便。

在井口对天然气产量进行计量，彻底改变了每口井都要进集气站进行轮换计量的历史。简化了集气站工艺流程，降低了集气站建设的工作量及投资。

4. 常温分离

榆林气田采用的小站低温分离、湿气无液相输送工艺。天然气高压进入集气站以后，节流至6.0MPa左右低温进入高效分离器，完成游离态的液相组分分离，使天然气在进入集气支干线时处于无液相的饱和湿气状态，有效地防止了外输到处理厂过程中水合物的形成，成功的应用了低温分离工艺。

而苏里格气田采用了井下节流和二级增压技术，使集气站外输处理厂的最高压力控制在3.5MPa以内，所以在集气站内只需对天然气进行常温分离就可以防止外输过程中水合物的形成，从而简化了站内流程，降低了集气站的建设和运行成本。

5. 二级增压

优化气田地面压力系统，合理分配增压压比，集气站、处理厂两级增压（图7-14）：

(1) 井口压力为1.3MPa（冬），集气站增压至3.5MPa外输（压比3）。

(2) 处理厂进厂压力为2.5MPa，增压后5.2MPa外输（压比2）。

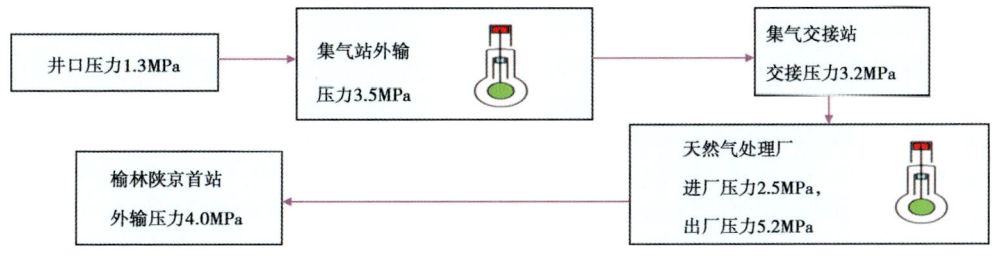

图7-14 二级增压示意图

但是，苏里格集输工艺方式对后期排水采气工艺的实施存在以下问题：

（1）单井产水后的排水问题，如果采用现有集气管线，则存在冬季管线冻堵等风险；

（2）如果采用单井分离工艺，则需要对单井流程进行改造，因出水气井的水量和气量都不大，存在经济性不佳的问题；

（3）由于井数多、产量低、后期压力低、单井一般工业电源、冬季气温低至-20℃以下等实际情况，导致许多成熟的排水采气工艺在该区块无法应用，为此，一方面结合东区的生产实际和气井的不同生产阶段，开展排水采气工艺适应性分析，另一方面，探索适应于苏里格低产低效气井的新的排水采气工艺，为建设我国西部 $5000×10^4t$ 大油田奠定基础。

二、液面探测结果分析

（一）环空液面探测参数

表 7-5 为某采气厂环空液面探测参数，从表中数据可以看出，绝大多数气井井底都有一定积液，液柱高度一般在 300m 以内，个别井（SD39-60）达到 1500m 以上。总的来看，采气五厂苏里格东区的气井水量不大，但产量低，靠气井本身带液生产存在一定困难。

表 7-5 某采气厂环空液面探测参数

井号	生产状态	套压（MPa）	油压（MPa）	地面温度（℃）	射孔段（m）	产层中深（m）	套管液面（m）	中深压力（MPa）
SD34-59	关井	13.50	13.00	12.0	3057.0	3120.0	3088.5	—	—
SD24-52	关井	12.20	5.20	14.4	2957.0	2994.0	2975.5	2866	16.2
S25-6-5	开井	7.44	1.34	18.1	3151.0	3156.0	3153.5	3190	9.3
SD28-68	关井	10.18	10.48	18.0	2887.0	3011.0	2949.0	2776	14.2
S25-31-33	开井	20.63	—	29.0	3163.5	3178.0	3170.8	3014	27.1
S25-37-10	开井	7.45	1.02	26.5	3204.0	3242.0	3223.0	3047	11.0
S25-37-14	关井	9.23	4.30	34.4	3190.0	3214.0	3202.0	2953	13.9
S25-38-8	开井	5.19	1.06	26.0	3199.0	3217.0	3208.0	2684	11.6
……	……	……	……	……	……	……	……	……
S25-39-9	开井	10.80	1.45	22.5	3195.0	3238.0	3216.5	3158	14.1
S25-9-6	关井	7.23	1.07	30.1	3177.0	3218.0	3197.5	3153	9.5
S25-9-12	关井	6.44	4.38	30.1	3195.0	3247.0	3221.0	3189	8.4
S25-4-25	开井	5.26	1.13	30.1	3142.4	3162.0	3152.2	3153	6.5
S25-9-9A	开井	3.60	1.08	32.5	3155.0	3230.0	3192.5	2799	8.4
S25-9-17	开井	6.16	1.34	32.4	3100.0	3174.5	3137.3	1653	22.2
SD35-29	开井	11.90	2.40	25.0	3092.0	3126.0	3109.0	2902	16.9
SD52-64	开井	12.70	2.50	13.4	2915.0	2936.0	2925.5	2082	23.6
SD55-47	开井	22.54	2.72	20.0	3035.0	3062.0	3048.5	3012	28.2

（二）压力和温度测试结果

由表 7-5 可以看出，SD33-32 井、SD29-38 井、SD28-49 井压力梯度在异地位置处度突然增大，属于典型的积液井，SD35-31 井的压力和温度梯度沿深度变化较小，说明没有液面存在,即在节流器上部不存在积液。

(三) 前期试验井情况

1. 速度管柱排水采气试验

1) 试验目的

为了提高气井携液能力,在苏里格气田东区 5 口井开展 $\phi 38.1 mm$（1½in）连续油管作为生产管柱的生产试验,为该区低产气井中后期平稳生产探索新的技术途径。

2) 试验井概况

(1) 试验井基本数据见表 7-6。

表 7-6 试验井基本数据表

井号	所属区站	完钻井深 (m)	气层中深 (m)	采气树型号	油管内径 (mm)
SD49-42	SD1 站	3218	3125	KQ65-70	62.0
SD34-66	SD2 站	3025	2956	QS65-70	62.0
SD61-51	SD6 站	3155	3050	KQ65-70	62.0
SD41-49	SD8 站	3106	3046	KQ65-70	62.0
SD41-56	SD8 站	3091	2958	KQ65-70	62.0

(2) 试验井生产情况。

以 SD49-42 井为例:开采层位为盒 $8_{下}$,气层中深 3125m,试气无阻流量 $2.6790 \times 10^4 m^3/d$。2008 年 7 月 14 日投产,投产前套压为 20.6MPa。截至 2011 年 6 月 15 日,累计产气量 $609.6857 \times 10^4 m^3$。

该井投产以后,随着生产的延续,套压逐步降低,产气量保持在 $0.70 \times 10^4 m^3/d$ 左右,2011 年 2 月,套压呈上升趋势,产气量开始下降,由此判断该井可能存在积液。产气量为 $0.5303 \times 10^4 m^3/d$,油压为 2.8MPa,套压为 8.5MPa,从投产至今的采气曲线见图 7-15 所示。

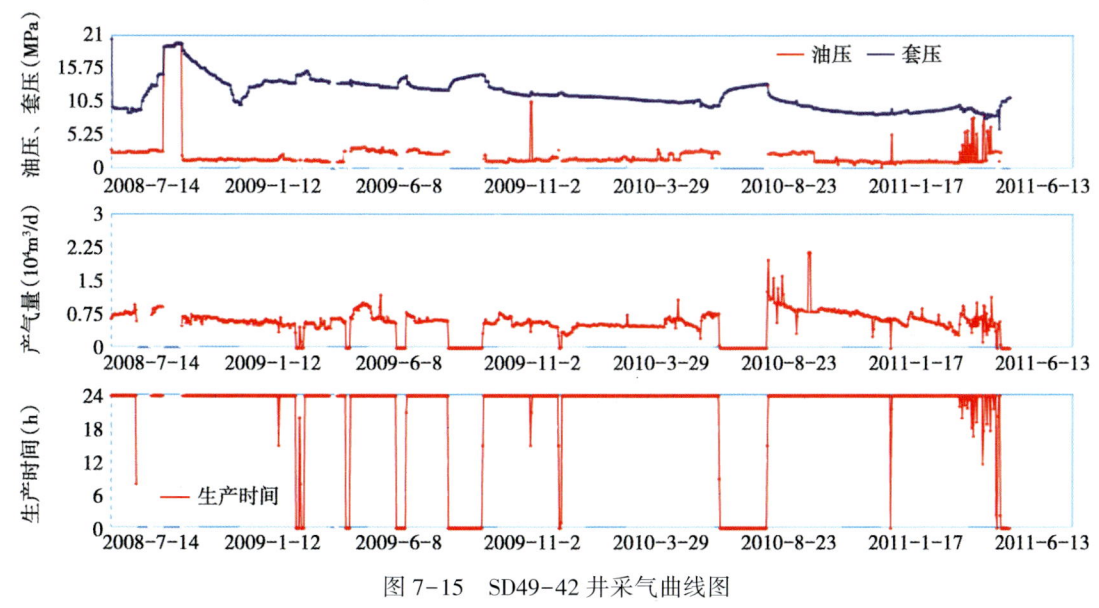

图 7-15 SD49-42 井采气曲线图

2. 试验方案

1）速度管柱安装方案

根据 SD49-42 等 5 口井采用 KQ65-70 型采气井口实际情况，设计安装方案为：施工前拆除井口 1#闸阀上部采气树，安装过程中在 1#闸阀上部安装悬挂器、操作窗、封井器及注入头等作业设备，利用连续油管车不压井对连续油管进行下井作业，当连续油管下到设计深度时，将其坐封于悬挂器上，拆掉操作窗、封井器及注入头，在悬挂器上部安装原闸阀及四通，恢复采气井口。

2）速度管柱采气方案

关闭 2#、5#闸阀，连续油管通过 6#闸阀进站生产，进行排水采气试验。保持原有定压生产方式不变，与试验前生产情况对比，评价连续油管试验效果。连续油管安装及采气示意图见 7-16。

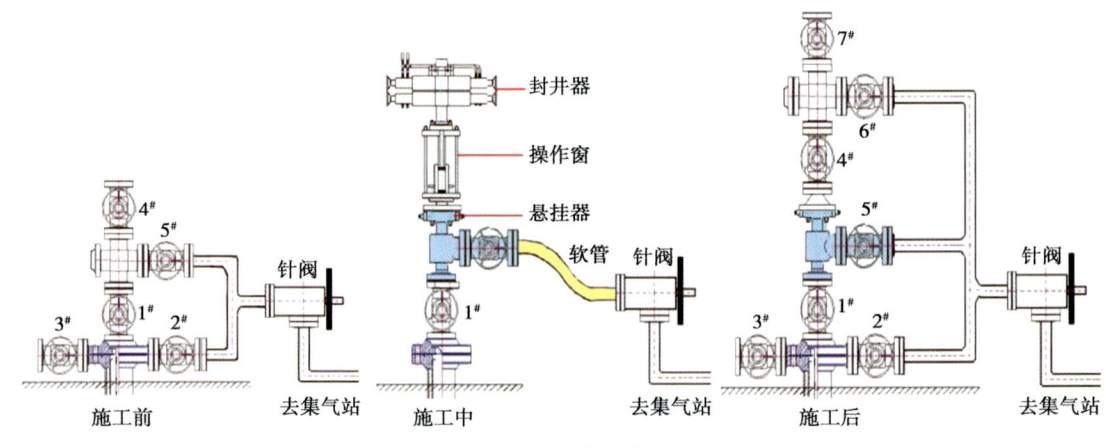

图 7-16　连续油管安装示意图

依据管柱优选理论，结合苏里格气田井筒实际情况，优选适合该气田的连续油管作为生产管柱，在原 $\phi 73mm$ 油管内下入 $\phi 38.1mm$ 连续油管，采用连续油管生产后，产气量产水量均明显增加，取得了较好的排水采气效果，但工艺成本较高。

（四）压缩机气举复产试验

1. 试验目的

随着气田地层压力的下降和产水量增加，积液停产井逐年增多，水淹井复产已成为急需解决的问题。压缩机气举复产技术是利用压缩机将干管天然气增压后，注入积液井的油套环空，将积液从油管举出，降低井筒内的液柱高度和由此引起的回压，使气井恢复生产，通过该试验为积液停产井复产探索新的技术途径。

2. 试验井概况

通过对苏里格气田东区水淹井的摸排分析，选择 SD33-38 等 10 口井开展压缩机气举试验，以 SD33-38 井前期生产情况为例。

2008 年 12 月 11 日投产，投产前油、套压为 21.0/21.0MPa，初期配产 $0.5\times10^4 m^3$，累计产气 $192.8450\times10^4 m^3$。随着生产延续，日产气量逐步降低，出现积液现象。该井投产以来采气曲线见图 7-17，井身结构及地面流程相关参数见表 7-7。

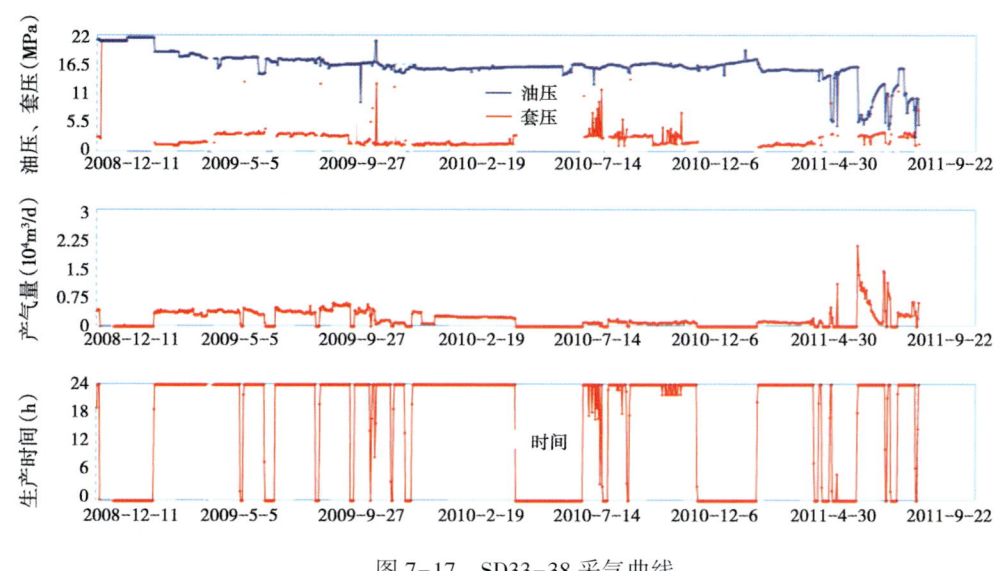

图 7-17 SD33-38 采气曲线

表 7-7 SD33-38 完井井身结构及地面流程有关数据

所属区站	SD7 站	累计产气量（$10^4 m^3$）	192.8450
产层层位	盒 8	投产前井口油/套压（MPa）	21.0/21.0
无阻流量（$10^4 m^3/d$）	3.3009	当前井口油/套压（MPa）	1.57/5.27
H_2S 检测（mg/m^3）	0	当前产气量（$10^4 m^3/d$）	0

三、排水采气实验方案

（一）气举作业前井口改造

（1）在流量计与外输闸阀间安装三通并带控制阀门。
（2）在井口生产针阀与截断阀间连接井口分离器。

（二）气举作业流程

干管天然气作为气源气通过稳压器控制在 0.5~2.0MPa，经压缩机增压后通过 6#阀注入气井油套环空，将井筒积液从油管中举出，通过井口生产针阀控制气井放喷压力和气量，从油管举出的天然气经橇装式分离器进行气液分离后与干管来气混合作为气源气，液体分离后经排污阀进入污水罐。其工艺流程示意见图 7-18。

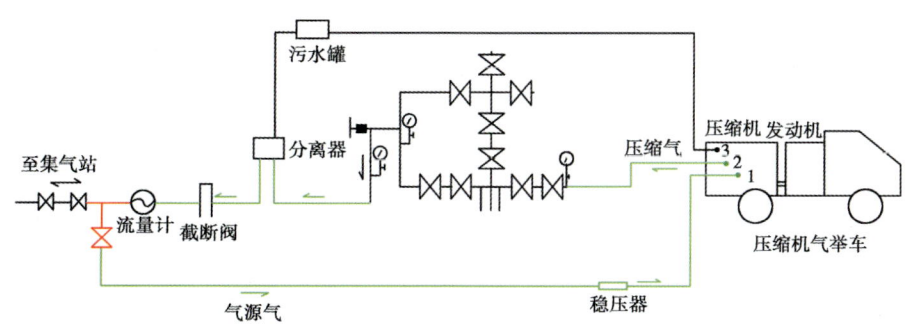

图 7-18 气举工艺流程图

气举工艺：邻井来气→采气管线→井口稳压器→压缩机、发动机→被举井油套环空→油管返出→气井复活→生产针阀→高压分离→经采气管线进站→站内分离处理。

随着苏里格气田东区气井地层压力下降，积液气井逐年增多，车载式压缩机（表7-8）气举装置以干管气为气源对天然气进行循环利用，采用全封闭式气举工艺和橇装式分离排污装置对水淹井增压气举排液，具有井口不放空、不排污、操作成本低等特点。

表7-8 特殊工艺试验井统计

序号	井号	试验名称	序号	井号	试验名称
1	SD52-50	氮气	30	SD41-56	连续油管
2	SD58-59	氮气	31	SD49-66	连续油管
3	SD44-56a	压缩机	32	SD41-64	连续油管
4	SD62-60	压缩机	33	SD45-68	泡排剂自动加注
5	SD50-59	氮气\压缩机	34	SD49-49	泡排剂自动加注
6	S25-9-12	压缩机	35	SD43-48	泡排剂自动加注
7	S25-9-15	压缩机	36	SD48-47	气液两相计量
8	S25-34-3	压缩机	37	SD48-42	气液两相计量
9	S25-36-12	压缩机	38	SD49-42	气液两相计量
10	S25-9-6	压缩机	39	SD49-39	气液两相计量
11	S25-7-13x	压缩机	40	SD50-45	气液两相计量
12	S25-2-6	压缩机	41	SD49-53	气液两相计量
13	SD57-29	压缩机	42	SD38-21	气举阀
14	SD40-29	压缩机	43	SD08-75c2	气举阀
15	SD33-38	压缩机	44	SD42-64	气举阀
16	SD37-31	压缩机	45	SD34-71	气举阀
17	SD34-56	压缩机	46	SD50-42	电磁阀定压开关
18	SD32-63	压缩机	47	SD47-48	电磁阀定压开关
19	S25-9-17	压缩机	48	SD52-54	电磁阀定压开关
20	S25-16-11	压缩机	49	S199	电磁阀定压开关
21	S25-1-6	连续油管	50	SD45-60	电磁阀定压开关
22	S25-6-7	连续油管	51	SD61-45	电磁阀定压开关
23	SD51-69	连续油管	52	SD57-44	电磁阀定压开关
24	SD49-53	连续油管	53	SD57-63	电磁阀定压开关
25	SD49-42	连续油管	54	S244	电磁阀定压开关
26	SD41-49	连续油管	55	SD32-37	电磁阀定压开关
27	SD52-48	连续油管	56	SD31-53	电磁阀定压开关
28	SD33-64	连续油管	57	SD35-59	电磁阀定压开关
29	SD61-63	连续油管	58	SD26-70	电磁阀定压开关

通过改进气举井口连接工艺，解决了作业井口工艺安装复杂、施工周期长等问题，优化工艺后，单井气举作业时间缩短，极大地缩减了占井时间，降低了操作成本。

(三) 其他排水采气试验

苏里格气田东区对出水井排水采气工艺的选择以"高效、合理、优化"的开发指导思想，采用先进、成熟、配套并适应低渗气藏的特点采气工艺，要求在开发过程中具有良好的可操作性和一定的灵活性，能基本满足气田开发方案的基本要求和不同开发阶段的生产需要。常用的排液方法有泡排、降压排水采气和小油管排水采气。但由于排水的出路问题至今无法解决，也一定程度上影响了排水采气措施的顺利实施，特别是冬季生产中的冻堵问题。而且由于每种方法都有自身的适应性，加上经济因素，使得井筒的有效排液方法还需要调整。

第五节 苏里格气田水平井排液采气工艺技术研究

水平井由垂直段、造斜段和水平段构成，各井段临界携液气流量计算方法差异较大，同时由于苏里格气田东区水平井采用的井下节流采气工艺对水平井压力和临界携液气流量沿井深的分布影响较大；最后水平井完井方式有裸眼封隔器完井、套管完井、悬挂器+尾管完井，对排水采气工艺也有特殊的要求。水平井的排水采气工艺的选择要比直井考虑的因素要多很多。本章结合苏里格现有成熟的排水采气工艺，结合水平井井身结构特点，分析了泡沫、连续气举、柱塞气举等主体排液工艺的适应性，分生产条件给出了适宜的排水采气工艺。

一、苏里格气田水平井排水采气工艺初选

（一）井眼轨迹对排液工艺的影响

水平井由垂直段、造斜段和水平段构成。造斜段的曲率半径和造斜率直接影响举升工艺的选择（杨川东，1997）。为了说明工艺在水平井中的适应性，根据水平段长度将水平井分为短半径水平井、中半径水平井和长半径水平井。

对于短半径水平井，曲率半径为 10～33m，造斜率为 20°～66°/100m。这一特点决定了在机械采气过程中，只能把举升设备下在垂直段。因为短半径水平井的造斜率太大，各种举升设备都无法顺利通过弯曲段，更不可能下在水平段；根据以上特点，短半径水平井可采用一切直井中适用的排水采气工艺，且将其安装在直井段。

对于长半径水平井，曲率半径为 240～1000m，造斜率为 6°～42°/100m。这一特点决定了既可以把举升设备下在直井段，又可以下在造斜段和水平段。对于设备下到造斜段的情况，其举升方法与斜井类似，因为长半径水平井的造斜率与斜井的造斜率大致相同。有些油田通过使用尼龙或塑料抽油杆导向器减少了接箍油管的磨损，延长泵工作周期，使得有杆泵也能成功用于长半径水平井弯曲段。设备下到水平段的情况，最好采用电潜泵、涡轮泵，可以考虑气举，不适合可能造成磨损严重的有杆泵。

对于中半径水平井，曲率半径为 35～60m，造斜率为 30°～60°/100m。这一特点决定了可以把举升设备下在垂直段、造斜段和水平段。其中垂直段和弯曲段同前面的情况类似，关键是如何将设备下到水平段。通过国外中半径水平井水平段举升工艺应用可知，通过使用诸如导向器之类的特殊设备和专用电泵后可以成功地运用到水平段和切线段，也可以考虑气举，但一般不适合用有杆泵，因为磨损严重。

（二）苏里格气田东区水平井排液采气工艺初选

苏里格气田直井采用的主体排水采气工艺是泡沫、合理携液制度、柱塞气举、井间互联气举、小直径油管、速度管柱。考虑到同一区块的直井和水平井的生产条件，如气液比、产

水量、流体物性、井口结构、产出规律相差不大，在直井中适用的排水采气工艺，若井深结构允许一般也适用于水平井；水平井中存在造斜段和水平段，要求井下工具能够在井筒中自由通行，或注入的化学药剂能够流动到井底。而苏里格气田直井中采用的主体排水采气工艺仅柱塞气举和泡排工艺对井深结构要求较高，为此本部分从井深结构的角度对柱塞气举进行了分析。

水平井柱塞气举设计与垂直井柱塞气举设计方法基本一致，只是需考虑柱塞在水平井中的通过能力。如果柱塞在某深度不能自由的通行，则需减小柱塞下入深度，使其避开不能通过的位置。与井下节流器在油管中通过能力判断方法相似，当油管曲率半径 R 大于柱塞通行的最小允许曲率半径 R_{min} 时，柱塞可以通行；当油管曲率半径 R 小于柱塞通行的最小允许曲率半径 R_{min} 时，柱塞不能通行（刘宝和，2000）。

SD16-32H2 井位于苏里格气田东区 Z30 区块北部，地理位置位于内蒙古自治区乌审旗乌审召镇；该井于 2010 年 6 月 4 日开钻，7 月 2 日入靶；2010 年 7 月 27 日开始水平段钻进，2010 年 9 月 1 日完钻，完钻井深 4173m，完钻层位石盒子组。

由井眼轨迹（视为油管轨迹）数据从 1940（井斜角 1.99°）~3925m（井斜角 89.7°）进行插值分析（表 7-9），计算井眼曲率半径如图 7-19 所示。从图中可得，井眼曲率半径较小的两个地方是井深 2440m、2489m，曲率半径分别是 3.3m、3.2m。若采用 50cm×58mm 柱塞（油管尺寸为 2⅞in），则允许柱塞自由通行的最小曲率半径为 0.27m，可见柱塞能在油管中自由通行（图 7-20）。

表 7-9 SD16-32H2 井钻完井基本数据

完钻井深（m）	4173	水平段长（m）	831	井垂深（m）	3025.4
造斜点深度（m）	2470	造斜点造斜率（°/10m）	0.33	油管内径（in）	2⅞/3½
最大井斜深度（m）	2649	最大造斜率（°/10m）	1.37	油管下深（m）	2708/3999
最大井斜（°）	92.27	技套尺寸（mm）	177.8	技套下深（m）	3364.74

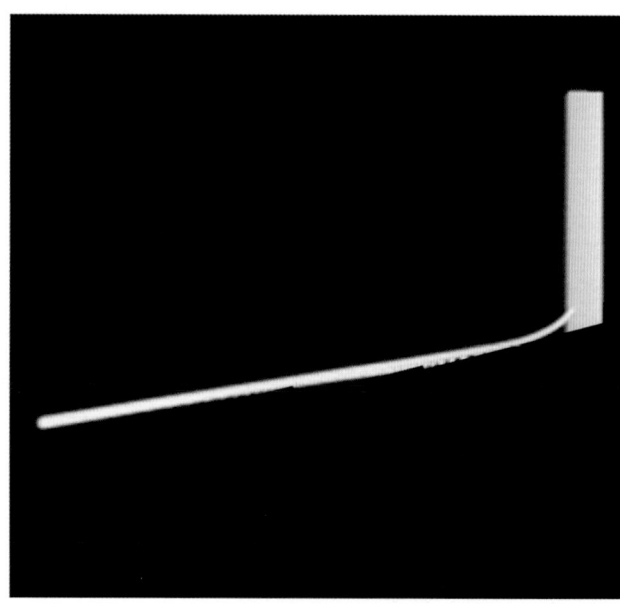

测深(m)	井斜(°)	方位角(°)
2524.8	4.8	165.3
2534.4	5.6	167.5
2543.9	7.2	172.4
2553.5	8.4	177.0
2563.1	9.8	180.4
2572.7	10.9	178.0
2581.8	12.1	175.0
2591.5	13.5	178.7
2601.0	15.3	179.5
2610.6	16.4	181.3
2620.2	17.7	182.0
2629.8	19.5	182.5
2639.5	20.7	180.8
2649.1	21.5	181.6
2658.7	22.6	183.0
2668.3	23.3	184.6
2678.0	24.7	183.8
2687.5	26.1	184.1
2697.2	27.6	183.1
2706.8	28.6	182.6
2716.4	29.7	182.6
2726.0	30.9	185.0
2735.6	32.0	185.5
2745.2	32.6	183.6
2754.9	34.0	183.4
2764.7	35.2	183.2
2774.1	36.5	182.1
2783.1	37.6	181.8
2793.1	38.5	181.8

图 7-19 SD16-32H2 井身结构示意图

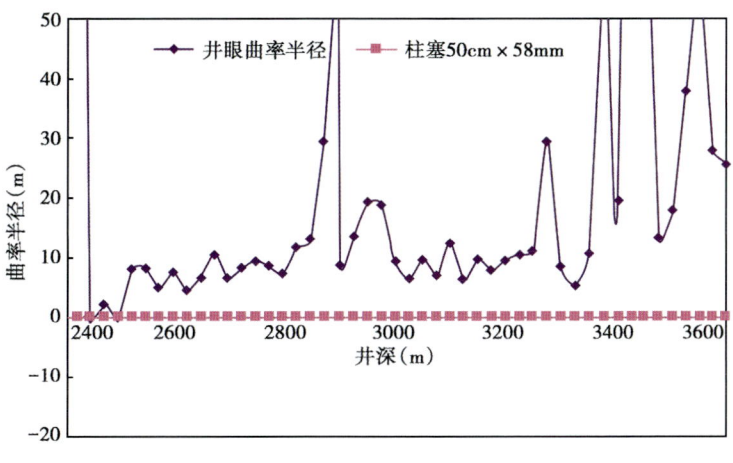

图 7-20　SD16-32H2 柱塞自由通行分析

二、水平井泡排工艺适应性分析

（一）泡沫排水采气

泡沫排液采气是一项减少井底区积液，疏导气水通道，改善或恢复气井生产能力的助产措施（詹姆斯利，2009）。其原理是从井口向气井内注入一定数量的液体表面活性剂，借助天然气流的冲击和搅动，把井底积液变成大量低密度泡沫，使流体密度降低易于被天然气流带到地面，从而达到降低井筒里的回压、提高气井自喷能力的目的（图 7-21）。

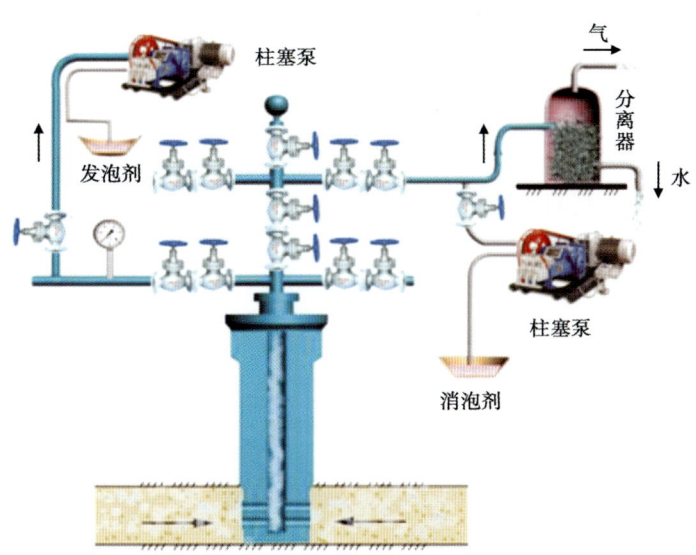

图 7-21　泡排排水采气工艺流程

1. 排液机理

液滴的半径由液体的表面张力和气体的动能所决定，通过注入表面活性剂降低液滴尺寸，从而降低排液气速达到排液目的。通过模拟的方法可以得到结果如图 7-22，可以看出表面活性剂达到一定浓度后，所需的排液速度降到气井内实际气速以下，这时气井就可以举升液体。

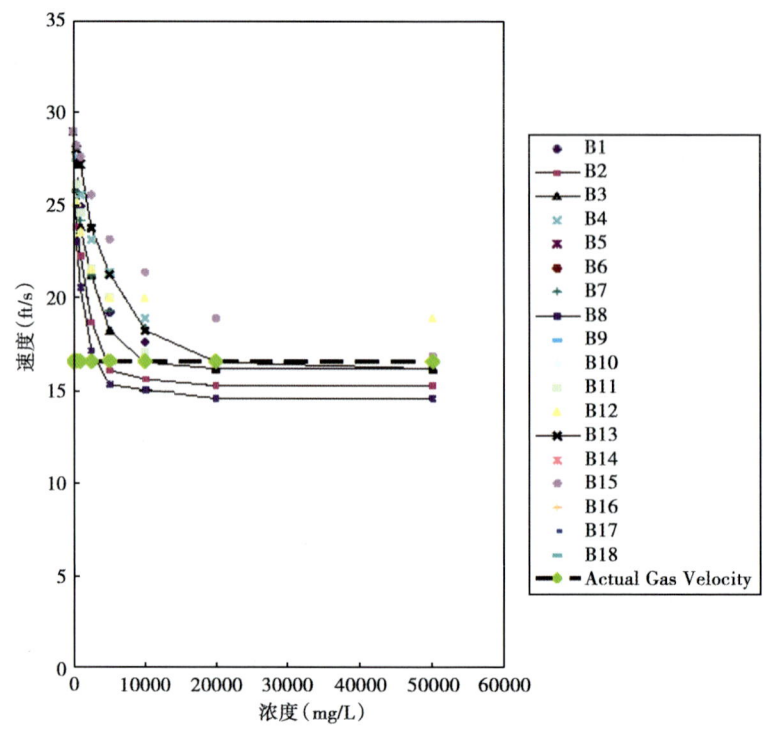

图 7-22 表面活性剂的浓度对于所需排液气速度的影响

2. 影响泡沫性能的主要因素

1) 表面张力

泡沫的形成需要很多条件。首先要有足够低的表面张力和足够低的蒸汽压力。其次，溶液的表面张力必须在一定的范围之内。据分析性能最好的泡沫其表面张力为 50mN/m。表面张力必须在体系的动态条件下测定。并不是表面张力越低越好，泡沫的形成需要性质完全不同的分界面，因此在无水的油相中很难形成泡沫。

理论上对于泡沫形成和预测最小气速的最关键的参数是表面张力。图 7-23 为表面张力对于气井排液所需气速的影响，可以看出混合液体的表面张力越小，所需的气体流速也随之减小。

2) 泡沫密度

通过搅拌实验可以确定泡沫的功效和稳定性。在实验中可以记录出搅拌后泡沫和液体的总体积，以及泡沫的半衰期，而泡沫的密度是浓度的函数，浓度越高，发泡状况越好，泡沫的密度也就越低（图 7-24）。

泡沫密度对预测的气井排液所需的气速的影响从图 7-25 可以看出，随着泡沫密度的降低，所需的气井排液气速也越低。

由图 7-24、图 7-25 可以看出由于化学作用，泡沫的密度和表面张力对于产气井的排液都有重要的影响，并且密度的影响更大一些。

3) 稳定性因素

影响泡沫稳定性的因素主要有矿化度、温度、凝析油的含量等，尤其是凝析油，它的存

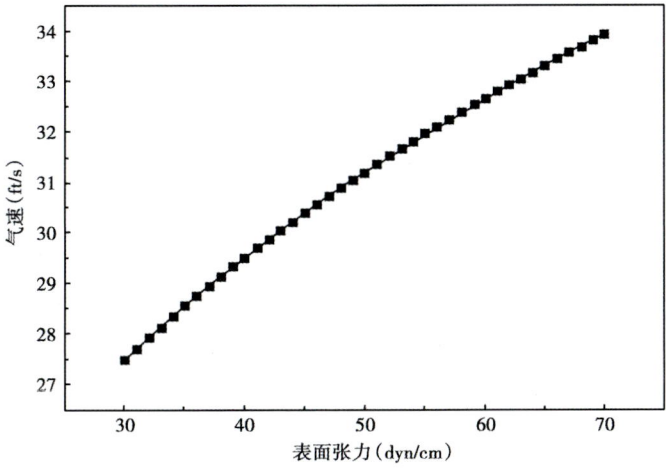

图 7-23　表面张力与气井排液所需气速的关系

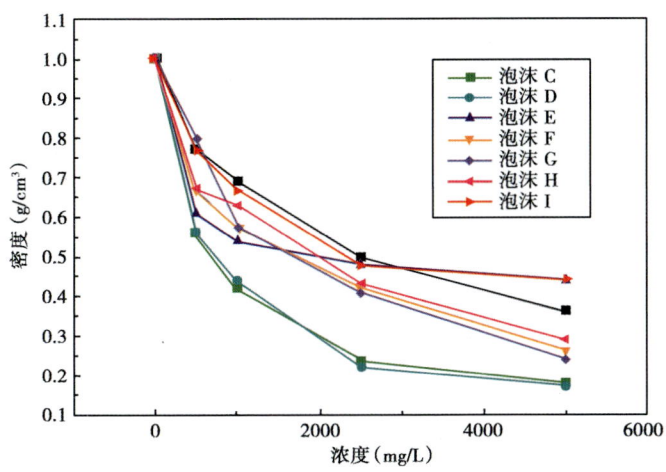

图 7-24　不同表面活性剂泡沫的密度与浓度之间的关系

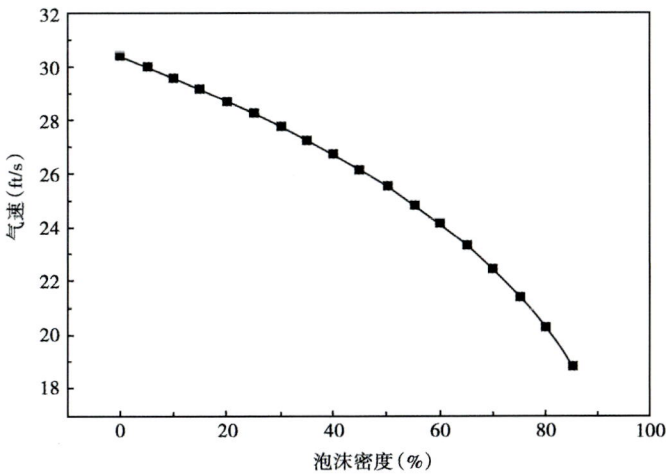

图 7-25　泡沫密度对预测的所需排液气速的影响

在严重地降低了活性剂的起泡能力，甚至不起泡。然而凝析油对不同表面活性剂的影响也是不同的。图7-26为凝析油对两种不同产品的泡沫高度的影响。

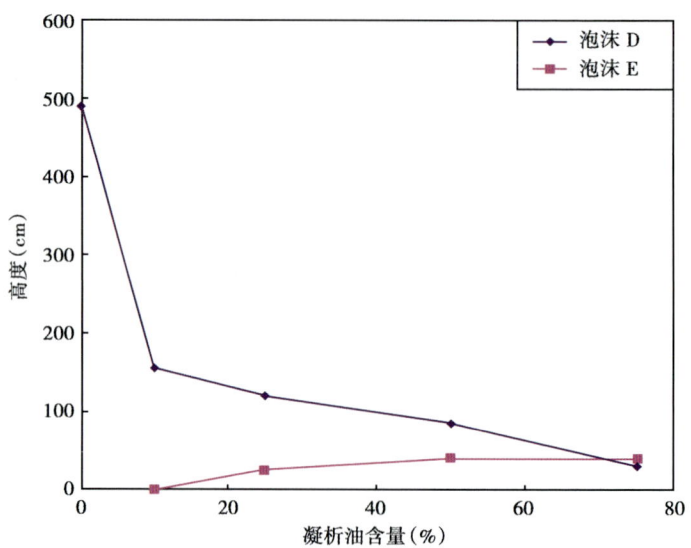

图7-26　凝析油含量对泡沫高度的影响（浓度为20000mg/L）

从理论分析中发现，泡沫排液需要关注以下几个方面的问题：

一是优选泡排气速。在气水两相垂直流动过程中，气速越大，排水能力越好，然而在泡沫排水中却不尽然，适合的气速可以获得最佳的助采效果。现场施工时，应对气井进行生产动态分析，计算天然气在井筒内的流速，并根据生产情况进行必要的调整，以避免最不利的排液流速。

二是选择适宜的泡排流态。泡排中只考虑气流速度还不足以概括气井带水能力，而应该分析油管中气水两相垂直流动状态，对于生产井可根据气水流速、压降梯度及气水产量波动程度来判断。

三是合理使用浓度。施工中并不是使用的泡排剂越多、浓度越大越好，而是存在一个最佳浓度，在这一浓度时排水量增值最大。

国外把泡排作为排水采气的主要手段之一。原苏联在研究中发现，如果把水举升至地面所需气流速度为4~5m/s，那么举升泡沫所需的气流速度仅为0.1~0.2m/s。这表明，泡沫排水采气方法对于低产井也具有很强的适用性。

从苏里格气田东区泡沫排水采气（主要为投放固体泡排剂）的适用效果来看，化学排水采气有很强的适用性。但苏里格东区气井对井筒积液较敏感，少量积液即可造成产量大幅下降，以至间歇泡排有效期较短。建议可采用连续注入（如滴注）方式，保持井筒清洁，维持气井高效稳产。

从化排工艺所适宜的排水范围、气水比及举升高度看，泡沫排水采气完全适用于苏里格东区气藏具有一定自喷能力的产液（水）井的生产。

因此，苏里格气田东区气藏具有一定自喷能力的产水气井可以采用化学排水采气工艺，但应进一步根据地层温度、地层水矿化度等进行相应的室内试验，筛选或开发出适宜的泡排剂类型；根据实际生产情况确定合理的加药制度与加药方式，以提高泡排工艺的可靠性和排水效果。

（二）苏里格气田泡排工艺应用现状

苏里格气田地层水的 pH 值在 6.0~8.0；矿化度<20g/L；油水比 10%左右；水气比 0.5m³/10⁴m³；主要使用抗油能力较强的 UT-11C、UT-6 起泡剂或泡排棒；室内试验得出稀释浓度为 5‰时发泡效果最佳；加注方式有油管加注或油套环空加注；加注周期为 3 天/次或 2 天/次；按 1.5 根/m³ 或 10L/m³ 泡排棒泡排剂投入加药量。

苏里格地区根据气井生产条件、积液特征，探索出了 5 项泡排优化措施

（1）对井口压力低、产量较大的气井采取"短期关井恢复+泡排"措施。

SD61-41 井节流后压力和套压相差较小，经过关井恢复，套压从 9.5MPa 上升到 12.1MPa 后，2010 年 6 月 8 日投 2 根泡排棒、6 月 9 日和 6 月 12 日分别投 1.5 根泡排棒，产量由 0.25×10⁴m³/d 上升 0.5×10⁴m³/d，油压从 3.80MPa 上升到 5.60MPa；套压从 10.10MPa 下降至 7.83MPa。说明泡排效果好（图 7-27）。

（2）对节流器以上积液、套压较高的气井采取"油管充压+泡排"措施。

SD34-19 井套压值较高，测探液面在节流器以上 730m，采取油管充压后，在 2010 年 8 月 18 日、20 日、22 日通过油管分别加注 3 根、1.5 根、1.5 根泡排棒，加注泡排剂后放喷带液生产，产量由 0.17×10⁴m³/d 增至 0.32×10⁴m³/d，油压从 8.12MPa 上升到 10.01MPa；套压从 18.07MPa 下降至 14.96MPa，说明泡排效果好（图 7-28）。

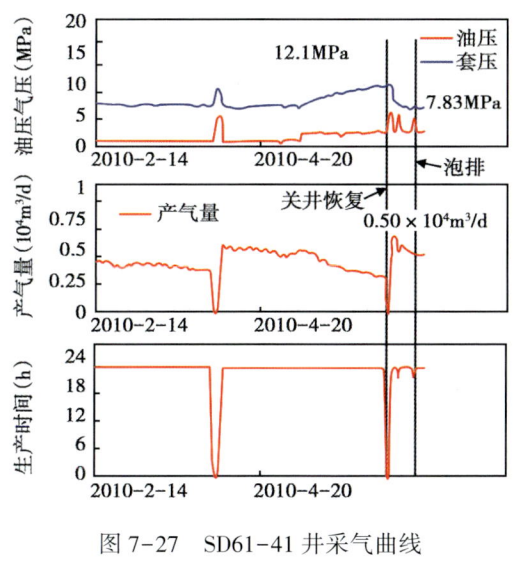

图 7-27 SD61-41 井采气曲线

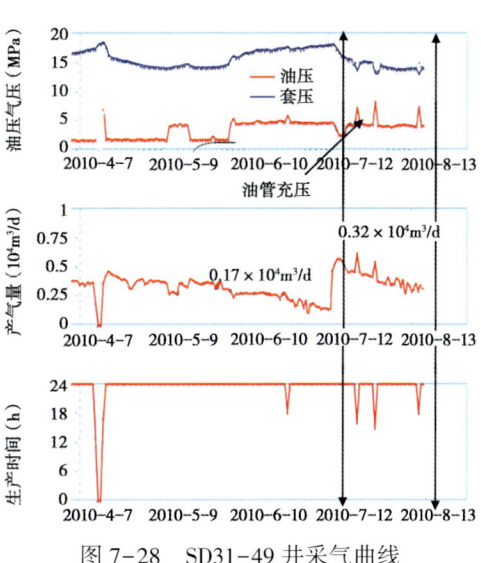

图 7-28 SD31-49 井采气曲线

（3）对于积液量较多、套压较高的气井采取"多次反复泡排"措施。

SD31-55 井套压持续上升，井筒积液严重，流量计产仅 0.09×10⁴m³/d。2010 年 6 月 29 日至 7 月 8 日，7 天内经过 11 次反复泡排，产量由 0.0935×10⁴m³/d 增至 0.2425×10⁴m³/d，油压从 8.12MPa 上升到 10.01MPa；套压从 10.36MPa 下降至 9.57MPa，液面探测节流器以上无积液，泡排效果好（图 7-29）。

（4）对于积液量较多、泡排效果较差的气井采取"打捞节流器后泡排"措施。

SD49-53 井从投产初期开始积液，2010 年 6 月份打捞节流器后，采取连续泡排，现已复产，产量保持在 0.7×10⁴m³/d；套压从 16.1MPa 下降至 11.55MPa，油压从 3MPa 上升到

8.91MPa，说明泡排效果好（图7-30）。

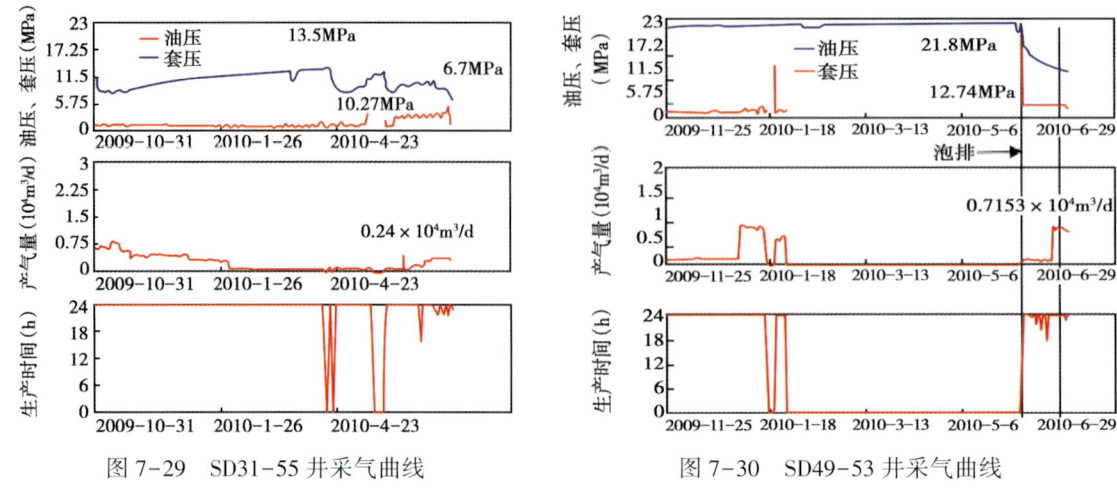

图7-29 SD31-55井采气曲线　　　　图7-30 SD49-53井采气曲线

(5) 对于管线内积液采取"定期启动压缩机"措施。

2010年7月份，对SD13站和SD14站定期启用压缩机，对单井管线和干管进行带液，集气站产液量大幅提升，产气量有所提高（表7-10）。

表7-10　启动压缩机后集气站动态数据表

集气站	日期	7-10	7-11	7-12	7-13	7-14	7-15	7-16
SD 13站	产液量（m³/d）	1.83	2.86	8.75	29.7	2.00	3.00	2.68
	产气量（10⁴m³/d）	3.84	3.79	4.91	5.79	4.38	4.76	4.83
SD 14站	产液量（m³/d）	0.18	0.76	2.65	30.4	4.18	1.21	0.15
	产气量（10⁴m³/d）	2.06	2.06	2.01	2.43	2.37	2.06	2.12

压缩机停转后，管线积液带出，输气能力提高，气井井口压力降低，生产压差增大，气井产量提高，例如SD10站产气量增加$2.5\times10^4 m^3/d$（表7-11）。

表7-11　SD10站启动压缩机前后单井生产数据对比

井号	油压（MPa）		产量（10⁴m³/d）	
	启动压缩机前	启动压缩机后	启动压缩机前	启动压缩机后
SD31-41井	3.15	2.98	1.32	1.33
SD25-31井	3.66	3.07	1.16	1.17
SD29-40井	3.50	2.91	0.64	0.79
SD28-30井	2.88	2.68	0.27	0.30
SD25-25井	3.30	2.72	0.38	0.38
SD28-39井	2.93	2.68	0.65	0.70

（三）苏里格气田水平井泡排工艺适应性分析

泡排成为苏里格气田东区最主要的排水采气工艺，占排液井次的90%以上，这说明泡排工艺是完全适应苏里格气田东区气井的生产特点的。从生产管柱结构看，除SD16-32H2、SD19-99H井采用的是裸眼封隔器完井外，油套管不连通；其余井次采用套管完井或悬挂器+尾管完井，油套管为连通的。

对于SD16-32H2和SD19-99H井采用裸眼封隔器完井的情况，井下装有节流器，泡排剂难以流至油管鞋处。同时考虑到水平井段较长（800~1200m不等），产液量和产气量均较小，气液混合物在水平管流动很慢，药剂还未到直井段就失效。对于这样的情况，可采用打捞井下节流器后，下毛细管至水平段，利用毛细管加注泡排剂，或者解封井下预置式封隔器从油套环空注剂，或者打捞井下节流器后投泡排球。

对于套管完井（SD13-65H2）、悬挂器+尾管完井（SD16-33H2）的情况，油套是连通的，可采用油套环空加注，能获得较好的效果。鄂尔多斯盆地与苏里格气田具有相似地质特征的大牛地气田水平井采用裸眼封隔器完井，在生产中已经发现从油套环空加注比从油管加注泡排效果更好，同时油管下入水平段的水平井泡排效果普遍较差。分析原因可能是：油管下入水平段太深，致使起泡剂难以流至油管鞋处，油管鞋处流体未起泡，产出液体未被带走。8口水平井泡排效果与油管下入位置的关系列入表7-12。

表7-12 水平井泡排效果与油管下入位置关系

序号	平均产气量（m³/d）	平均产水量（m³/d）	平均油套压差下降程度（%）	泡排施工次数	油管下入位置	效果
1	9549	0.8（产油）	1.65	46	水平段	差
2	6138	0.19	15.56	70	水平段	一般
3	673	1.36	5.09	207	水平段	差
4	8127	0.19	8.81	29	水平段	差
5	17397	2.36	35.37	3	造斜点	好
6	19502	0.35	50.25	35	造斜点	好
7	13638	0.41	22.4	9	造斜段	好
8	4955	1.48	22.29	7	水平段	好

针对水平井注泡排剂排液效果差的难题，大牛地气田开展了水平井关井后加泡排球的现场试验攻关，泡排球重度是水的1.4倍，关井后半小时可下落至水平段，已取得较好的排液效果。而苏里格东区水平井采用井下节流开采工艺，泡排球或棒只能下落到井下节流器所在管段，投泡排球的排液工艺不适宜，只能采用油套环空注泡排剂，或者打捞井下节流器后从油管投泡排球。

三、水平井气举排液采气适应性分析

（一）概况

气举排液采气技术是通过气举阀或油管鞋，从地面将高压天然气注入停喷的井中，利用气体的能量举升井筒中的液体，使井恢复生产能力（冯鹏鑫，2010）。该工艺适用于弱喷、间歇自喷和水淹气井。排量大，排液量可高达300m³/d，适宜于气藏强排液；适应性广，不受井深、井斜及地层水化学成分的限制，可应用于斜井及水平井开采；适用于中、低含硫气井。该工艺设计、安装较简单，易于管理，是一种少投入、多产出的先进工艺技术。

井间互联气举是利用丛式井井距小，流程互通的优势，在丛式井组中优选出地层压力高、无阻流量相对较大的气井对积液井开展井间互联气举。井间互联气举不需要高压压缩机，是地层能量不足、严重积液、丛式井的排液采气工艺。

（二）气举工艺应用情况

苏里格地区气场利用丛式井组的气源，开展了4个丛式井组的互联气举工艺（表7-13）。

表7-13 丛式井井间气举试验井组

序号	井号	井型	投产日期	无阻流量 ($10^4 m^3/d$)	当前井口套压 (MPa)	产气量 ($10^4 m^3/d$)
1	SD36-33井		2009-5-16	7.13	7.25	0.20
	SD36-34井	积液井	2009-5-17	5.76	11.98	0.30
	SD36-35井	气源井	2009-5-17	12.82	11.95	0.30
2	SD44-50井	积液井	2008-6-29	0.61	15	0.13
	SD44-51井		2008-6-30	1.55	12.72	1.35
	SD44-52井	气源井	2009-3-15	9.17	12.55	1.62
3	SD35-60井		2009-1-20	1.86	13.1	0.28
	SD35-61井	气源井	2009-2-3	8.39	15.7	1.14
	SD35-62井	积液井	2009-1-1	1.582	17.7	0.11
4	SD26-30井	积液井	2009-11-19	0.68	21.59	0.17
	SD26-31井	积液井	2009-11-30	9.10	8.15	1.54
	SD26-32井	气源井	2009-11-19	6.65	21.74	1.72

SD36-34井生产中井口套压开始上升，判断井筒积液，但该井地层能量低，泡排后效果不理想。随后利用SD36-35井作为气源井进行"井间互联气举+泡排"2次，气井产量达到 $0.3×10^4 m^3/d$（图7-31）。

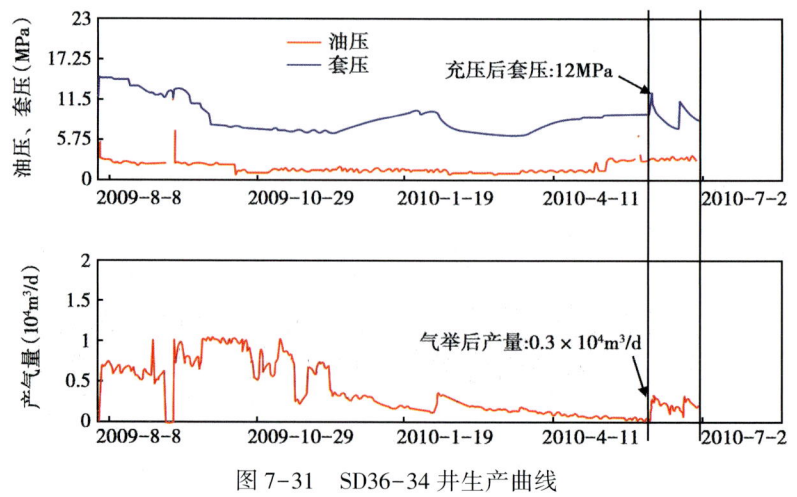

图7-31 SD36-34井生产曲线

SD26-31 井先后采取 5 次井间气举，井筒排液明显，气井产量保持在 $1.5\times10^4\text{m}^3/\text{d}$ 稳定生产（图 7-32）。

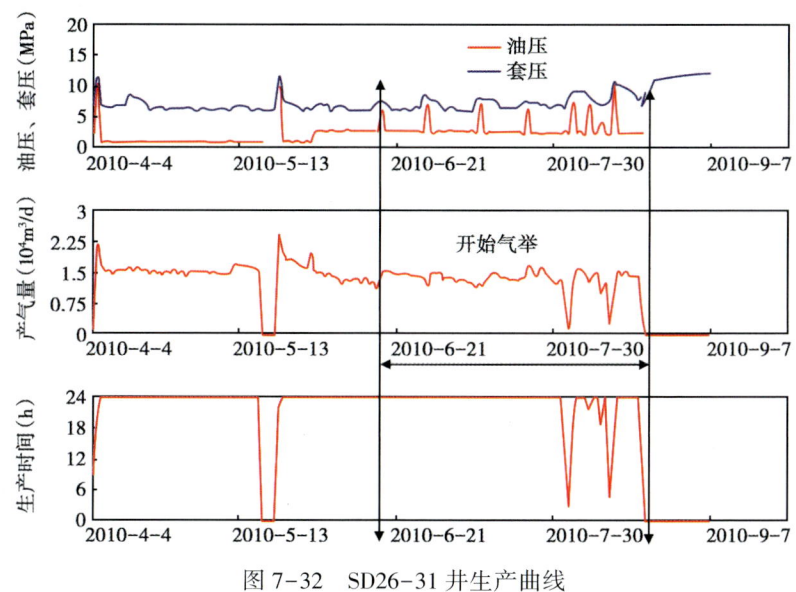

图 7-32　SD26-31 井生产曲线

丛式井中采取周期性"井间互联气举+泡排"措施，能有效减少泡排前关井恢复时间，提高排水采气效率。

从苏里格气田东区产水气井的实际状况看，实施气举排水采气面临以下问题：

（1）开采后期气藏压力低，无高压气源对低压井供气。由于自身缺乏高压气井，若专门增建增压站来提供高压气源，则一次性投资及维护费用较大，难以取得良好的经济收益。

（2）低产井气液间滑脱严重，两相举升管压力损失大，气举过程必将给井底造成回压，气举效率低下，单井采收率低。

（3）苏里格气田东区由于单井控制储量较小，气井日产水量和产气量均较小，若实施气举排水采气，只能是间歇举升。间歇举升容易导致低压井井底压力激动，容易造成对地层的伤害，同时使地面增压装置不能连续稳定工作。

因此，苏里格气田东区水平井在开采中后期在有高压气源的情况下，可采用间歇气举排液，而中后期气藏压力较低、单井产水量小，气举效率低，地层采收率低，若无高压气源，不推荐通过建立增压站来实施气举排水采气工艺。

四、水平井柱塞气举排液采气适应性分析

（一）柱塞气举排水采气

柱塞气举排水采气法是利用气井自身能量推动油管内的柱塞举水，不需其他动力设备、生产成本低，在美国被认为是最佳的排水采气工艺（唐建荣，2009）。该工艺是间歇气举的一种特殊形式，柱塞气举管柱结构一般有两种：不加封隔器的闭式结构。其井下不见重要有气举阀、卡定器、缓冲器、活塞等，地面有控制器、节流阀、捕捉器、防喷盒等（图 7-33）。柱塞作为一种固体的密封界面，将举升气体和被举升的液体分开，减少气体窜流和液体回落，提高举升气体的效率。柱塞气举的能量主要来源于地层，但是当地层气能量不足

时，也向井内注入一定的高压气。这些气体将柱塞及其上部的液体从井底推向井口，排除井底积液，增大生产压差，延长气井的生产时间。对常规连续气举或间歇气举效率不高的井，采用柱塞气举可以提高生产效率，避免气体的无效消耗。柱塞气举还可用于易结蜡，结垢的油气井，沿油管上下来回的柱塞可以干扰破坏结蜡结垢的过程。这样就省下了清洗蜡垢的工序节约了生产时间和生产费用，柱塞的安装和管理费用都较低。

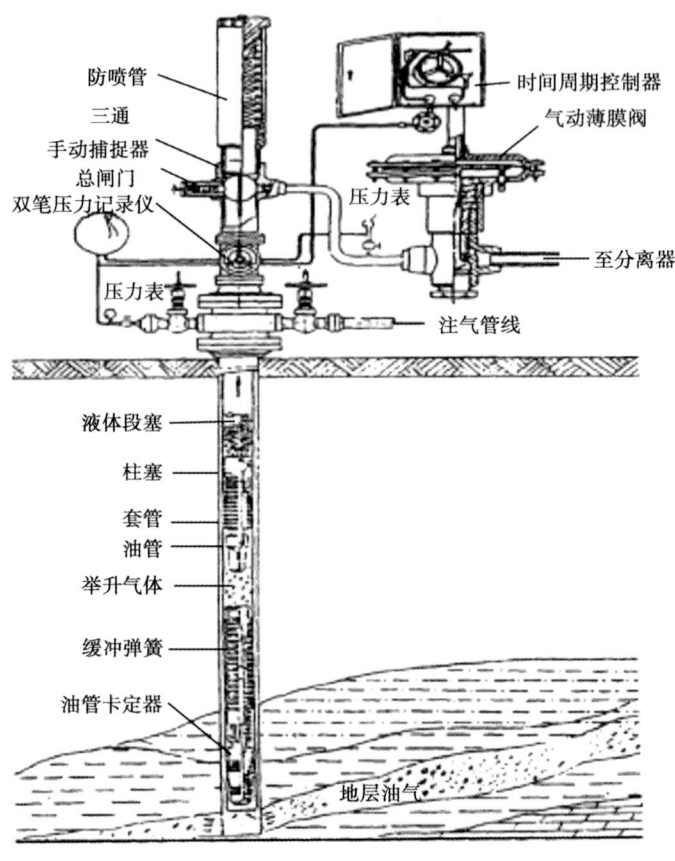

图 7-33 柱塞气举工艺流程图

1. 工艺原理

柱塞气举是将柱塞作为气液之间的机械界面，利用气井自身能量推动柱塞在油管内进行周期地举液，能够有效地阻止气体上窜和液体回落，减少液体"滑脱"效应，增加间歇气举效率。柱塞气举运行原理如图 7-34 所示，柱塞气举过程井筒油套压变化如图 7-35 所示。

（1）当控制薄膜阀关闭时，柱塞在自身重力作用下在油管内穿过气液进行下落。在关井瞬时，套压可能下降也可能不变，套压下降时由于套管中的气体继续向油管膨胀，使油套压趋近平衡，这时油压会相应升高，之后套压由地层供气能力控制；关井初期，油压恢复较快，之后油压由地层供气能力控制。

（2）柱塞下落到达井下卡定器位置处，撞击卡定器的缓冲弹簧，液面通过柱塞与油管的间隙上升至柱塞以上聚积。

（3）地面控制器控制薄膜阀打开，生产管线畅通，套管气和进入井筒内的地层气向油管膨胀，到达柱塞下面，推动柱塞及上部液体离开卡定器开始上升，直到柱塞到达井口。开

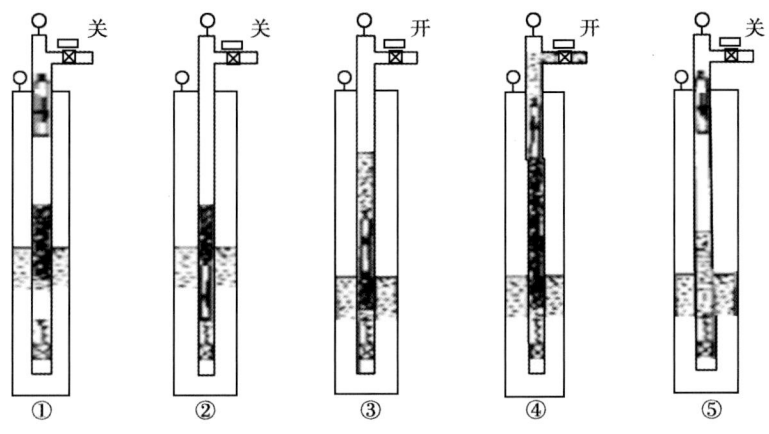

图 7-34 柱塞气举运动过程

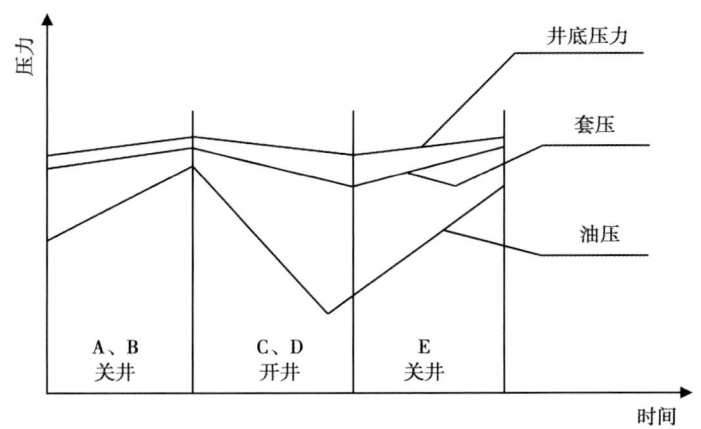

图 7-35 柱塞气举压力变化特征

井后,气体从井口产出,油压迅速降低,柱塞逐渐加速上升;同时套管气体进入油管举升柱塞,套压下降。

(4) 环空套压迫使柱塞及柱塞以上的液体继续上行,液体到达井口后,由于控制阀节流,油压又开始增加;当柱塞到达井口后,油压会继续增加,套压降到最小值。

(5) 根据设置的关井时间,地面控制器控制薄膜阀关闭生产管线,柱塞再次在自身重力作用下开始下落。

对智能柱塞举升系统(图7-36),利用根据生产井的状况编制举升方案并输入到自动控制器内,选择适于该井井况的柱塞投入到井内,按照已编制好的方案程序,柱塞将上下往复运行,将井内液体举升出井口,达到排除井筒积液的目的。

2. 主要优点

(1) 提高间歇气举的举升效率,举升效率高:柱塞气举同其他排水采气工艺相比具有更高的采收率。柱塞提供的固体界面极大地减少了液体回落,相应提高了气体的举升效率;

(2) 设备投资少,使用寿命长且维修成本低经济效益好:其安装成本和运行维护费用低,无需电力消耗,节约人力时间等;

(3) 能充分利用地层能量,无需其他能量消耗;

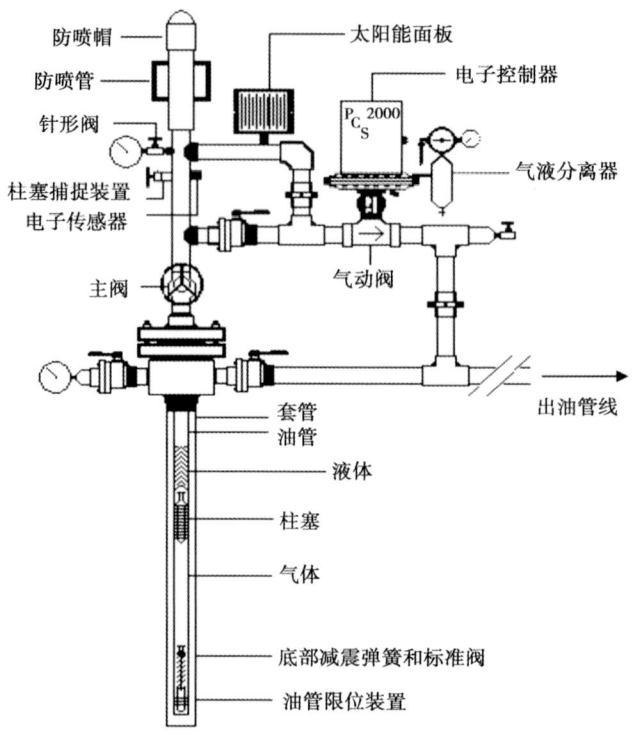

图 7-36　智能柱塞气举示意图

(4) 地面设备的自动化程度高，易于管理；

(5) 可以有效减轻结蜡井的结蜡问题。

3. 主要缺点

(1) 地面装置相对其他气举方式复杂，柱塞中的运动机构复杂且不可靠。为了提高柱塞在井中的下落速度，常在柱塞内设有旁通机构。旁通机构中的阀门开启和关闭主要依靠柱塞撞击卡定器和井口缓冲器。由于柱塞在井内运动时，不可避免与油管壁发生碰撞或以不同的速度落入井下的液体中受到冲击。柱塞在这些冲击力的作用下，都有可能使柱塞内的旁通机构在不需要运动的时候产生运动。这些意外的阀门开启或关闭就是人们在实际生产中出现柱塞卡在井中、没有带液、高速撞击上缓冲器、柱塞寿命大幅降低等问题的根源。

(2) 操作管理有一定的难度，为了能自动化的管理柱塞举升井，总要在地面建设一整套控制设备，使生产井有序地进行工作。这些设备投资大、机构复杂、对工作环境要求苛刻，给管理带来许多的不便。此外，还需要根据生产井的生产情况确定柱塞下落的时机和开井与关井的时间。工艺参数的计算和地面控制系统都非常复杂；

(3) 生产过程容易在地面集输管网内造成较大的压力波动；

(4) 间歇式生产。国内外所用的柱塞气举工艺都是间歇式的生产工艺，即在柱塞从井口下行到井底的这一段时间，必须关井停产。这主要是以下两方面的因素所造成的：

①柱塞的最大横截面积与生产管柱的内横截面积很接近，使柱塞在管柱中运动时，受到的气流阻力太大；

②为了防止举升过程中气体的滑脱和液体的泄漏，现有的柱塞外径与管柱的内径很接近，使柱塞在运动过程中受到的摩擦阻力非常大；

（5）柱塞的下落速度慢。柱塞在油管中下落时，由于受到油管内壁的摩擦力、气体的阻力和托举力的作用，下落的速度变得很慢。虽然理论值还比较理想，但实际使用中，柱塞的下落速度往往小于2m/s，有的井况不到1m/s。这样对于一口3000m井深的排液井来说，每个生产周期，仅柱塞下落的时间就需要40~70min（含柱塞在液体中下落所需要时间）。如果每天按10个生产周期来计算，则有一半的时间是关井停产的，生产效率非常低。

4. 选井要求

井深：≤3000m；

油管尺寸：2½in、2in；

气液比：≥500m^3/m^3；

排水：10~50m^3/d；

基本要求：自喷井或间喷井。

从苏里格东区气井的生产状况看，气井产水量较小，但由于产气量也较小，两相管流中滑脱现象严重，导致带液能力不足，造成井底积液。柱塞举升通过减少气液的滑脱来提高带水生产能力，从其适用范围看，能够满足苏里格东区气井的排水采气的需要。

柱塞举升排水既可以注气辅助举升，也可以不注气而利用生产井自身能量生产，同时可通过环空注入泡排剂实现柱塞—化排复合举升。根据苏里格东区的气井生产动态可知，该气田绝大多数气井基本不具备高压气源辅助举升条件，若实施柱塞举升工艺，主要应立足于利用气井自身能量，因此，利用气井自身能量实施柱塞举升具有技术可行。

综上所述，苏里格气田东区可以采用柱塞举升排水采气工艺，但应注意工艺井的选择。地层压力较高，特别是尚具有一定自喷带液生产能力的高气水比井，可以选用柱塞举升工艺。

在柱塞举升时，可从环空注入泡排剂，即通过柱塞与化排的复合来提高排水效果。当产水量和产气量明显降低、油套压差增加，表明带水生产不畅、井底存在积液时，可通过液氮辅助柱塞气举来提高排水量、消除井底积液，从而延长柱塞举升或柱塞—化排复合工艺的运转时间。

（二）柱塞气举工艺在水平井中的应用情况

柱塞气举工艺在直井中应用较多，2001年长庆油田在S93井进行了实验，获得了较好的效果；大牛地气田2005年开展柱塞气举试验至2010年共试验了21口井的试验，获得成功。

柱塞气举工艺在定向井中也获得了成功。CX601-4井施工前产气0.5×$10^4 m^3$/d，产水7.5m^3/d；施工后产气1.3×$10^4 m^3$/d，产水10m^3/d，增产天然气0.8×$10^4 m^3$/d，排水采气效果显著。柱塞安装前后综合采气曲线如图7-37所示。综合采气曲线可看出，该井自柱塞气举工艺以来，油套压差减小，产气量显著增加，排水采气效果明显。

苏里格气田东区水平井管柱采用的是ϕ88.9/73.0mm组合组合管柱，不适宜柱塞气举工艺；若要进行柱塞排液，需更换成ϕ73.0mm规格的油管。同时，由于苏里格气田东区水平井水平段较长，而卡定器投劳技术只能将其座在造斜段，水平段的液体不能被排除，井底回压高，采收率低；柱塞运行时间长，液体漏失严重，柱塞气举效率低；开采后期地层压力低，柱塞运行困难，后期不适宜柱塞气举工艺。

综合考虑，对于产水量较高的水平井，在生产中后期将卡定器座在造斜段进行柱塞排液是可行的；生产后期地层压力低，能量不足，不推荐柱塞气举工艺。

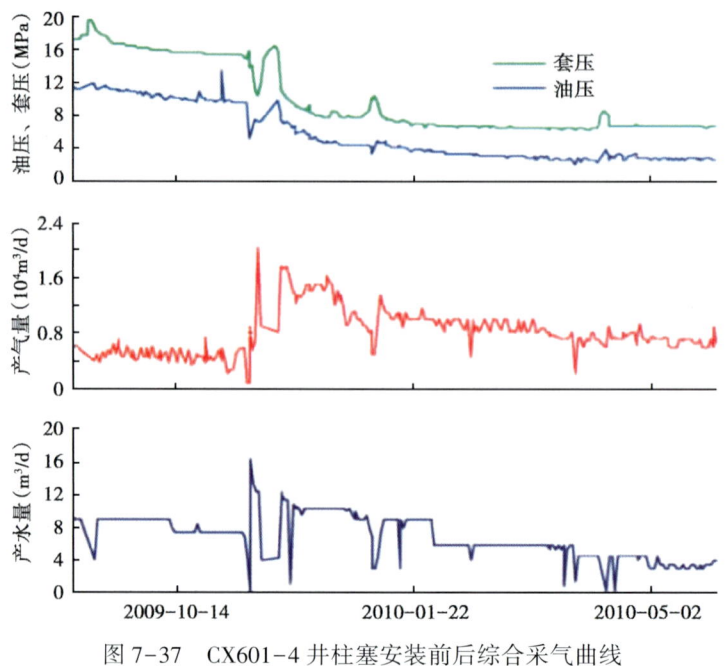

图 7-37　CX601-4 井柱塞安装前后综合采气曲线

五、水平井速度管柱排水采气技术

(一) 概况

连续油管用于排水采气时称为速度管柱，主要使用的速度管柱内径是 ϕ38.1mm 和 ϕ25.4mm 两种规格。

长庆油田分公司的 G25-5 井和西南油气田分公司的 BQ122 井、N59 井、水平井 GA002-H1-2、水平井 SD16-32H2 的现场应用成功（图 7-38）。这种装置不仅具有连续作业高效、灵活的优势，而且还能精确控制注剂量和注剂深度，可以达到最佳的药剂发泡排水效果。

a. GA002-H1-2　　　　　　　　b. SD16-32H2

图 7-38　水平井实施连续管排水采气现场

与常规压井更换管柱相比，下入速度油管作为生产管柱，可避免压井造成气层伤害和油管断落的风险，作业简单易行，气井恢复生产快。速度管柱可以在同一口井或别的气井中重复多次使用。采用速度技术可使气井产量持续稳定地提高，平均延长生产期45~60d。对于存在积液的气井，该技术是理想的选择。

从临界流量计算公式（7-1）中可以看出，当油管压力一定，临界气流速一定、油管尺寸越小，临界携液气流量越小。因此，利用小油管减小管流截面增加气流速度，可提高管柱排液能力。

临界携液气流量公式为

$$q_{cr} = 2.5 \times 10^8 \frac{pAu_{cr}}{zT} \tag{7-1}$$

式中　A——油管截面积，m^2；

　　　p——压力，MPa；

　　　T——温度，K；

　　　Z——p、T条件下的气体偏差因子；

　　　q_{cr}——临界携液气流量，m^3/d。

苏里格气田东区水平井不同井底压力下的临界携液气量如图7-39所示。油管尺寸越小，临界携液气流量越小。

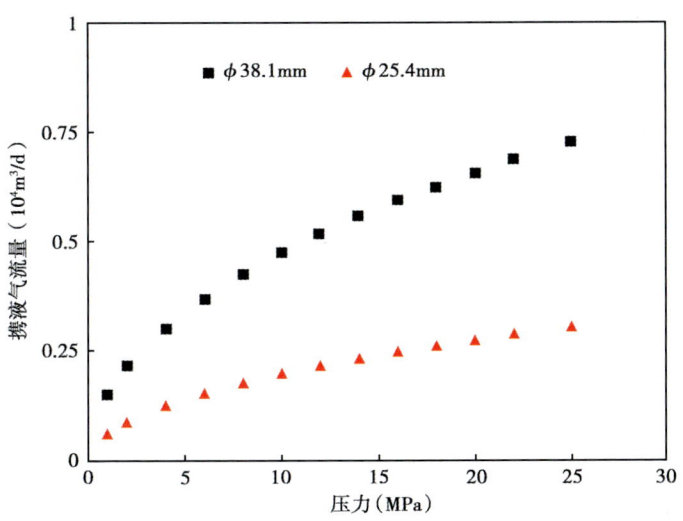

图7-39　不同油管尺寸下的临界携液气流量

选择的速度管柱尺寸过小，将产生较大的压力梯度。不同管柱尺寸及流压下的压力梯度如表7-14和图7-40、图7-41所示。对于给定产气量，随流压的增加，压力梯度是先降低后增大，分析原因是：当压力较低时，气液混合物流速较大，摩阻损失较大；当压力增加到某一值后，气体高度压缩，混合物的重力压降消耗和滑脱损失逐渐增大。从表7-14和图7-40、图7-41可知，对于同一产气量，管柱尺寸越小，压力梯度越小。

对于具体的井次，应根据产气量和流压选择速度管柱。

表 7-14　不同速度管柱尺寸及压力条件下的压力梯度

产气量 (10⁴m³/d)	油管规格 (mm)	不同压力下的压力梯度（kPa/m）							
		压力（MPa）							
		0.5	1	2	3	4	6	8	10
0.2	φ38.1	0.6	0.4	0.5	0.5	0.6	0.8	1	1.3
0.2	φ25.4	1.3	1.1	1.3	1.4	1.4	1.4	1.6	1.9
0.4	φ38.1	0.8	0.7	0.5	0.6	0.7	1	1.2	1.5
0.4	φ25.4	3.4	2.4	2.2	2.2	2.3	2.2	2	2.2
0.6	φ38.1	1.1	0.9	0.7	0.7	0.9	1.1	1.3	1.5
0.6	φ25.4	7	4.3	3.2	3.1	3.1	3	2.7	2.5
0.8	φ38.1	1.4	1.1	0.9	0.9	1	1.2	1.4	1.6
0.8	φ25.4	11.9	6.8	4.6	4.1	3.9	3.6	3.3	3.1
1.0	φ38.1	1.9	1.3	1.2	1.1	1	1.3	1.5	1.7
1.0	φ25.4	18.7	10	6.3	5.3	4.8	4.3	4	3.7
2.0	φ38.1	5.5	3.3	2.5	2.3	2.1	1.9	2	2.2
2.0	φ25.4	78.6	37.1	19.6	14.3	11.7	9.1	7.9	7.2

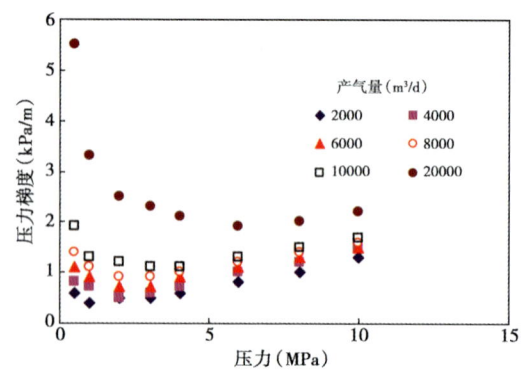

图 7-40　不同压力及产气量下的压力梯度（φ38.1mm）

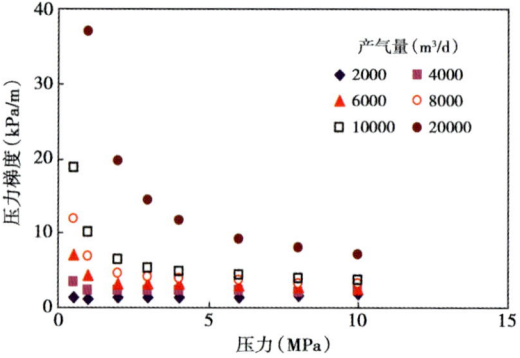

图 7-41　不同压力及产气量下的压力梯度（φ25.4mm）

（二）适应性分析

2010 年某采气厂与油气究院合作开展 2 口井（S25-6-7、S25-1-6）的连续油管排水采气试验，取得了一定的效果。

S25-1-6 井于 2007 年 5 月投产，试气无阻流量 $9.72×10^4m^3/d$。2010 年 7 月 11 日采用速度管生产后油套压差由 4.24MPa 降至 2.59MPa，气井能够自动周期性携液，产量由之前的 $0.1×10^4m^3/d$ 增加至 $0.3×10^4m^3/d$（图 7-42）。

S25-6-7 井 2007 年 9 月投产，无阻流量 $3.77×10^4m^3/d$。之前采取定期泡排，产量在 $0.25×10^4m^3/d$ 左右；2010 年 7 月 3 日采用连续油管生产后仍难以自动带液，采取套管向油管充压放喷的措施，油套压差明显减少，采取泡排+间开（开 3 天关 1 天）生产方式，间开产量 $0.5×10^4m^3/d$ 左右（图 7-43）。

2010 年 11 月 3 日、4 日对水平井 SD16-32H2 采用连续油管深掏液氮气举排液，连续油

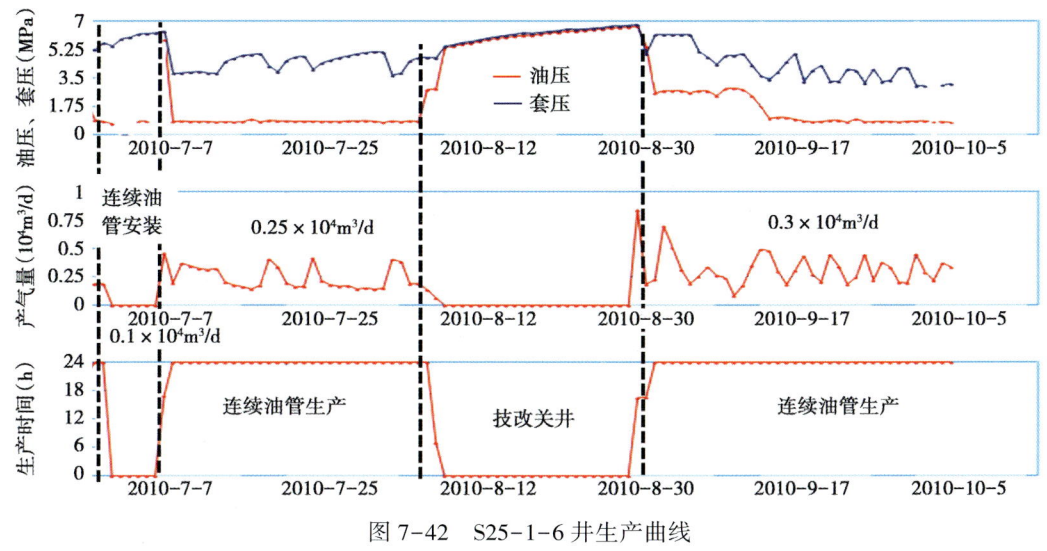

图 7-42　S25-1-6 井生产曲线

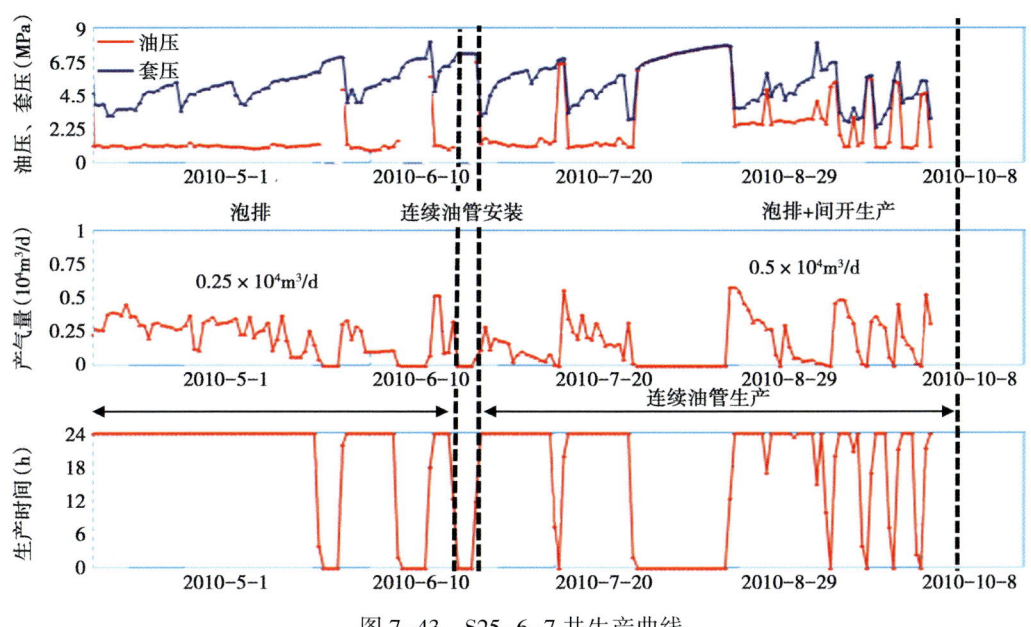

图 7-43　S25-6-7 井生产曲线

管下深 3409.5~3400m、液氮用量 40m³，排量 80~120L/min，泵压 8-10.5MPa，出液 4.5m³，排液作业成功。

速度管柱已在水平井现场试验成功，说明苏里格气田东区水平井打捞井下节流器后采用速度管柱排液是可行的。投产的水平井产气量如表 7-15 所示，SD36-31H2 井、SD19-99H2 井、SD13-65H2 井产气量低于 $0.6 \times 10^4 m^3/d$，气井已积液。

综合对比苏里格气田东区水平井的产气量、临界携液气流量以及压降梯度，对于产气量低于 $0.6 \times 10^4 m^3/d$，如 SD36-31H2 井、SD19-99H2 井、SD13-65H2 井，选用 $\phi 25.4mm$ 速度管排液生产；而对于产气量在 $0.6 \times 10^4 \sim 1.8 \times 10^4 m^3/d$，如积液井 SD27-29H2 井、SD26-31H2 井、SD16-33H2 井、SD16-32H2 井选用 $\phi 38.1mm$ 速度管较适宜。这样可提高管柱的

排液能力,同时压降消耗也较小,可最大限度降低井底回压,提高最终采收率。

对于地层压力很低的情况,单一的速度管不能实现排液的情况,采用速度管与泡沫排水采气配套技术,可提高排液效果,如 SD36-31H2 井。

表 7-15 水平井产气量对比

井号	油管尺寸	油压(MPa)	套压(MPa)	气产量($10^4 m^3/d$)	积液状态
SD19-99h2	ϕ88.9mm/73.0mm 组合	1.81	15.3	0.55	积液
SD27-29h2	ϕ88.9mm/73.0mm 组合	1.53	7.68	1.52	积液
SD26-31h2	ϕ88.9mm/73.0mm 组合	2.81	15.5	1.08	积液
SD33-60h2	ϕ88.9mm/73.0mm 组合	1.36	14.3	4.33	不积液
SD46-78h2	ϕ88.9mm/73.0mm 组合	1.36	14.4	1.70	积液
SD36-31h2	ϕ88.9mm/73.0mm 组合	0.71	17.6	0.20	积液
SD59-34h2	ϕ88.9mm/73.0mm 组合	17.77	18.5	8.03	不积液
SD13-65h2	ϕ88.9mm/73.0mm 组合	1.44	14.68	0.2	积液
SD59-34h2	ϕ88.9mm/73.0mm 组合	17.6	18.4	8.10	不积液
SD55-29h2	ϕ88.9mm/73.0mm 组合	7.8	10	4.0	不积液
SD16-33h2	ϕ88.9mm/73.0mm 组合	1.44	12.13	1.30	积液
SD16-32h2	ϕ88.9mm/73.0mm 组合	1.35	12.13	1.13	积液

(三) 排液采气工艺优选结果

根据苏里格气田东区投产水平井井身结构、生产条件以及各种排水采气工艺的特点,对水平井适宜的排液采气工艺进行了排序,结果如表 7-16 所示。

表 7-16 SD 气田水平井排液采气优选结果

排液井号	产气量($10^4 m^3/d$)	适宜的排液采气工艺排序				
		泡排剂/球	气举	柱塞	速度管	速度管+泡排
SD19-99H2	0.55	球/3	不适宜	4	1	2
SD27-29H2	1.52	剂/1	不适宜	2	3	4
SD26-31H2	1.52	剂/1	不适宜	2	3	4
SD46-78H2	1.70	剂/1	不适宜	2	3	4
SD36-31H2	0.20	剂/3	不适宜	—	2	1
SD16-33H2	1.30	剂/1	不适宜	2	3	4
SD16-32H2	1.13	球/2	不适宜	4	1	3

在采气量较小地层能量较充裕的情况下,首选泡排工艺;生产后期,地层能量不足,产气量低,首选"速度管+泡排";对于生产前期,排液井次的邻井能够提供高压气源时,间歇气举和柱塞气举也是很好的选择。对于 SD16-32H2 井和 SD19-99H2 井采用裸眼封隔器完井的情况,打捞井下节流器后,速度管柱或者投泡排球是较好的排液方式。

(1) 苏里格气田产水气井的主要特点是低压、低产、小水量,适宜的排水采气工艺有井下节流、泡排、合理携液制度、柱塞气举、井间互联气举、小直径油管、速度管柱为主;

气井开采初期主要采用井下节流技术、优化工作制度的排液方式,中期主要采用"合理工作制度",部分井辅以"泡沫排水";后期主要采用柱塞气举、井间互联气举、速度管柱排液采气工艺,辅助工艺有车载式压缩机气举、天然气连续循环排液工艺。

(2)水平井由于井身结构的特殊性,相同生产条件下直井适用的工艺在水平井中未必适宜。柱塞气举工艺对柱塞在油管中的通过能力要求较高;SD16-32h2和SD19-99h2采用裸眼封隔器完井的情况,打捞井下节流器后,小油管或速度管是较好的排液方式。对于其以套管完井或悬挂器+尾管完井的水平井,前期地层能量较充足,首选泡排工艺;生产后期,地层能量不足,产气量低,首选"小油管+泡排"。

(四)苏里格气田东区排液采气工艺推荐

从对苏里格气田东区气井生产状况统计看出,气井多数出水量较小,但大量出水气井存在积液,即使是小量积液,对产量的影响也相当严重。能有效排除井筒积液的工艺很多,但要解决积液带来的影响则需要保持井筒清洁,考虑到现有工艺在技术和经济上的适应性,需要采用非常规的排液方法。在常见的排液措施中,气举、机抽、电潜泵、射流泵等因工艺复杂,投资大,效率低,在在该区块不具备应用的条件。

1. 首推泡沫排气方法,连续泡排效果更好

泡排因投资小、见效快,在苏里格东区有很强的适用性。它能有效的排除井底积液,但维持增产的有效期不长。据现场的泡排效果分析表明,一次泡排有效期在几天到一个月左右,泡排措施在现场的应用最为广泛,但需要频繁作业,有效时间短。

然而在采用间歇泡排措施的同时,没有意识到小量产液、小量积液过程的严重影响。通过对苏里格间歇泡排气井的措施效果分析发现,采用排液措施后,初始的产量压力恢复到较高水平,但维持的时间很短,随后产量快速递减。且随着气井排液次数增加,产量递减速度也越来越快,单次排液的有效期越来越短。多在采用数次泡排措施后,气井的压力停留在较低水平,很难再恢复,继而转向低压采气等措施开采。

对采用间歇排液的气井,多在气井产量很低时关井压产,多数情况下气井的产量低是有井筒内的大量积液所致。在关井时如果不注意井筒内的积液问题,会造成积液倒灌地层,大大伤害近井地带渗透率,且这种水侵在近井地层渗透率的劣化无法逆转。导致产层很大部分的能量被封闭,导致气藏采收率较低。

因此,采用智能的连续不断的排液措施,如毛细管柱泡沫连续排液技术等,可最大限度保持井筒清洁,减小井筒积液带来的附加压力对生产的限制,能更好地发挥气井的潜力,且气井的产量稳定,还可避免关井时积液倒灌的问题。

2. 小管柱有较好的适应性

通过速度管柱排水采气试验可知,小管柱排水采气是一套非常好的排水采气方法。小油管通过减少管流截面增加气流速度,提高气流举液能力,达到连续排水的目的。在控制地层能量较高的气井,出水早期较适合。需要对地层气水状况有清楚的认识,对出水量和产气量有准确的预测,另外,因投资较大,需要在投产初期就制订详细的方案,同时注意改用小油管生产时的替喷排液工艺。

3. 毛细管管柱连续泡排前景好

苏里格气田东区低渗气藏单井控制可采储量低,单井产量低,出水量小,井底积液影响严重。结合该区块生产实际和现场的排液经验,推荐用毛细管管柱连续注泡排剂排水采气和小油管排水采气工艺。

毛细管管柱是下入到油管或套管内的不锈钢油管，它采用类似于在压力大的井中下连续油管的方式下入井内。典型的作法是，毛细管管柱通过油管进入套管下至射开层的顶部或射开层段，井底工具组合由一个带孔短节和一个底部单流阀组成。这种毛细管管柱可以下到超过 20000ft 的深度，化学药品通过重力虹吸或通过毛细管泵送。

毛细管管柱能泡沫化产出水可以大大地增加可采储量，提高和稳定产量，循环载荷和相对渗透率影响对气层造成的伤害，节省劳动力。但需要花费一些时间注入化学维护剂以及为此而增加的成本。

相比人工间歇排液耗时长、效率低，当发泡剂适合、井筒积液正在出现并能获得较高的产量时，间歇泡沫排液才有效。

4. 小油管+泡排复合采气工艺

利用组合排水采气工艺将成熟的单项工艺有机地结合在一起，可充分发挥各单项工艺技术的优势，扩大单项工艺的适用范围，实现优势互补，增加举升系统的效率。

5. 单井循环泵排水采气工艺

采用连续气体循环的方法利用地面单井泵把一定的气量通过环空注入，在井底进入油管，增加油管中气体的流速，达到增加携液能力和排出井筒积液的目的。同时生产时地层产出气通过三通直接进入管线。在设计泵的排量时实现单纯的循环气就能达到临界携液流速的标准，即可实现单井泵循环排液。

6. 注气辅助化排技术

注气辅助化排相当于泡沫排水采气与小型气举工艺的复合。一方面，利用环空注气，补充举升井筒流体的能量，另一方面，利用化排剂降低井筒液体的密度，使之溶液被气流携带到地面。通过该工艺的实施，达到逐渐掏空井底及近井地带积液，进而激活地层能量，实现水淹气井复活。该工艺适用于水淹气井以及排水不畅井，并且不会对地层造成伤害，对苏里格东区低压、低产气井具有独特优势。

第六节　泡沫排水采气工作制度的优化设计

一、泡沫流体性质

（一）压缩性

泡沫总体积中气体部分的体积称为泡沫质量，液体部分的体积称为泡沫湿度。通常，泡沫流体的泡沫质量变化范围为 50%~80%。由于气体的存在该流体可压缩，但泡沫的液体部分可压缩性很小，因此，泡沫流体可称为半压缩体。由于气液界面上吸附了表面活性剂分子，使液体薄膜具有弹性，能经受压缩和减压膨胀。

（二）流变性

泡沫流体是一种假塑性流体，具有非牛顿流体特性，在低剪切速率下具有很高的表观黏度，而且其黏度随着剪切速率的提高而降低。在一定的剪切速率下，泡沫流体的表观黏度随着泡沫质量的上升而提高。

（三）稳定性

泡沫具有巨大的气、液界面面积和较高的表面自由能。从热力学角度看，泡沫流体是不稳定的体系，其自由能具有自发减少的倾向，从而导致泡沫逐渐破灭，直至气液完全分离。

然而，体系中表面活性剂的存在大大降低了气液之间的界面张力，使泡沫具有相对的暂时稳定性。

（四）起泡性和稳泡性

起泡与稳泡技术是泡沫流体的关键和基础，而起泡剂是影响泡沫流体起泡与稳泡的关键因素。起泡剂多为一种或多种表面活性剂及其他添加剂的复配体系，其类型和浓度不仅影响泡沫流体的起、稳泡性能。不同的起泡剂由于存在结构差异，其起泡和稳泡能力不同。良好的起泡剂必须具备两个条件，即易于产生泡沫和产生的泡沫有较好的稳定性，从易于产生泡沫的角度出发，要求其具有良好的降低表面张力的能力。从起泡剂分子结构看，不仅要求具有较强的亲水基团，而且要求具有适当长度的亲油基烃链，以达到界面的吸附平衡。泡沫稳定性要求表面活性剂的吸附层有足够的强度，以增加其弹性，减少液体排泄量。

泡沫的稳定性是泡沫流体的主要性能。泡沫流体是气体组成的气泡分散体系，具有极高的表面自由能，是热力学不稳定体系，但可以采取某些措施改变条件，增强泡沫的稳定性以满足应用要求。泡沫的衰变机理是：泡沫中液体的流失气体透过液膜扩散。泡沫性质和液膜均与Plateau边界间的相互作用有直接关系。

1. 泡沫中液体的流失

泡沫中液体的流失是气泡相互挤压和重力作用的结果。气泡的挤压主要是由曲面压力造成的，3个气泡交界的Plateau边界如图7-44所示。

根据Laplace公式可得：

$$p_A - p_B = \delta/R \tag{7-2}$$

式中 p_A——图7-44中A处的液体压力，Pa；
p_B——图7-44中B处的液体压力，Pa；
δ——表面张力，mN/m；
R——3个气泡的半径，mm。

由上式可以看出，B处液体的压力较A处小，因此在这种压差作用下，泡沫的液体自动地从A处流向B处，使得液膜变薄，最终导致破灭。

2. 气体透过液膜扩散

无论用何种方法产生的泡沫，其大小总是不完全均匀的。由于弯曲液面附加压力的作用，小泡内的气体压力总是高于大泡，因而气体自高压的小泡透过液膜扩散到低压的大泡中去，使得小泡变小直至消失大泡变大最终导致气泡破裂（雷宇，2009）。

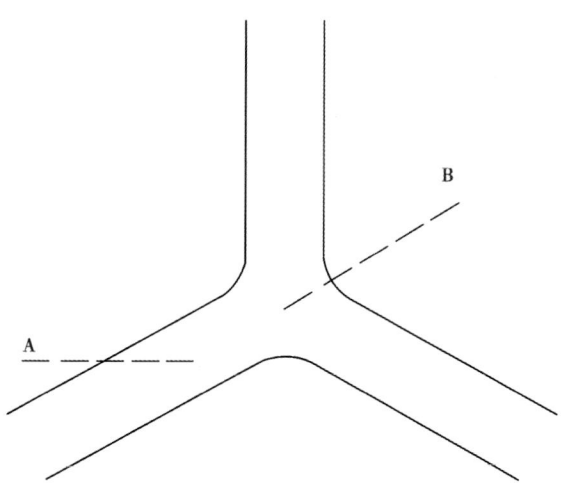

图7-44 3个气泡交界的Plateau边界

由此可见：起泡剂的表面张力越低，起泡能力越强，起泡效率和泡沫质量越高；泡沫水溶液的稳泡模型符合指数模型；影响泡沫流体起泡和稳泡的因素依次为：起泡剂类型、起泡剂浓度、搅拌转速和搅拌时间。

3. 特殊的物理性质

（1）密度可调，液柱压力低。常压下其最低密度可达 $0.03\sim0.04\text{g/cm}^3$；在井眼中其平均密度一般均低于 $0.5\sim0.8\text{g/cm}^3$；

（2）泡沫流体动切力较大，黏度高，在较低的返速下，其携带能力大。泡沫质量25%~85%之间时，液滴在泡沫中的沉降速度较小，生产中要将泡沫质量控制在这个范围；

（3）摩阻低，压力损失较小；

（4）遇水稳定，遇油消泡。

二、泡沫流体压力温度计算

（一）模型的建立

1. 基本假设

泡沫排水采气井筒中的泡沫流体，一般是由加有发泡剂，井底所产天然气经高速、强烈、充分地搅拌和混合后形成的多相气液混合物，通常情况下，泡沫流体中气体均匀地弥散于液体之中，因此可以对泡沫流体采用均质平衡流模型。该模型是将泡沫流体看做是均匀的单相流体，用单相流体模型描述和计算泡沫流体的多相流动。建模时将坐标原点取在井口，沿井筒向下为正方向，并假定泡沫流体在井筒内作一维稳定流动。

2. 连续性方程

在稳定流动的情况下，泡沫流体在井筒内的质量流量为常数，即有：

$$\frac{dG}{dz} = \frac{d(\rho u A)}{dz} = 0 \text{ 或 } \frac{du}{dz} + \frac{u}{\rho} \cdot \frac{d\rho}{dz} = 0 \tag{7-3}$$

式中 G——泡沫流体在井筒中的质量流量，kg/s；

z——空间坐标，m；

ρ——泡沫流体的密度，kg/m^3；

u——泡沫流体的速度，m/s；

A——流动截面积，m^2。

3. 动量方程

假设泡沫流体在井筒内的流动已充分发展，则沿流动方向的动量方程可简化为：

$$\rho u \frac{du}{dz} = \rho g - \frac{dp}{dz} - \frac{4\tau_w}{d} \tag{7-4}$$

式中 g——重力加速度，m/s^2；

p——泡沫流体的压力，Pa；

τ_w——管壁处的剪切应力，Pa；

d——管径，m。

将式（7-3）带入式（7-4），并移项整理得：

$$\frac{dp}{dz} = \rho g + u^2 \frac{d\rho}{dz} - \frac{4\tau_w}{d} \tag{7-5}$$

壁面处的剪切应力计算式为：

$$\tau_w = \frac{\lambda}{4} \cdot \frac{\rho u^2}{2} \tag{7-6}$$

式中 λ——流体阻力系数，无量纲。

4. 能量方程

在稳定流时，泡沫流体在井筒内流动时能量的增加，应等于地层对它的传热量，因而有：

$$\frac{d}{dz}\left[G\left(h + \frac{u^2}{2} + gz\right)\right] = q_z \tag{7-7}$$

将式（7-7）展开，并结合连续性方程，得到：

$$\frac{dT}{dz} = \frac{1}{c_p}\left(\frac{q_z}{G} + \frac{u^2}{\rho} \cdot \frac{d\rho}{dz} - g\right) \tag{7-8}$$

式中 h——泡沫流体的比焓，$h = c_p T$，J/kg；
T——泡沫流体的热力学温度，K；
c_p——泡沫流体的比热，J/kg；
q_z——单位井筒长度内地层传给流体的热量，W/m。

5. 泡沫流体的密度

在均质平衡流体模型中，泡沫流体的密度为：

$$\rho = (1 - \varepsilon_g)\rho_1 + \varepsilon_g \rho_g \tag{7-9}$$

式中 ε_g——泡沫流体的孔隙率，无量纲；
ρ_1——液相密度，kg/m^3；
ρ_g——气相密度，kg/m^3。

若设 Γ 为泡沫流体的泡沫质量，则对气相和液相分别有：

$$\rho\Gamma = \varepsilon_g \rho_g \text{ 和 } \rho(1 - \Gamma) = (1 - \varepsilon_g)\rho_1 \tag{7-10}$$

将式（7-10）代入式（7-9），得到：

$$\rho = \rho(p, T) = \frac{\rho_1 \rho_g}{\Gamma \rho_1 + (1 - \Gamma)\rho_g} \tag{7-11}$$

将式（7-11）对 z 求导，则有：

$$\frac{d\rho}{dz} = \frac{\partial \rho}{\partial p} \cdot \frac{dp}{dz} + \frac{\partial \rho}{\partial T} \cdot \frac{dT}{dz} \tag{7-12}$$

其中

$$\frac{\partial \rho}{\partial p} = \frac{\rho_g \frac{\partial \rho_1}{\partial p} + \rho_1 \frac{\partial \rho_g}{\partial p}}{\Gamma \rho_1 + (1 - \Gamma)\rho_g} - \frac{\Gamma \frac{\partial \rho_1}{\partial p} + (1 - \Gamma)\frac{\partial \rho_g}{\partial p}}{[\Gamma \rho_1 + (1 - \Gamma)\rho_g]^2}\rho_g \rho_1 \tag{7-13}$$

$$\frac{\partial \rho}{\partial T} = \frac{\rho_g \frac{\partial \rho_1}{\partial T} + \rho_1 \frac{\partial \rho_g}{\partial T}}{\Gamma \rho_1 + (1 - \Gamma)\rho_g} - \frac{\Gamma \frac{\partial \rho_1}{\partial T} + (1 - \Gamma)\frac{\partial \rho_g}{\partial T}}{[\Gamma \rho_1 + (1 - \Gamma)\rho_g]^2}\rho_g \rho$$

将式（7-5）、式（7-8）和式（7-12）联立，便构成了描述泡沫流体在井筒内流动时的数学模型。由此可见，泡沫流体的密度、压力和温度相互依赖和影响，因此必须同时求解，故将此模型称为耦合模型。

（二）模型的求解

若已知井口处的泡沫流体参数，即

$$p|_{z=0}=p_0, \quad T|_{z=0}=T_0, \quad \rho|_{z=0}=\rho_0 \tag{7-14}$$

则定解条件式（7-13）和式（7-5）、式（7-8）和式（7-12）一起，组成了求解泡沫流体参数的数学模型。该模型是典型的一阶常微分方程组的初值问题，采用龙格—库塔方法求解。为了提高计算精度，可将井筒分成若干小段，从井口开始逐段计算，直至井底。

（三）泡沫排水临界流速

在排水采气过程中，发泡剂与气、水（通常含有部分轻质原油等烃类物质）在井下完成混合，并产生泡沫。泡沫排水方法的最大优点是由于液体分布在泡沫膜中，具有更大的表面积，减少了气体滑脱效应，并能够形成低密度的气液混合体。在低产气井中，泡沫能很有效地将液体举升到地面，否则积液愈加严重，会造成较高的多相流压力损失（陈德春，2007）。

泡沫是一种特殊类型的气液乳化体系。气泡相互之间被液膜分开，表面活性剂一般用来减小气液界面张力，促进气体分散在液相内。气泡间的液膜有两个背对背亲水的表面活性层，液体被含在这两个层之间。这种气液联结方式能够有效地将低压气井中液体排出。

Campbell 等给出了有效泡沫排水的临界流速公式

$$\nu_t = \frac{1.593\sigma^{0.25}(\rho_l - \rho_g)^{0.25}}{\rho_g^{0.25}} \tag{7-15}$$

式中 σ——气液表面张力，dyn/cm（1dyn/cm=0.001N/m）；

ρ——密度，lb/ft³（1lb/ft³=16.0185kg/m³）；

ν_t——气体临界流速，ft/s（1ft/s=0.3048m/s）。

Campbell 等探讨了泡沫降低表面张力，进而降低临界流速的问题，并指出表面张力应该在动态条件下测量。他们也论述了泡沫会降低由水、凝析液和气形成的液滴的密度，并且指出降低泡沫液滴密度和表面张力都是泡沫排水能够降低临界流速的原因。

表面活性剂在水和液态烃中的反应是不同的，在液态烃内不能很好地起泡，尤其在轻质凝析油中。气—凝析轻烃体系中虽然可以形成泡沫，但泡沫不稳定，很容易分离，一般需要持续的搅动来维持泡沫。

烃类不易起泡的一个原因就是烃分子是非极性分子，分子间力为范德华力，相互引力小。另一方面，水分子为极性分子，在表面活性剂作用下很容易形成强度相对较高的膜。当井筒中同时存在水和液态烃时，泡沫主要产生在水相，水相泡沫帮助携带液态烃。实验观察表明，当水和轻烃同时存在时，液态烃趋向被乳化，泡沫在外部水相产生。

（四）起泡剂的评价方法

为测定起泡剂之性能，采用国家标准 GB/T 13173-91 罗斯·米尔（Rossmiles）法和SY-T6465-2000 泡沫排水采气用起泡剂评价方法测定起泡剂的起泡能力和稳泡性，试验装置如图 7-45 所示。

起泡能力和稳泡性评价操作为：在罗氏泡高仪中加入 50mL 发泡基液，用分液管装

200mL 发泡液体，从 900mm 的高度冲击泡高仪中的液面，以分液管中液体流完时的泡沫高度表示发泡能力，以 3min 后的泡沫高度表示泡沫稳定性。

根据 APIRP46 推荐做法，采用 SY/T 5761-1995 "排水采气用起泡剂 CT5-2" 中规定的泡沫携液量测定装置（图 7-46），测定起泡剂排水携液能力。

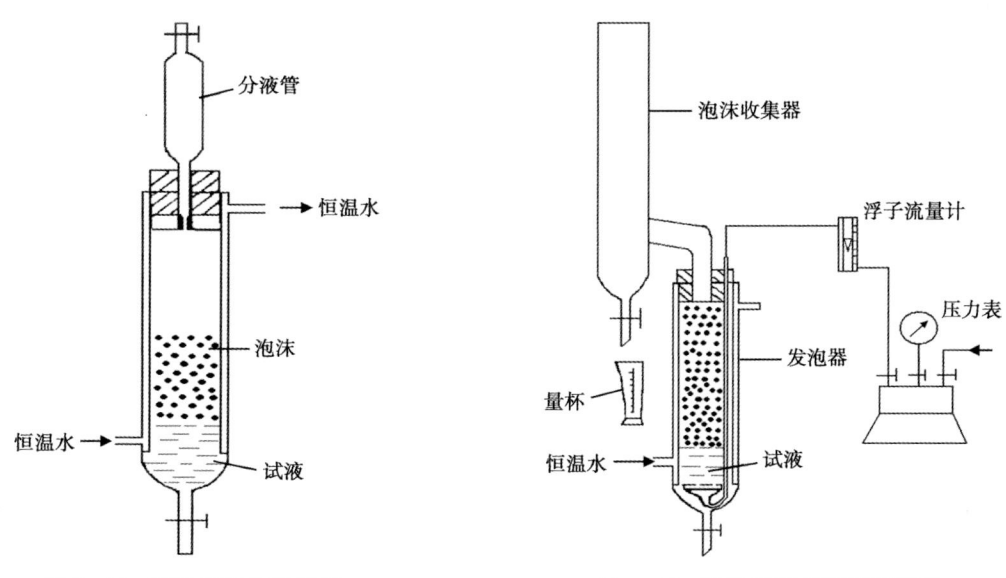

图 7-45 罗氏泡沫仪示意图　　　　　图 7-46 泡沫携液量测定流程图

泡沫携液能力评价的具体操作是：在发泡器中加入 200mL 发泡液体，按图 7-46 装好设备，以一定流量通氮气发泡，泡沫上升并进入泡沫收集器，用量筒收集泡沫收集器中消泡后的液体，以 15min 携带出的液体量表示起泡剂的携液能力。

三、携液实验结果及分析

该实验主要考察现场使用浓度下的各种泡沫排水剂分别在各典型井水样中的携液能力。
携液能力实验仪器：
恒温携液仪 1 套；
温度计（精度 0.20C）1 支；
电子天平（精度 0.01g）1 台；
超级恒温水浴 1 台；
充气泵 1 台；
烧杯（1000mL）7 个。
携液能力实验方法：配制药剂浓度为 5.00‰的待测样液。置待测样液于恒温水浴里加热至 70±1℃，备用。用超级恒温水浴预热恒温携液仪并恒温在 70±1℃，将已预热好的待测样液倒入恒温携液仪中，打开充气泵，充入气体，使溶液起泡，用集液器收集带出的液体，直到无泡沫带出为止，测量带出液体的质量，即为该实验样品的携液能力。
发泡和携液能力试验见表 7-17—表 7-19。
从表 7-17 可以看出，所选用药剂在不含油情况下，发泡力均较强；在含油情况下，UT-11B 和 CQ2-1 的发泡力降低，衰减时间变短，携液量下降 10%左右，HY-3G 的发泡力和携液量下降明显；随着矿化度的升高，三种药剂中 UT-11B 对矿化度适应性强。

表 7-18 为测试加防冻剂（甲醇）后发泡和携液能力试验结果，由实验结果可见，甲醇对发泡力和携液量影响不大。

表 7-19 为不同地层水中选用药剂的发泡和携液能力试验结果，由实验结果可见，不同的气井，需要分别开展药剂筛选试验，确定最佳的药剂种类。

表 7-17　CQ2-1、HY-3G、UT-11B 型在 70℃下的实验数据（含油量）

油含量	矿化度（mg/L）	药剂浓度（‰）	试剂	发泡力（mm）				携液量（mL）
				起始	30s	3min	5min	
不含油	20000	5	HY-3G	235	240	230	205	161.0
			UT-11B	205	215	210	185	167.0
			CQ2-1	220	235	230	185	175.0
	80000	5	HY-3G	215	225	210	200	165.0
			UT-11B	210	215	220	195	163.0
			CQ2-1	215	225	240	195	165.0
	130000	5	HY-3G	225	220	230	220	152.0
			UT-11B	200	200	210	110	160.0
			CQ2-1	200	215	222	221	172.0
20%	20000	5	HY-3G	110	95	10	5	144.0
			UT-11B	190	120	0.0	0.0	164.0
			CQ2-1	180	195	15	15	160.0
	80000	5	HY-3G	10	0.0	0.0	0.0	40.0
			UT-11B	105	35	0.0	0.0	149.0
			CQ2-1	165	130	10	0.0	157.0
	130000	5	HY-3G	3	0.0	0.0	0.0	103.0
			UT-11B	140	95	0.0	0.0	155.0
			CQ2-1	160	140	30	10	150.0

表 7-18　CQ2-1、HY-3G、UT-11B 型在 70℃下的实验数据（含甲醇）

甲醇含量	矿化度（mg/L）	药剂浓度（‰）	试剂	发泡力（mm）				携液量（mL）
				起始	30s	3min	5min	
不含甲醇	20000	5	HY-3G	235	240	230	205	161.0
			UT-11B	205	210	210	185	167.0
			CQ2-1	220	235	230	185	175.0
	80000	5	HY-3G	215	225	210	200	165.0
			UT-11B	210	215	220	195	163.0
			CQ2-1	215	225	240	195	165.0
	130000	5	HY-3G	225	220	230	220	152.0
			UT-11B	200	200	210	110	160.0
			CQ2-1	200	215	222	221	172.0

续表

甲醇含量	矿化度（mg/L）	药剂浓度（‰）	试剂	发泡力（mm）				携液量（mL）
				起始	30s	3min	5min	
20%	20000	5	HY-3G	260	290	300	240	156
			UT-11B	235	265	220	45	160
			CQ2-1	280	290	325	310	160
	80000	5	HY-3G	250	280	360	250	160
			UT-11B	235	290	35	20	160
			CQ2-1	280	285	320	275	154
	130000	5	HY-3G	270	300	340	325	159
			UT-11B	250	280	55	20	161
			CQ2-1	250	285	320	265	163
40%	20000	5	HY-3G	135	90	100	3	150
			UT-11B	135	25	0	0	150
			CQ2-1	265	330	45	15	160
	80000	5	HY-3G	120	30	0	0	144
			UT-11B	105	60	5	0	145
			CQ2-1	240	310	35	10	150
	130000	5	HY-3G	110	75	25	0	130
			UT-11B	140	40	5	0	142
			CQ2-1	210	290	120	75	146

表 7-19 在地层水中 CQ2-1、HY-3G、UT-11B 型的实验数据（70℃）

地层水	药剂浓度（‰）	试剂	发泡力（mm）				携液量（mL）
			起始	30s	3min	5min	
Y43-02（含甲醇50%）	5	HY-3G	0.2	泡沫已经消完			133
		UT-11B	0.2	泡沫已经消完			142
		CQ2-1	16.5	18	1.5	1	155
Y28-01	5	HY-3G	10.5	10.5	9	1.8	148
		UT-11B	12	11.5	1.5	0	153
		CQ2-1	16.3	16.7	4.3	2.8	162
T33-13（含甲醇大于50%）	5	HY-3G	几乎无泡沫产生				10
		UT-11B	0.5	泡沫已经消完			142
		CQ2-1	20.5	23.0	1.5	1	158

四、天然气含水率计算

作为井筒流物的天然气总是被水饱和的，天然气的饱和含水量取决于天然气的温度、压力和组成等条件。通过含水率计算，用于确定井筒的凝析水量，特别是井下节流器井，用于确定节流器上的积液量。

(一) 算图估算

算图主要用来确定非酸性天然气的含水量，同时结合其他算图进行酸性天然气含水量的估算，以下为用得较多的 Mcketta-Wehe 算图（图 7-47）。

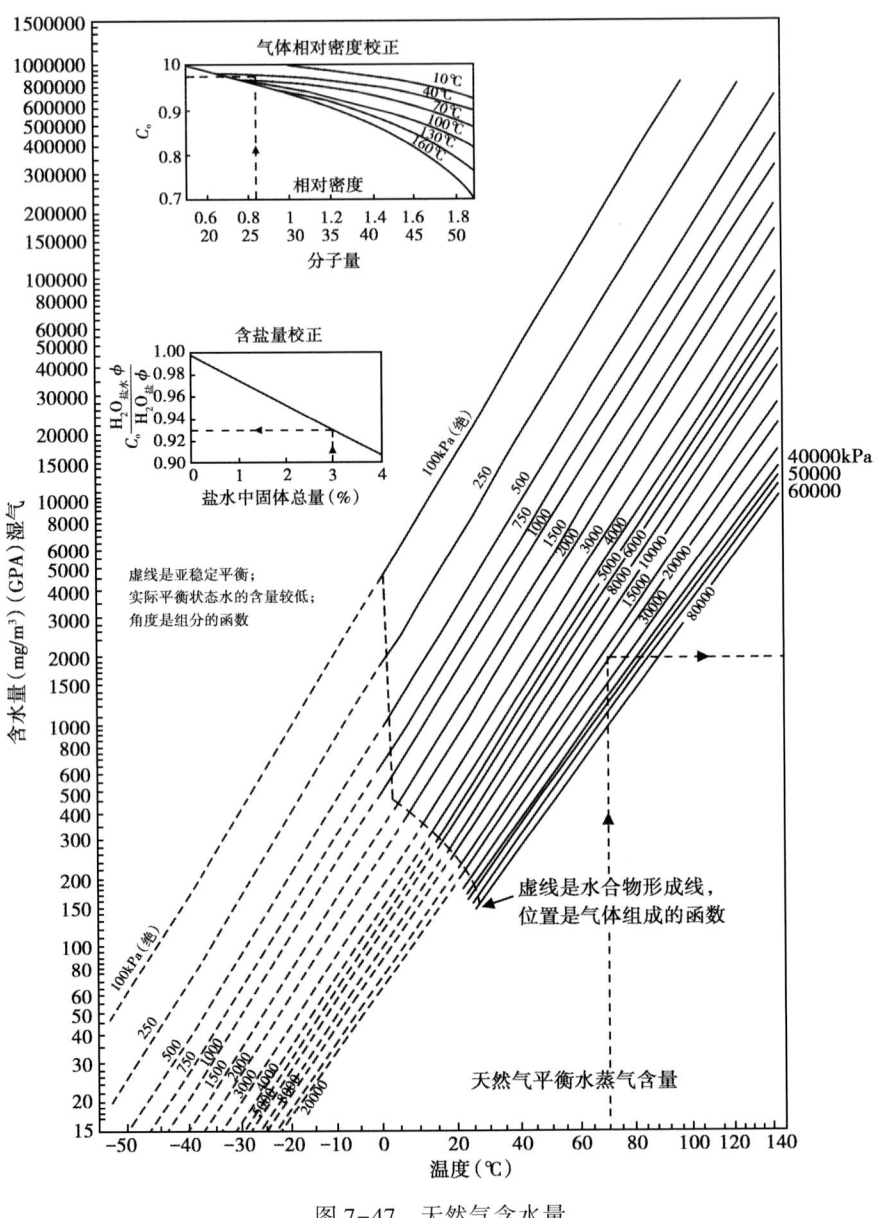

图 7-47 天然气含水量

该算图于 1958 年首次发表，一直沿用至今，图中的曲线是按相对密度为 0.6，与纯水接触的天然气制定的，因此需要进行相对密度校正和含盐量校正，校正曲线附在算图的左上侧，校正计算式为：

$$W = C_G \times C_s \times W_o \tag{7-16}$$

式中　W——校正后的含水量，mg/m^3；

W_o——相对密度为 0.6 的天然气含水量，mg/m³；
C_G——相对密度校正系数；
C_s——含盐量校正系数。

（二）经验公式法

李允在《天然气地面工程》中给出了一种快速简捷的计算公式：

$$W = 16.017A \times B^{(1.8t+32)} \tag{7-17}$$

式中　W——含水量，g/m³；
　　　t——系统温度，℃；
　　　A、B——与压力有关的系数，定义为：

$$A = \sum_{i=1}^{4} a_i \left(\frac{0.14p - 350}{600} \right)^{i-1}$$

$$B = \sum_{i=1}^{4} b_i \left(\frac{0.14p - 350}{600} \right)^{i-1}$$

式中　p——系统压力，kPa；
　　　a_i、b_i——拟合系数（表 7-20）。

表 7-20　经验公式拟合系数表

系数	不同温度取值	
	$t<37.78℃$	$37.78℃<t<82.22℃$
a_1	4.34322	10.38175
a_2	1.35912	-3.41588
a_3	-6.82391	-7.93877
a_4	3.95407	5.8495
b_1	1.03776	1.02674
b_2	-0.02865	-0.01235
b_3	0.04198	0.02313
b_4	-0.01945	-0.01155

此外，李允和诸林还在总结前人研究成果的基础之上，采用现代计算技术回归了如下的经验公式，能比较好地解决非酸性天然气含水量的计算问题：

$$W = \frac{101.325A}{p} + B \tag{7-18}$$

式中　W——天然气含水量，g/m³；
　　　p——体系压力，kPa；
　　　A、B——系数。

$$A = a_0 + a_1 t + a_2 t^2 + a_3 t^3 + a_4 t^4 + a_5 t^5 + a_6 t^6 + a_7 t^7$$

$$B = b_0 + b_1 t + b_2 t^2 + b_3 t^3 + b_4 t^4 + b_5 t^5 + b_6 t^6 + b_7 t^7$$

式中的系数列于表 7-21 中，t 表示天然气露点温度，℃。

气井的井底压力一般大于100℃，在计算井底或温度超过使用范围的含水率时，无法适用，为此，本书经过分析确定采用算图（李允和诸林拟合公式）估算天然气含水率，进而进行井筒积液计算。

表 7-21 回归经验公式拟合系数表

系数 a	系数值	系数 b	系数值
a_0	4.65295	b_0	4.67351×10^{-2}
a_1	3.37802×10^{-1}	b_1	4.60019×10^{-3}
a_2	1.11426×10^{-2}	b_2	8.68387×10^{-6}
a_3	2.04273×10^{-4}	b_3	-4.65719×10^{-6}
a_4	1.91021×10^{-6}	b_4	9.32789×10^{-8}
a_5	1.56275×10^{-8}	b_5	2.06031×10^{-9}
a_6	1.99046×10^{-10}	b_6	-4.79843×10^{-11}
a_7	-1.23039×10^{-12}	b_7	2.37537×10^{-13}

五、加注参数优化

（一）基于临界流速的加注浓度

根据气井连续携液临界流速的 Turner 模型及改进模型，考虑井筒注入起泡剂对液体的密度、表面张力引起的变化，计算出气井连续携液的临界流速。现场应用中只要得出不同浓度起泡剂的液体密度和表面张力，按照气井连续携液模型和含凝析油气井临界流速计算式，可计算出气井注入不同浓度起泡剂作用下的气井连续携液临界流速，与气井实际流速相比较，就能判断出哪种起泡剂有效或无效，从而起到从理论上确定起泡剂加注浓度及优选的作用（单传祯，2009）。

优选方法全面考虑泡排剂参数（例如表面张力的动态性能和泡沫的密度）以及气井的生产参数（例如温度、压力、管径等因素），形成如图 7-48 所示的研究思路。

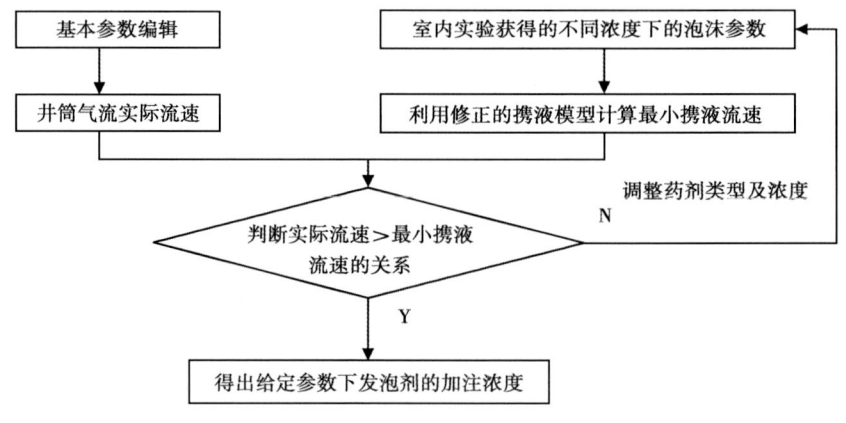

图 7-48 优选方法的研究思路

（二）化学排水采气起泡剂合理加注量

起泡剂的加注量要根据井筒积液量确定，以满足气井带水连续且稳定均衡生产为宜

（杨继盛，1992）。由于起泡剂的加注量等于井筒积液量、起泡剂加注浓度和气井排水强度三者的乘积，因而这 3 个参数的确定是关键。根据气井完井参数、油套压值、天然气物性等数据，不难计算出井筒实际液量；现场应用中，可以通过试井车探得井筒液面高度，以此求得井筒实际积液量。化学排水的加注浓度可根据起泡剂的临界胶速浓度来确定，一般要小于起泡剂的临界胶速浓度（当溶液达到临界胶束浓度时，溶液的表面张力降至最低值，此时再提高表面活性剂浓度，溶液表面张力不再降低而是大量形成胶团，此时溶液的表面张力就是该表面活性剂能达到的最小表面张力，用 cmc 表示），也可以按上面所述的基于临界流速的加注浓度理论来确定。气井排水强度，就是指排出井底积液的次数，可以现场确定。

（三）化学排水起泡剂的最佳加注时机

气液速度对排水量的影响实验表明：气流速度在 1~3m/s 时，起泡剂的泡沫带水能力弱；当气流速度大于 3m/s 或小于 1m/s 时，起泡剂的泡沫具有较好的带水能力，这也是起泡剂加注的最佳时机。

1. 简易流速判别法

气井井筒未形成积液时油管与油套环空液面高度应一致，假设此时套管液面处对应压力为 p_0，只要求出或计算出此时套管液面处高度（在气井开井前，可通过试井车实探井筒液面得知），p_0 为已知，根据气井产量、井温、井口油套压值及天然气物性参数，不难求得液面处气流流速 v_0。当气井井筒油管中形成液柱高度 X 后，会导致原液面位置压力升高，气流流速会降低，通过此时井口油压、套压及其他参数，根据公式可求出井底压力及对应井底处气流流速 V。根据实践经验得出，当 V_0/V 值在 0.8~0.85 时，为最佳加注时机。

2. 油套压比值法

统计分析与计算气井加注起泡剂前大量油套压值，发现气井加注起泡剂前油套压比值绝大部分都在 0.7~0.8 之间，只有部分气井井口压力较低，其加注起泡剂前的油套压比值大于 0.8。

系统研究苏里格气田东区产水气井的生产历史，特别是见水后的排水采气工艺，通过排水采气适应性分析，在室内实验数据和现场试验分析的基础上优化泡沫排水采气的制度，开展井下器工作参数的分析评价，提出低产低压气井排水采气技术对策研究，形成一套适合苏里格气田东区低产低渗井的排水采气技术，为推动苏里格气田中后期的高效开发和全面提高产液气井的采收率奠定基础。

第七节　排水采气实施效果与新工艺优化

截至 2013 年底，采气厂累计投产气井 1479 口，产气量 $1163×10^4m^3/d$，平均单井产气量 $0.79×10^4m^3/d$（表 7-22），平均套压 9.84MPa，液气比 0.47。

表 7-22　低产低效井、积液井统计

气井类型	井数（口）	产量（$10^4m^3/d$）	比例（%）
产量≤$0.5×10^4m^3/d$	693	130.3	47
套压≤10MPa	834	650.5	56
积液井	980	370.1	66

其中产气量≤0.5×10⁴m³/d 井 693 口，套压≤10MPa 井 834 口，积液井 980 口，低压低产井多、积液现象严重成为气田的主要特点和制约产量发挥的因素。

一、排水采气实施效果分析

近两年来，通过系统分析积液井地质、动态特征，以"最大限度发挥气井产能"为目的，不断优化不同类型气井排水采气技术。

横向上逐步分区域形成"泡排、机械、数字化"为特点的工艺模式。

纵向上形成了积液井"初期预防—中期预警—后期稳产"的排水技术系列。

2012 年、2013 年累计开展排水采气 753 口，41266 井次，总结出 25 项排水采气配套技术，增产气量 20327×10⁴m³（表 7-23）。

表 7-23 第五采气厂 2012 年以来排水采气增产情况

序号	措施类别		实施井（口）	实施井（次）	增产气量（10⁴m³）
1	泡沫排水采气	人工泡排 压缩机激动+泡排	395	23152	9975
2		缓释型+速溶型	20	953	1237
3		打捞节流器+泡排	42	2610	2290
4		间歇+泡排	105	6596	1474
5		自动注剂装置	32	1888	280
6		自动投棒装置	78	4038	759
7		自动投球装置	25	316	68
8		电磁阀远程+泡排	24	1335	262
9	小直径管柱	速度管柱排水采气	16	16	2354
10		速度管+泡排采气	3	52	217
11		速度管+间歇开井	1	41	41
12		DZ45 小油管排水采气	1	1	2.8
13	柱塞气举	常规柱塞排水采气	5	5	354
14		常规柱塞+泡排采气	1	1	94
15		自激式柱塞排水采气	5	5	42
16		车载压缩机气举+泡排	13	33	331.85
17		制氮车氮气气举	4	13	287.9
18		液氮气举	5	11	50
19		压缩机井口激动气举	3	8	26.3
20	其他	气举阀排水采气	65	65	
21		涡流工具排水采气	2	2	47
22		音速雾化排水采气	3	3	10.5
23		旋流雾化排水采气	1	1	27.6
24		优化管柱排水采气	4		
25		关放排液复产	15	117	95.8

近两年累计实施泡排 457 口井，26367 井次，累计实现泡排增产 $12239\times10^4\mathrm{m}^3$，占排水采气总增产气量的 65%。

二、采气树阀门隐患分析与预防建议

(一) 隐患分析

2014 年上半年共统计隐患井 14 口，其中井筒隐患 2 口，井口隐患 12 口，已治理完成 9 口，5 口气井正在组织准备实施。通过对发生采气树阀门隐患进行统计（表 7-24），主要隐患类型如下。

1. 铜套、丝杆故障

包括因阀门使用时间过长或阀门开关力度过大导致的各类铜套、丝杆变形、断裂等情况。如 SD62-69 井：于 2008 年 12 月投产，2013 年 10 月开展储层二次改造，改造后无阻流量 $15.3625\times10^4\mathrm{m}^3/\mathrm{d}$，硫化氢含量 $6.21\mathrm{mg/m}^3$。隐患发生时油压 7.25MPa，套压 7.9MPa，产气量 $2.5\times10^4\mathrm{m}^3/\mathrm{d}$。

隐患发生及治理过程：2014 年 3 月 20 日经核实该井 1# 主控阀门丝杆断裂。首先采取不丢手更换阀门技术更换失败。通过分析和调研，改用暂堵桥塞带压更换阀门工艺，换阀成功。

隐患原因分析：通过对该井隐患原因进行分析，认为阀门开关力度过大是导致阀门丝杆断裂的直接原因。此外，阀门丝杆刀口过大（图 7-49），导致缩径处较细以及气候寒冷影响材料强度也是导致丝杆断裂的间接原因。

表 7-24 主要阀门隐患分类统计表

故障类型	部位	故障频次
铜套故障 丝杆故障	丝杆 铜套	8
外漏	本体 盘根 护套 O 型	3
内漏	阀座 阀板	26
开关故障 执行机构故障	阀板 丝杆 盘根	19
合　　计		56

图 7-49　常规阀门丝杆刀口

2. 阀门外漏

包括因各种原因导致的阀门漏气隐患。

(1) 阀门本体处漏气。如 SD34-62 井：于 2010 年 12 月投产，无阻流量 $11.1115\times 10^4 \text{m}^3/\text{d}$。隐患发生时油压 1.2MPa，套压 15.5MPa，配产 $1.5\times 10^4 \text{m}^3/\text{d}$。

隐患发生及治理过程：2012 年 1 月 14 日该井发生 2#刺漏事故。首先采取不丢手更换阀门技术封堵失败同时工具卡死在大四通处，后通过压井更换井口阀门并取出卡死封堵工具。

隐患原因分析：通过对该井隐患原因进行分析，认为气井生产过程中高压流体携带压裂砂冲蚀阀门底座和法兰面是导致阀门刺漏的直接原因。此外，阀门内漏导致高压流体通过阀门是导致阀门刺漏的间接原因。

(2) 护套 O 型圈处漏气。如 Z9 井：于 2010 年 9 月 27 日投产，投产前油压、套压均为 21.6MPa，无阻流量 $2.1995\times 10^4 \text{m}^3/\text{d}$。隐患发生时该井油压 8.52MPa，套压 14.82MPa，产气 $0.6\times 10^4 \text{m}^3/\text{d}$。

隐患发生及治理过程：2013 年 2 月现场核实 1#主控阀门漏气（图 7-50），关井后微漏，经过厂家现场落实，查明原因为阀门内部密封部件损坏。通过采用下不丢手工具作业更换了井口阀门。

隐患原因分析：通过对该井隐患原因进行分析，认为阀盖密封圈失效是导致阀门刺漏的直接原因。此外，冬季环境温度低使其弹性回复差是导致阀门刺漏的间接原因。

图 7-50 Z9 井隐患现场核实照片

(二) 采气树阀门隐患预防建议

1. 及时进行阀门保养

通过统计发现，井口采气树阀门保养不到位是导致大部分采气树阀门执行机构故障的主要原因，因此建议各作业区严格按照相关管理规定对阀门进行保养。2014 年 6 月 5 日气田开发处编制了《长庆油田公司采气井口装置维护保养管理办法（征求意见稿）》其中规定

"采气井口装置至少应半年维护保养一次，硫化氢含量大于3000mg/m³或产水量大于5m³/d的气井井口阀门应每季度维护保养一次。"该办法预计近期会下发至各厂，建议各作业区按照其中要求对阀门进行定期保养。

2. 降低主控阀门操作频次

主控阀门的频繁开关会导致执行机构磨损、密封圈强度降低等问题，同时频繁开关也易造成阀门开关不严，导致流体冲蚀闸板从而引发阀门内漏、外漏等问题。针对该问题，2014年主要进行了两方面工作，一是推广使用自动加药装置，降低因井口泡排施工对井口1#主控阀门的操作；二是进行井口五阀采气树阀门改造，在2#、3#主控阀门下游设置备用阀，通过对备用阀的操作来代替主控阀门的操作，从而降低主控阀门的操作频次。

三、新工艺技术

2014年上半年以解决现场生产集输问题为出发点，设计开展了套管管式换热器、音速雾化节流器、单翼式消泡装置等四项新工艺技术的应用研发。

（一）管套管式换热器

在解决板式换热器密封胶圈腐蚀溶胀外漏问题的基础上，将设备成本控制在油田公司造价的20%以内。

针对SD3X、6X集气站在运行期间内，出现脱水橇板式换热器密封胶圈腐蚀溶胀外漏的问题，按照《SD50万方脱水橇维护说明手册》中泵排量、管程设备压力以及三甘醇相关物性等参数，以工程经验为计算切入点，同时利用数据核校等方法计算设计了管套管式换热器，设备本体全部采用不锈钢制造，无密封件，在降低采购成本的基础上，促使现场问题的解决。

（二）音速雾化节流器

在充分利用节流器节流降压作用的同时，提出了一种节约资源旧技术新利用的排水采气新思路。针对积液井逐渐增多，同时为充分发挥节流器排水采气作用，对节流气嘴处流体的流态进行了研究。由流动状态方程可推导出速度变化与截面变化的关系：

$$\frac{dA}{A} = (M_a^2 - 1)\frac{dw}{w}$$

可知，当$M_a<1$时，气体在截面逐渐变小的管道（渐缩管）里速度增加，最大可加速到音速；当$M_a>1$时，气体在渐扩管里速度增加。因此，要想获得超音速气流，必须使亚音速气流先在渐缩管中加速，当气流被加速到$M_a=1$，即达到音速状态，再改用渐扩管，使气流继续加速到超音速。

鉴于以上结论，对节流器气嘴进行了优化（图7-51），在气体进入气嘴时先进行减缩加

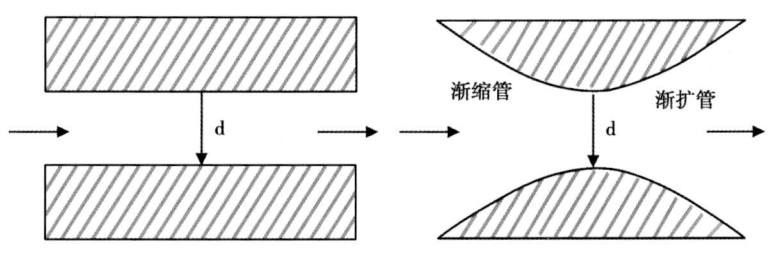

图7-51 正常节流气嘴（左）与优化节流气嘴（右）对比图

速至音速,再改用渐扩管使气体进一步加速至超音速,在保留节流器原气嘴功能的同时使井筒内液体经过节流器产生雾化效果,降低了液体密度,从而利用气井自身能量将井筒内积液带出。实现了在气井投产初期就利用自身能量开展排水采气,有效节约了成本,提高了排水采气效率(图7-52)。

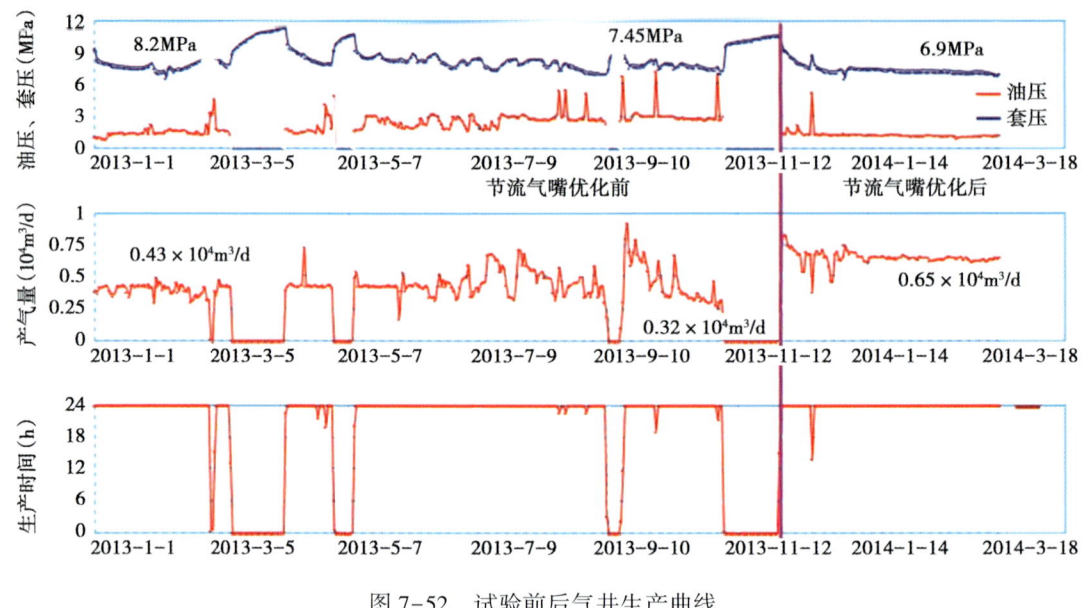

图7-52 试验前后气井生产曲线

(三)单翼振动式消泡装置

首次在SD59-36、SD57-61等2口气井上开展井口消泡试验,同时将设备成本控制在公司造价要求的35%以内。针对泡排剂对三甘醇、压缩机运行、排污等造成的影响,设计了单翼振动式消泡装置,装置主要实现以下目的:

(1)均衡板式节流雾化件,实现单井段塞流的雾化和气水的均匀进腔。

(2)密封式振动腔实现气水混合物的减速和药剂随进气量的循环振动以及药剂的充分隔离反应。

(3)删状整流板,为二次反应整流减速,促使药剂消泡完全。

(4)二次反应缓冲腔再次加强药剂的利用和气水混合物的充分反应。

含泡排剂气液混合物经由消泡装置的节流雾化板雾化以后,进入DN150的一次反应腔,在内外弹簧的作用下,消泡剂随减速的混合物循环振动,反应后由DN50出口进行整流,整流完成进入二次缓冲反应腔,与残留的药渣(剂)进行二次反应消泡,单台设备的价格控制在公司指标内,比公司最高造价降低35%。

(四)新型自动加药装置改进

针对当前苏里格气田自动加药装置存在的问题,对加药装置进行了改进,有效解决了自动加药装置影响井口作业及加药过程中的泡排棒卡堵问题。

针对自动加药装置影响下节流器、探液面、测压等作业的问题,研究出偏心式井口加药装置(图7-53)。通过在井口安装斜式三通,将加药装置安装于支管法兰处,实现了加药过程中不影响井口作业的目的。

针对加药过程中的卡棒问题,研究出CBTBQ型自动投棒装置。在药棒下行通道中间部

图 7-53 偏心式井口加药装置照片

分增加了激光监测信号,从而可有效判断是否卡棒,并增加了纵向上往复运动的电动缸,从而可解决泡排棒卡棒无法自行下落入井的问题。

四、措施增产实施效果分析

(一) 查层补孔

2013 年,第五采气厂高度重视公司下达查层补孔项目,积极组织技术力量多次开展专项研讨,按照选井原则,利用动静态分析、产量预测等方法,优选 SD62-69 井开展查层补孔措施改造。

选井原则:
(1) 气井产量较低;
(2) 气井未动用层位录井显示、测井解释结果较好;
(3) 与气井未动用层位相对应的区块内其他井或邻井具备一定生产能力;
(4) 气井油套必须解封,水力锚数量小于 3 个,方便起出管柱;
(5) 气层套管材质较好,补孔段固井质量良好。

1. 气井基本概况

SD62-69 井开采层位为马五 1^4+马五 4^1,投产于 2009 年 12 月 12 日投产,当前套压 18.2MPa,产量 $0.4×10^4 m^3/d$,累计产气量 $610.9×10^4 m^3$,2012 年 5 月,因硫化氢含量高

（157mg/m³）关井（图7-54）。

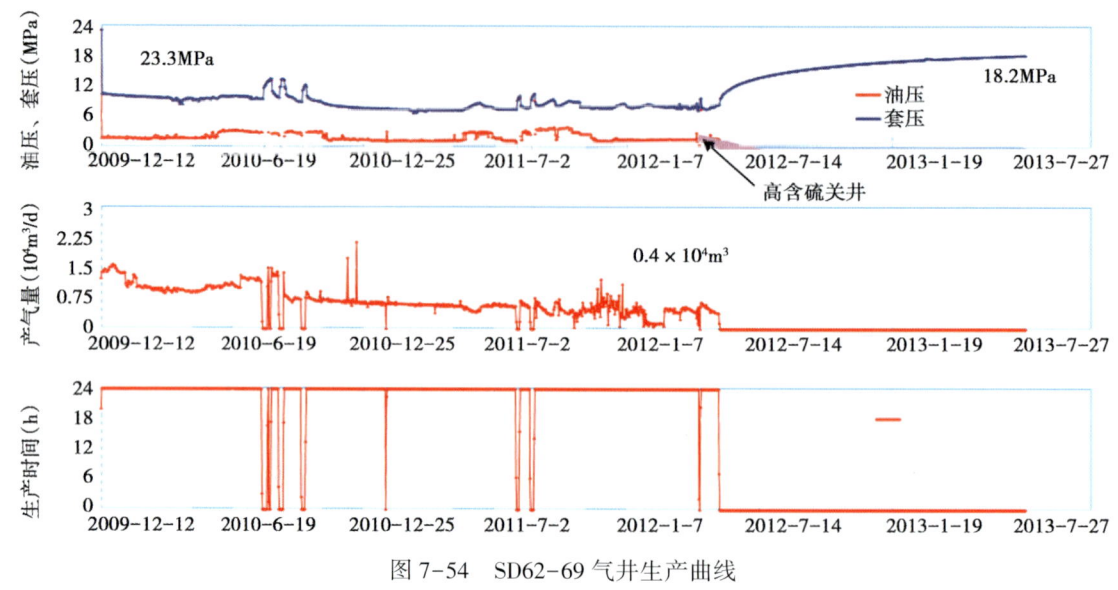

图7-54　SD62-69气井生产曲线

2. 改造层位确定

上古生界盒8与山1气层较厚，气测平均值较高，烃基比较大；下古生界马五2层与射开层位相比效厚度大，气测平均值较高，烃基比较大，拟对上古生界及下古生界未射开层位进行改造。

3. 改造方案

对下古生界储层马五2^2、马五1^4两个层段实施合层酸压，对上古生界储层山1、盒$8_下$、盒$8_上$三个层段实施分层加砂压裂，压后合层排液，试气求产。

4. 改造情况

施工历时25天，加砂78.8m³，进液1184m³，返排918m³。在19.1126MPa的流压下，测得产气量88108m³/d，计算无阻流量153625m³/d（图7-55）。

图7-55　气井改造现场流程图

5. 实施效果

SD62-69井进行查层补孔改造后气井无阻流量由措施前的6.05×10⁴m³/d提高到15.36×10⁴m³/d。该井于2013年12月1日投产，平均产气量由措施前的0.4×10⁴m³/d提高到2.38×10⁴m³/d（图7-56），当前正在试采，套压10.46MPa，措施后累计产气量153.84×10⁴m³。

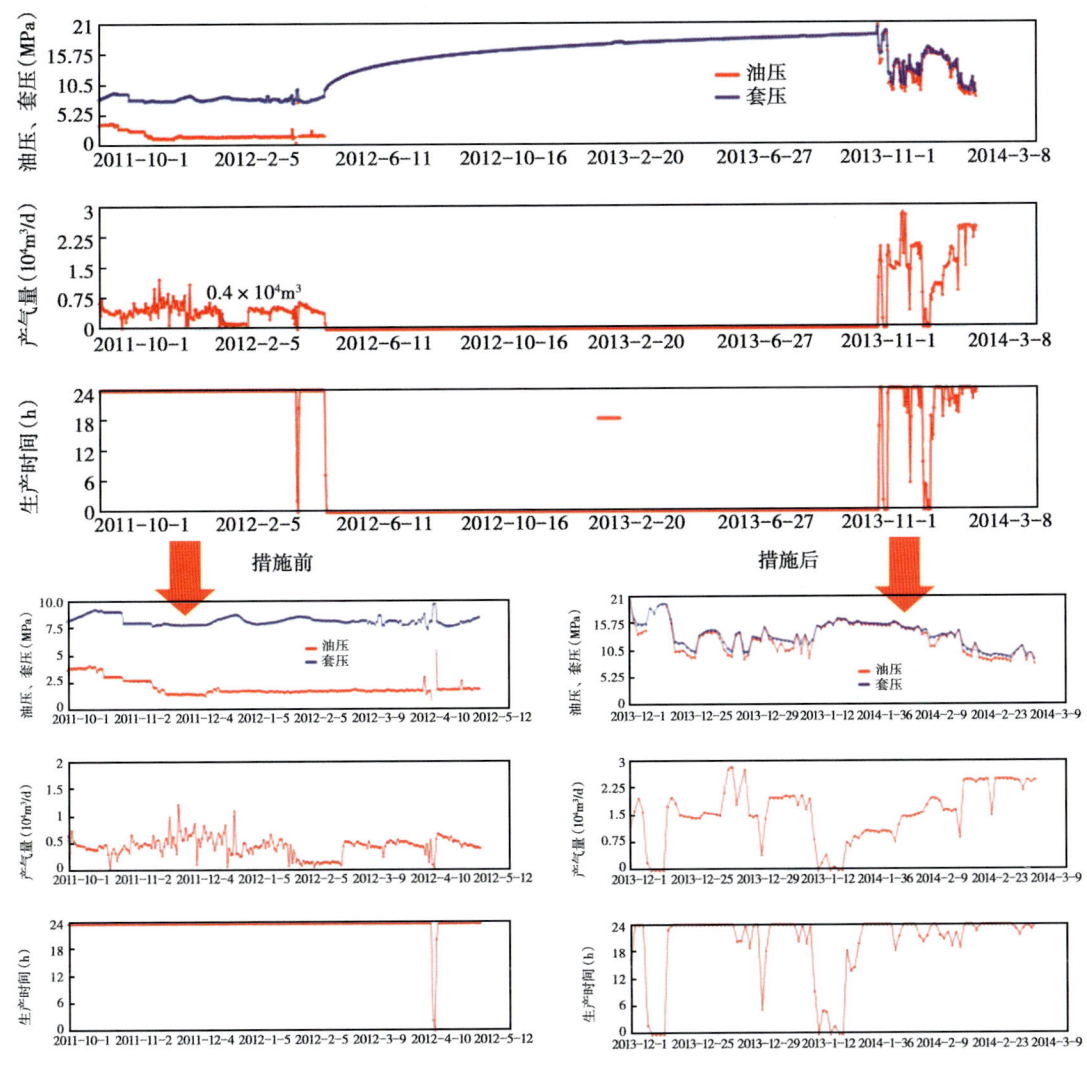

图 7-56　试验前后气井生产曲线

(二) 修井作业

为充分降低气井安全隐患，发挥高压低产井的生产能力，解决制约气井产能发挥的井筒瓶颈，近两年来开展带压修井、压井修井共计 11 口。2013 年通过将气井隐患治理与暂堵剂、气举阀、速度管柱等完井措施相结合，在消除气井隐患的同时实现了气井增产的目的，单井平均增产气量 $1.48\times10^4 m^3/d$。

1. 带压修井

SD52-47 井于 2008 年 7 月 14 日投产，无阻流量 $36.484\times10^4 m^3/d$，初期产气量为 $4.5682\times10^4 m^3/d$。该井井筒积液严重、产量较低，由于无法打捞出节流器导致无法实施排水采气措施。2013 年 10 月 21 日采用带压修井排除井筒隐患，下放速度管柱生产。

该井修井后气井产量明显增加，同时套压降低，通过连续油管实施的排水采气措施有明显效果。当前该井套压 4.46MPa，产气量由 $0.38\times10^4 m^3/d$ 提高到 $3.06\times10^4 m^3/d$（图 7-57）。

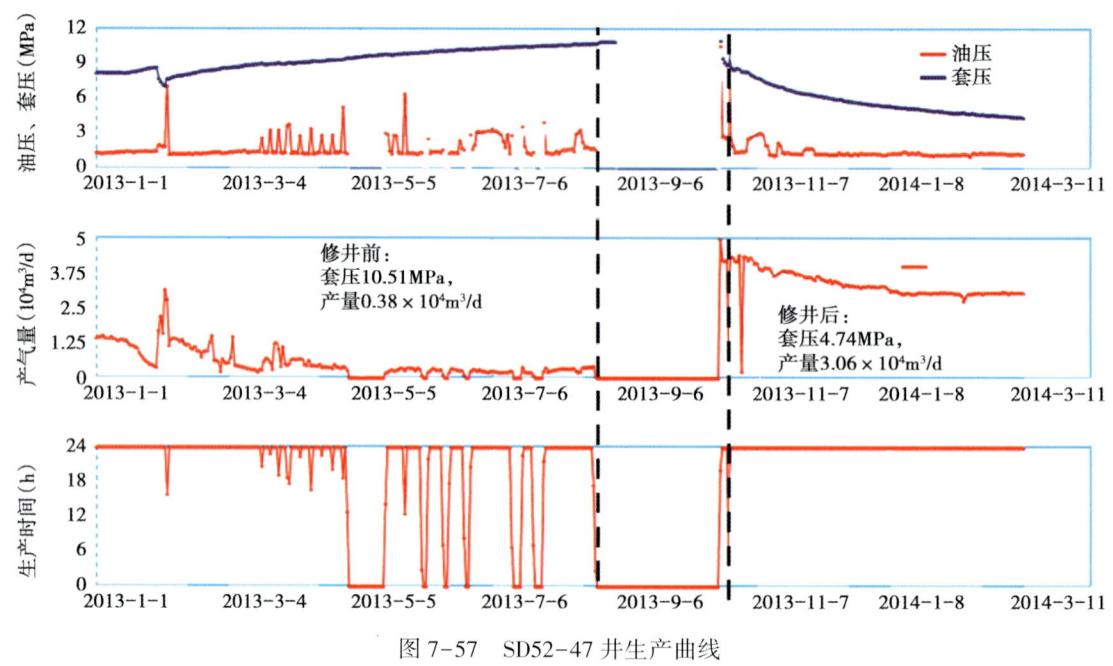

图 7-57 SD52-47 井生产曲线

2. 暂堵压井修井

针对压井修井对储层伤害较大的问题，2013 年在 2 口隐患气井进行了暂堵压井修井试验（图 7-58）。

图 7-58 低伤害压井液室内照片

与常规压井工艺相比，低伤害暂堵压井液（图 7-59）具有以下优点：

（1）压井入地液量减少 50%，有效保护了储层；

（2）作业时间平均 10 天，提高了作业安全性；

（3）排液时间缩短 6 天，复产效果好。

以 SD32-48 井为例：SD32-48 井 2008 年 6 月 30 日投产，无阻流量 $4.636 \times 10^4 m^3/d$，初期产气量为 $1.147 \times 10^4 m^3/d$。井筒内存在两个节流器（均在安全接头 2990.51m 处）无法打

图 7-59 低伤害压井液现场配置照片

捞，导致气井积液严重无法正常生产。2013 年 11 月 15 日采用低伤害暂堵压井、修井排除井筒隐患，结合实际情况，考虑 DZ45 油管具有价格便宜、施工简单、悬挂安全可靠的优点，最终下入 DZ45 油管作为完井管柱。

该井施工前积液严重，套压和气量波动较大，下入 DZ45 油管后气量有所增加，套压呈平稳下降。说明该井下入速度管柱后已具有自主排液能力，速度管柱具有一定效果。当前该井套压 4.23MPa，产气量 $0.72×10^4 m^3/d$（图 7-60）。

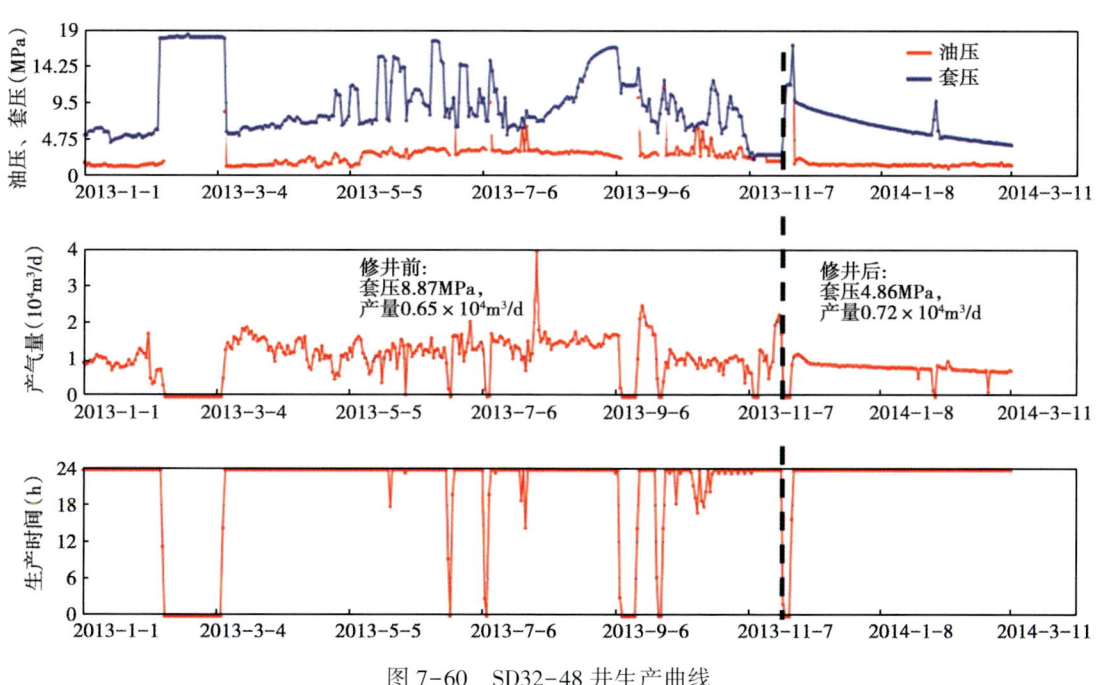

图 7-60 SD32-48 井生产曲线

（三）老井侧钻

1. 选井原则

1) 井筒条件

（1）保证气井固井情况能够开展工程作业，气层以上 500m 范围固井质量良好；

(2) 为降低工程作业难度，提高水平段入靶准确度，应选择直井井型。

2) 地质条件

(1) 气井产量小于 $0.5\times10^4 m^3/d$，套压小于 10MPa；

(2) 目标井储层砂体厚度大，横向展布相对稳定，有利沉积微相较为发育；

(3) 目标层位为盒 8，气井邻井具备一定生产能力，目标井区井控程度高，水平段延伸方向及长度满足井网井距，侧钻完成的水平井不会产生井间干扰；

(4) 目标层位储层纵向连续性较好，气层厚度 4m 以上，主要气层段内无隔（夹）层或隔（夹）层厚度小于 2m；

(5) 目标具有可靠地"十"字地震测线或单测线，水平段方向在地震测线上或靠近测线。

2. SD52-64CH2 井侧钻论证

1) 生产动态

SD52-64 井于 2008 年 7 月 14 日投产，生产层位盒 $8_{上}$+盒 $8_{下}$，无阻流量 $3.66\times10^4 m^3/d$，配产 $0.3\times10^4 m^3/d$，累计生产 1905 天，采气量 $795\times10^4 m^3$（图 7-61），套压 6.63MPa，压降速率 0.049MPa/d。

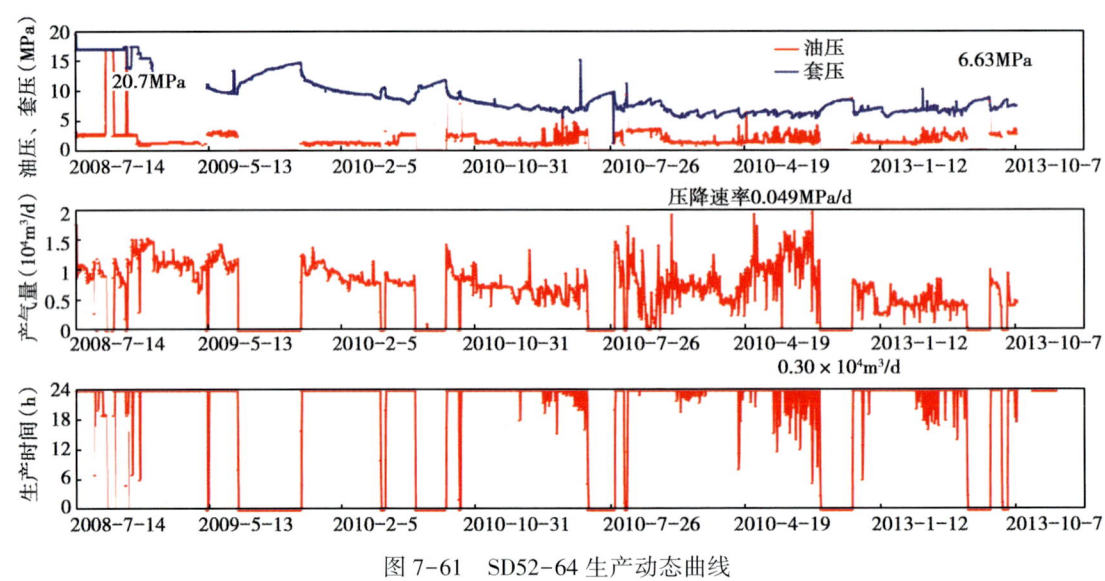

图 7-61 SD52-64 生产动态曲线

预测表明，该井动态储量 $1237\times10^4 m^3$，可采储量 $990\times10^4 m^3$，采收率 80%，产能基本发挥完全（图 7-62）。

2) 侧钻井目的层沉积特征

SD52-64 井区域内完钻 5 口盒 $8_{上}^2$ 层位气井，该井井控程度高，目的层位于主砂体上，砂体厚度 5~12m，平均厚度 7.3m，有效厚度 6~10m，平均有效厚度 6.5m，有效砂体发育为心滩、边滩等有利沉积微相（图 7-63）。

SD53-64 井生产层位盒 $8_{上}^2$，2008 年 7 月 14 日投产，无阻流量 $18.075\times10^4 m^3/d$，当前配产 $4.6\times10^4 m^3/d$，累计生产 1917 天，产气量 $7234\times10^4 m^3$，套压 9.18MPa，压降速率 0.02MPa/d，预测动态储量为 $13094\times10^4 m^3$，可采储量 $12062\times10^4 m^3$，采出程度 56%。

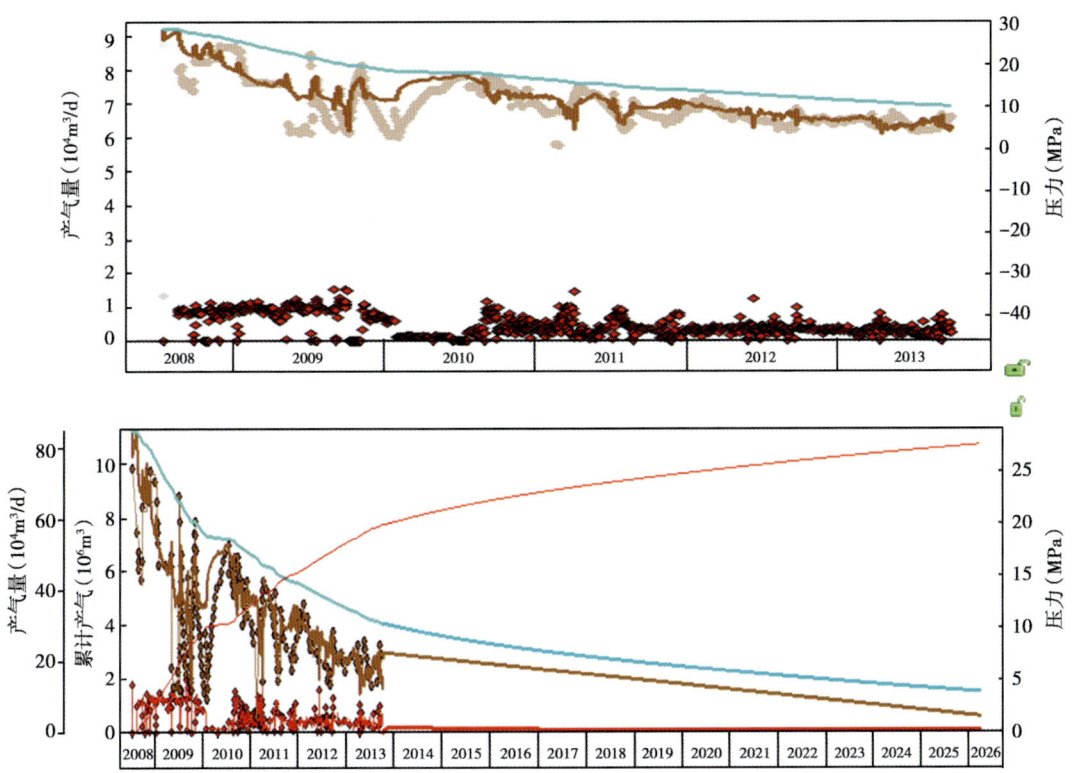

图 7-62　SD52-64 井动态指标预测图

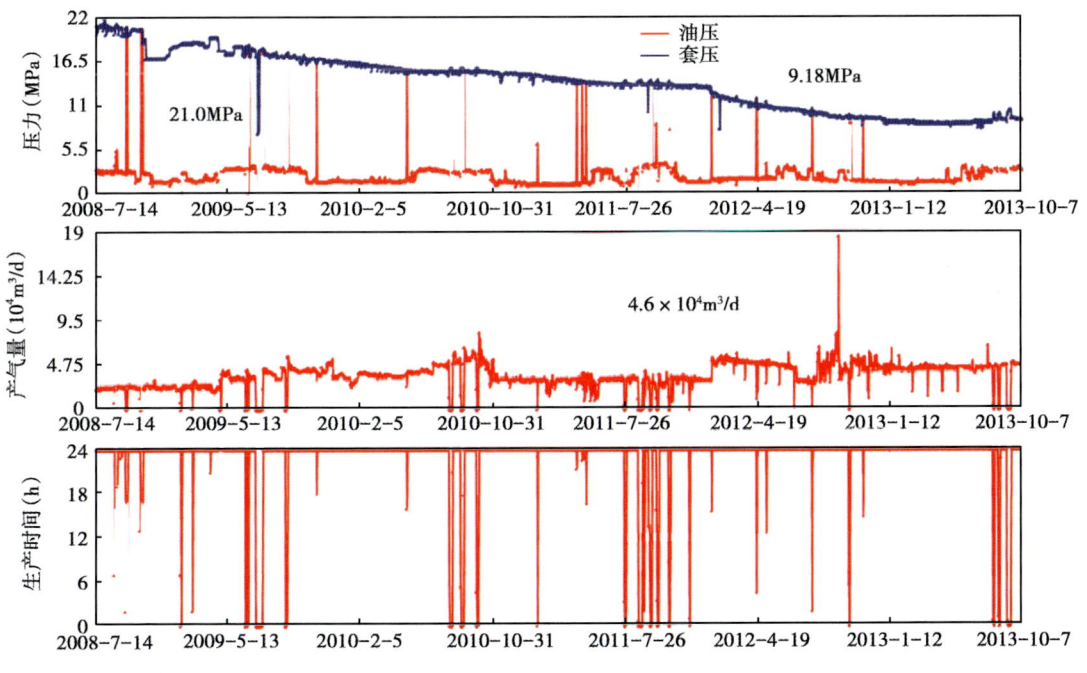

图 7-63　SD53-64 井生产曲线

参 考 文 献

[1] 乐宏等. 排水采气工艺技术. 北京：石油工业出版社，2011.
[2] 李颖川. 采油工程. 北京：石油工业出版社，2002.
[3] 李士伦等. 天然气工程. 北京：石油工业出版社，2000.
[4] 杨川东. 采气工程. 北京：石油工业出版社，1997.
[5] 刘宝和. 中国石油勘探开发百科全书程（工程卷）. 北京：石油工业出版社，2000.
[6] 詹姆斯利. 气井排水采气. 北京：石油工业出版社，2009.
[7] 唐建荣. 气藏工程技术. 北京：石油工业出版社，2009.
[8] 雷宇. 气举采油工艺技术. 北京：石油工业出版社，2009.
[9] 陈德春. 天然气开采工程基础. 东营：中国石油大学出版社，2007.
[10] 单传祯，郑红. 采气地质. 成都：四川大学出版社，2009.
[11] 杨继盛. 采气工艺基础. 北京：石油工业出版社，1992.

第八章　气田数字化建设

苏里格气田东区是典型的"三低"气藏，气田的稳产依靠不断钻井来实现，投产气井 1471 口，用工总量只占同规模老气田的三分之一，随着生产时间延续气井压力、产量逐渐降低，有超过六成的气井进入递减期，气井呈现出积液、间歇生产等多种类型，给气井管理及动态评价带来了诸多困难，针对以上问题，开发了一套以智能化管理为核心的气田气井管理及动态评价系统即地质专家系统，深化了气田数字化建设。

第一节　开 发 思 路

地质专家系统主要由数据库及智能分析模块组成，实现生产动态分析智能化、气井精细管理智能化、气田动态评价智能化三项功能，数据库是系统的基础及支撑、智能分析模块是系统的核心功能（李天才等，2010）（图 8-1）。

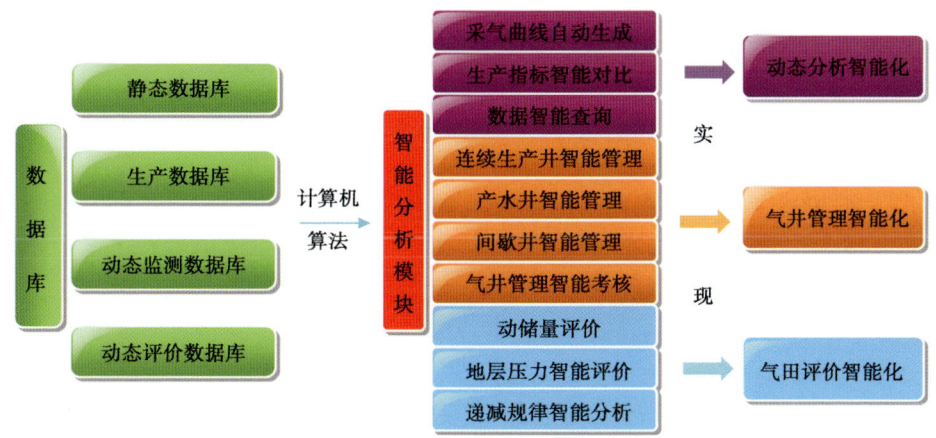

图 8-1　地质专家系统框架图

系统在开发时遵循软件工程的原则和方法，保证了系统开发的科学性和规范性，开发时考虑了以下 5 个特点。

（1）一致性：本系统作为第五采气厂数字化大平台的一部分，在接口风格和系统内部用户上与其都实现了统一。

（2）易用性：保证用户在使用时能够快速清除系统的各项功能，降低用户在操作上浪费更多的精力。

（3）模块化：降低系统的各个模块之间的耦合性和关联性，使每个功能更加条理和清晰。

（4）安全性：系统中采用了防止 SQL 注入功能以及用户角色权限功能，并定期对数据进行备份，保证了系统中数据的可靠性和安全性。

（5）稳定性：系统在测试时进行了大量的测试，同时对异常情况进行了很多处理，确保系统的稳定运行。

第二节　地质专家系统功能

一、数据库

针对气井管理及动态评价工作的数据需求，搭建了静态数据库、动态数据库、动态监测数据库、动态评价数据库4大数据库（刘祎等，2007）。

（一）静态数据库

建立了可录入气井钻、录、测、试四大类、56小项数据的静态数据库，录入的数据与上交的电子版资料相互匹配，所有数据录入支持Excel表导入，达到数据库实用且不增加用户劳动强度的目的（图8-2）。

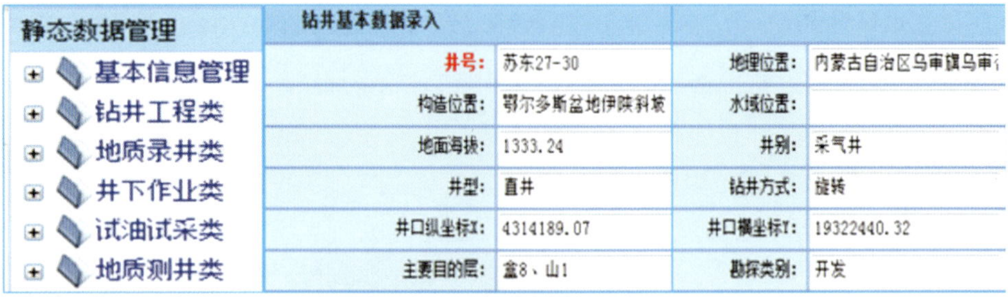

图8-2　钻井数据查询界面

（二）生产数据库

采气五厂自2008年组建以来生产数据一直在公司的数据库中填录，为了改变数据应用的被动局面，在多次调研的基础上建立了自有数据库，自有数据库中的数据可一键式导入公司数据库，避免了填录两次数据的麻烦过程。

自有的动态数据库有以下三方面的优点。

1. 数据类型功能强大

自有的生产数据库除记录气井每日的油压、套压、产量、产水量等常规生产数据，还记录气井甲醇加注数据、缓蚀剂加注数据、泡排相关数据、间歇开关相关数据等生产措施数据（图8-3）。

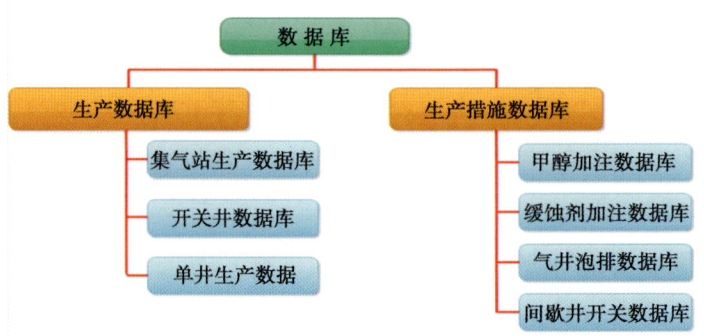

图8-3　动态数据库

2. 数据录入错误自动提示

气田投产井数达到了 1471 口，需录取入据 13239 个，而录取入数据的资料员仅有 15 人，平均每人在 3 小时内需要录入 8826 个数据，数据录入过程中常常出现错误。数据库开发时针对数据录入过程中的常见的错误，增加了 4 项错误自动提示功能，有效提高了数据录入的准确性，保证了自有数据库与公司 A2、A3 数据库的正常对接（朱天寿等，2011）（图 8-4，图 8-5 和图 8-6）。

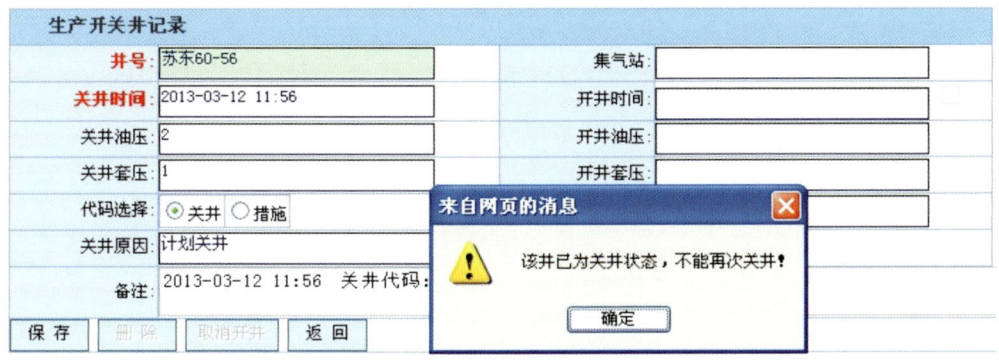

图 8-4　重复开关井自动提示

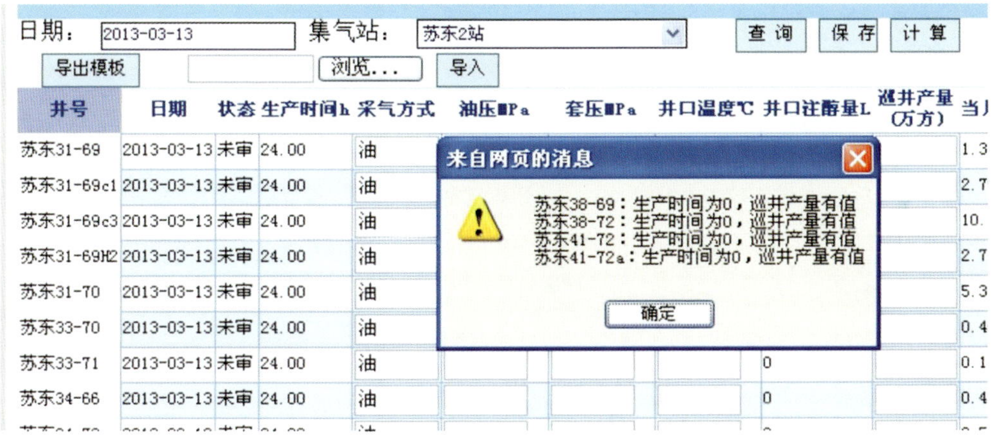

图 8-5　生产时间为零，误填气量

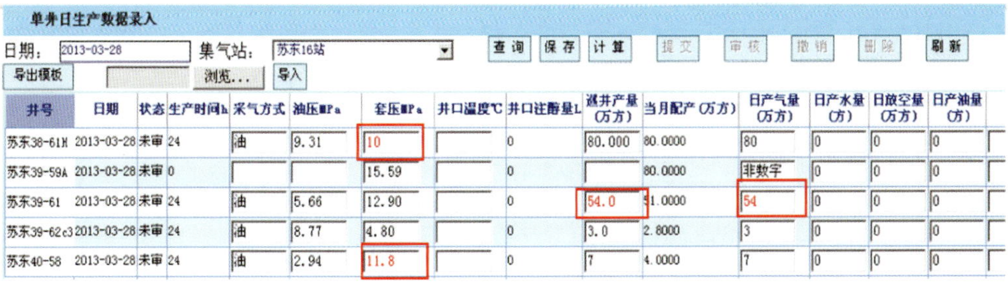

图 8-6　套压相差 0.5MPa，气量相差 10% 自动提示

3. 数据录入快捷化

数据库中所有的数据录入都支持 Excel 表自动导入方式，这大幅提高数据录入效率。在录入数据时先将易错的字段以固定表格的形式导出，将要录入的数据在该表格中填写后再导入数据库，这种方式确保了数据倒入的正确率及数据库的正常运转。

（三）动态监测数据库

动态监测是气田开发的"眼睛"，以录取气田开发过程中的各项资料为目的，为开发部署、方案调整、生产管理及科学研究奠定基础。动态监测测试资料繁多，容易丢失，为此建立了录入压力测试、试井测试、生产测试、流体监测 4 大类 16 小项动态监测数据的动态监测数据库，同时数据库数据录入支持 Excle 表导入，原始资料附件上传功能（李天才等，2010）（图 8-7、图 8-8 和图 8-9）。

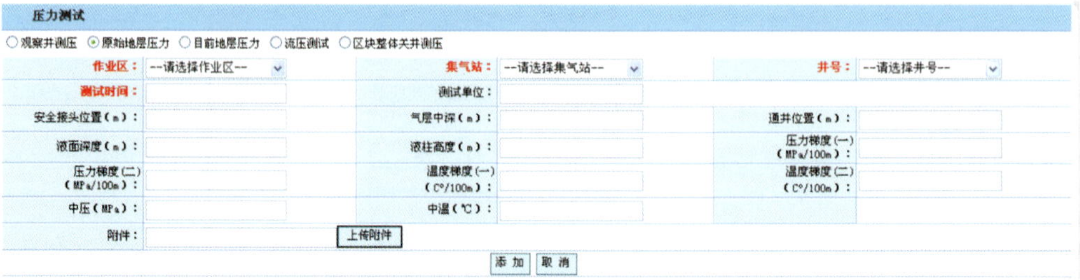

图 8-7　压力测试数据录入界面

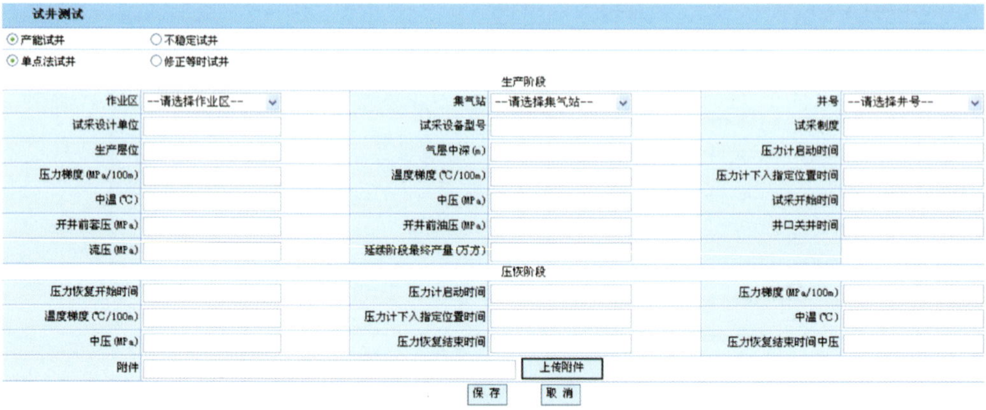

图 8-8　试井测试数据录入界面

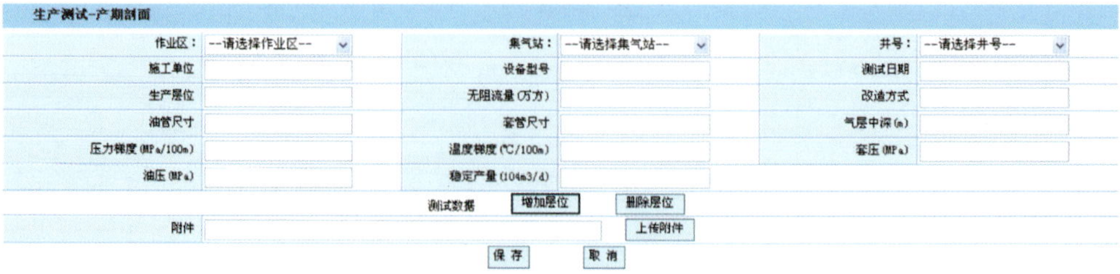

图 8-9　产气剖面测试数据录入界面

(四) 动态评价数据库

利用单井数值模拟等气藏工程方法建立了不同区块、不同类型、不同层位、不同投产年限的 400 口典型气井的生产动态特征和其地质模型参数、ARPS 递减曲线的神经网络，形成动态评价数据库，数据库中的典型井占到了总井数的 27%，为其他气井的动态评价奠定基础图（图 8-10 和图 8-11）。

序号	井号	加权套*开井时率	日产气	日产水	盒8的动储量	有效厚度	孔隙度	含气饱和度	渗透率
1	苏东43-43	15.25	0.80	0	0.0954	6.60	10.30	58.40	0.6090
2	苏东43-48	9.30	0.50	0	0.0307	6.20	11.30	59	0.5740
3	苏东43-53	9.76	0.70	0	0.0309	6.50	10.80	59.20	0.6010
4	苏东44-50	9.59	0.60	0	0.0491	5.20	9.80	56.30	0.6370
5	苏东44-51	9.23	0.90	0	0.0807	5.80	10.20	55	0.9530
6	苏东44-52	13.45	1.70	0	0.1910	5.60	13.10	66.50	1.1310
7	苏东44-56	7.99	1.20	0	0.06	6.10	10.40	58	0.6160
8	苏东44-56A	10.23	0.80	0	0.0535	5.60	10.10	57.60	0.4330
9	苏东46-38	16.93	1.30	0	0.3130	8.60	11.40	58.40	0.7130
10	苏东46-47	17.39	0.50	0	0.12	5.10	10.30	57.90	0.4260

图 8-10　动态评价数据库气井地质参数界面

序号	井号	加权套*开井时率	日产气	日产水	初始地层压力	初始产量	月递减率(%)	动储量	操作	
1	苏东23-53	16.20	2.40	0	27.50	3.50	3.40	3250	编辑	删除
2	苏东27-38	8.10	0.70	0	25.80	0.80	2.70	940	编辑	删除
3	苏东28-55	15.30	2.50	0	27.60	2	3.50	1890	编辑	删除
4	苏东30-47	16.20	1.40	0	26.50	2.30	3	2540	编辑	删除
5	苏东32-38	14.10	1	0	26.10	2	3.80	1730	编辑	删除
6	苏东32-46	10.60	2.50	0	27.60	3	4.50	2010	编辑	删除
7	苏东36-49	13	1.60	0	26.70	1.10	1.20	2900	编辑	删除
8	苏东37-47	17.60	1.30	0	26.40	0.90	2.10	1370	编辑	删除
9	苏东37-48	16.20	2	0	27.10	1.70	2	2780	编辑	删除
10	苏东40-43	13.60	0.60	0	25.70	1.40	3.80	1200	编辑	删除
11	苏东40-55	10.10	1.50	0	26.60	2.30	4.30	1770	编辑	删除

图 8-11　动态评价数据库气井产量递减界面

二、功能模块

(一) 动态分析智能化

动态分析智能化模块针对技术人员在平时动态分析工作中的数据应用方式及要求，将数据库中的数据按照一定的查询条件形成曲线或者表格，把技术人员从数据统计中解放出来，把更多的时间和精力应用到分析评价中。

1. 采气曲线自动生成

（1）单井生产曲线：将单井油、套压、产量、生产时间 4 项数据按照日历时间自动生成曲线，同时实现生产曲线中任意生产时间段的压降速率自动计算、鼠标所指位置的生产数据自动显示、数据以 Excel 表形式导出，三项功能（图 8-12）。

（2）综合曲线：按照全厂、不同作业区、不同井区、不同类型、不同层位、不同投产年限、指定井号 8 种查询条件将多口井在一段时间内的总井数、开井数、平均套压、合计产量 4 项数据按照日历时间生产曲线，同时支持数据 Excel 导出（图 8-13）。

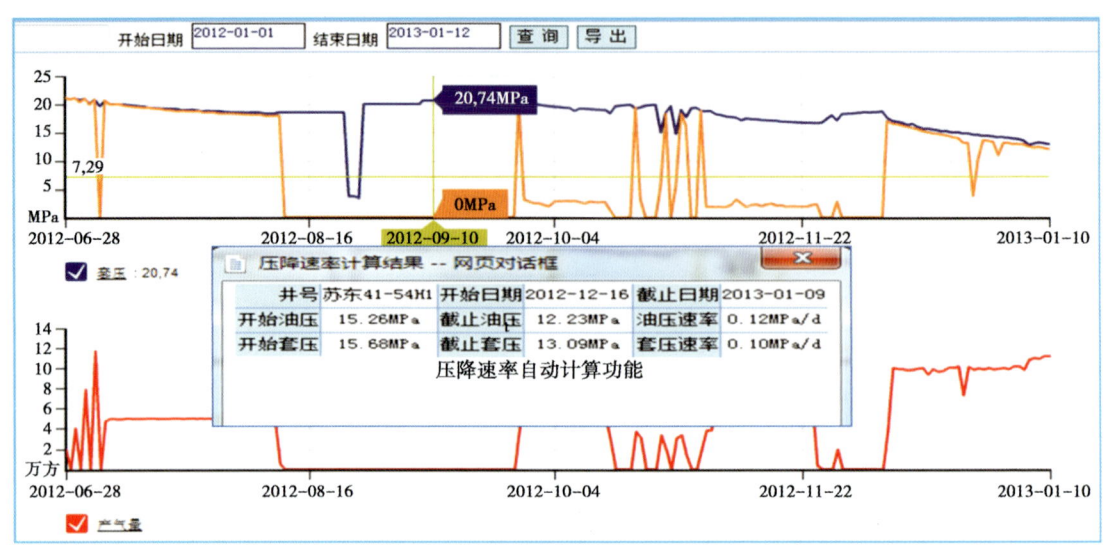

图 8-12　单井采气曲线自动生成界面

图 8-13　综合曲线自动生成界面

（3）采气曲线批量生成：可一次性将多口气井的油、套压、产量、生产时间 4 项数据按照日历时间自动生成曲线并以 Excel 表形式导出（图 8-14 和图 8-15）。

2. 生产指标智能对比

智能指标对比模块主要是对比各作区、不同投产年限、不同井区、不同类型、不同层位、不同井型井的平均单井产量、压降速率对比、气井利用率开井时率、液气比四项生产指

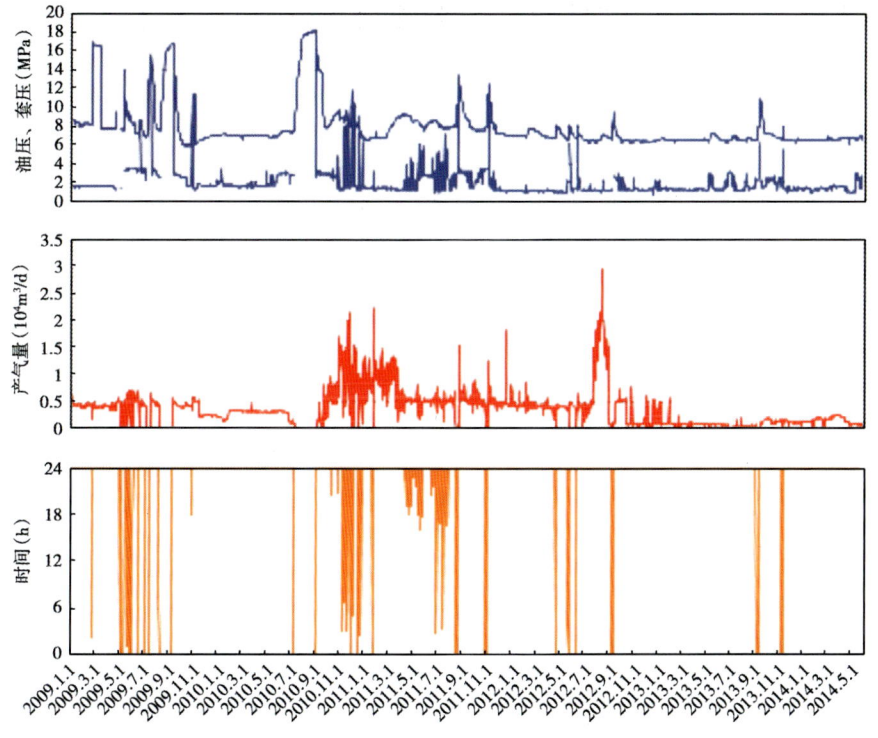

图 8-14 SD43-48 井生产曲线

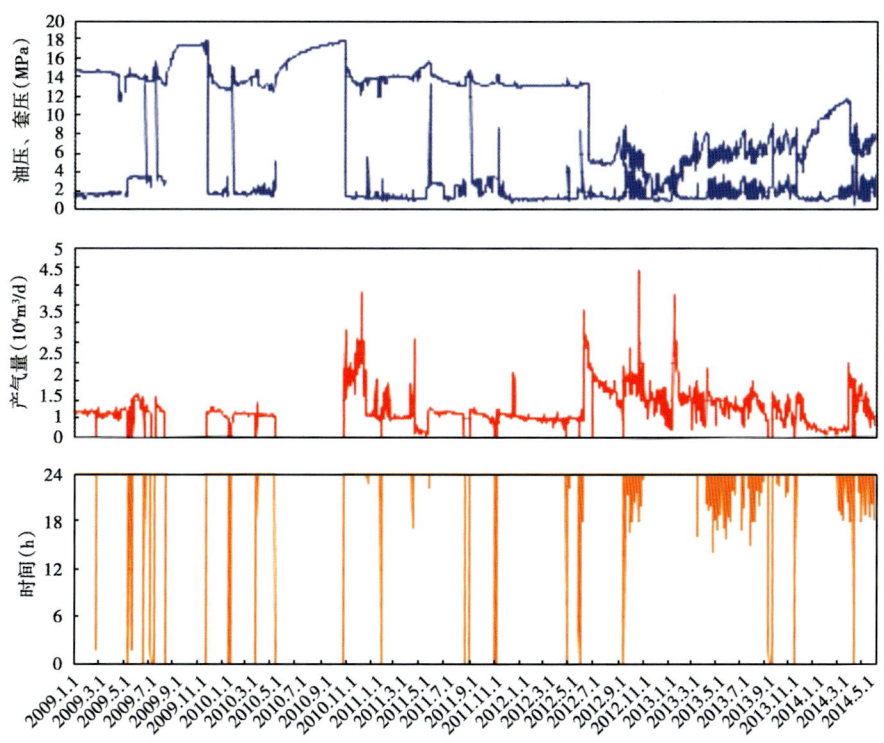

图 8-15 SD43-43 井生产曲线

标（图 8-16）。

区域	日产液量	日产气量	液气比（$m^3/10^4m^3$）
作业一区	25786	91624.7371	0.28
作业四区	13813.69	12005.5755	1.15
作业二区	6724.52	19546.8298	0.34
作业三区	32508.85	50785.6368	0.64
自营区合计	72108.54	154415.9492	0.47
合作区合计	6724.52	19546.8298	0.34

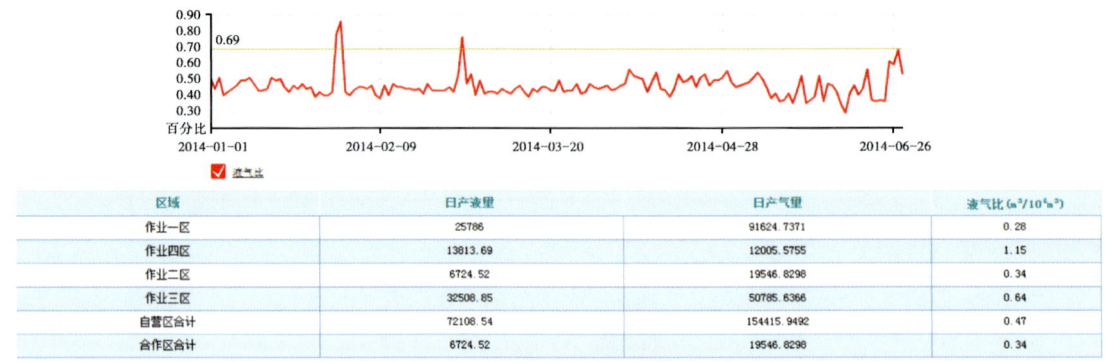

图 8-16　气井液气比智能对比界面

3. 数据分类查询

（1）固定表格查询：针对上级部门及平时工作中经常统计的数据建立了 11 种不同类型的固定报表（图 8-17）。

缓蚀剂加注记录报表

从2014-06-01到2014-06-12

日期	作业区	集气站	井号	油管加注量（L）	套管加注量（L）	总加注量（L）
2014-06-11	作业一区	苏东-6站	苏东60-46	10	60	70
2014-06-11	作业一区	苏东-6站	苏东53-55	10	60	70
2014-06-11	作业一区	苏东-6X站	苏东59-55	10	60	70
2014-06-10	作业一区	苏东-5X站	苏东61-39		150	
2014-06-10	作业一区	苏东-5X站	苏东55-29		150	
2014-06-10	作业一区	苏东-5X站	苏东61-22C2		150	
2014-06-10	作业四区	苏东-9站	召29		180	
2014-06-10	作业四区	苏东-18站	苏东9-106		180	
2014-06-10	作业一区	苏东-5X站	苏东59-31		150	
2014-06-08	作业一区	苏东-5X站	苏东56-36		240	
2014-06-08	作业一区	苏东-5X站	苏东57-39		180	

固定报表查询菜单

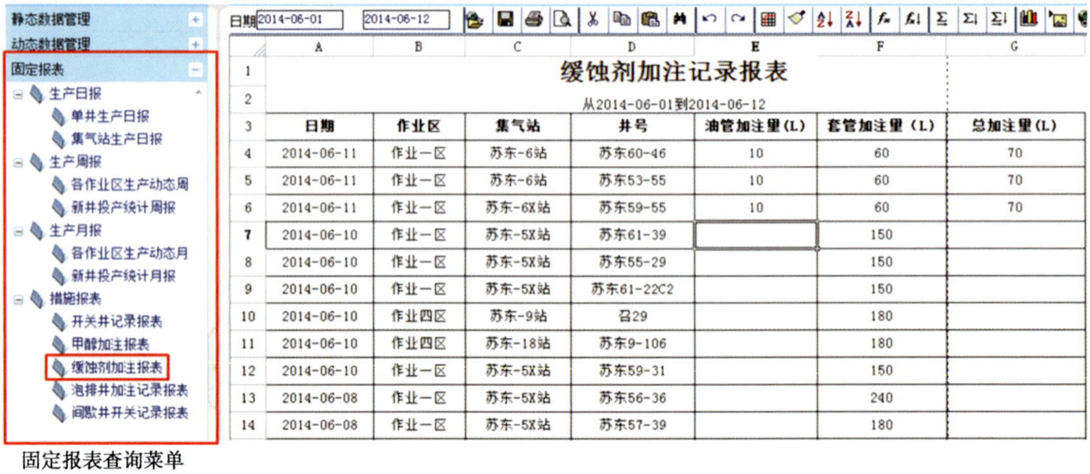

图 8-17　固定报表查询界面

（2）综合查询：可实现不同作业区、不同井区等 10 项查询条件和生产层位、无阻流量等 12 项查询内容随机组合进行查询（图 8-18）。

（二）气井精细管理智能化

气井精细管理智能化系统以连续生产井、产水井、间歇井三层次气井分类管理思路为基础，以风险感知、数字分析、智能处置为开发思路，共包含连续生产井智能管理、产水井智能管理、间歇井智能管理、气井管理智能考核 4 个功能模块（图 8-19）。

1. 开发亮点

（1）实现了定性化判识向定量化转变。

该系统针对气井的套压、产量数据建立数学模型并编写成计算机语言，实现将压降不合理井判识、积液气井判识、泡排效果分析、间歇开关效果分析等气井管理工作中的常见的生

产曲线定性化分析向定量化转变（图8-20）。

图8-18　综合查询界面图

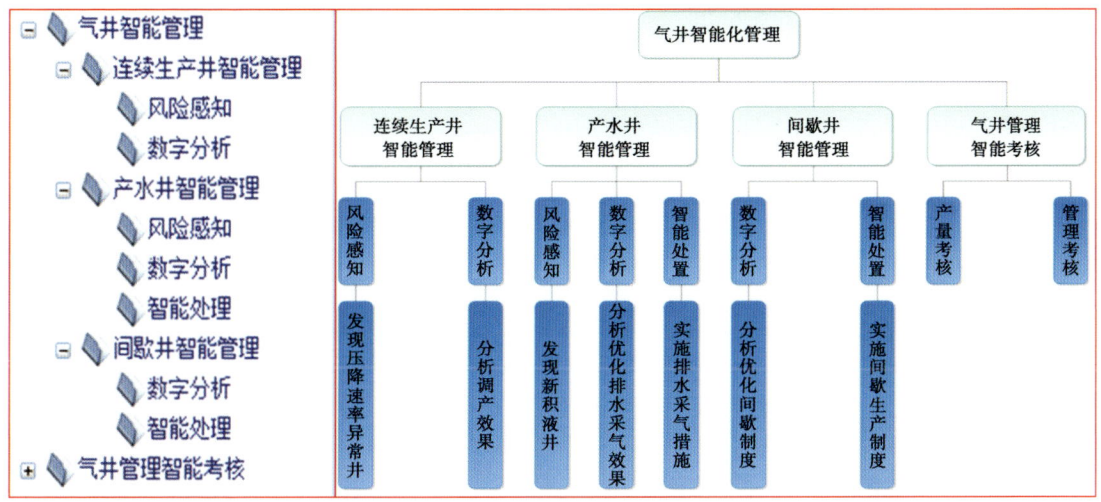

图8-19　气井智能化管理系统框架图

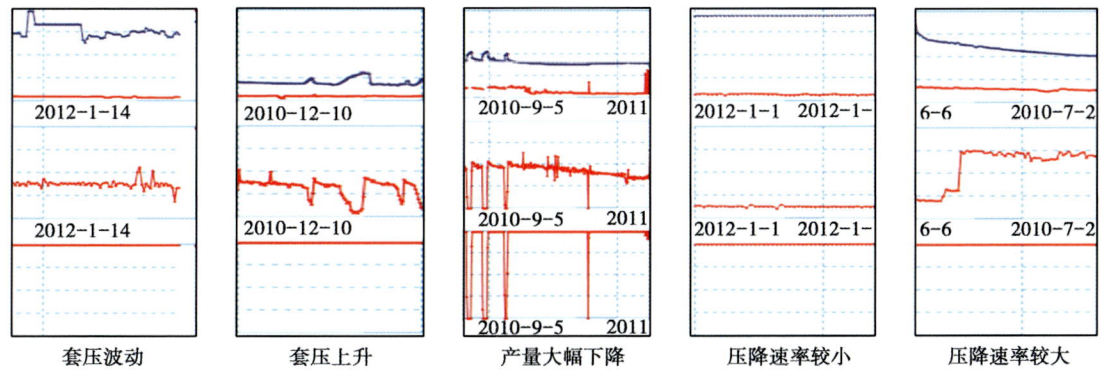

图8-20　定性化判识方法

（2）实现了将异常井判识—措施制定—现场实施—效果分析—制度优化的常规气井管理思路转变为风险感知、数字分析、智能处置的智能化气井管理思路（图8-21和图8-22）。

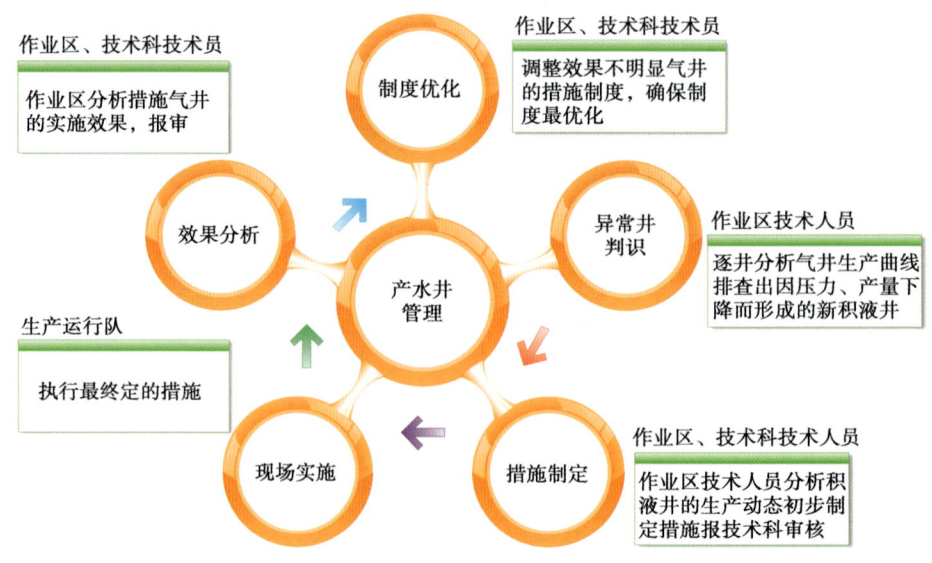

图8-21 传统气井管理思路

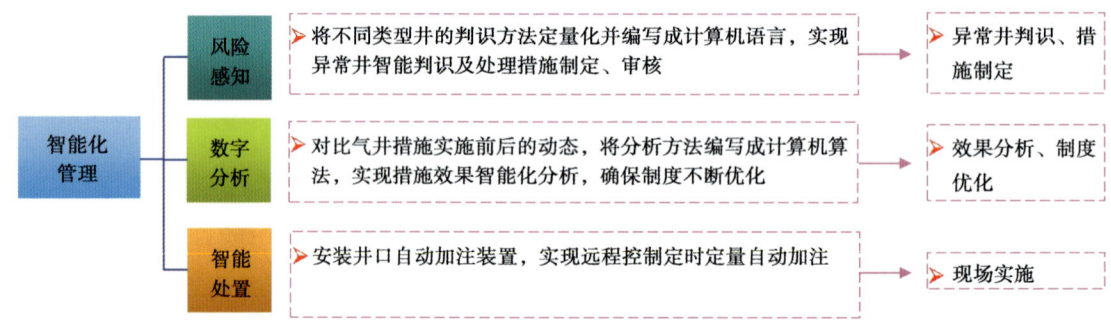

图8-22 智能化气井管理思路

2. 气井智能管理系统功能

气井智能管理系统分为连续生产井智能管理、产水井智能管理、间歇井智能管理三个模块，这三个模块的功能基本相似，所以以产水井智能管理为例展示气井智能化系统的功能实现方法（朱迅等，2012）。

1）风险感知

系统根据产水井的三种判识方法（套压上升、套压波动、气量下降），对每一口非产水井进行判断，将满足条件的气井（产水井）呈现在系统的前台面，并利用腾讯通将积液井井号发送至气井管理的技术员；技术员打开系统后根据气井的生产动态特征制定处理措施并报至更高的管理层面审核，最终确定该井的制度（图8-23）。

2）智能处置

安装自动装置的气井执行措施时，平台将信号通过自控系统传达给井口药剂自动加注装

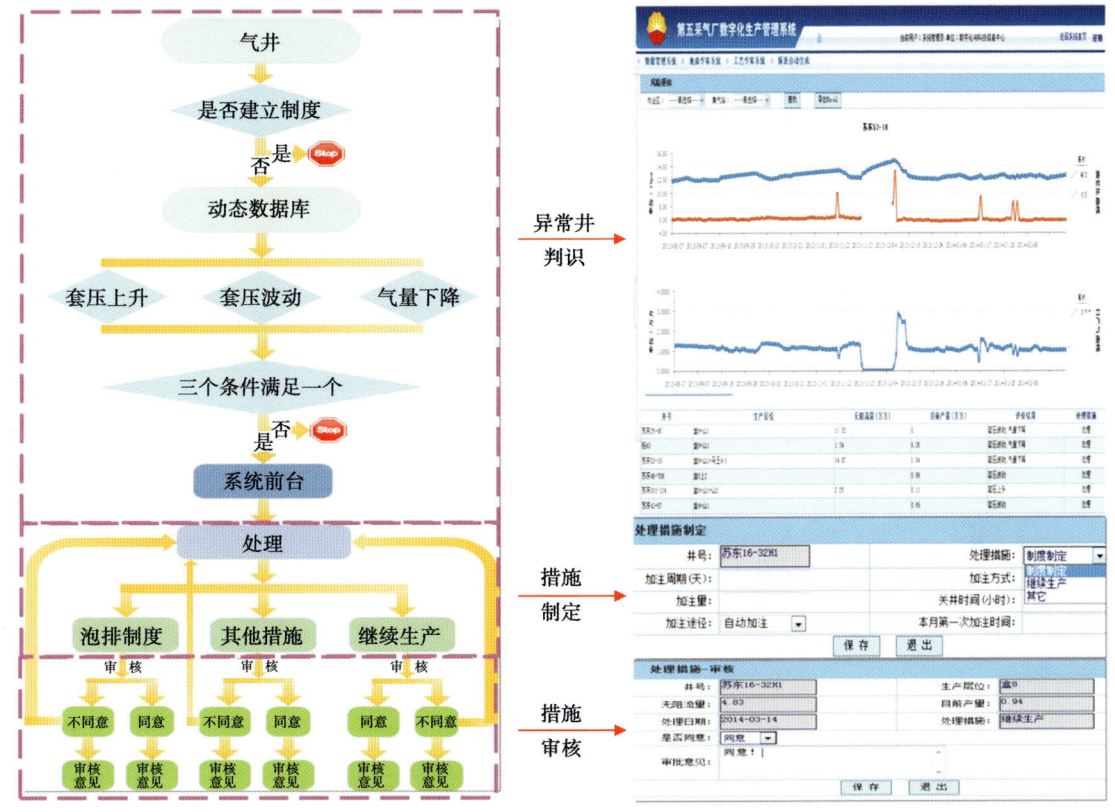

图 8-23　风险感知流程及界面图

置，实现井口无人操作药剂自动加注，药剂加注成功后将信号反馈至平台（图 8-24）。

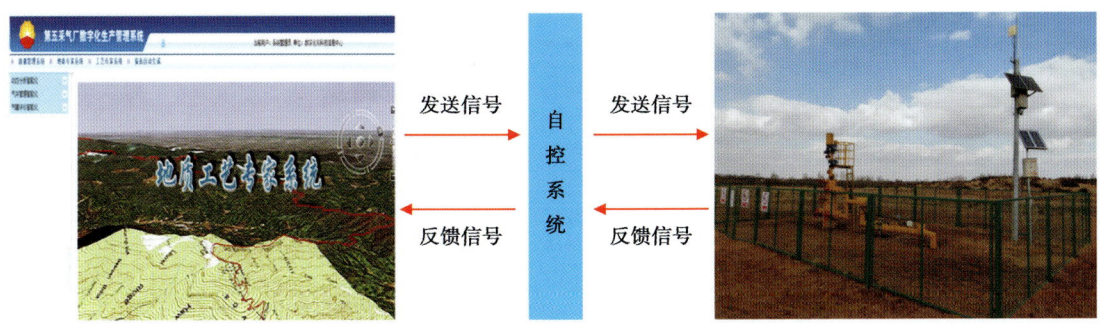

图 8-24　智能处置系统流程

安装自动装置的气井执行措施时，平台将信号通过自控系统传达给井口药剂自动加注装置，实现井口无人操作药剂自动加注，药剂加注成功后将信号反馈至平台。

无井口自动加注装置的气井，系统根据措施执行日期进行排序，将第二天要实施措施的气井提示到前台界面，技术人员可每天登陆系统，将第二天需要实施措施的气井以 Excle 表导出，派发至生产运行队（图 8-25）。

317

产水井-智能处理

作业区：作业一区　集气站：---请选择---　井号：　日期：2014-06-13　查找　导出Excel

作业区	集气站	井号	加注周期(d)	加注方式	加注量	加注途径	待加注日期
作业一区	苏东-1站	苏东52-56	4	油管投放泡排棒	2	自动	2014-06-13
作业一区	苏东-1站	苏东48-52	6	油管投放泡排棒	2	人工	2014-06-13
作业一区	苏东-2站	苏东42-63	5	油管投放泡排棒	2	人工	2014-06-13
作业一区	苏东-1站	苏东51-49	4	油管投放泡排棒	2	自动	2014-06-13
作业一区	苏东-1站	苏东52-54	5	油管投放泡排棒	2	人工	2014-06-13
作业一区	苏东-1站	苏东47-40	4	油管投放泡排棒	2	自动	2014-06-13
作业一区	苏东-1站	苏东44-51	4	油管投放泡排棒	2	自动	2014-06-13
作业一区	苏东-2站	苏东35-72c3	6	油管投放泡排棒	2	人工	2014-06-13
作业一区	苏东-1站	苏东48-47	4	油管投放泡排棒	2	自动	2014-06-13
作业一区	苏东-6站	苏东57-63	5	油管投放泡排棒	2	人工	2014-06-13
作业一区	苏东-1站	苏东50-37	4	油管投放泡排棒	2	自动	2014-06-13
作业一区	苏东-1站	苏东51-42	6	油管投放泡排棒	2	人工	2014-06-13
作业一区	苏东-1站	苏东50-45	5	油管投放泡排棒	2	人工	2014-06-13
作业一区	苏东-1站	苏东52-46	4	油管投放泡排棒	2	自动	2014-06-13
作业一区	苏东-1站	苏东51-55	5	油管投放泡排棒	2	人工	2014-06-13
作业一区	苏东-1站	苏东52-45	4	油管投放泡排棒	2	自动	2014-06-13

图 8-25　智能处置页面

3）数字分析

气井管理措施执行完毕后，技术人员将措施执行记录填写在系统中，系统自动根据效果评价方法判断气井的实施效果，针对效果不明显的气井提示技术人员优化气井管理措施（图 8-26）。

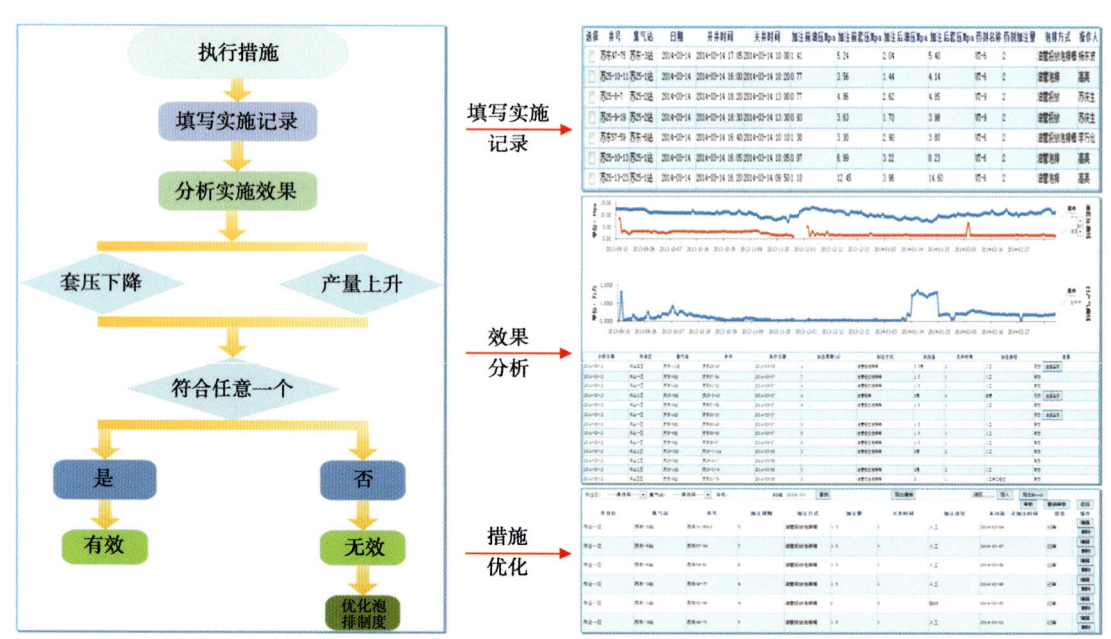

图 8-26　数字分析流程及界面图

（三）气藏评价智能化

将已知开发效果的气井作为样本，通过建立气井生产动态与开发开发效果之间的关系，预测其他气井的开发效果，免去复杂的数值模拟及气藏工程评价过程（西南石油年鉴，2010）。

1. 开发亮点

优选了 400 口不同区块、不同类型、不同层位、不同投产年限的典型气井利用数值模拟或者其他气藏工程评价方法得到开发效果，将已知开发效果的 400 口气井作为样本井建立知识库。利用最先进的神经网络预测法分析样本气井生产动态特征与开发效果之间的关系，建立起样本气井生产动态特征与开发效果之间的"神经反射"能力，将样本气井作为知识库用以预测其他气井的开发效果。

2. 系统功能简介

系统自动从数据库提取气井的生产动态数据，结合知识库预测任意一口井的控制储量、动态储量、地层压力、最终累计产气量、开采年限、月递减率、孔隙度、渗透率、饱和度 9 项参数（图 8-27）。

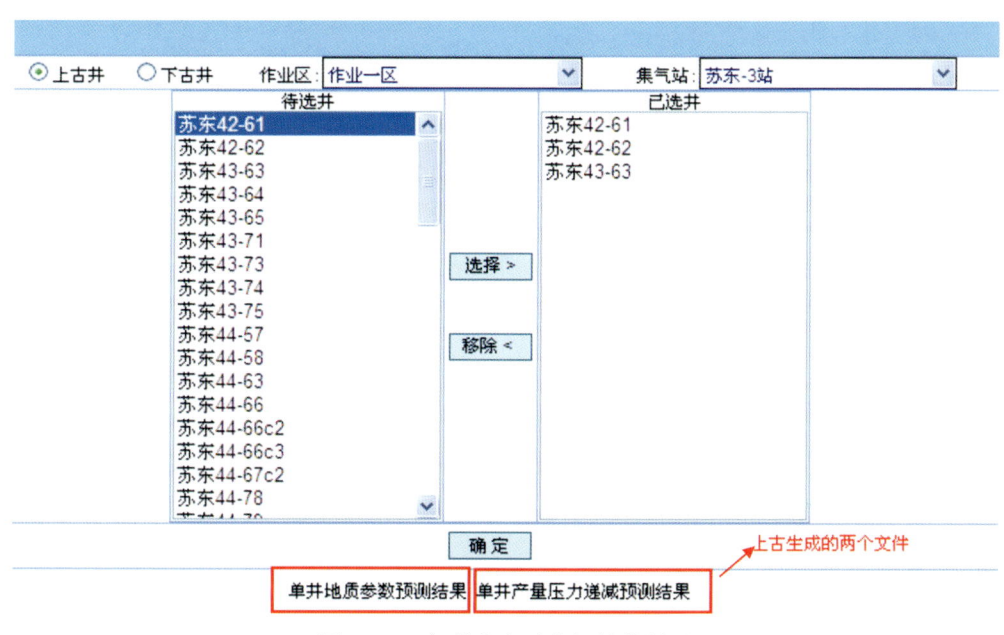

图 8-27　气井生产动态智能化界面

第三节　应用效果

地质专家的应用，实现了气井管理由技术人员向操作员工下移，气井管理方式由"分散管理"向"集中管理"转变，由"过程监控"向"超前预警"转变，为"电子巡井巡站、远程监视调控、区域集中值守、应急处置联动"新的生产管理模式及"两室一队一中心"的新型劳动组织架构提供了技术支撑（朱迅等，2012）。

一、气井管理效率提升

系统使用以前，根据气井管理要求，需每三天逐井分析一次气井生产曲线，排查出生产异常的气井并制定处理措施，该过程需 4~5 小时；气井采取措施后 5 天，技术人员应分析实施效果，对效果不明显的气井应及时调整措施，确保形成最优化的管理制度，该过程需 4~5 小时。由于投产井数多达 1460 口以上，人数较少，逐井分析气井生产曲线排查异常井只能做到 7 天 1 次，逐井分析措施气井的措施合理性只能做到 15 天 1 次。系统投用后将异常井判识周期由 7 天 1 次提升至 1 天 1 次，效率提高 85.7%（图 8-28），效果分析周期由 15 天提升至 5 天，效率提高 67%（图 8-29）。

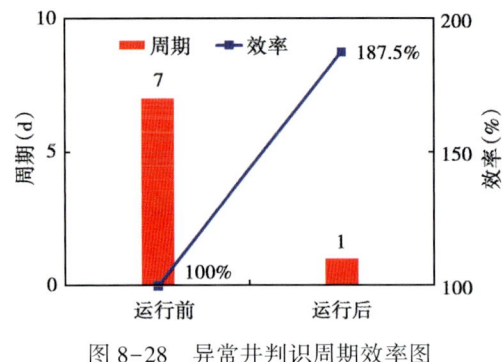

图 8-28　异常井判识周期效率图

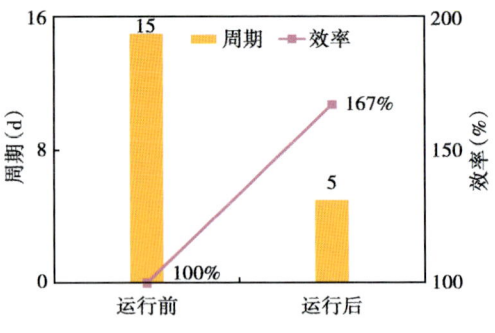

图 8-29　措施井效果分析周期效率图

二、措施执行率提升

地质专家系统投用以前，技术人员一般采用腾讯通或者电话的形式安排气井管理措施。地质专家系统智能处置模块针对措施施工计划设置提醒功能并与配套的自动加注工艺及电磁阀远程开关技术相互结合，严肃了施工安排的计划性，降低了现场施工的劳动强度，措施气井的制度执行率由 49% 提升至 67%。

三、精细化管理程度提升

气井智能化管理系统以风险感知、数字分析、智能处置为精细化开发思路，全范围覆盖了连续生产井、产水井、间歇井每类气井异常问题发现—措施制定—现场实施—效果分析—制度优化的管理流程，不遗留任何死角，实现了"一类一法、一井一政"策，气井精细化管理程度大幅提升。

四、技术人员工作量大幅度降低

针对数据统计地质专家系统根据上级部门及平时工作中经常统计的数据建立了 11 种不同类型的固定报表，将不同作业区、不同井区等 8 项查询条件和生产层位、无阻流量等 7 项查询内容随机组合形成的数据定制查询功能有效降低了技术人员数据统计的工作量。

气井智能化管理系统的应用把气井管理技术人员从气井管理工作中的气井异常问题发现、措施效果分析的环节中解放出来，有效降低了气井管理人员的工作强度。

针对常规井的动态评价，地质专家系统利用人工神经网络方法，建立预测知识库，实现了气井生产动态指标及地质参数的预测，免去了数值模拟等气藏工程评价方法的复杂工程。

参 考 文 献

[1] 李天才，徐黎明. 天然气开采企业管理方法研究与实践——以长庆油田公司第二采气厂为例. 北京：石油工业出版社，2010.
[2] 刘祎，杨光，王登海，等. 苏里格气田地面系统标准化设计. 天然气工业，2007，27（12）：124-125.
[3] 朱天寿，刘祎，周玉英，等. 苏里格气田数字化集气站建设管理模式. 天然气工业，2011，31（2）：9-11.

［4］李天才，徐黎明．鄂尔多斯盆地榆林气田开发模式．北京：石油工业出版社，2010.
［5］朱迅，韩兴刚，高玉龙，等．苏里格气田数字化应急指挥系统的研究与应用．天然气工业，2012，32（5）：78-80.
［6］《西南石油年鉴》编纂委员会．西南石油年鉴（2010）．北京：中国石化出版社，2010.
［7］朱迅，高玉龙，韩兴刚，等．2012中国石油石化健康、安全、环保技术交流大会，2012.